단계별로 배우는 전자 회로 실험

기본 소자부터
응용 회로까지

한빛아카데미
Hanbit Academy, Inc.

지은이 **이강윤** klee@skku.edu

서울대학교에서 전기공학 학사, 석사 및 박사 학위를 받았다. RF 집적회로 설계 전문 회사인 GCT Semiconductor Inc.의 설립 초기 멤버로 참여하였으며, Analog Division의 Consultant를 역임하였다. 그 후 2년간 GCT Semiconductor Inc.의 Analog Division Manager로 다양한 RF 집적회로 제품의 설계 및 양산에 참여하였다. 2005년 3월부터 2012년 2월까지는 건국대학교 전자공학부 교수를 역임하였으며, 그 후부터는 성균관대학교 전자전기공학부 교수로 재직 중이다. 연구 분야는 RF/Analog 회로 설계, 주파수 합성기, Power IC, 고속 데이터 통신을 위한 클록 및 데이터 복원, 데이터 변환기 등이다. 저서로는 『전자회로 실험』(한빛미디어, 2010)이 있으며, 역서로는 『아날로그 CMOS 집적회로 설계』(한빛미디어, 2009)가 있다.

[약력]

- 2003년 2월 : 서울대학교 전기공학부 공학 박사
- 1998년 3월 ~ 2003년 2월 : Consultant of Analog Division, GCT Semiconductor Inc.
- 2003년 3월 ~ 2005년 2월 : Manager of Analog Division, GCT Semiconductor Inc.
- 2005년 3월 ~ 2010년 2월 : 건국대학교 전자공학부 조교수
- 2010년 3월 ~ 2012년 2월 : 건국대학교 전자공학부 부교수
- 2012년 3월 ~ 현재 : 성균관대학교 전자전기공학부 부교수

단계별로 배우는 전자회로 실험 : 기본 소자부터 응용 회로까지

초판발행 2014년 6월 5일
3쇄발행 2017년 1월 20일

지은이 이강윤 / **펴낸이** 김태헌
펴낸곳 한빛아카데미(주) / **주소** 서울시 마포구 잔다리로7길 16 한빛아카데미(주)
전화 02-336-7197 / **팩스** 02-336-7199
등록 2013년 1월 14일 제2013-000013호 / **ISBN** 979-11-5664-111-7 93560

총괄 배용석 / **책임편집** 고지연 / **기획** 박현진 / **편집** 김은정 / **진행** 박현진
디자인 표지 여동일, 일러스트 태을기획
영업 이윤형, 길진철, 유제욱, 김태진, 김성삼, 제주희, 주희 / **마케팅** 김호철

이 책에 대한 의견이나 오탈자 및 잘못된 내용에 대한 수정 정보는 아래 이메일로 알려주십시오.
잘못된 책은 구입하신 서점에서 교환해 드립니다. 책값은 뒤표지에 표시되어 있습니다.

홈페이지 www.hanbit.co.kr / 이메일 question@hanbit.co.kr

지은이 머리말

전자회로 실험을 통해 전자회로를 확실하게 이해하자!

전 세계적으로 반도체 산업은 고부가가치 산업으로 계속 발전하고 있으며, 우리나라도 반도체 강국으로서의 위상을 더욱 공고히 하고 있다. 반도체 회로 설계 분야는 아날로그 회로 설계와 디지털 회로 설계로 나뉘는데, 특히 아날로그 회로 설계는 전력 소모, 면적, 동작속도 등의 여러 가지 성능 파라미터들 사이에 상충 관계가 있으며, 완벽한 설계 자동화 프로그램이 없어 일일이 수동으로 설계해야 한다. 따라서 최적의 설계를 위해서는 '전자회로' 과목에서 배운 기본 이론을 숙지하고, '전자회로 실험'을 통해 실제 회로를 설계해보는 과정이 필수적이다.

필자는 학부 시절에 '전자회로' 과목을 가장 재미있게 공부하였는데, 이를 계기로 반도체 회로 설계를 전공하였다. 박사 과정 중 그동안 공부했던 이론을 실무에 적용해보기 위해 RF 집적회로 설계를 전문으로 하는 벤처 회사를 설립하는 데 연구실 선후배들과 함께 참여하여, 반도체 회로 기본 설계뿐 아니라 양산을 위한 실무 경험 등을 쌓아왔다. 이러한 경험을 통해서 이론과 실제와의 차이가 매우 크다는 점을 느꼈으며, 이를 극복하기 위한 방안도 많이 고민해왔다.

'전자회로 실험'은 이론과 실무를 연계하는 매우 중요한 과목이나, 이를 실제 적용할 수 있는 적당한 교재는 많지 않은 것이 현실이다. 일반 실험 교재의 배경 이론만으로는 실험 내용에 대한 충분한 사전 지식을 얻기 힘든 경우가 많고, 실험 절차가 자세하지 않아서 실제 실험을 수행할 때 막막한 경우가 많다. 필자는 건국대학교와 성균관대학교에서 학부생을 대상으로 전자회로 실험을 강의하면서 기본 이론과 상세한 실험 절차가 포함된 실험 교재의 필요성을 절감하게 되어 이 책을 집필하게 되었다.

이 책의 구성

이 책은 전자회로 과목을 수강한 학생들이 실제 실험을 실행해볼 수 있도록 한 두 학기용 전자회로 실험 교재이다. 총 30개 장의 실험으로 구성되어 있으며, 전자회로 실험 I(15개 장), 전자회로 실험 II(15개 장)를 다룬다. 각 장에서 다루는 주요 내용은 다음과 같다.

전자회로 실험 I

다이오드, BJT, MOSFET의 기본적인 동작 원리 및 전류–전압 특성을 실험을 통해 확인하고, 이를 이용해 간단한 응용 회로를 구성해본다.

- [실험 01]에서는 PN 접합 다이오드 및 제너 다이오드의 기본 특성을 실험하고, [실험 02]와 [실험 03]에서는 다이오드를 이용한 대표적인 응용 회로인 정류기, 전압 레귤레이터 등을 실험한다.
- [실험 04]에서는 BJT의 기본적인 전류-전압 특성을 실험하고, [실험 05]~[실험 08]에서는 BJT 바이어스 회로 및 공통 이미터 증폭기, 이미터 팔로워, 공통 베이스 증폭기 등의 BJT를 이용한 증폭기를 실험한다.
- [실험 09]에서는 MOSFET의 기본적인 전류-전압 특성을 실험하고, [실험 10]~[실험 13]에서는 MOSFET 바이어스 회로 및 공통 소오스 증폭기, 소오스 팔로워, 공통 게이트 증폭기 등 MOSFET을 이용한 기본 증폭기를 실험한다. 이후 [실험 14]와 [실험 15]에서는 고이득 증폭기인 캐스코드 증폭기와 다단 증폭기를 각각 실험한다.

전자회로 실험 II

90년대 초반만 해도 BJT 위주의 실험을 진행하였는데, 현재는 실무 현장에서 CMOS 회로가 주로 사용되고 있어 MOSFET을 이용한 실험의 중요성이 증대되고 있다. CMOS 공정은 집적도가 높으므로 비용을 낮출 수 있는 장점이 있어 메모리, 마이크로프로세서, RF 회로 등에 널리 사용되고 있다. 이러한 추세에 발 맞춰 전자회로 실험 II에서는 BJT 회로 대신 CMOS 회로 실험에 집중하였다.

- [실험 16]~[실험 18]에서는 전류원과 전류 거울, 저항 부하 대신 능동 부하를 가지는 공통 소오스 증폭기의 동작 원리, 전압 이득 및 주파수 특성을 실험한다.
- [실험 19]에서는 A, B 및 AB급 전력 증폭기에 대해 실험하고, [실험 20]과 [실험 21]에서는 차동 증폭기의 기본적인 토폴로지, 동작 원리, 전압 이득, CMRR 등을 실험한다.
- [실험 22]~[실험 24]에서는 연산 증폭기의 기본 특성 및 응용 회로를 실험한다.
- [실험 25]~[실험 29]에서는 연산 증폭기를 이용한 대표적인 응용 회로인 가변 이득 증폭기, 아날로그 능동 필터, 발진기 및 신호 발생기, 아날로그-디지털 변환기, 디지털-아날로그 변환기 등에 대해 실험한다.
- [실험 30]에서는 [실험 25]~[실험 29]의 개별 블록들을 연결하여 하나의 통신 시스템을 구현한다. 여기서는 앞선 실험 결과들을 이용하여 실제 사용되는 전체 송수신 시스템을 구성하고, 그 동작을 확인함으로써 실무 경험을 자연스럽게 익힐 수 있도록 구성하였다.

이 책의 학습 방법

이 책의 독자는 공학수학 및 회로이론에 관한 기본적인 지식을 갖추고 있어야 한다. 또한 이 책은 이론 수업을 바탕으로 한 실험 교재로, 전자회로 Ⅰ을 수강한 후에 전자회로 실험 Ⅰ을, 전자회로 Ⅱ를 수강한 경우에는 전자회로 실험 Ⅱ를 진행하는 것으로 가정하였다.

이 책은 전자회로 실험 수업의 기본 커리큘럼에 따라 두 학기용으로 구성되었으나, 강의 환경과 강의 주수에 따라 한 학기만으로도 진행이 가능하다. 8~9쪽의 '학습 로드맵'을 참고하여, 한 학기만에 실험을 하고자 할 경우에는 [실험 01]~[실험 15]를, 두 학기 동안 실험을 하고자 할 때는 [실험 01]~[실험 30]을 다룰 것을 권장한다.

실험의 효율성을 높이기 위해, 실험 전에 배경 이론을 공부하고 사전에 예비 보고서를 작성해 봄으로써 실험 내용을 미리 숙지하고 준비하도록 한다. 또한 각 장의 PSpice 모의실험 결과를 통해 실험 시 확인하고자 하는 파형들을 미리 예측해본다. 실험 절차에 대한 상세한 설명을 한 단계씩 따라가면서 결과를 정리할 수 있으며, 고찰 사항을 통한 심화 학습이 가능하다.

감사의 글

이 교재를 출판하기까지 많은 분들의 도움이 있었다. 학부 수업의 실험 조교로 집필을 도와준 성균관대학교 집적회로 연구실의 모든 대학원 학생들에게 감사의 말을 전한다. 또한 이 책의 기획에서 출판까지 수고를 아끼지 않은 한빛아카데미(주)에 감사의 말을 전한다. 끝으로 필자가 살아가는 이유가 되는 나의 아내와 성재, 민재에게 감사의 말과 사랑한다는 말을 전하고 싶다.

아무쪼록 이 교재에 제시된 전자회로 실험 과정이 전자회로의 이론과 실무를 겸비한 반도체 강국 대한민국의 전자공학 엔지니어로 성장해 갈 수 있는 밑거름이 되는 것이 필자의 바람이다.

지은이 **이강윤**

미리보기

실험 개요 / 실험 기자재 및 부품
실험 목적과 주요 내용을 짚어보고, 해당 실험에 필요한 기자재 및 부품을 살펴본다.

실험 06

공통 이미터 증폭기

실험 개요

BJT를 이용한 공통 이미터 증폭기의 동작 원리를 공부하고, 실험을 통하여 특성을 측정한다. 공통 이미터 증폭기는 베이스가 입력 단자, 컬렉터가 출력 단자, 이미터가 공통 단자인 증폭기이고, 높은 전압 이득을 얻을 수 있다는 장점이 있어 널리 사용되고 있다. 이 실험에서는 공통 이미터 증폭기의 입력-출력 특성 곡선을 구하고, 소신호 등가회로의 개념을 적용하여 전압 이득을 구하고, 이를 실험에서 확인하고자 한다.

실험 기자재 및 부품

- DC 파워 서플라이
- 함수 발생기
- 저항
- 디지털 멀티미터
- Q2N4401(npn형 BJT) (1개)
- 커패시터
- 오실로스코프

배경 이론
실험과 관련한 전자회로의 핵심 개념과 이론을 자세히 알아본다.

6.1 배경 이론

BJT의 소신호 등가회로

[그림 6-1(a)]와 같이 입력에 DC 바이어스와 소신호 전압을 인가할 경우, 식 (6.1)과 같이 나타낼 수 있다.

$$v_{BE} = V_{BE} + v_{be} \quad (6.1)$$

6.2 실험회로 및 PSpice 시뮬레이션

[그림 6-8]은 입력에 DC 바이어스 전압 V_{BB}와 소신호 전압 v_{sig}가 인가된 공통 이미터 증폭기 회로이다. 출력인 컬렉터 단자에는 컬렉터 저항 R_C와 부하 저항 R_L이 연결되어 있다.

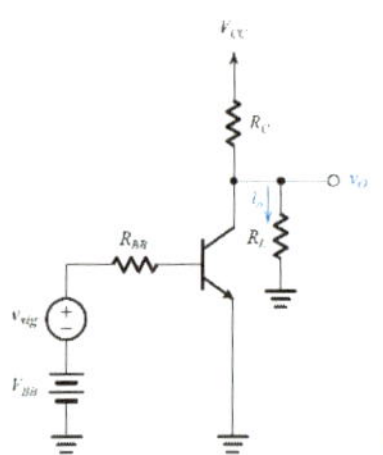

[그림 6-8] 공통 이미터 증폭기 회로(실험회로 1)

[그림 6-9]는 [그림 6-8]의 공통 이미터 증폭기 회로와 [실험 05]의 바이어스 회로([그

실험회로 및 PSpice 시뮬레이션
실험할 회로도와 그 회로에 대한 PSpice 모의실험 결과 및 분석 내용을 제시하여 실험 결과를 예측해본다.

6.3 실험 절차

1. 실험회로 1에서 V_{CC} 값을 12V, v_{sig} 값을 0V, V_{BB} 값을 4V로 두고, R_{BB} 저항값이 2kΩ인 경우 v_O의 DC 값이 6V가 되도록 하는 R_C 값을 결정한다. 이 경우 BJT의 각 단자들의 전압(V_C, V_B, V_E) 및 전류(I_C, I_E, I_B)를 구하고, [표 6-1]에 기록하시오. 각 단자들의 전압을 바탕으로 BJT가 능동 영역에서 동작하는지 확인하시오.
2. v_{sig} 값을 0V로 두고, V_{BB} 전압을 0V, 12V, 3V~9V는 500mV 간격으로 변화시키면서 v_O의 DC 전압을 측정하여 [표 6-2]에 기록하고, 실험회로 1의 입력-출력($V_{BB}-v_O$) 전달 특성 곡선을 [그림 6-12]에 그리시오.
3. 능동 영역에서 회로가 동작하는 경우 BJT의 트랜스컨덕턴스 g_m 값, 입력 저항 r_π, 이미터 저항 r_e, 전류 증폭도 β를 구하여 [표 6-3]에 기록하시오. 이를 이용하여 소신호 등가회로를 그리고, 실험회로 1의 공통 이미터 증폭기의 이론적인 전압 이득을 구하시오.
4. 전압 이득이 최소 10V/V 이상 나오는지 실험하기 위해 입력에 10kHz의 0.01V_{p-p}

실험 절차
실험의 진행 절차를 실험회로별로 자세히 설명하여 쉽게 실험을 따라 할 수 있다.

❖ PSpice 매뉴얼과 실험 보고서 양식은 다음 경로에서 다운로드할 수 있습니다.
http://www.hanbit.co.kr/exam/4111

6.4 고찰 사항

(1) [그림 6-9]에서 입력 쪽과 출력 쪽의 커패시터의 역할을 설명하시오.

(2) 예비 보고 사항에서 PSpice를 이용하여 구한 전압 이득과 실험을 통해서 측정한 전압 이득 사이의 차이가 발생하는 원인을 설명하시오.

요약

이 실험에서는 BJT를 이용한 기본적인 증폭기 중에서 가장 널리 사용되고 있는 공통 이미터 증폭기 회로를 구성하고, 실험을 통해 그 동작을 확인하였다. 그리고 증폭기의 전압 이득, 입력 임피던스 및 출력 임피던스를 구하기 위한 소신호 등가회로의 개념을 공부하였고, 소신호 등가회로를 이용한 이론적인 계산치를 바탕으로 측정을 통해서 특성을 확인하였다. BJT 증폭기의 전압 이득을 증가시키기 위해서는 컬렉터 전류를 키워서 트랜스컨덕턴스를 증가시켜야 하므로, 전류와 전압 이득 사이에는 상충 관계가 있음을 확인할 수 있었다. 이 실험의 공통 이미터 증폭기는 가장 기본적이면서도 많이 사용되고 있는 증폭기라서 중요한 실험이라고 할 수 있다.

퀴즈

(1) 트랜스컨덕턴스transconductance 식은?

① $\frac{I_C}{V_T}$　② $\frac{V_T}{I_B}$

③ $\frac{I_E}{V_T}$　④ $\frac{V_T}{I_C}$

(2) 증폭기로 가장 많이 사용하는 BJT의 동작 영역은?

① 차단 영역　② 능동 영역

③ 포화 영역　④ 반전 영역

(3) 공통 이미터 증폭기의 특성이 아닌 것은?

① 전압 이득이 비교적 크다.

② 비교적 높은 입력 임피던스를 가진다.

고찰 사항
실험을 진행하면서 짚고 넘어가야 할 내용과 결론을 심도 있게 생각해본다.

요약
실험의 주요 개념과 실험을 통해 얻은 결론을 요약하고, 정리한다.

퀴즈
실험의 기본 이론을 간단한 퀴즈를 통해 점검해본다.

력 임피던스는 얼마인가?

예비 보고 사항

(1) npn형 BJT의 소신호 등가회로에 대해서 설명하고, g_m과 r_π는 컬렉터 전류와 어떤 관계인지 유도하시오.

(2) 실험회로 1에서 PSpice를 이용하여 R_{BB}를 10kΩ으로 고정하고, v_{sig}에 6V의 DC 전압을 인가한 후, v_o 전압이 6V인 DC 전압이 나오는 RC 값을 구하시오.

(3) 실험회로 1에서 PSpice를 이용하여 전압 이득, 입력 임피던스 및 출력 임피던스를 구하시오.

(4) 실험회로 1에 제시된 공통 이미터 증폭기의 전압 이득, 입력 임피던스 및 출력 임피던스를 이론적으로 계산하고, PSpice 모의실험 결과와 비교하시오.

(5) 실험회로 1과 [실험 05]의 바이어스 회로를 결합한 실험회로 2에서 PSpice를 이용하여 i_B, i_C, i_E, v_B, v_C, v_E를 구하고, 전압 이득을 구하시오.

6.4 고찰 사항 119

예비 보고 사항
본격적인 실험에 들어가기에 앞서 PSpice 모의실험 결과를 이용해 예비 보고서를 작성함으로써 실험에 필요한 정보를 미리 확인해본다.

실험 06 실험 결과

[실험 절차]에 따라 [실험 결과]를 작성하시오.

1

[표 6-1] 공통 이미터 증폭기의 DC 조건

R_C 값 (PSpice)	R_C 값 (측정)	V_{sig} 전압	V_B 전압	V_O 전압	I_B 전류	I_C 전류	I_E 전류	동작 영역

2

[표 6-2] 실험회로 1의 입력-출력 전달 특성 확인을 위한 측정 데이터

실험 결과
[실험 절차]에 따라 실험에서 얻은 결과를 작성하고, 실험 결과를 분석한 내용을 최종적으로 정리하여 결과 보고서를 제출한다.

학습 로드맵

전자회로 실험 I에서는 전자회로의 주요 소자인 다이오드, BJT, MOSFET의 기본 특성과 응용을 다루고, 전자회로 실험 II에서는 CMOS 회로를 중심으로 전반적인 전자회로 시스템을 다룬다. 학습 로드맵을 기준으로, 각 실험 환경에 맞추어 적절하게 실험을 진행하기를 권한다.

전자회로 실험 I

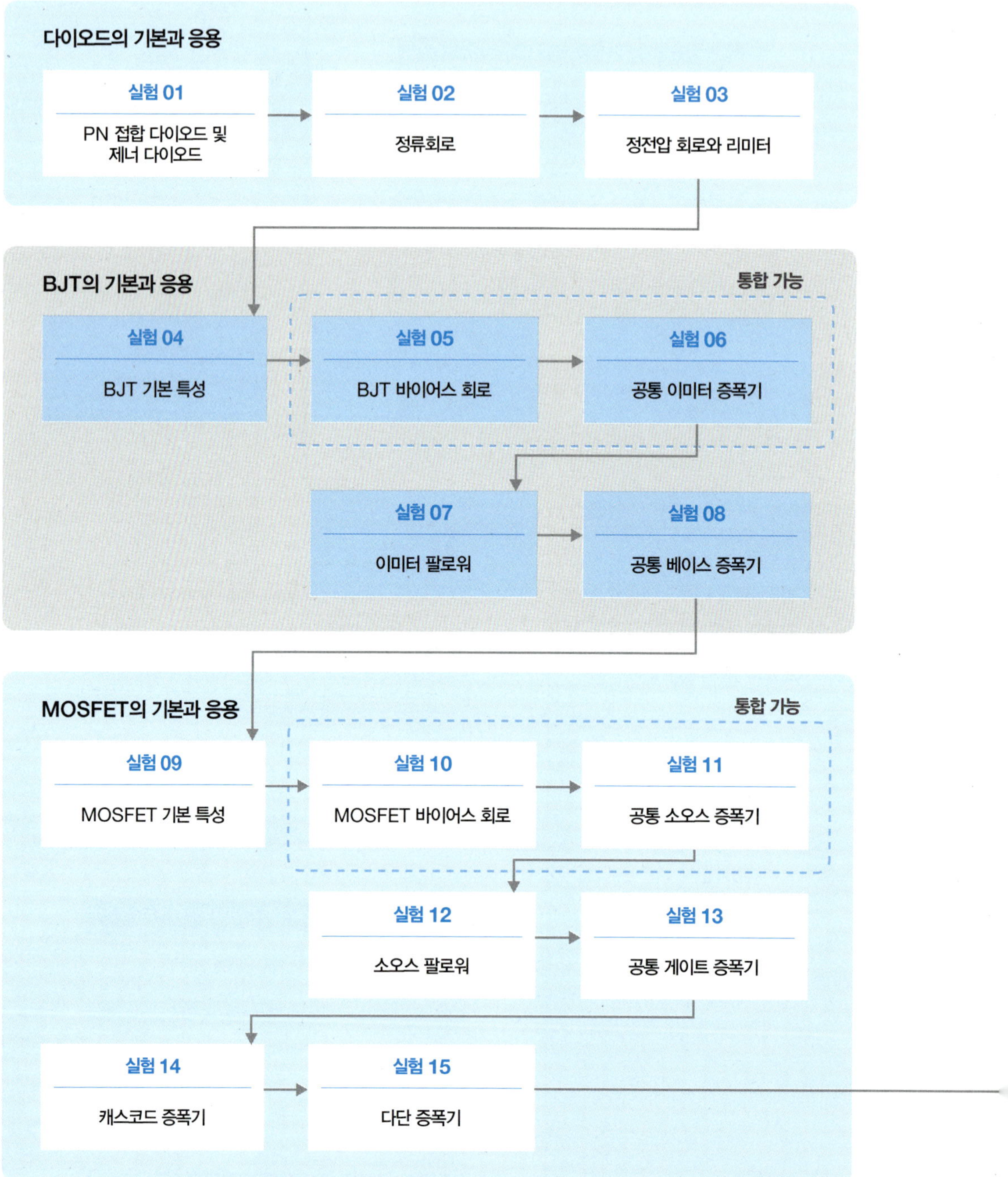

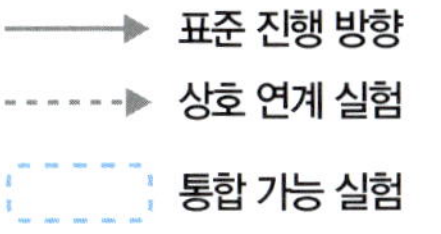
표준 진행 방향
상호 연계 실험
통합 가능 실험

전자회로 실험 II

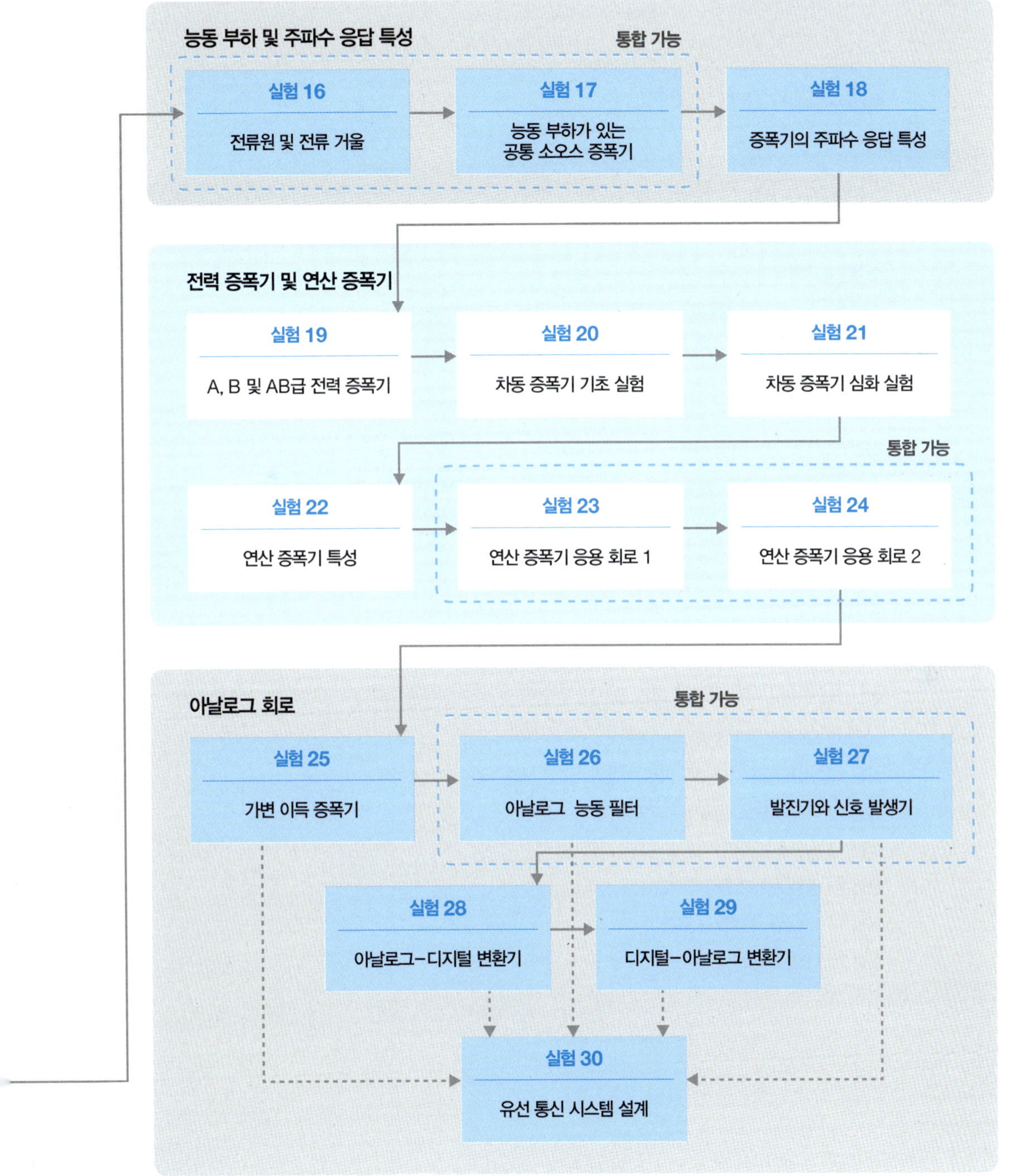
능동 부하 및 주파수 응답 특성
통합 가능
실험 16
전류원 및 전류 거울
실험 17
능동 부하가 있는
공통 소오스 증폭기
실험 18
증폭기의 주파수 응답 특성
전력 증폭기 및 연산 증폭기
실험 19
A, B 및 AB급 전력 증폭기
실험 20
차동 증폭기 기초 실험
실험 21
차동 증폭기 심화 실험
통합 가능
실험 22
연산 증폭기 특성
실험 23
연산 증폭기 응용 회로 1
실험 24
연산 증폭기 응용 회로 2
아날로그 회로
통합 가능
실험 25
가변 이득 증폭기
실험 26
아날로그 능동 필터
실험 27
발진기와 신호 발생기
실험 28
아날로그-디지털 변환기
실험 29
디지털-아날로그 변환기
실험 30
유선 통신 시스템 설계

목차

Part 2 전자회로 실험 II

능동 부하 및 주파수 응답 특성

전력 증폭기 및 연산 증폭기

아날로그 회로

전자회로 실험 I

1부에서는 다이오드, BJT, MOSFET 등 능동 소자들의 기본적인 특성을 확인하고, 간단한 응용 회로를 구성하여 실험한다. 그리고 다이오드의 기본적인 전류-전압 특성과 정류기, 전압 레귤레이터 등의 응용 회로를 실험한다. 또한, BJT의 기본적인 전류-전압 특성과 공통 이미터 증폭기, 이미터 팔로워, 공통 베이스 증폭기 등의 기본 증폭기를 실험한다. 최근에 가장 널리 사용되고 있는 MOSFET의 기본적인 전류-전압 특성과 공통 소오스 증폭기, 소오스 팔로워, 공통 게이트 증폭기 등의 기본 증폭기를 실험하고, 기본 증폭기의 전압 이득을 증가시키기 위한 캐스코드 증폭기 및 다단 증폭기도 아울러 실험한다.

• 실험 학습 로드맵

Part 1

1부에서 다루는 실험

들어가기 전에

전자회로 실험이란?

1. 기초 지식

전자회로 실험의 목적

전자 공학 분야 학생들은 일반적으로 강의를 통해 전자회로의 이론을 충실히 배울 것이다. 그러나 대체로 이론 수업에서는 직관적인 회로 동작이 주어지고, 수식 전개를 단순화하기 위해 여러 가지 비이상적인 효과를 생략하여 가정하는 경우가 많다. 간혹 PSpice와 같은 CAD tool을 이용한 모의실험을 통해 이론에서 부족한 부분을 진행하기도 하지만, 그렇다고 하더라도 실제 발생하는 환경적 요인들이 많이 배제되어 있다.

전자회로 실험은 이론 수업에서의 부족한 환경적 요인을 보완하여, 이론으로만 배워온 다이오드, 트랜지스터 및 증폭기 등과 같은 다양한 아날로그 회로 소자에 대한 특성들을 실험하고, 그 결과들을 수업에서 배운 이론들과 비교, 분석함으로써 전자회로들에 대해 정확하게 이해할 수 있게 도와준다. 더불어 다양한 회로실험 등을 통해서 실험진행 방법과 오실로스코프, 함수발생기 및 디지털 멀티미터와 같은 실험에 필요한 장비들을 직접 사용해보며 장비 사용법을 익힐 수 있다.

이러한 기본적인 전자회로 실험들을 바탕으로 경험을 쌓아 이론과 실험 능력을 동시에 갖춘 엔지니어를 양성하는 것을 최종 목적으로 한다.

실험 규칙 및 주의사항

본격적인 실험에 들어가기에 앞서 먼저 진행해야 할 몇 가지 사항들이 있다.

첫 번째로는 사용하는 실험장비의 동작상태를 확인하여 문제가 없는지 살펴야 한다. 보통 실험 환경에서는 여러 학생들이 같이 사용하는 공동장비가 많기 때문에, 장비 동작에 대한 확인 없이 실험을 하면 결과에 대한 신뢰가 떨어질 수 밖에 없다. 특히 모의실험 결과와 측정한 결과가 서로 차이가 크게 되면, 이는 실험장비 고장에 의한 오차인지, 아니면 회로구성의 문제인지 파악하기 어려워진다.

두 번째 진행해야 할 것은 실험에 대한 사전 모의실험이다. 실험 절차에 따라 PSpice와 같은 CAD tool 등을 이용한 모의실험을 진행하여 미리 회로 동작을 확인해본다. 그 후 모의실험 결과와 현재 측정 결과를 수시로 비교해 가며 실험실 실험을 진행해야 정해진 시간 내에 실험을 완료할 수 있다. 만약 이러한 부분을 진행해보지 않은 채 실험을 할 경우, 잘못된 실험으로 인해 어긋난 결과를 얻을 수도 있다.

실험을 진행할 때 가장 주의해야 할 사항은 안전성이다. 전자회로 실험에서는 납땜기구와 같은 전열기구 등을 사용하기도 하는데, 이러한 도구들은 200℃ 이상으로 온도가 높기 때문에 화상의 위험성이 높다. 그리고 사용하는 소자들과 도구들이 날카롭기 때문에 손을 다치기 쉽다. 그래서 핀셋 등의 도구를 이용하여 항상 주의하며 안전하게 진행해야 한다. 그리고 납땜 등을 진행할 시에는 납연이 발생하기 때문에 적절한 환기가 가능한 곳에서 실험을 진행해야 한다.

실험 결과 정리 및 예비/결과 보고서 작성

전자회로 실험에서는 PSpice 등을 이용한 모의실험이 중요한 부분을 차지한다. 모의실험을 통해 실험 결과를 미리 예측해봄으로써 보다 정확한 실험을 진행할 수 있다. 모의실험과 실제 실험을 각각 진행한 후에는 그 실험 결과를 일정한 양식에 맞게 정리하는데, 곧 예비 보고서와 결과 보고서를 작성한다.

모의실험을 마친 후 실험절차를 미리 확인하고, 모의실험 결과를 이용하여 예비 보고서를 작성해봄으로써 결과 보고서 작성 시 필요한 정보들을 미리 확인할 수 있다. 모의실험을 통해 얻어진 결과와 실제 실험을 통해 얻어진 결과를 비교하며 보고서를 정리하면, 현재 진행하고 있는 실험에 대한 신뢰성이 높아진다. 이러한 과정을 통해 실험시간을 단축하고, 정확하게 실험을 진행할 수 있다.

예비 보고서 작성법

- 표지부 : 실험 제목, 과목명, 학과, 담당교수 성명, 실험자의 학번 및 성명, 제출일 작성
- 내용부 : 실험 개요, 배경 이론, 실험 내용, 참고 문헌 순으로 작성

❶ 실험 개요 : 실험의 목적, 실험을 통해서 확인하고자 하는 내용

❷ 배경 이론 : 해당 실험에 필요한 이론

❸ 실험 내용 : 실험할 회로도와 그 회로에 대한 PSpice 모의실험 결과 및 결과에 대한 분석
❹ 참고 문헌 : 예비 보고서를 작성하는 데 참고한 문헌 및 사항

결과 보고서 작성법

- 표지부 : 실험 제목, 과목명, 학과, 담당교수 성명, 실험자의 학번 및 성명, 제출일 작성
- 내용부 : 실험 개요, 실험 절차, 실험 결과, 결과 분석, 결론 및 고찰 사항, 참고 문헌 순으로 작성

❶ 실험 개요 : 실험의 목적, 실험을 통해서 확인하고자 하는 내용
❷ 실험 절차 : 실험의 진행절차(시간 순)
❸ 실험 결과 : 실험의 측정 결과
❹ 결과 분석 : 모의실험을 통해 얻은 결과 및 실제 실험을 통해 얻은 결과를 서로 비교, 분석
❺ 결론 및 고찰 사항 : 결론은 실험의 개요와 결과 분석을 통해 얻어진 내용을 최종적으로 정리하고, 고찰 사항은 실험을 진행하면서 느낀 점과 주의사항 정리
❻ 참고 문헌 : 결과 보고서를 작성하는 데 참고한 문헌 및 사항

이 책에서는 장별로 실험 보고서 양식을 제공한다. 예비 보고서와 결과 보고서 양식을 아래 웹사이트에서 다운로드하여 활용할 수 있다.

http://www.hanbit.co.kr/exam/4111

2. 실습 환경

PSpice 시뮬레이션 활용

일반적으로 전자회로 실험에서 사용하는 많은 실험회로들은 수식을 통한 계산으로 결과를 도출하기 어렵다. 실험회로에 대한 사전 도출 결과 없이 회로를 구성하여 그대로 실험을 진행하면 잘못된 결과를 얻게 되기가 쉽고, 그렇게 되면 추후에 다시 고치기 매우 어려워져 결국엔 시간과 비용을 낭비하게 된다. 그렇기 때문에, 전자회로 실험에서는 낭비되는 시간과 비용을 줄이고 정확한 실험을 진행할 수 있도록 사전에 실험회로에 대한 모의실험이 꼭 필요하다.

실험에 쓰이는 상용소자들의 정보가 미리 입력되어 있는 PSpice와 같은 CAD tool을 이용하여 모의실험을 진행하면, 실험회로들을 직접 기판에 제작하여 측정하지 않아도 미리 실험 결과를 예측할 수 있다. 회로 실험을 진행하기 전에 모의실험을 진행하여

실험에 대한 전반적인 이해와 결과를 미리 확인해봄으로써 실제 실험 진행 시 시행착오를 줄일 수 있으므로, 실제 실험에서 소요되는 시간과 비용을 줄이고, 보다 정확한 결과를 얻어낼 수 있다.

다만 모의실험에는 실제 실험에서 발생하는 외부적인 환경 요인과 소자마다 생기는 차이에 대한 특성이 반영되지는 않는다. 따라서 실제 실험 시 발생할 수 있는 문제나 결과에 대한 경향을 미리 확인한 후 모의실험 결과를 분석해보면 더 정확하게 실험을 진행할 수 있다.

사용된 PSpice 버전

PSpice v10.5

시스템 권장 사항

- Pentium II 300MHz Process 이상
- 64MB 이상의 메모리(RAM)
- 256MB 이상의 free hard disk space
- 256 color VGA windows display driver (1024 × 768 resolution 권장)
- Microsoft Windows 7 이상
- CD ROM Drive, Mouse(two-button), Keyboard

실험 환경 권장 사항 및 제약 조건

- **오실로스코프** : 100MHz까지 측정 가능
- **함수 발생기** : 10MHz 이상의 정현파, 구형파 생성 가능
- **DC 파워 서플라이** : 50V 이상의 전압 및 5A 이상의 전류까지 발생 가능
- **디지털 멀티미터** : 전압, 전류, 저항 측정 가능
- 실험실 내에 화재 경보기 및 소화기를 비치하고 충분한 환기가 가능하도록 구성해야 하며, 사용하는 장비들 및 실험 자리가 충분히 절연되도록 하여 정전기 발생 위험을 줄인다.
- 실험을 진행하는 조교 및 실험하는 학생들을 대상으로 안전교육을 실시한다.

주요 사용 장비

오실로스코프, 함수 발생기, DC 파워 서플라이, 디지털 멀티미터

3. 실험 장비 사용법

오실로스코프

기본적으로 오실로스코프는 네 가지 다른 시스템, 즉 수직 시스템, 수평 시스템, 트리거 시스템, 디스플레이 시스템으로 구성된다. 이러한 시스템을 이해하면 특정 측정 문제를 다루는 데 오실로스코프를 효율적으로 적용할 수 있다.

여기서는 아날로그 및 디지털 오실로스코프에서 볼 수 있는 기본적인 시스템과 컨트롤에 대해 간략히 설명한다. 아날로그 오실로스코프와 디지털 오실로스코프의 컨트롤은 일부 다를 수 있으며, 사용자의 오실로스코프에 따라 여기에서 논의하지 않는 추가 컨트롤이 있을 수 있다.

오실로스코프의 전면부는 Vertical(수직), Horizontal(수평), Trigger(트리거)로 표시된 세 가지 주요 섹션으로 분할되어 있다. 모델과 유형(아날로그 또는 디지털)에 따라 사용자의 오실로스코프에 다른 섹션이 있을 수도 있다([그림 1] 참조). 이 절을 읽으면서 [그림 1]과 자신의 오실로스코프 전면부 섹션의 위치를 비교해보자.

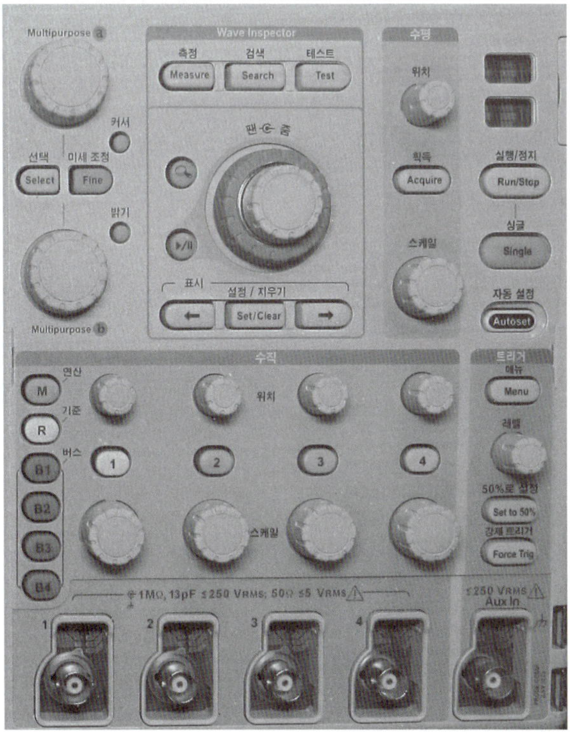

[그림 1] 오실로스코프의 전면부 컨트롤 섹션

오실로스코프를 사용할 때는 입력 신호에 적합하도록 다음과 같은 세 가지 기본 설정을 조정해야 한다.

- **신호의 감쇠 또는 증폭** : 볼트 영역 컨트롤을 사용하여 신호의 진폭을 원하는 측정 범위로 조정한다.
- **시간축** : 초 영역 컨트롤을 사용하여 화면 전체에서 수평으로 표시되는 영역별 시간의 양을 설정한다.
- **오실로스코프의 트리거링** : 트리거 레벨을 사용하여 반복 신호를 안정화하거나 단일 이벤트에 대해 트리거링하도록 설정한다.

■ 수직 시스템 및 컨트롤

수직 컨트롤은 파형의 수직 방향 위치와 스케일을 조정하는 데 사용된다. 수직 컨트롤은 또한 나중에 설명할 입력 커플링 설정 및 기타 다른 신호 조정에도 사용된다.

일반적인 수직 컨트롤의 예

- 터미네이션
  1MΩ
  50MΩ
- 커플링
  DC
  AC
  GND
- 대역폭 제한
  대역폭 확장
- 위치
- 오프셋
- 반전-온/오프
- 스케일
  고정 단계 또는 가변 볼트 영역
- 줌/패닝
  커서
  검색 및 마크

위치 및 볼트 영역

볼트 영역 설정(일반적으로 [volts/div]으로 표기)은 화면의 파형 크기를 변경하며, 스케일 단위로 조정된다. 볼트 영역 설정이 5V라면 8개의 수직 영역이 각각 5V이며, 전체 화면은 8개의 주요 영역을 눈금으로 나타내어 맨 아래에서 맨 위까지 총 40V가 표시된다. 설정이 0.5V/div이라면 화면의 맨 아래에서 맨 위까지 4V가 표시되는 식이다. 화면에 표시할 수 있는 최대 전압은 볼트 영역 설정에 수직 영역의 수를 곱한 수치이다. 또한 사용자의 프로브(1X 또는 10X)도 스케일에 영향을 준다는 점에 유의해야 한다. 오실로스코프에서 자동으로 처리되지 않는다면 볼트 영역 스케일을 프로브의 감쇠 계수로 나눠야 한다.

일부 볼트 영역 스케일에는 표시된 신호를 특정 영역의 수로 조정할 수 있는 가변 게인 또는 정밀 게인 컨트롤이 있는 경우도 있다. 이 컨트롤을 사용하면 상승 시간 측정에 도움이 된다.

입력 커플링

커플링이란 전기 신호를 한 회로에서 다른 회로로 연결하는 데 사용되는 방법을 가리키는 용어이다. 이 경우, 입력 커플링은 테스트 회로와 오실로스코프 사이의 연결을 의미한다. 커플링은 DC, AC 또는 접지로 설정할 수 있다. DC 커플링은 입력 신호를 모두 보여준다. AC 커플링은 신호의 DC 컴포넌트를 차단함으로써 파형이 0V 주변으로 모이도록 만든다.

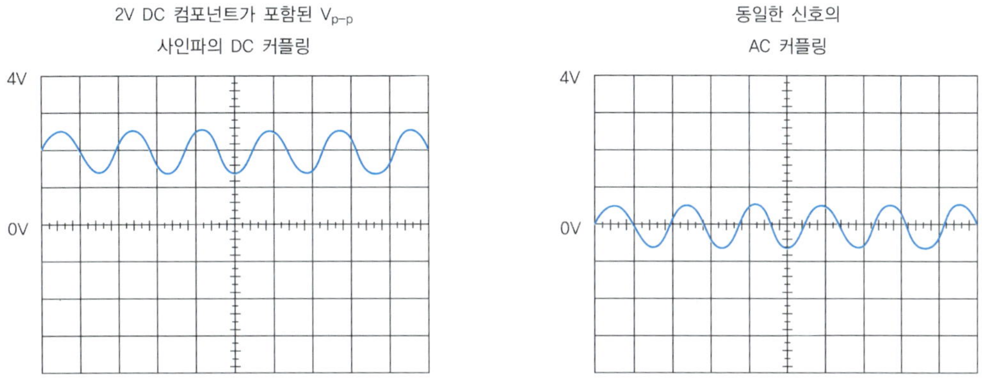

[그림 2] AC 및 DC 입력 커플링

[그림 2]에서 볼 수 있듯이, AC 커플링 설정은 전체 신호(교류 + 직류)가 볼트 영역 설정에 비해 너무 클 경우 유용하다.

접지 설정은 수직 시스템에서 입력 신호를 단절함으로써 화면에서 0V의 위치를 찾을 수 있도록 해준다. 접지 입력 커플링과 자동 트리거 모드를 사용하면 화면에서 0V를 나타내는 수평선을 볼 수 있다. DC에서 접지로 전환했다가 다시 DC로 전환하는 방법을 사용하면 신호 전압 레벨을 접지와 비교하여 손쉽게 측정할 수 있다.

대역폭 제한

대부분의 오실로스코프에는 오실로스코프의 대역폭을 제한하는 회로가 있다. 대역폭을 제한함으로써 표시된 파형에 간혹 나타나는 노이즈를 줄여 더 깨끗한 신호가 표시되도록 할 수 있다. 대역폭 제한 기능은 노이즈를 제거하는 동시에 고주파 신호 성분도 줄이거나 없앨 수 있다는 점에 유의해야 한다.

■ 수평 시스템 및 컨트롤

오실로스코프의 수평 시스템은 입력 신호의 획득과 가장 밀접한 관련이 있으며, 샘플링 속도와 레코딩 길이가 고려 대상이다. 수평 컨트롤은 파형의 수평 방향 위치와 스케일을 조정하는 데 사용된다.

일반적인 수평 컨트롤의 예

- 메인
- 지연
- XY
- 스케일고정

  고정 단계 시간 영역

  참고 디지털 스코프는 가변 시간 영역을 지원하지 않음
- 트레이스 분할
- 레코드 길이
- 분해능
- 샘플링 속도
- 트리거 위치
- 줌

획득 컨트롤

디지털 오실로스코프는 획득 시스템에서 신호를 처리하는 방법을 제어할 수 있는 설정을 제공한다. [그림 3]에 획득 메뉴의 예가 나와 있다.

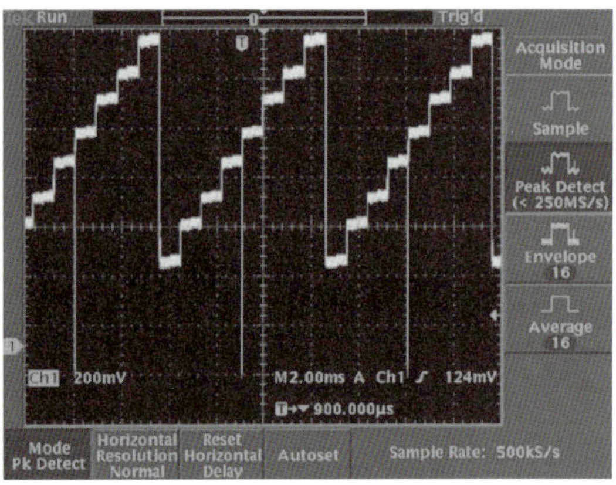

[그림 3] 획득 메뉴의 예

획득 모드

획득 모드는 샘플 포인트에서 파형 포인트를 생성하는 방법을 제어한다. 샘플 포인트

는 아날로그-디지털 변환기(ADC)에서 직접 산출되는 디지털 값이다. 샘플 간격이란 이러한 샘플 포인트 사이의 시간을 의미한다. 파형 포인트는 디지털 값으로 메모리에 저장되며 파형을 구성하도록 표시된다. 파형 포인트 사이의 시간값 차이를 파형 구간이라고 부른다. 샘플 간격과 파형 구간은 같을 수도 있고 그렇지 않을 수도 있다. 따라서 하나의 파형 포인트가 순차적으로 획득된 여러 샘플 포인트로 구성되어 있는 여러 가지 다양한 획득 모드가 존재하게 된다.

위치 및 초 영역

수평 위치 컨트롤을 사용하면 파형을 좌우로 이동하여 화면에서 정확히 원하는 위치로 조정할 수 있다. 초 영역 설정(일반적으로 [sec/div]으로 표시)으로 파형이 화면에 그려지는 속도를 선택할 수 있다('시간축 설정' 또는 '스위프 속도'라고도 부름). 이 설정은 [스케일] 단위로 조정된다. 설정이 1ms라면 각 수평 영역이 1ms이고, 전체 화면 폭은 10ms 또는 10 영역이 된다. 초 영역 설정을 변경하여 입력 신호를 더 길거나 더 짧은 간격으로 볼 수 있다. 수직 볼트 영역 스케일과 마찬가지로 수평 초 영역 스케일에도 가변 타이밍을 적용하여 개별 설정 사이에 수평 시간 스케일을 설정할 수 있다.

시간축 선택 위치

오실로스코프에는 일반적으로 주 시간축이라고 칭하는 시간축이 있다. 또한 많은 오실로스코프에는 지연 시간축이 있는데, 이는 주 시간축 스위프에서 사전 정의된 시간에 비례하여 시작하거나 시작하도록 트리거링될 수 있는 스위프를 가진 시간축이다. 지연 시간축 스위프를 사용하면 이벤트를 더 분명하게 볼 수 있으며, 주 시간축 스위프만으로는 보이지 않는 이벤트도 확인할 수 있다.

줌

오실로스코프에 따라 화면의 파형을 부분적으로 확대하여 표시할 수 있는 특별한 수평 확대 설정이 지원된다. 일부 오실로스코프에는 줌 기능뿐 아니라 팬 기능도 있다. 노브를 사용하여 줌 배율 또는 스케일을 조정하고, 파형에서 줌 상자를 패닝한다.

XY 모드

대부분의 오실로스코프에는 수평축에 시간축이 아니라 입력 신호를 표시할 수 있는 XY 모드가 있다.

■ 트리거 시스템 및 컨트롤

오실로스코프의 트리거 기능은 신호의 정확한 포인트에서 수평 스위프와 동기화되며, 이는 명확한 신호 특성화에 반드시 필요하다. 트리거 컨트롤을 사용하면 반복적인 파형을 안정화하고, 일회성 파형을 캡처할 수 있다. 트리거는 오실로스코프의 디스플레이에 입력 신호의 동일한 부분을 반복적으로 표시함으로써 반복적인 파형이 정지된 것처럼 보이도록 만든다. [그림 4]에서 볼 수 있는 것처럼, 신호의 서로 다른 부분에서 매번 스위프가 시작되면 화면이 매우 복잡해진다.

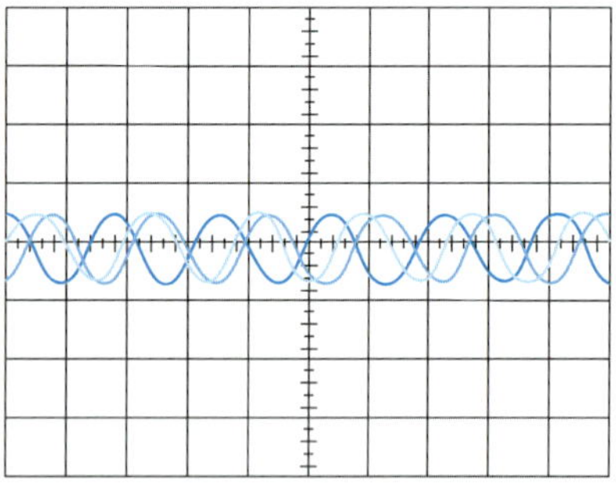

[그림 4] 트리거 미적용 상태에서의 디스플레이

아날로그 및 디지털 오실로스코프에서 사용 가능한 에지 트리거링은 가장 흔하고 기본적인 유형이다. 아날로그 및 디지털 오실로스코프에서 모두 제공하는 임계값 트리거링 기능과 더불어, 많은 디지털 오실로스코프는 아날로그 계측기에서 제공하지 않는 다양한 특수 트리거 설정을 지원한다.

트리거 레벨 및 기울기 컨트롤은 [그림 5]에서처럼 기본적인 트리거 포인트 정의 기능을 제공하며, 파형의 디스플레이 방식을 결정한다.

트리거 회로는 비교기와 같은 역할을 한다. 사용자가 비교기의 단일 입력에 대해 기울기와 전압 레벨을 설정한다. 다른 비교기 입력의 트리거 신호가 사용자 설정과 일치할 경우 오실로스코프에서 트리거를 생성한다.

- 기울기 컨트롤은 트리거 포인트가 신호의 상승 에지 또는 하강 에지 중 어느 곳에 있는지 결정한다. 상승 에지는 + 기울기이며, 하강 에지는 – 기울기이다.
- 레벨 컨트롤은 에지의 어느 곳에서 트리거 포인트가 발생하는지 판단한다.

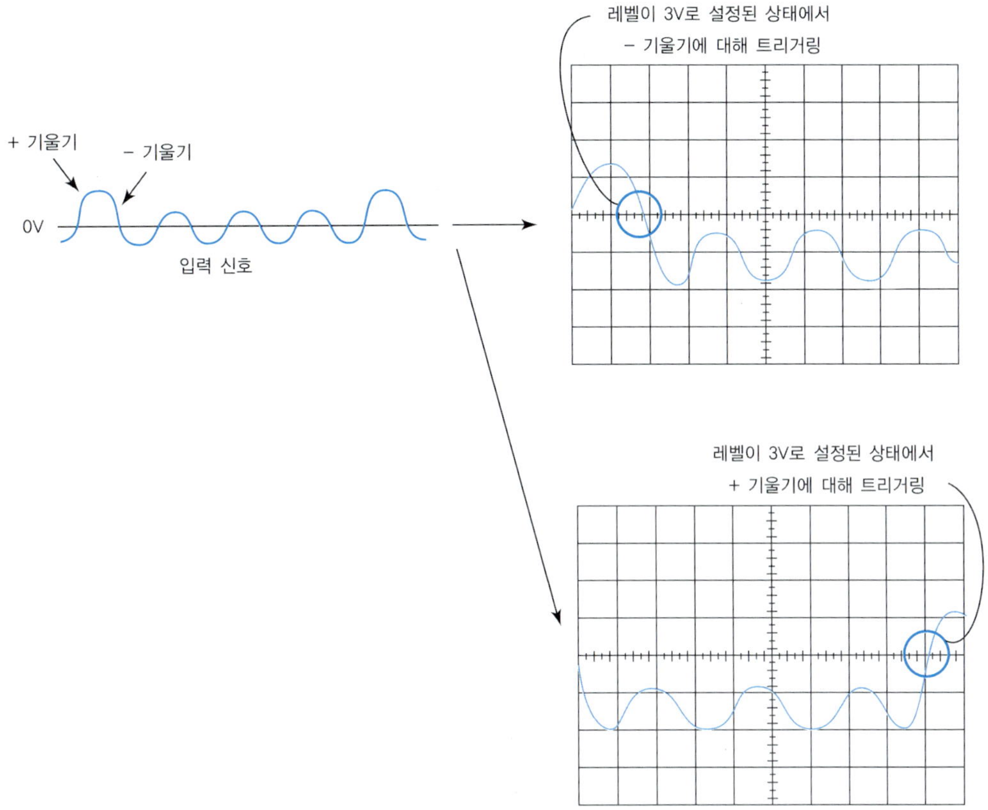

[그림 5] **트리거 적용 상태에서의 디스플레이**

오실로스코프에는 표시되는 신호에 대한 트리거가 반드시 필요한 것은 아니다. 다음 몇 가지 소스도 스위프를 트리거링할 수 있다.

- 임의의 입력 채널
- 입력 채널에 적용된 신호 이외의 외부 소스
- 전원 소스 신호
- 하나 이상의 입력 채널에 대해 오실로스코프에서 내부적으로 정의한 신호

대부분의 경우 오실로스코프는 표시되는 채널에 대해 트리거링하도록 설정할 수 있다. 일부 오실로스코프는 트리거 신호를 다른 장비로 전달하는 트리거 출력을 제공한다.

오실로스코프는 표시 여부에 관계없이 대체 트리거 소스를 사용할 수 있으나, 명심해야 할 점은 가령 채널 2가 표시되는 동안 실수로 채널 1에 트리거를 적용하지 않도록 주의해야 한다.

트리거 모드에서는 신호 조건을 기준으로 오실로스코프에서 파형을 그릴 것인지 판단하는데, 여기에는 일반적으로 일반 모드 및 자동 모드가 있다.

일반 모드에서 오실로스코프는 설정한 트리거 포인트에 입력 신호가 도달한 경우에만 스위프하며, 그 외의 경우에는 아날로그 오실로스코프의 화면은 공백으로, 디지털 오실로스코프는 최근 획득한 파형으로 고정된다. 레벨 컨트롤이 정확하게 조정되어 있지 않으면 처음에 신호를 확인하지 못할 수도 있어 일반 모드는 혼란스러울 수 있다.

자동 모드에서 오실로스코프는 트리거가 없더라도 스위프를 실행한다. 신호가 존재하지 않을 경우 오실로스코프 내의 타이머가 스위프를 트리거링한다. 따라서 신호가 트리거를 발생시키지 않더라도 디스플레이가 사라지지 않는다.

실제로는 두 가지 모드를 모두 사용하게 된다. 일반 모드는 트리거가 느린 속도로 발생하더라도 관심 신호만을 볼 수 있기 때문이며, 자동 모드는 조정 필요성이 적기 때문이다.

함수 발생기

[그림 6]과 같이 함수 발생기의 전면 패널은 사용하기 쉬운 기능 영역으로 구분되어 있다.

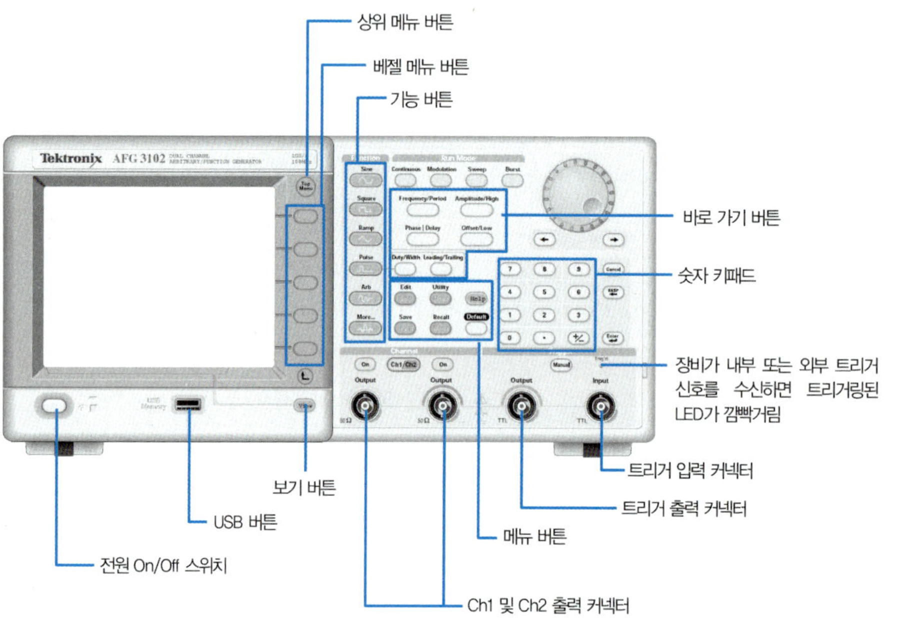

[그림 6] 함수 발생기의 전면 패널

■ 사인 파형을 생성하는 방법

❶ 전원 코드를 연결한 다음 전면 패널 전원 On/Off 스위치를 눌러 임의/함수 발생기를 켠다.

❷ 임의/함수 발생기의 Ch1 출력에서 오실로스코프 입력 커넥터로 BNC 케이블을 연결한다.

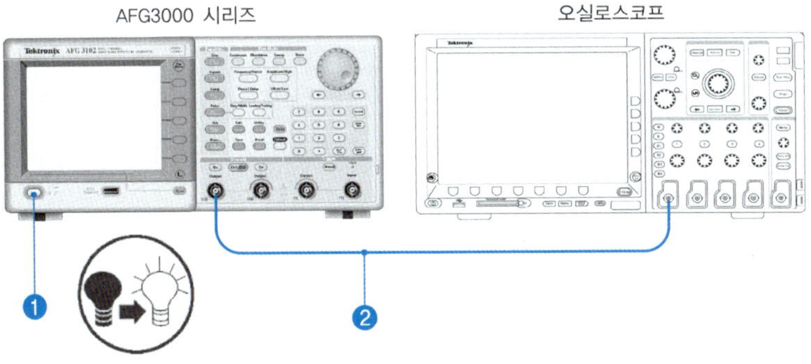

❸ 전면 패널 사인 버튼과 연속 버튼을 차례로 눌러 파형을 선택한다.

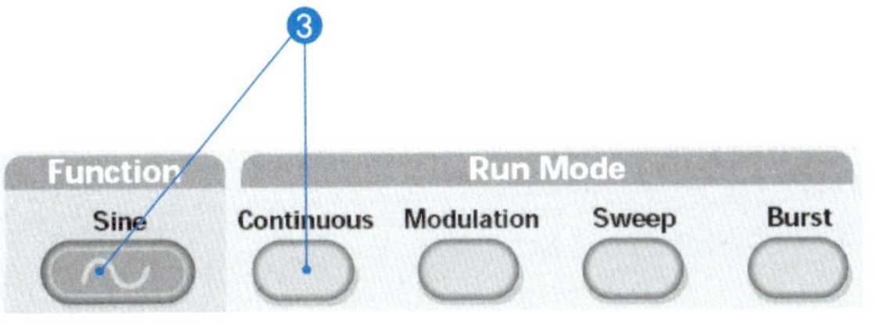

❹ 전면 패널 Ch1 출력 On 버튼을 눌러 출력을 활성화한다.

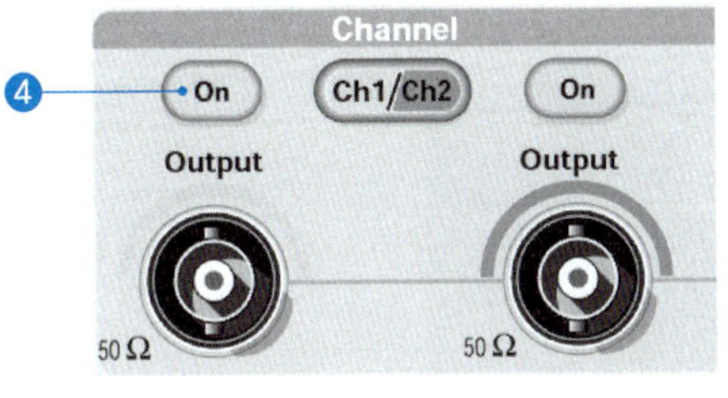

❺ 오실로스코프 자동 스케일 기능을 사용하여 화면에 사인 파형을 표시한다. 장비가 기본 사인 파형을 출력하면 다음과 같이 오실로스코프를 수동으로 설정할 수 있다.

- 0.5s/div
- 200mV/div

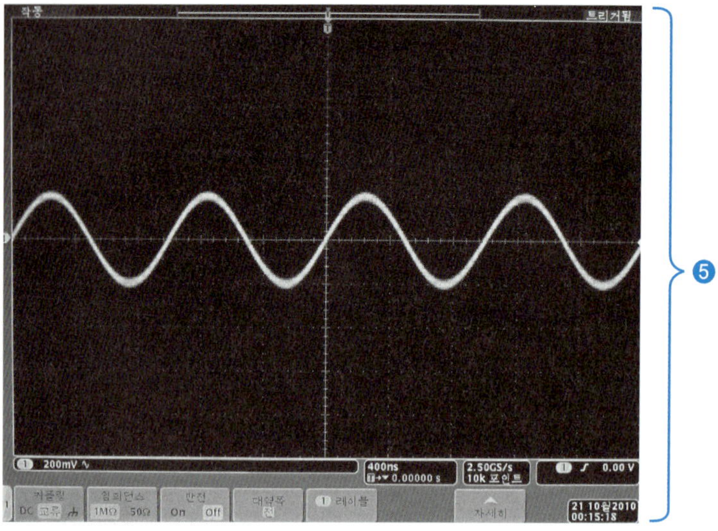

❻ 주파수를 변경하려면 전면 패널 Frequency/Period(주파수/주기) 바로 가기 버튼을 누른다.

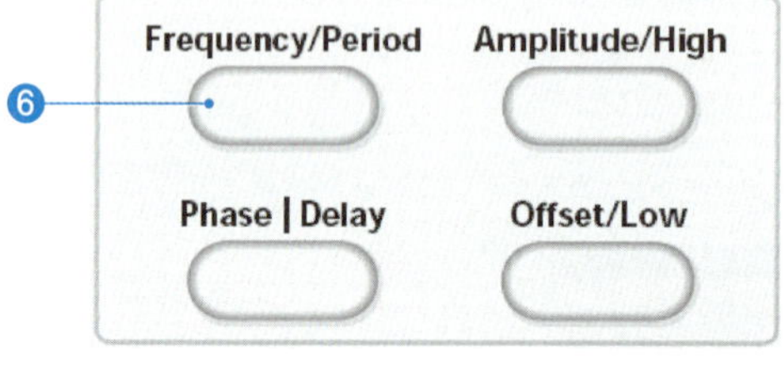

❼ 주파수/주기/위상 메뉴가 표시되고 주파수가 선택된다. 이제 주파수값을 변경할 수 있다.

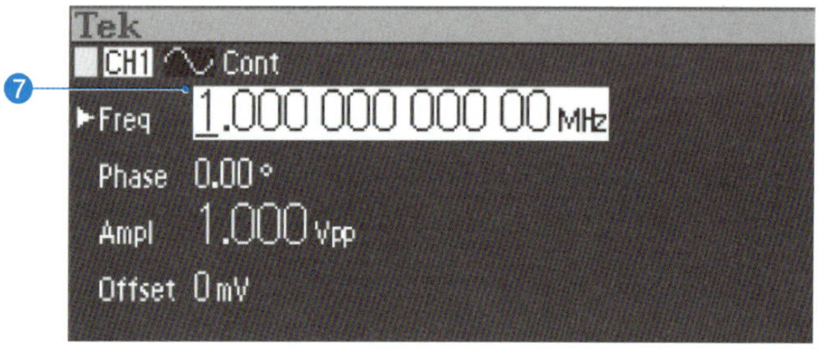

❽ 주파수값을 변경하려면 키패드와 단위 베젤 버튼을 사용한다. 예를 들어, 키패드를 사용하여 '2'라는 값을 입력하면 베젤 메뉴가 자동으로 단위로 변경된다. 주파수값을 입력한 다음 단위 베젤 버튼 또는 전면 패널 입력 버튼을 눌러 입력을 완료한다. 진폭, 위상 및 오프셋 값도 같은 방법으로 변경할 수 있다.

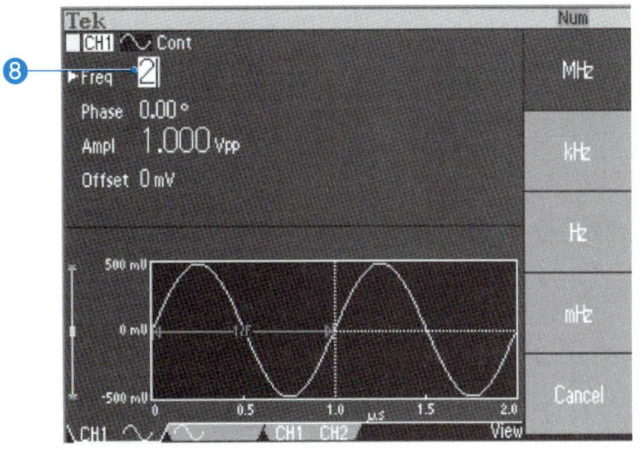

⑨ 범용 노브 및 화살표 키를 사용하여 주파수값을 변경할 수도 있다. 값을 높이려면 노브를 시계 방향으로 돌린다. 특정 디지트를 변경하려면 화살표 키를 눌러 해당 디지트를 선택한다. 그런 다음 노브를 돌려 디지트를 변경한다.

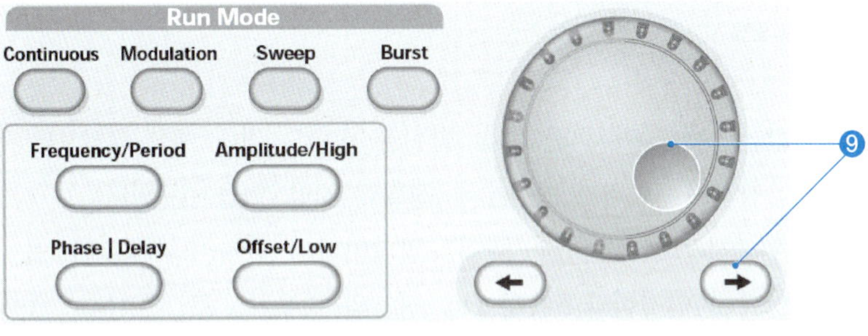

디지털 멀티미터

멀티미터multimeter는 AC 또는 DC의 전압/전류, 저항값, 커패시턴스값, 도통 여부 등을 알기 위한 계측기를 하나에 모아 놓은 기기를 일컫는다. 종류는 크게 눈금 바늘을 가진 아날로그 멀티미터와, 측정값을 세븐 세그먼트나 LCD 등을 통하여 숫자로 보는 디지털 멀티미터로 나눌 수 있다. [그림 7]은 디지털 멀티미터의 예이다.

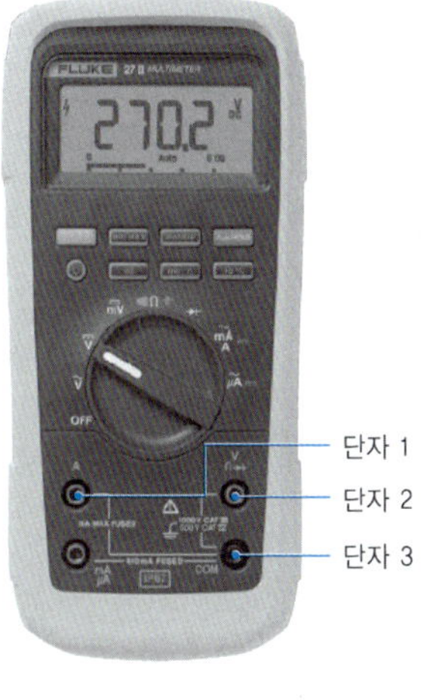

[그림 7] 디지털 멀티미터의 예

멀티미터로 측정 가능한 항목들은 다음과 같다.

- 측정하는 시점의 신호의 직류/교류 전압값
- 측정하는 시점의 신호의 직류/교류 전류값
- 저항값
- 도통 테스트

■ 멀티미터로 전압을 측정하는 방법

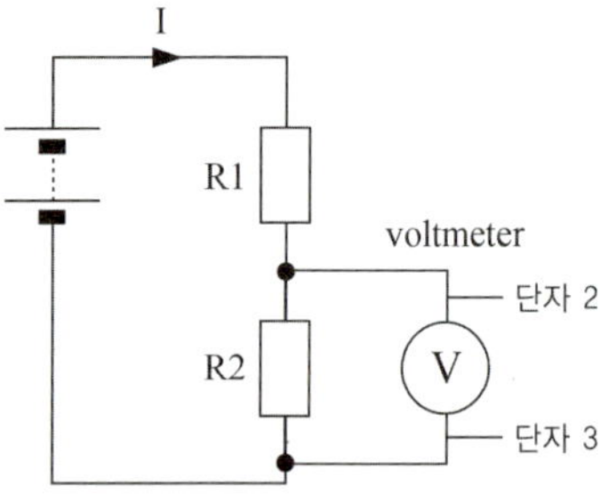

[그림 8] **전압값 측정 시 연결 방법**

❶ 전압의 대략적인 값을 추산하여 전압 측정 범위를 정한다(최대 예상 전압보다 더 높은 값으로 정한다). 참고로, 범위가 좁을수록 정밀한 값을 얻을 수 있다.

❷ 전압을 측정하기 위해서는 [그림 8]과 같이, 멀티미터의 단자 2와 단자 3을 각각 측정하고자 하는 양단에 연결한다. 이때 DC 전압의 경우, +로 예상되는 곳에 단자 2를 연결한다.

❸ 화면에 나오는 값을 읽는다.

■ 멀티미터로 저항을 측정하는 방법

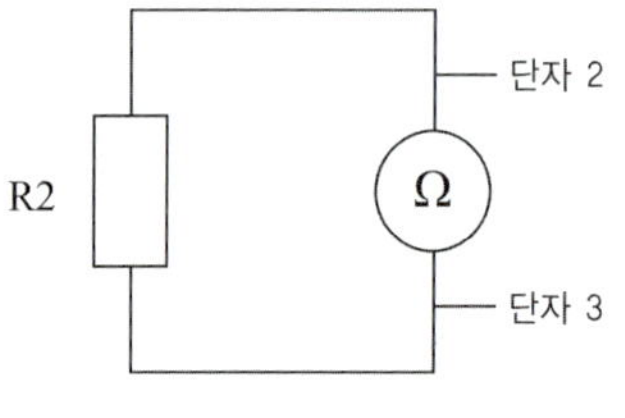

[그림 9] **저항값 측정 시 연결 방법**

❶ 저항의 대략적인 값을 추산하여 저항 측정 범위를 정한다(최대 예상 저항보다 더 높은 값으로 정한다). 참고로, 범위가 좁을수록 정밀한 값을 얻을 수 있다.

❷ 아날로그 테스트의 경우, 멀티미터의 단자 2와 단자 3을 서로 닿게 한 후 영점을 조정한다(0Ω으로). 디지털의 경우 0Ω이 나오는지 본다.

❸ 저항을 측정하기 위해서는 [그림 9]와 같이, 테스터의 단자 2와 단자 3을 각각 저항의 양단에 연결한다.

❹ 화면에 나오는 값을 읽는다. 이때, 단자 2에서는 멀티미터의 내장 전원의 −가 나오고 단자 3에서는 멀티미터의 내장 전원의 +가 나옴을 유의한다.

■ 멀티미터로 전류를 측정하는 방법

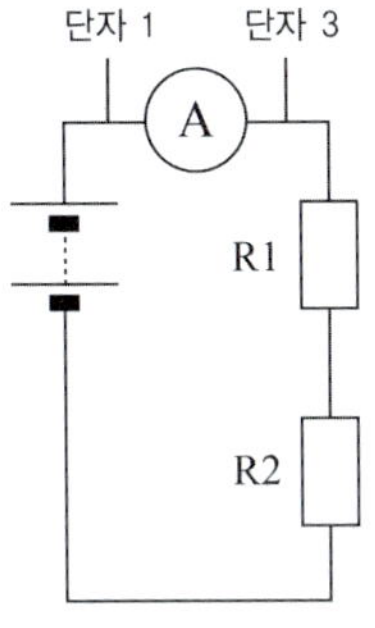

[그림 10] **전류값 측정 시 연결 방법**

❶ 전류의 대략적인 값을 추산하여 전류 측정 범위를 정한다(최대 예상 전류보다 더 높은 값으로 정한다). 참고로, 범위가 좁을수록 정밀한 값을 얻을 수 있다.

❷ 전류를 측정하기 위해서는 [그림 10]과 같이, 측정하고자 하는 전류가 흐르는 지점을 끊은 후 양단에 테스터의 단자 1과 단자 3을 각각 연결한다.

❸ 이때 DC 전류의 경우, 반드시 전압이 높은 곳에 단자 3을 연결한다.

❹ 화면에 나오는 값을 읽는다.

m.e.m.o

실험 01

PN 접합 다이오드 및 제너 다이오드

실험 개요

다이오드(diode)는 전자회로의 가장 기본적인 단위 소자로서 양단에 인가하는 전압 조건에 따라 전류의 흐름이 결정된다. PN 접합 다이오드는 P형과 N형 반도체의 접합으로 구성되어 있으며, 전류를 한쪽으로만 흐르게 하는 소자이다. 다이오드는 순방향으로 전압을 인가하면 소자가 켜지면서 저항이 작아지고, 역방향으로 전압을 인가하면 소자가 꺼지면서 저항이 아주 커지는 특성을 지닌다. 제너 다이오드(zener diode)는 역방향에서 항복 전압을 낮추어 준 소자로서 역방향 바이어스 시 양단 사이의 전압 강하가 일정한 특성을 지닌다. 이 실험에서는 PN 접합 다이오드와 제너 다이오드의 동작 특성을 이해하고, 전압과 전류의 특성을 확인하고자 한다.

실험 기자재 및 부품

- DC 파워 서플라이
- 디지털 멀티미터
- 오실로스코프
- 함수 발생기
- 1N4004 (1개)
- 1N4733 (1개)
- 저항
- 커패시터

1.1 배경 이론

다이오드는 극성 소자로서 양단에 걸리는 전압에 따라 전류 특성이 변하는 비선형 소자이다. 다이오드의 기호는 [그림 1-1]과 같이 나타낼 수 있다.

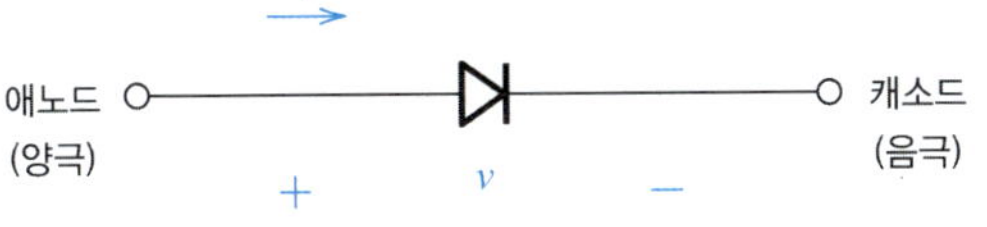

[그림 1-1] 다이오드의 기호

[그림 1-2]는 이상적인 다이오드의 전류-전압 특성을 나타낸 것이다.

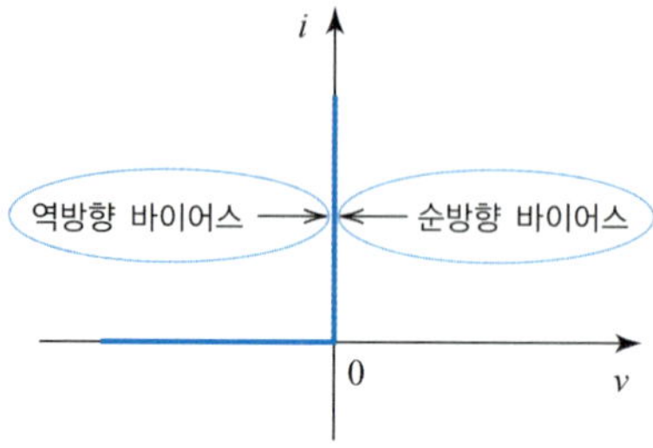

[그림 1-2] 이상적인 다이오드의 전류-전압 특성

다이오드의 음극 cathode 보다 양극 anode 의 전압이 높으면 순방향 바이어스 forward bias 전압이 인가되었다고 하고, 양단 사이의 전압 강하는 없으며 양극에서 음극으로 전류를 흘리게 된다. 순방향 바이어스의 경우는 [그림 1-3(a)]와 같은 등가회로로 나타낼 수 있다. 반대로 음극에 비해서 양극의 전압이 낮으면 역방향 바이어스 reverse bias 전압이 인가되었다고 하며, 양단 사이에 전류는 흐르지 않게 된다. 역방향 바이어스의 경우는 [그림 1-3(b)]와 같은 등가회로로 나타낼 수 있다.

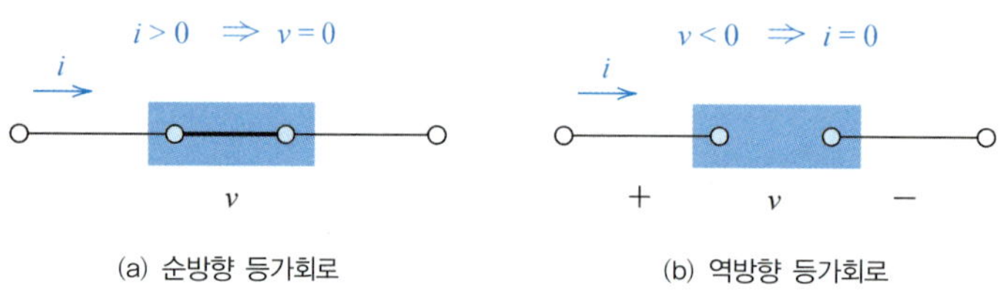

[그림 1-3] 이상적인 다이오드의 순방향/역방향 등가회로

이상적인 다이오드의 경우 [그림 1-3]과 같이 두 가지 동작 영역으로 나뉘며, 순방향 바이어스의 경우 저항이 0, 역방향 바이어스의 경우 저항이 ∞이다. 하지만 실제 PN 접합 다이오드는 [그림 1-4]와 같은 전류-전압 특성을 지닌다.

[그림 1-4]와 같이 PN 접합 다이오드는 양단 사이의 전압에 따라서 세 가지 동작 영역이 있다.

❶ $v > 0$ [V] : 순방향 바이어스 영역 forward bias region
❷ $-V_{ZK} < v < 0$ [V] : 역방향 바이어스 영역 reverse bias region
❸ $v < -V_{ZK}$ [V] : 항복 영역 breakdown region

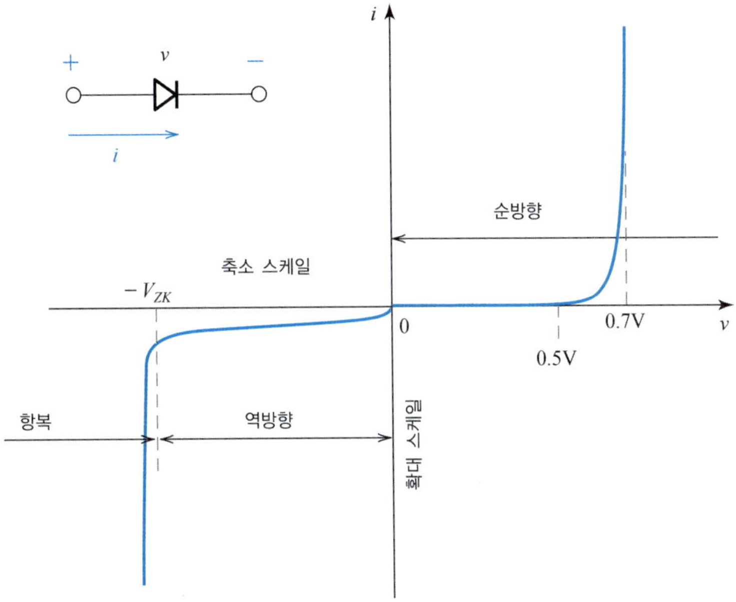

[그림 1-4] PN 접합 다이오드의 전류-전압 특성

순방향 바이어스 영역과 역방향 바이어스 영역에서의 다이오드의 전류-전압 특성은 식 (1.1)과 같이 표현할 수 있다.

$$i = I_S(e^{v/nV_T} - 1) \tag{1.1}$$

여기서 I_S는 스케일 전류를 의미하며, 다이오드의 단면적에 비례하는 양이다. 보통 값이 10^{-15}A 정도이며, 온도의 함수로서 5°C마다 두 배씩 증가한다. 식 (1.1)에서 V_T는 열전압thermal voltage이라고 하고 식 (1.2)와 같이 정의되며, 상온에서의 값은 25mV이다.

$$V_T = \frac{kT}{q} \tag{1.2}$$

k =볼츠만 상수 =1.38×10^{-23} joules/kevin
T =절대온도 = 273 + temperature in °C
q =전하량= 1.60×10^{-19} coulomb

순방향 바이어스 영역에서 식 (1.1)은 식 (1.3)과 같이 근사화할 수 있다.

$$i \approx I_S(e^{v/nV_T}) \tag{1.3}$$

식 (1.3)과 같이 다이오드의 전류식이 지수 함수의 형태이므로, 전류(i)가 10배 증가하더라도 양단 사이의 전압(v)은 수십 mV밖에 변하지 않는 특성을 가진다. [그림 1-5]와 같이 일정한 전류에 대해서 온도가 1°C 증가할 때마다 양단 사이의 전압은 2mV씩 바뀐다.

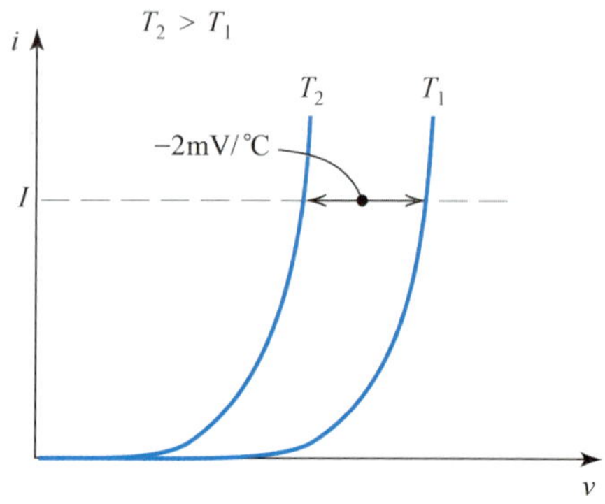

[그림 1-5] 순방향 바이어스 영역에서 PN 접합 다이오드의 온도에 따른 전류-전압 특성

역방향 바이어스 영역에서 식 (1.1)은 식 (1.4)와 같이 근사화할 수 있다. 다이오드 양단 사이의 전압이 음수이고 크기가 V_T(25mV)보다 증가되면, 지수 함수는 0에 수렴하게 되고 $-I_S$의 전류가 흐른다.

$$i \approx -I_S \tag{1.4}$$

역방향 바이어스 전압이 기준 전압 V_{ZK}보다 증가되면, 다이오드는 항복 영역breakdown region에서 동작한다. 항복 영역에서는 좁은 전압 영역에서 전류가 급격하게 증가한다. 일반 PN 접합 다이오드는 항복 영역에서 동작하면 안 되지만, 제너 다이오드는 이 영역의 특성을 이용해서 전압 레귤레이터에 사용된다.

다이오드는 식 (1.1)과 같이 비선형적인 특성을 지니고 있어 해석이 매우 복잡하므로 적절한 모델을 사용해야 한다. [그림 1-6]과 같이 순방향 바이어스 영역에서 PN 접합 다이오드의 전류-전압 특성은 두 개의 직선으로 근사화할 수 있다.

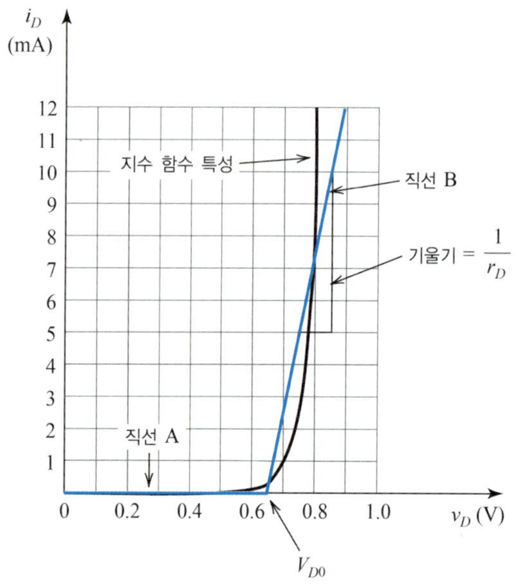

[그림 1-6] 순방향 바이어스 영역에서 PN 접합 다이오드의 전류-전압 특성의 근사화

이와 같이 가장 많이 사용하는 조각적 선형 모델piecewise linear model은 두 개의 직선으로 근사화하는 모델이고, [그림 1-7]과 같이 나타낼 수 있다.

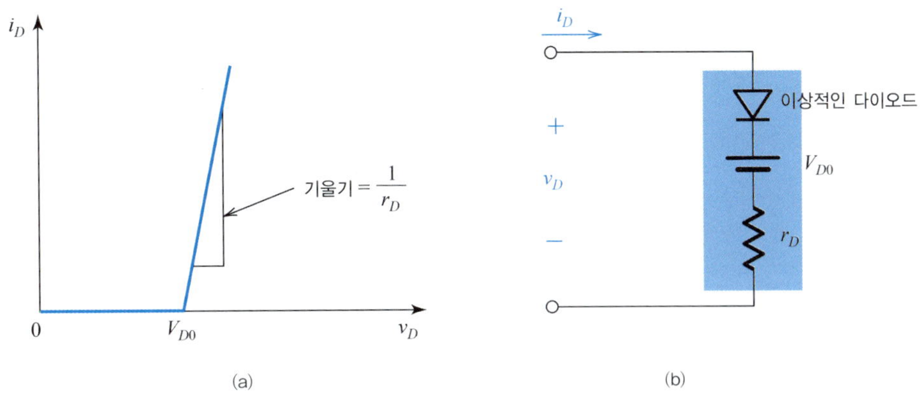

[그림 1-7] 조각적 선형 모델

[그림 1-7(a)]와 같이 v_D가 V_{D0}보다 작을 때는 전류가 흐르지 않고, v_D가 V_{D0}보다 클 때는 i_D는 기울기가 $1/r_D$인 직선으로 근사화할 수 있다. 조각적 선형 모델은 [그림 1-7(b)]와 같이 이상적인 다이오드, DC 전압원 V_{D0}, 내부 저항 r_D로 나타낼 수 있다.

제너 다이오드는 PN 접합 다이오드와는 달리 항복 영역을 사용하는 소자로서 [그림 1-8]과 같은 특성을 지닌다. 제너 다이오드는 양단 사이의 전압이 $-V_{ZK}$보다 작으면 역방향으로 전류가 많이 흐르는 특성을 보이므로, [그림 1-9(a)]와 같이 역방향 전압 V_Z와 역방향 전류 I_Z를 가정하면 해석하기가 쉽다. 즉 V_Z 전압이 V_{Z0}보다 크면 I_Z 전류가 흐른다. 이때 I_Z와 V_Z는 저항 r_z에 의해서 비례 관계가 성립한다.

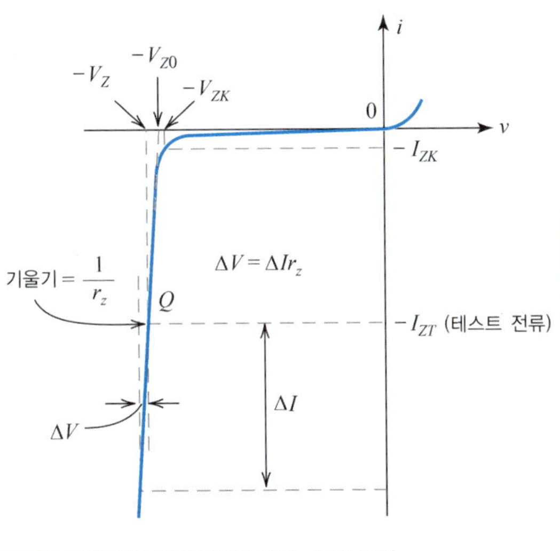

$\Delta V = r_z \Delta I$ (r_z : 소신호 등가 저항)

$V_Z = V_{Z0} + r_z I_z$ ($I_Z > I_{Z0}$, $V_Z > V_{Z0}$)

[그림 1-8] 제너 다이오드의 전류-전압 특성

이 관계를 모델로 표현하면 [그림 1-9(b)]와 같이 DC 전압원 V_{Z0}와 내부 저항 r_z로 나타낼 수 있다.

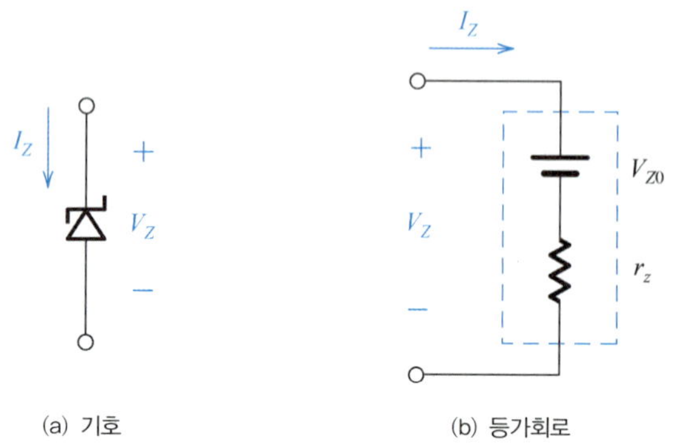

[그림 1-9] 제너 다이오드의 기호와 등가회로

1.2 실험회로 및 PSpice 시뮬레이션

PN 접합 다이오드

[그림 1-10]은 PN 접합 다이오드의 전류-전압 특성을 실험하기 위한 회로이다. V_{sig}의 전압을 음의 전압에서 양의 전압으로 바꾸면, PN 접합 다이오드의 동작 영역이 바뀌면서 전류도 바뀐다. 이때 PN 접합 다이오드 양단 사이의 전압과 전류를 측정하면 된다.

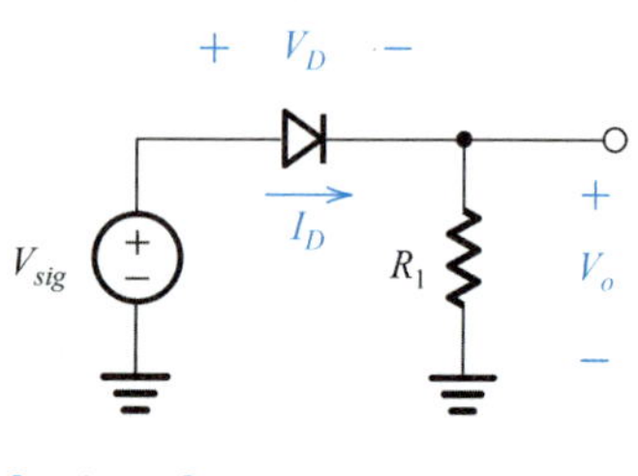

[그림 1-10] PN 접합 다이오드의 전류-전압 특성 회로(실험회로 1)

[그림 1-11]과 [그림 1-12]는 PN 접합 다이오드의 전류-전압 특성을 모의실험하기 위한 회로도와 모의실험 결과이다. 순방향 바이어스인 경우 전압값이 4V일 때 전류가 3.5mA 흐르는 것을 확인할 수 있으나, 역방향 바이어스인 경우는 전류가 거의 흐르지 않는 것을 알 수 있다.

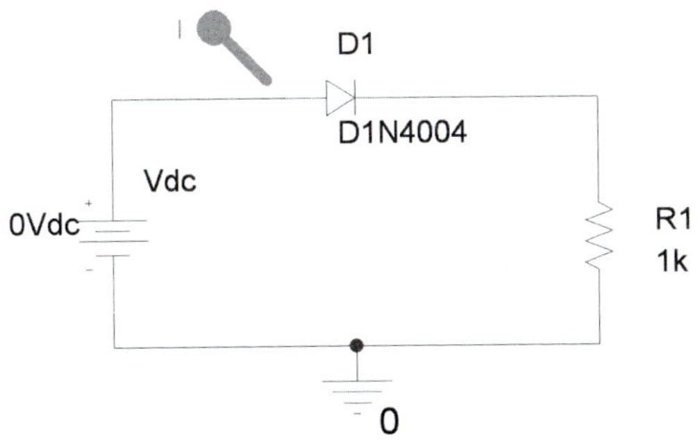

[그림 1-11] PN 접합 다이오드의 전류-전압 특성 모의실험을 위한 PSpice 회로도

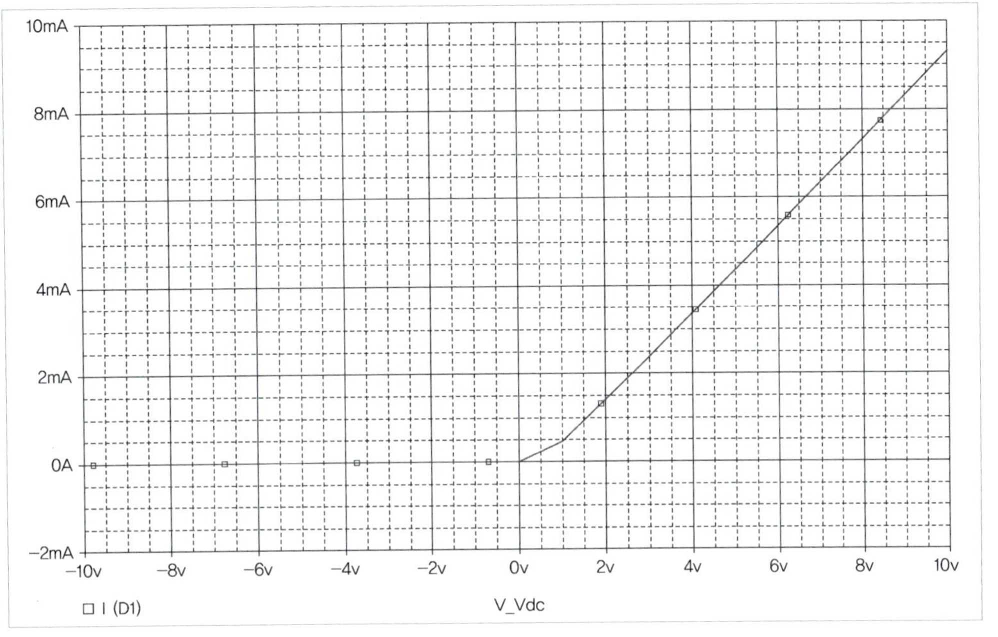

[그림 1-12] PN 접합 다이오드의 전류-전압 특성 모의실험 결과

제너 다이오드

[그림 1-13]은 제너 다이오드의 전류-전압 특성을 실험하기 위한 회로이다. V_{sig}의 전압을 음의 전압에서 양의 전압으로 바꾸면, 제너 다이오드의 동작 영역이 바뀌면서 전류가 바뀌게 된다. 이때 제너 다이오드 양단 사이의 전압과 전류를 측정하면 된다.

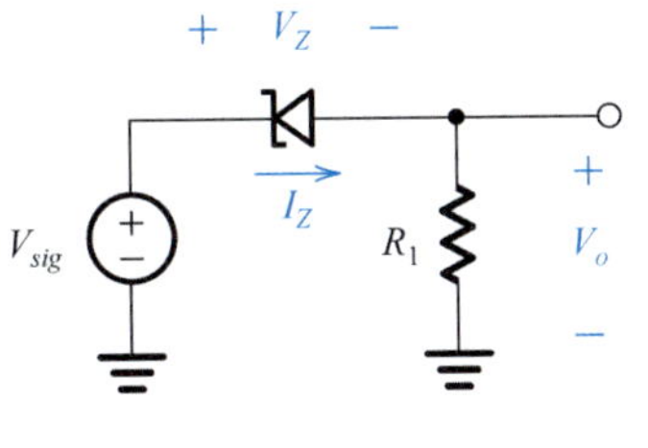

[그림 1-13] 제너 다이오드의 전류-전압 특성 회로(실험회로 2)

[그림 1-14]와 [그림 1-15]는 제너 다이오드의 전류-전압 특성을 모의실험하기 위한 회로도와 모의실험 결과이다. 순방향 바이어스의 파형은 PN 접합 다이오드의 파형과 거의 차이가 없지만, 역방향 바이어스에서는 PN 접합 다이오드보다 항복 전압이 낮은 전압에서 발생함을 알 수 있다.

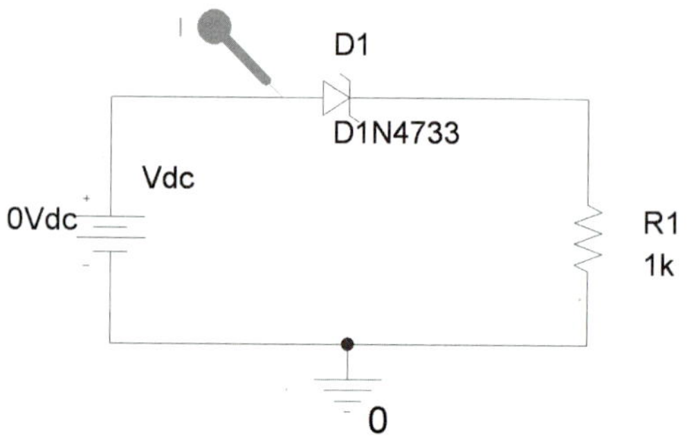

[그림 1-14] 제너 다이오드의 전류-전압 특성을 모의실험하기 위한 PSpice 회로도

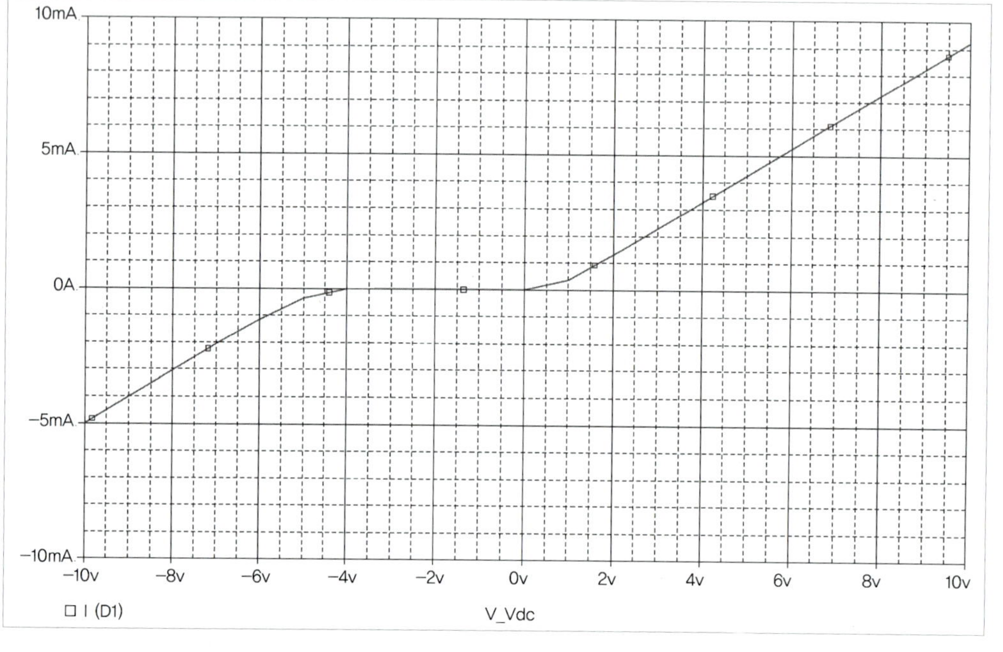

[그림 1-15] 제너 다이오드의 전류-전압 특성 모의실험 결과

1.3 실험 절차

PN 접합 다이오드

1. 실험회로 1([그림 1-10])에서 V_{sig} 전압을 −10V~10V까지 1V 간격으로 바꾸면서, 다이오드 D1(1N4004)에 흐르는 전류(I_D)와 전압 강하(V_D)를 측정하여 [표 1-1]에 기록하시오. I_D, V_D 값을 바탕으로 동작 영역도 같이 기록하시오. 단 V_{sig} 전압을 바꿀 때, 다이오드의 V_{D0} 값을 구하기 위해 600mV~900mV 사이는 50mV 간격으로 측정하시오.
2. [표 1-1]로부터 PN 접합 다이오드의 전류-전압 사이의 관계식을 유도해보시오. 즉 식 (1.1)에서 I_S와 n을 구하시오.
3. [표 1-1]을 바탕으로 PN 접합 다이오드의 전류-전압 특성 곡선을 [그림 1-16]에 그리시오.
4. [표 1-1]과 [그림 1-16]을 바탕으로 PN 접합 다이오드의 등가회로 파라미터들을 구해서 [표 1-2]에 기록하시오. PN 접합 다이오드의 내부 저항은 [그림 1-6]과 같이 전류-전압 특성 곡선의 기울기를 이용하여 구하시오.

제너 다이오드

1. 실험회로 2([그림 1-13])에서 V_{sig} 전압을 −10V~10V까지 1V 간격으로 바꾸면서, 제너 다이오드 D1(1N4733)에 흐르는 전류(I_Z)와 전압 강하(V_Z)를 측정하여 [표 1-3]에 기록하시오. I_Z, V_Z 값을 바탕으로 동작 영역도 같이 기록하시오. 단 V_{sig} 전압을 바꿀 때, 다이오드의 V_{Z0} 값을 구하기 위해 −4V~−5V 사이는 50mV 간격으로 측정하시오. 이 값은 실험에 사용한 제너 다이오드의 종류에 따라서 다를 수 있으니 데이터 시트를 참고하시오.
2. [표 1-3]으로부터 제너 다이오드의 전류-전압 사이의 관계식을 유도해보시오.
3. [표 1-3]을 바탕으로 제너 다이오드의 전류-전압 특성 곡선을 [그림 1-17]에 그리시오.
4. [표 1-3]과 [그림 1-17]을 바탕으로 제너 다이오드의 등가회로 파라미터들을 구해서 [표 1-4]에 기록하시오. 제너 다이오드의 내부 저항은 [그림 1-8]과 같이 전류-전압 특성 곡선의 기울기를 이용하여 구하시오.

1.4 고찰 사항

(1) PN 접합 다이오드의 전류-전압 특성의 측정값과 데이터시트의 값을 비교하고, 차이가 나는 원인을 분석하시오.

(2) 제너 다이오드의 전류-전압 특성의 측정값과 데이터시트의 값을 비교하고, 차이가 나는 원인을 분석하시오.

요약

이 실험에서는 PN 접합 다이오드와 제너 다이오드의 기본적인 동작 원리를 살펴보고, 전류-전압 특성을 공부하였다. 그리고 다이오드와 저항을 이용한 실험회로를 꾸미고, 전류-전압 특성을 측정하였다. 또한 다이오드의 등가회로 모델링에 대해서 공부하고, 측정을 통해서 다이오드의 전압 강하 및 내부 저항을 포함한 등가회로 파라미터들을 구하였다. PN 접합 다이오드와 제너 다이오드의 전류-전압 특성 및 등가회로는 [실험 02]와 [실험 03]에서 다룰 응용 회로의 동작 원리를 이해하고 해석하는 데 반드시 필요하다.

퀴즈

(1) PN 접합 다이오드의 양단 사이의 전압에 따라서 나뉘는 동작 영역으로 알맞지 않은 것은?

① 순방향 바이어스 영역 ② 역방향 바이어스 영역
③ 양방향 바이어스 영역 ④ 항복 영역

(2) 역방향에서 항복전압을 낮추어 전류가 많이 흐르는 특성을 보이는 소자로 알맞은 것은?

① 저항 ② 제너 다이오드
③ 커패시터 ④ 인덕터

(3) 일정한 전류에 대해서 온도가 1°C 증가할 때마다 변하는 전압 특성으로 알맞은 것은?

① −2mV/°C ② 2mV/°C
③ 5mV/°C ④ −10mV/°C

(4) [그림 1-7(b)]와 같이 조각적 선형 모델로 다이오드를 나타낼 때 v_D가 V_{D0}보다 큰 경우, 전류-전압 그래프의 기울기로 알맞은 것은?

① $\dfrac{1}{v_D+V_{D0}}$　　② $\dfrac{1}{v_D+r_D}$

③ $\dfrac{1}{r_D}$　　④ $\dfrac{1}{v_D}$

(5) 이상적인 다이오드의 경우, 역방향 바이어스의 저항을 나타낸 것으로 알맞은 것은?

① 0　　② −10

③ 5　　④ ∞

(6) PN 접합 다이오드의 등가회로를 그리시오.

(7) 제너 다이오드의 등가회로를 그리시오.

(8) 정류기의 용도를 설명하시오.

예비 보고 사항

(1) PN 접합 다이오드의 기본 구조와 동작 원리를 설명하시오.
(2) PN 접합 다이오드의 동작 영역과 전류-전압 특성을 설명하시오.
(3) 실험에 사용할 PN 접합 다이오드 1N4004의 데이터시트를 참고로 전류-전압 특성을 파악하고, PSpice를 이용해서 실험회로 1([그림 1-10])의 전류-전압 특성 그래프를 그리시오.
(4) PSpice 실험 결과를 바탕으로 PN 접합 다이오드의 등가회로를 그리시오.
(5) 제너 다이오드의 기본 구조와 동작 원리를 설명하시오.
(6) 제너 다이오드의 동작 영역과 전류-전압 특성을 설명하시오.
(7) 실험에 사용할 제너 다이오드 1N4733의 데이터시트를 참고로 전류-전압 특성을 파악하고, PSpice를 이용해서 실험회로 2([그림 1-13])의 전류-전압 특성 그래프를 그리시오.

m.e.m.o

자르는 선

실험 01 실험 결과

[실험 절차]에 따라 [실험 결과]를 작성하시오.

PN 접합 다이오드

1

[표 1-1] PN 접합 다이오드의 전류-전압 특성

V_{sig} 전압	V_D 전압	I_D 전류	동작 영역	V_{sig} 전압	V_D 전압	I_D 전류	동작 영역
−10V				750mV			
−9V				800mV			
−8V				850mV			
−7V				900mV			
−6V				1V			
−5V				2V			
−4V				3V			
−3V				4V			
−2V				5V			
−1V				6V			
0V				7V			
600mV				8V			
650mV				9V			
700mV				10V			

2

PN 접합 다이오드의 전류-전압 사이의 관계식 유도

3

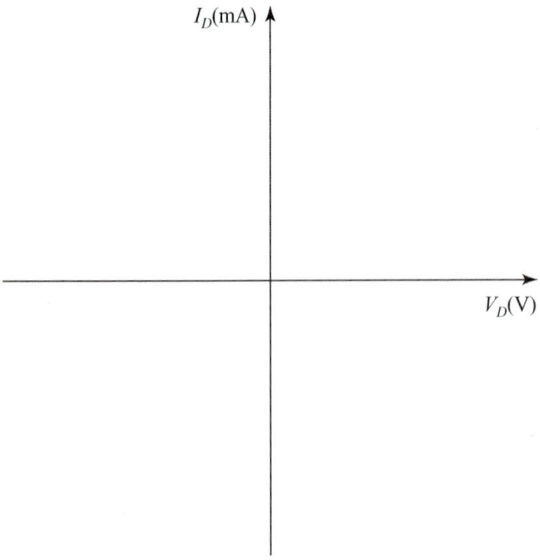

[그림 1-16] PN 접합 다이오드의 전류-전압 특성

4

[표 1-2] PN 접합 다이오드의 등가회로 파라미터들

V_{DD} 전압	ΔV_D	ΔI_D	$r_D = \Delta V_D / \Delta I_D$

자르는 선

제너 다이오드

1

[표 1-3] 제너 다이오드의 전류-전압 특성

V_{sig} 전압	V_Z 전압	I_Z 전류	동작 영역	V_{sig} 전압	V_Z 전압	I_Z 전류	동작 영역
−10V				−4.25V			
−9V				−4.2V			
−8V				−4.15V			
−7V				−4.1V			
−6V				−4.05V			
−5V				−4V			
−4.95V				−3V			
−4.9V				−2V			
−4.85V				−1V			
−4.8V				0V			
−4.75V				1V			
−4.7V				2V			
−4.65V				3V			
−4.6V				4V			
−4.55V				5V			
−4.5V				6V			
−4.45V				7V			
−4.4V				8V			
−4.35V				9V			
−4.3V				10V			

2

제너 다이오드의 전류-전압 사이의 관계식 유도

3

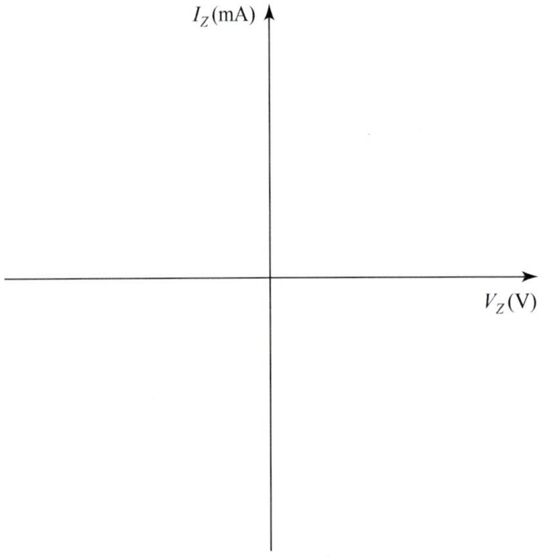

[그림 1-17] 제너 다이오드의 전류-전압 특성

4

[표 1-4] 제너 다이오드의 등가회로 파라미터들

V_{Z0} 전압	ΔV_Z	ΔI_Z	$r_Z = \Delta V_Z / \Delta I_Z$

실 험

02 정류회로

실험 개요

[실험 01]에서 확인한 것처럼 다이오드는 한 방향으로만 전류를 흐르게 하는 특성을 지니고 있으며, 이러한 특성을 정류회로에 사용할 수 있다. 이 실험에서는 다이오드의 기본 특성을 이용한 정류회로들을 구성하고 실험을 통하여 특성을 확인하고자 한다. 또한 정류회로 중 반파 정류회로뿐만 아니라, 전파 정류회로 및 브리지 정류회로의 특성도 살펴보고 서로 비교해보자.

실험 기자재 및 부품

- DC 파워 서플라이
- 함수 발생기
- 저항
- 디지털 멀티미터
- 1N4004 (1개)
- 커패시터
- 오실로스코프
- 1N4728 (1개)

2.1 배경 이론

[그림 2-1]은 DC 파워 시스템의 블록 다이어그램이다. 120V, 60Hz의 교류 입력 전압을 받으면 트랜스포머를 거쳐서 원하는 전압 크기로 스케일링을 하게 된다. 다이오드 정류기diode rectifier를 거치면 교류 성분의 음의 전압이 양의 전압으로 바뀌고, 필터를 거치면 파형이 직류 성분에 가까워진다. 필터의 출력 전압은 리플이 크기 때문에 전압 레귤레이터voltage regulator를 거치면 직류 전압을 얻을 수 있고, 부하에 원하는 직류 전압과 전류를 공급할 수 있다.

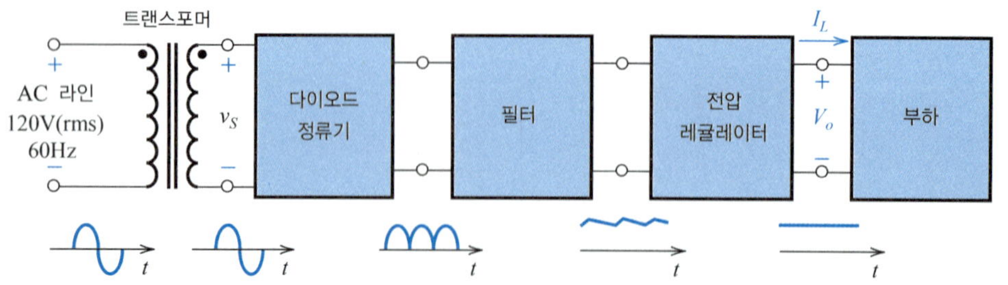

[그림 2-1] DC 파워 시스템의 블록 다이어그램

이와 같은 DC 파워 시스템에서 중요한 역할을 하는 회로가 정류회로rectifier이다. [그림 2-2(a)]는 기본적인 반파 정류회로half-wave rectifier이다. [그림 2-2(b)]와 같이 반파 정류회로의 다이오드를 조각적 선형 모델piecewise linear model로 대치하면 해석하기가 쉽다.

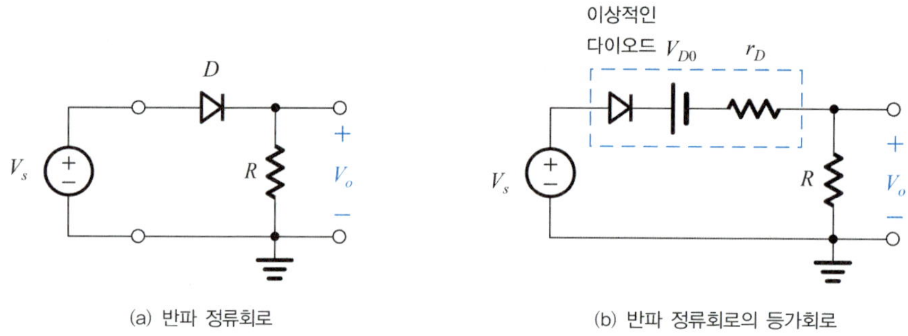

[그림 2-2] 반파 정류회로 및 반파 정류회로의 등가회로

[그림 2-2(b)]에서 입력 전압과 출력 전압 사이의 관계를 구하면 식 (2.1)과 같이 나타낼 수 있으며, 이를 바탕으로 [그림 2-3]과 같은 전압 전달 특성 곡선을 그릴 수 있다.

$$\begin{aligned} V_o &= 0, \quad V_s < V_{D0} \\ V_o &= \frac{R}{R+r_D} V_s - V_{D0} \frac{R}{R+r_D}, \quad V_s \geq V_{D0} \\ &\approx V_s - V_{D0} \quad (r_D << R) \end{aligned} \tag{2.1}$$

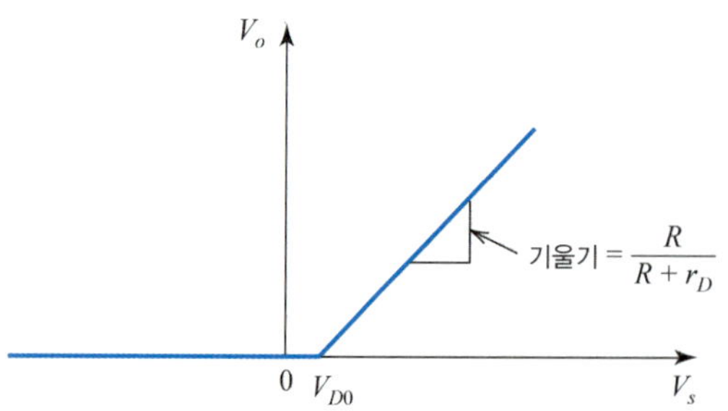

[그림 2-3] 반파 정류회로의 전압 전달 특성 곡선

다이오드의 내부 저항(r_D)은 부하 저항(R)에 비해서 작지만, 다이오드 내부의 전위 장벽built-in voltage으로 인해서 내부 전압 강하 V_{D0}가 존재한다.

[그림 2-4]는 반파 정류회로의 입력-출력 파형이다. 입력이 V_{D0}보다 작으면 출력은 0V가 되며, 입력이 V_{D0}보다 크면 입력으로부터 V_{D0}만큼 전압 강하된 출력이 생성된다.

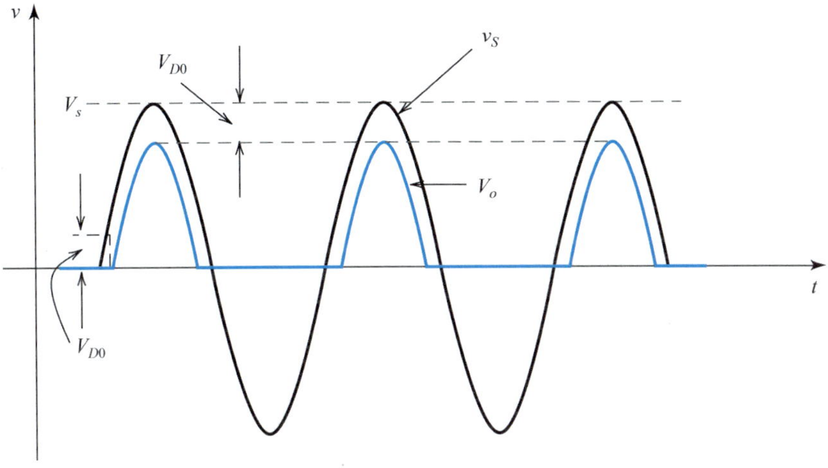

[그림 2-4] **반파 정류회로의 입력-출력 파형**

반파 정류회로는 한 주기 중에서 반 주기 동안에만 정류 동작을 하기 때문에 효율성에 문제가 생기므로, 전체 주기에 걸쳐 정류 동작을 하는 전파 정류회로full-wave rectifier를 많이 사용한다. 반파 정류회로의 개념을 이용하면 [그림 2-5]와 같은 전파 정류회로를 구성할 수 있다.

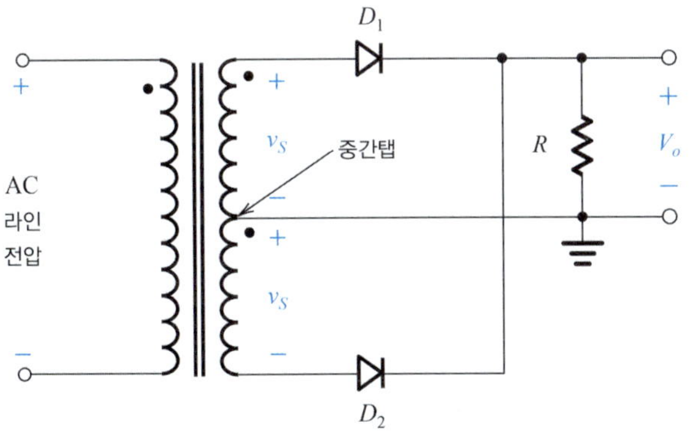

[그림 2-5] **전파 정류회로**

전파 정류회로는 중간탭이 있는 트랜스포머center-tapped transformer를 이용하여 교류 입력 전압으로부터 180° 위상차가 나는 v_S와 $-v_S$ 신호를 만들어 각 신호에 대해서 반파 정류를 한다. 즉 v_S 신호가 V_{D0}보다 클 때는 D_1 다이오드가 켜지면서 정류 동작을 하고,

$-v_S$ 신호가 V_{D0}보다 클 때는(즉 v_S 신호가 $-V_{D0}$보다 작을 때) D_2 다이오드가 켜지면서 정류 동작한다. 따라서 [그림 2-6]과 같은 전압 전달 특성을 지니게 된다.

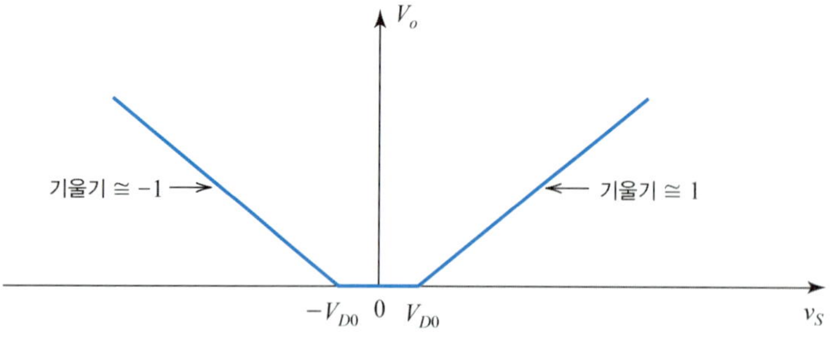

[그림 2-6] **전파 정류회로의 전압 전달 특성 곡선**

[그림 2-7]은 전파 정류회로의 입력-출력 파형이다. 입력 전압의 양, 음의 전압에 대해서 정류를 하며, 입력-출력 사이에 V_{D0}만큼의 전압 강하가 발생함을 알 수 있다.

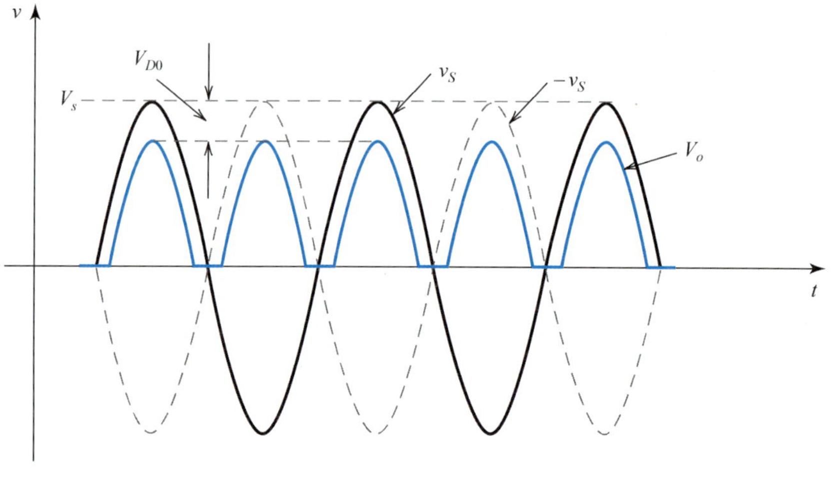

[그림 2-7] **전파 정류회로의 입력-출력 파형**

[그림 2-5]에서 사용된 중간탭이 있는 트랜스포머는 크기가 너무 커서 [그림 2-8]과 같이 트랜스포머와 다이오드 4개로 구성된 브리지 정류회로[full-bridge rectifier]를 많이 사용한다.

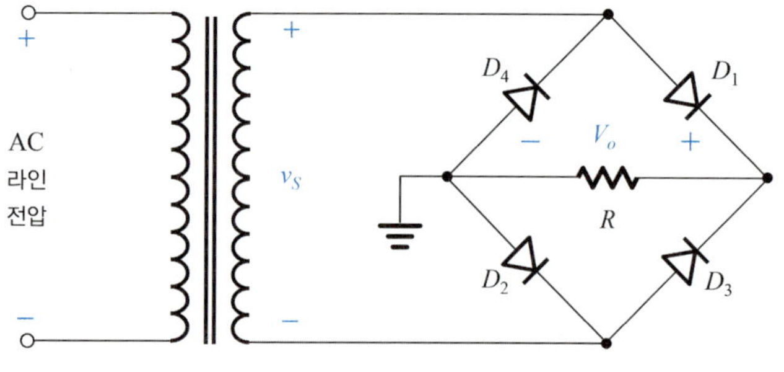

[그림 2-8] **브리지 정류회로**

브리지 정류회로의 동작을 살펴보면, 다음과 같이 세 가지 영역으로 나눌 수 있다.

❶ v_S 전압이 $2V_{D0}$보다 크면, D_1과 D_2가 켜지고, V_o는 값이 $v_S - 2V_{D0}$이다. 즉 $V_o = v_S - 2V_{D0}(v_S \geq 2V_{D0})$이다.

❷ v_S 전압이 $-2V_{D0}$보다 작으면, D_3와 D_4가 켜지고, V_o는 값이 $-v_S - 2V_{D0}$이다. 즉 $V_o = -v_S - 2V_{D0}(v_S \leq -2V_{D0})$이다.

❸ v_S 전압이 $-2V_{D0}$보다 크고 $+2V_{D0}$보다 작으면, v_S와 V_o 사이의 다이오드가 모두 켜지지 못하므로 V_o는 전압이 0V이다. 즉 $V_o = 0(-2V_{D0} < v_S < 2V_{D0})$이다.

[그림 2-9]는 브리지 정류회로의 입력-출력 파형이다. 입력 전압으로부터 $2V_{D0}$만큼 전압 강하가 된 출력이 생성됨을 알 수 있다.

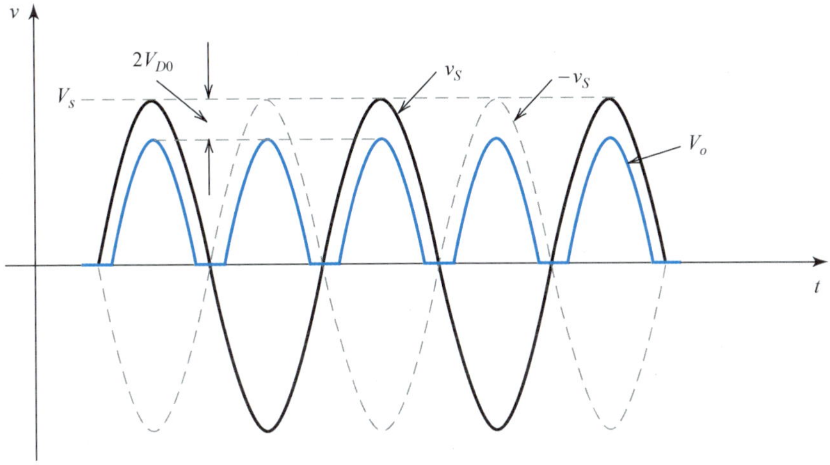

[그림 2-9] 브리지 정류회로의 입력-출력 파형

[그림 2-10]은 필터 커패시터가 있는 반파 정류기, 즉 피크 정류기이다. 필터 커패시터 C를 출력에 추가함으로써 출력이 피크값을 따라가고, 리플이 줄어드는 것을 알 수 있다.

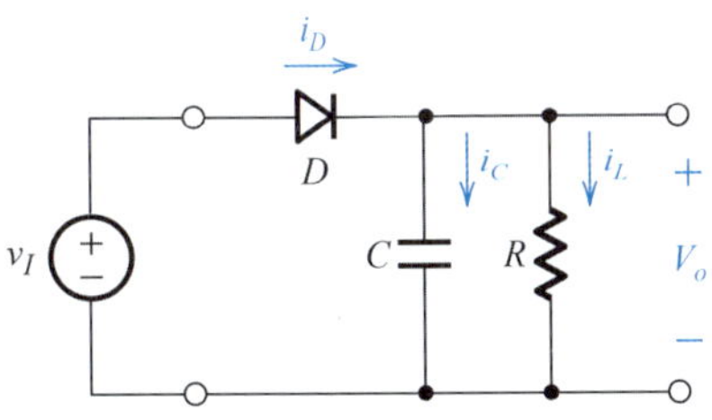

[그림 2-10] 필터 커패시터가 있는 반파 정류기(피크 정류기)

[그림 2-11]에서 다음과 같이 동작함을 알 수 있다.

❶ $t < t_1$인 경우에는 다이오드 D가 꺼져 있고, 저항 R을 통해서 커패시터의 전하가 방전되므로, 출력 전압(V_o)은 RC 시정수로 감소된다.

❷ $t = t_1$에서 v_I가 커패시터 양단 사이의 전압(V_o)보다 V_{D0} 이상 증가되면 다이오드 D가 켜지고, 출력 전압은 입력 전압을 따라가게 된다.

❸ $t = t_2$에서 $v_I - V_o < V_{D0}$가 성립하면 다이오드 D가 꺼지고, 저항 R을 통해서 커패시터의 전하가 방전되므로 출력 전압(V_o)은 RC 시정수로 감소된다.

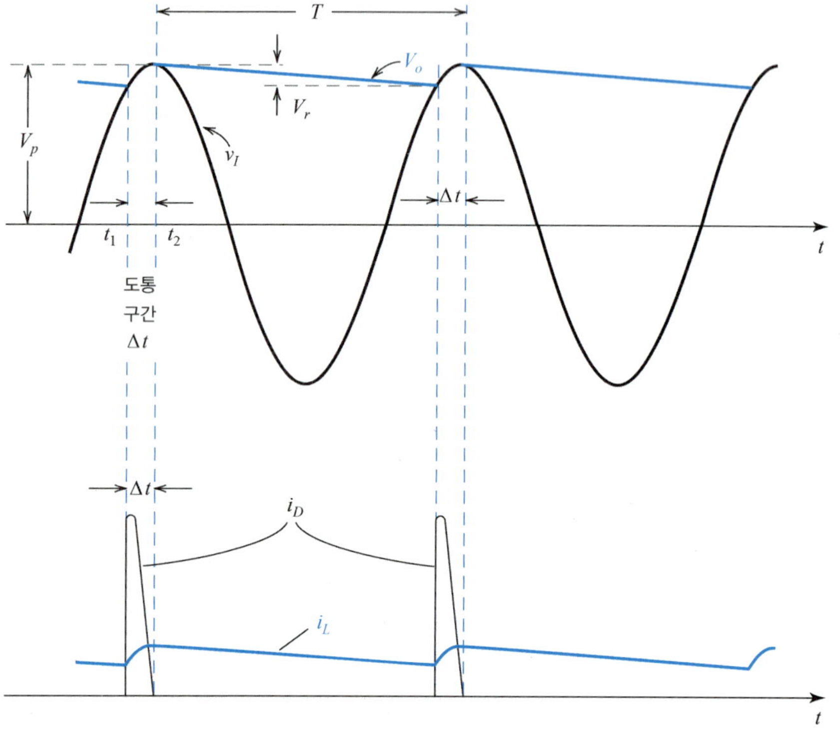

[그림 2-11] 필터 커패시터가 있는 반파 정류기(피크 정류기)의 입력-출력 파형

2.2 실험회로 및 PSpice 시뮬레이션

반파 정류회로 및 피크 정류회로

[그림 2-12]는 PN 접합 다이오드와 저항으로 구성된 반파 정류회로이다. 다이오드의 방향을 보면, v_S 전압이 v_{D0}보다 높을 때만 다이오드가 켜짐을 알 수 있다.

[그림 2-13]은 PN 접합 다이오드와 커패시터, 저항으로 구성된 피크 정류회로이다. 다이오드의 방향을 보면, v_S 전압이 v_{D0}보다 높을 때만 다이오드가 켜지고 출력 쪽의 커패시터에 의해서 출력 전압이 필터링됨을 알 수 있다.

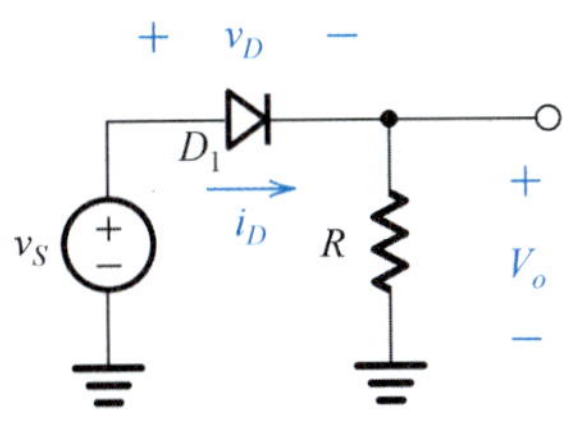

[그림 2-12] 반파 정류회로(실험회로 1)

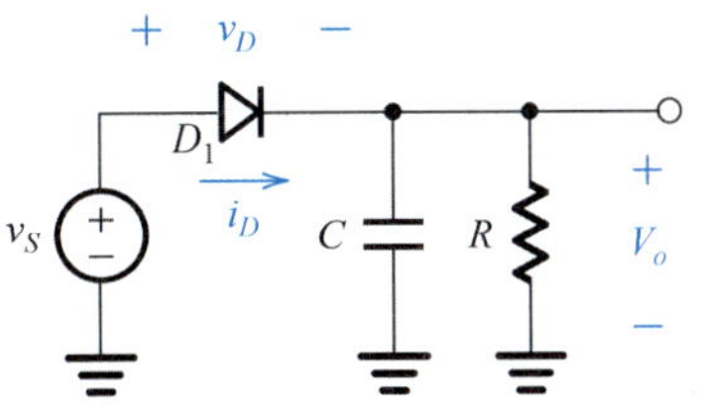

[그림 2-13] 피크 정류회로(실험회로 2)

[그림 2-14]와 [그림 2-15]는 피크 정류회로도 및 PSpice 모의실험 결과이다.

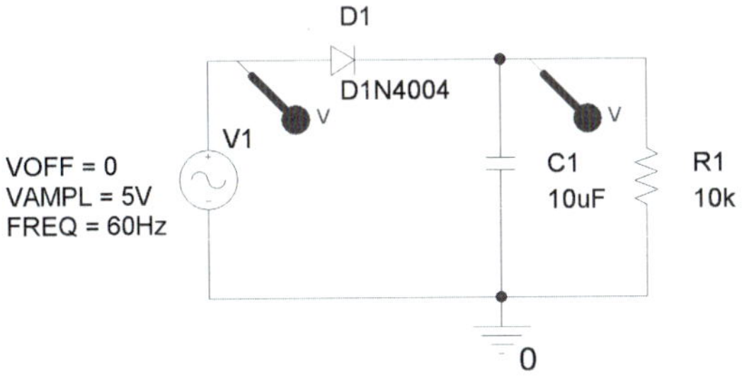

[그림 2-14] PSpice 모의실험을 위한 피크 정류회로도

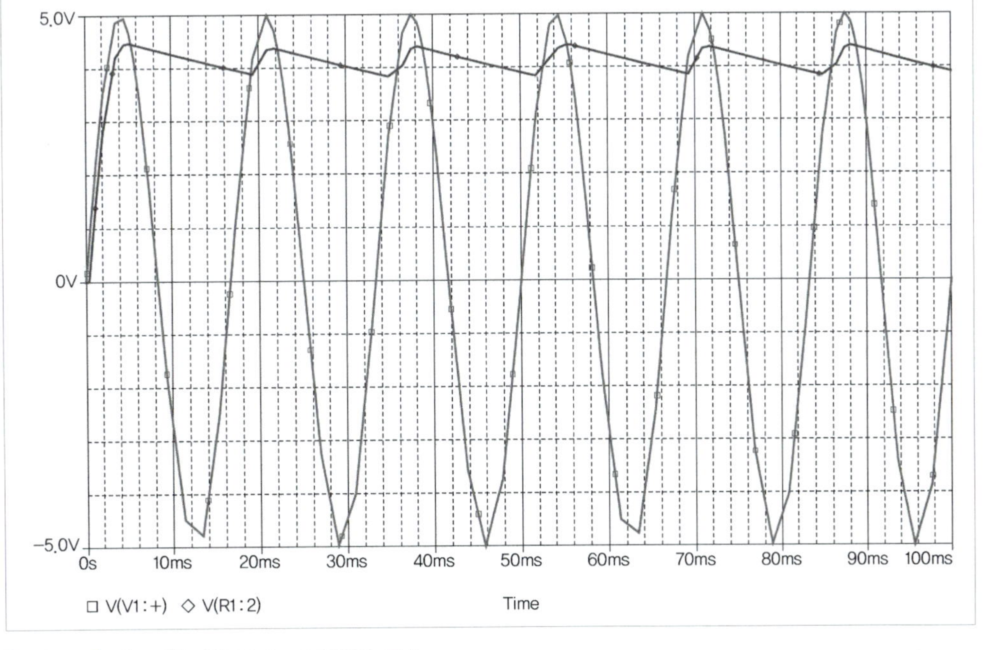

[그림 2-15] 피크 정류기의 PSpice 모의실험 결과

브리지 정류회로

[그림 2-16]은 PN 접합 다이오드 4개와 저항으로 구성된 브리지 정류회로이다. v_S 전압에 따라서 2개의 다이오드들이 켜지면서 저항을 통해 출력 전압이 형성된다.

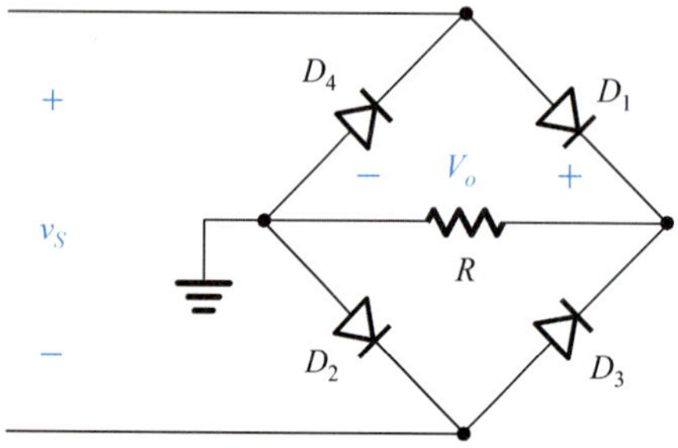

[그림 2-16] **브리지 정류회로(실험회로 3)**

[그림 2-17]은 PN 접합 다이오드 4개와 저항, 필터 커패시터로 구성된 브리지 정류회로이다. v_S 전압에 따라서 2개의 다이오드들이 켜지면서 저항을 통해 출력 전압이 형성되고, 커패시터에 의해서 출력 전압이 필터링된다.

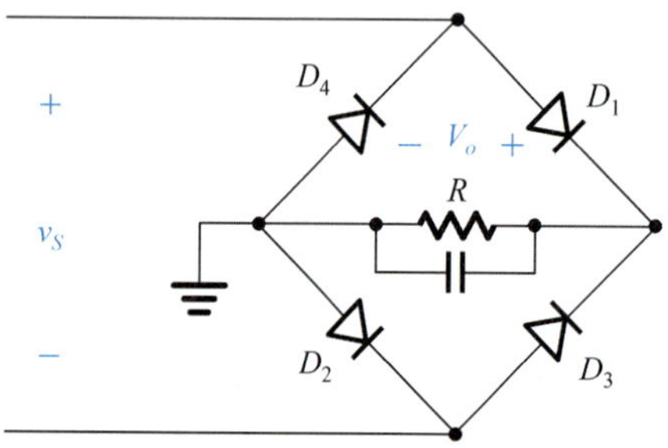

[그림 2-17] **필터 커패시터가 있는 브리지 정류회로(실험회로 4)**

[그림 2-18]과 [그림 2-19]는 브리지 정류기의 회로도 및 PSpice 모의실험 결과이다.

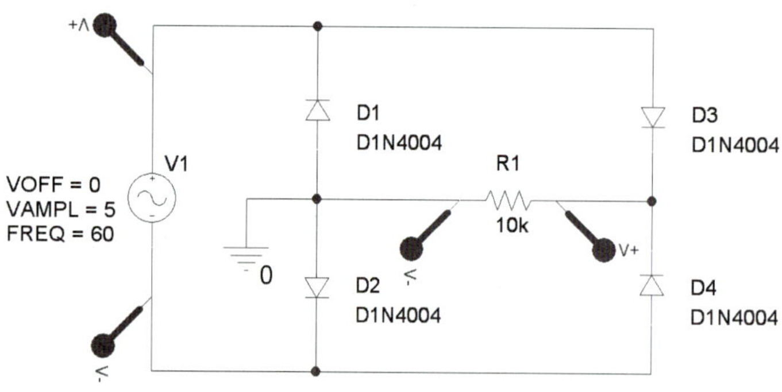

[그림 2-18] **PSpice 모의실험을 위한 브리지 정류회로**

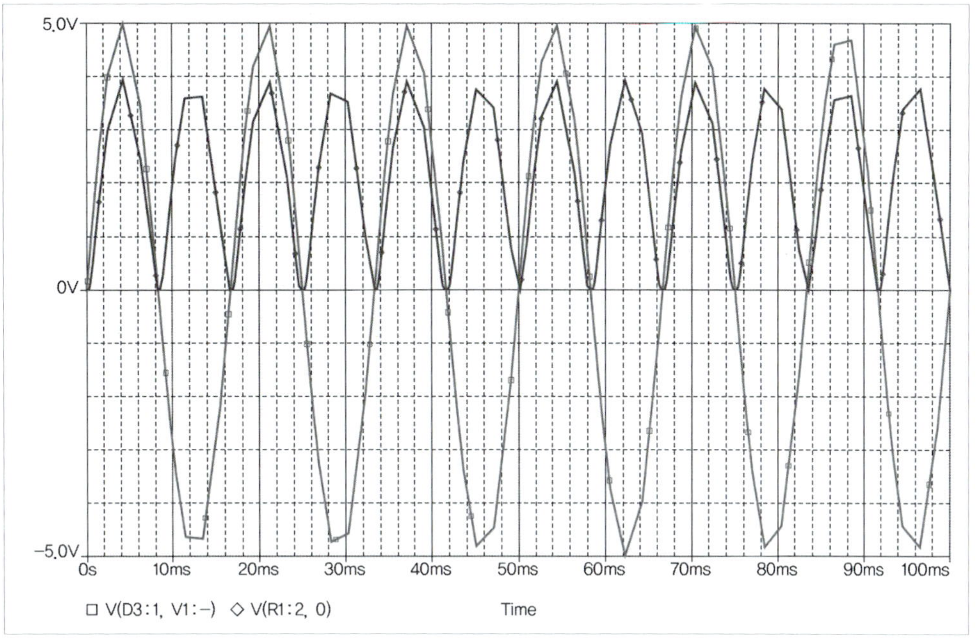

[그림 2-19] 브리지 정류회로의 PSpice 모의실험 결과

[그림 2-20]과 [그림 2-21]은 필터 커패시터가 있는 브리지 정류회로도 및 PSpice 모의실험 결과이다.

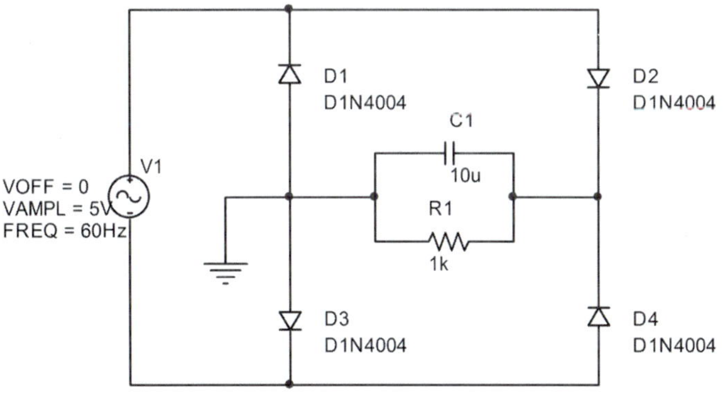

[그림 2-20] PSpice 모의실험을 위한 필터 커패시터가 있는 브리지 정류회로도

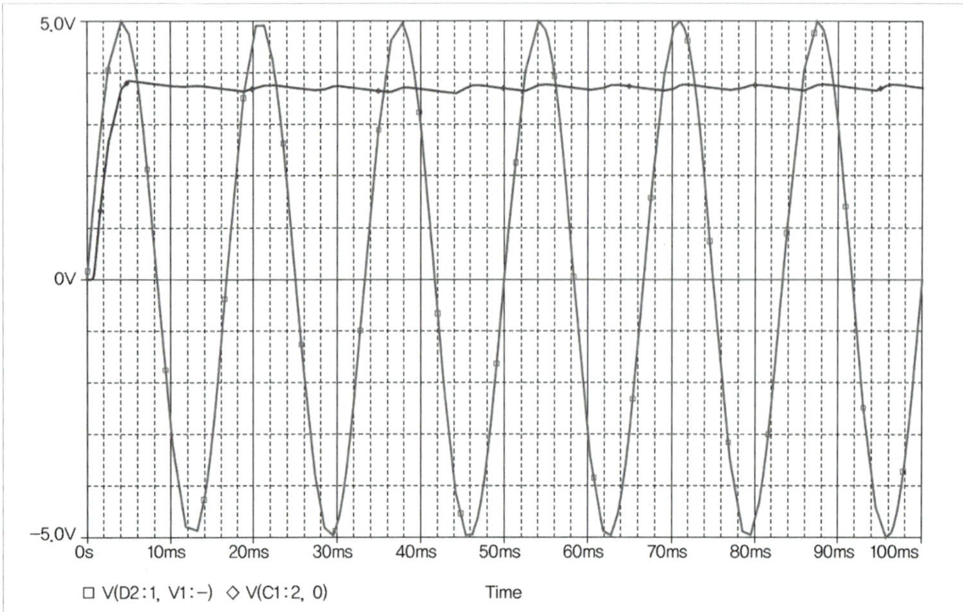

[그림 2-21] 필터 커패시터가 있는 브리지 정류회로의 모의실험 결과

2.3 실험 절차

반파 정류회로 및 피크 정류회로

1. 실험회로 1([그림 2-12])에서, v_S에 피크 값이 5V이고 주파수가 100Hz인 정현파를 인가한다. 부하 저항 R에 10kΩ을 연결하고, 입력 v_S와 출력 V_o의 파형을 측정해서 [그림 2-22]에 기록하시오.
2. [그림 2-22]의 파형으로부터 출력 V_o의 평균값root mean square을 구하시오.
3. 실험회로 1의 출력에 커패시터 10μF의 C를 병렬로 연결해서 실험회로 2([그림 2-13])와 같은 피크 정류기를 구성한다. v_S에 피크값이 5V이고 주파수가 100Hz인 정현파를 인가한다. 부하 저항값을 100Ω, 1kΩ, 10kΩ, 100kΩ으로 바꿔가면서, 입력 v_S와 출력 V_o의 파형을 측정해서 [그림 2-23]에 각각 기록하시오.
4. [그림 2-23]의 파형으로부터 출력 V_o의 리플ripple 값과 평균값을 구하여 [표 2-1]에 기록하시오.

브리지 정류회로

1 실험회로 3([그림 2-16])에서, v_S에 피크값이 5V이고 주파수가 100Hz인 정현파를 인가한다. 부하 저항 R에 10kΩ을 연결하고, 입력 v_S와 출력 V_o의 파형을 측정해서 [그림 2-24]에 기록하시오.

2 [그림 2-24]의 파형으로부터 출력 V_o의 평균값을 구하시오.

3 실험회로 3의 출력에 커패시터 10μF의 C를 병렬로 연결해서 실험회로 4([그림 2-17])와 같은 브리지 정류기를 구성한다. v_S에 피크값이 5V이고 주파수가 100Hz인 정현파를 인가한다. 부하 저항값을 100Ω, 1kΩ, 10kΩ, 100kΩ으로 바꿔가면서, 입력 v_S와 출력 V_o의 파형을 측정해서 [그림 2-25]에 각각 기록하시오.

4 [그림 2-25]의 파형으로부터 출력 V_o의 리플값과 평균값을 구하여 [표 2-2]에 기록하시오.

2.4 고찰 사항

(1) 피크 정류기의 R, C 값과 리플의 크기 사이의 관계를 설명하시오. 리플을 줄이기 위해서 R, C 값을 키울 경우, 발생할 수 있는 단점을 설명하시오.

(2) 다이오드의 비선형 특성에 의한 정류기 출력의 비선형성을 설명하시오.

(3) 브리지 정류회로가 중간탭이 있는 전파 정류기에 비해 가지는 장단점을 설명하시오.

요약

이 실험에서는 다이오드를 이용한 응용 회로 중에서 정류회로를 살펴보았다. 가장 기본이 되는 반파 정류회로의 동작 원리와 입력-출력 특성을 공부하고, 회로를 구성하여 입력-출력 파형을 측정하였다. 반파 정류기의 출력에 커패시터를 달아서 리플을 줄이고, 피크를 검출하는 피크 정류회로도 실험하였다. 커패시터의 크기는 일정하게 두고, 부하 저항의 크기에 따른 RC 시정수를 조정하면서 리플에 미치는 영향을 관찰하였다. 또한 전파 정류기로 가장 많이 사용되는 브리지 정류회로의 동작 원리를 공부하고, 실험을 통해서 입력-출력 파형을 관찰하였다. 반파 정류기보다는 전파 정류기가 효율이 좋으며, RC 필터를 추가할 경우 DC 전압에 가까운 출력을 얻을 수 있음을 확인하였다. 또한 다이오드를 통한 전압 강하 V_{D0}만큼 출력 전압이 떨어지고, 다이오드 내부 저항에 의해서 출력이 감소됨을 확인하였다. 피크 정류회로에서는 RC 값을 증가시키면 리플을 감소시킬 수 있지만, 초기 전압 안정화 시간이 길어지고, 소자 크기가 커지는 단점이 있음을 확인하였다.

퀴즈

(1) 교류 입력 전압을 받아 원하는 전압 크기로 스케일링할 때 사용하는 회로는?

① 브리지 정류회로　② 트랜스포머
③ 전파 정류회로　④ 반파 정류회로

(2) 출력단에 필터 커패시터를 추가시켜 출력이 피크값을 따라가고 리플이 줄어들게 하는 회로는?

① 전파 정류회로　② 브리지 정류회로
③ 피크 정류회로　④ 반파 정류회로

(3) 정류기의 용도를 설명하시오.

(4) 브리지 정류회로의 동작 원리를 설명하고 입력-출력 파형을 그리시오.

(5) 피크 정류회로의 R, C 값과 리플 사이의 관계를 설명하시오.

예비 보고 사항

(1) 전력 시스템에서 정류기가 필요한 이유를 설명하시오.
(2) 반파 정류회로의 동작 원리와 입력-출력 전달 특성을 설명하시오.
(3) PSpice를 이용하여 반파 정류회로의 입력-출력 파형을 그리시오.
(4) 브리지 정류회로의 동작 원리와 입력-출력 전달 특성을 설명하시오.
(5) PSpice를 이용하여 브리지 정류회로의 입력-출력 파형을 그리시오.
(6) 피크 정류회로의 동작 원리와 입력-출력 전달 특성을 설명하시오.
(7) PSpice를 이용하여 피크 정류회로의 입력-출력 파형을 그리시오.

실험 02 실험 결과

[실험 절차]에 따라 [실험 결과]를 작성하시오.

반파 정류회로 및 피크 정류회로

1

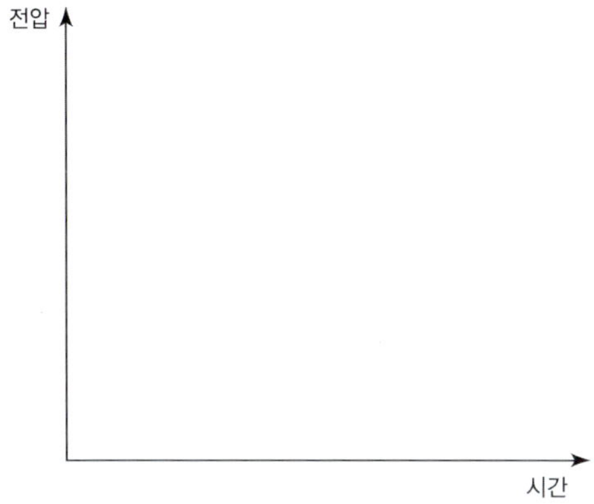

[그림 2-22] 반파 정류기의 입력-출력 파형

2

반파 정류기 출력의 평균값 계산

3

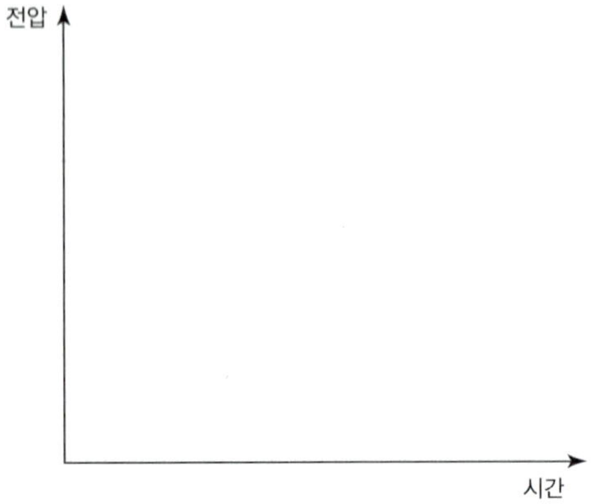

(a) R = 100Ω일 때

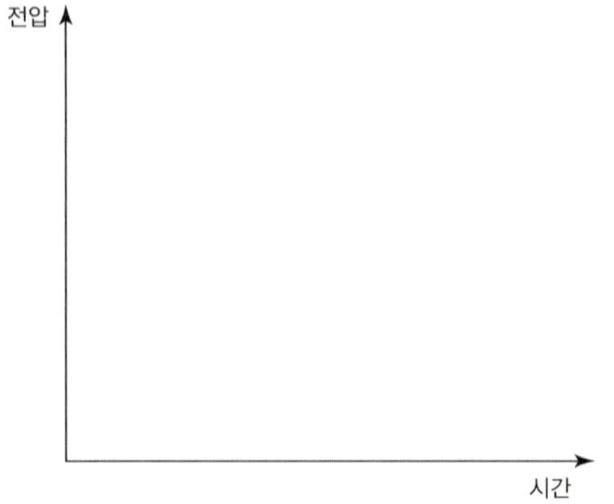

(b) R = 1kΩ일 때

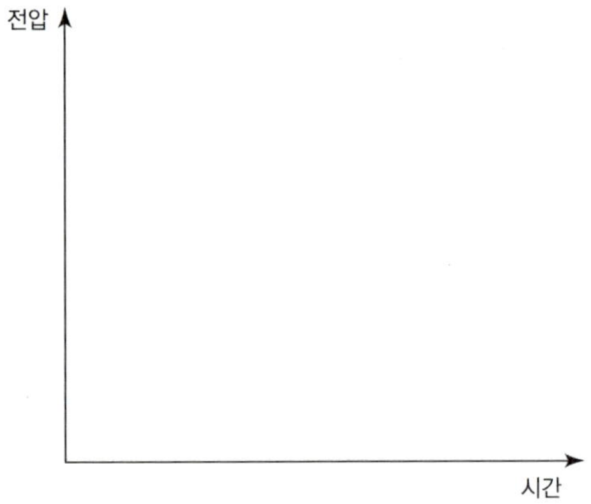

(c) R = 10kΩ일 때

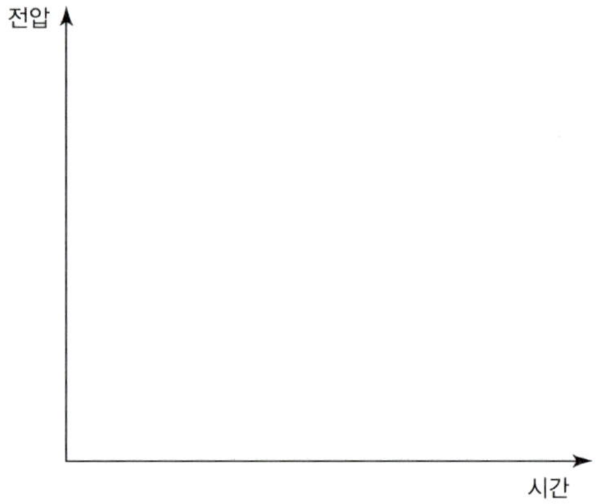

(d) R = 100kΩ일 때

[그림 2-23] R 값의 변화에 따른 피크 정류기의 입력-출력 파형

4

[표 2-1] 부하 저항 R에 따른 출력의 리플값 및 평균값

R	출력의 리플값	출력의 평균값
100Ω		
1kΩ		
10kΩ		
100kΩ		

브리지 정류회로

1

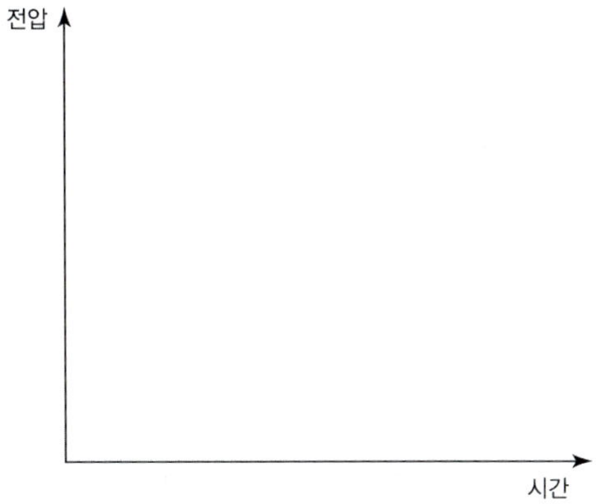

[그림 2-24] 브리지 정류회로의 입력-출력 파형

2

브리지 정류회로 출력의 평균값 계산

[그림 3-1]은 PN 접합 다이오드를 이용한 전압 레귤레이터 회로이다. 입력 전압 V_{in}이 변하거나, 부하 저항 R_L이 달라져서 부하 전류 I_L이 변하더라도 출력 전압 V_{out}의 변화가 최소가 되어야 한다.

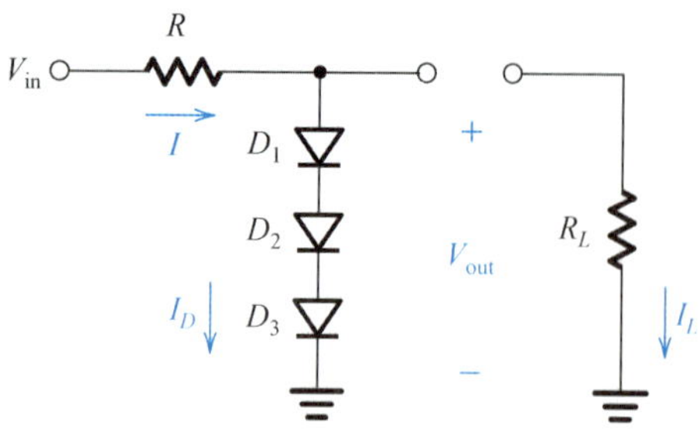

[그림 3-1] PN 접합 다이오드를 이용한 전압 레귤레이터 회로

[그림 3-1]의 전압 레귤레이터 회로를 분석하기 위해 [실험 01]에서 설명한 다이오드의 조각적 선형 모델piecewise linear model을 이용하면 [그림 3-2]와 같은 등가회로를 그릴 수 있다.

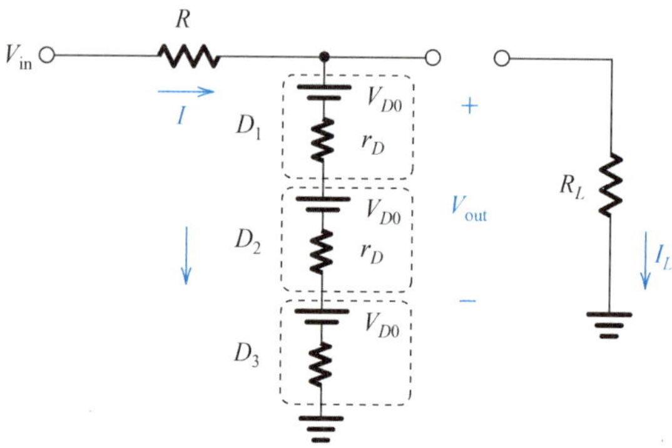

[그림 3-2] PN 접합 다이오드를 이용한 전압 레귤레이터의 등가회로

[그림 3-2]에서 부하 저항 R_L이 없을 경우를 살펴보면 다음과 같다. 다이오드 내부 저항 r_D를 계산하기 위해 V_{out} 노드의 전압의 초기값을 $3V_{D0}$로 가정하면, 전류 I는 식 (3.1)과 같고, 내부 저항 r_D는 식 (3.2)와 같이 나타낼 수 있다.

$$I(\text{초기}) = \frac{V_{in} - 3V_{D0}}{R} \tag{3.1}$$

$$r_D = \frac{V_T}{I(\text{초기})} \quad (\text{여기서, } V_T = \frac{kT}{q}) \tag{3.2}$$

위의 경우 출력 전압 V_{out}을 구하면 식 (3.3)과 같다.

$$\begin{aligned} V_{\text{out}} &= 3V_{D0} + I_D(3r_D) \\ &= 3V_{D0} + (3r_D) \times \frac{V_{\text{in}} - 3V_{D0}}{R + 3r_D} \end{aligned} \tag{3.3}$$

식 (3.3)으로부터 입력 전압 V_{in}이 변할 때, 출력 전압 V_{out}의 변화율을 계산하면 식 (3.4)와 같다.

$$\Delta V_{\text{out}} = \frac{3r_D}{R + 3r_D} \times \Delta V_{\text{in}} \tag{3.4}$$

식 (3.4)로부터 라인 레귤레이션 특성을 유도하면 식 (3.5)와 같다.

$$\frac{\Delta V_{\text{out}}}{\Delta V_{\text{in}}} = \frac{3r_D}{R + 3r_D} \tag{3.5}$$

예를 들어 $\Delta V_{\text{in}} = 100\text{mV}$, $3r_D = 10\Omega$, $R = 1\text{k}\Omega$이라고 할 때, $\Delta V_{\text{out}} = 0.99\text{mV}$임을 알 수 있고, 라인 레귤레이션 특성은 0.99mV/100mV = 9.9mV/1V로 나타낼 수 있다.

한편, 부하 저항 R_L이 연결되어 출력 쪽으로 I_L 전류가 흐르는 경우의 전압 레귤레이터 특성을 살펴보면 식 (3.6)과 같다. 부하 쪽으로 전류가 흐를수록 출력 전압 V_{out}은 낮아지게 된다.

$$\begin{aligned} V_{\text{out}} &= 3V_{D0} + I_D(3r_D) \\ &= 3V_{D0} + (I - I_L) \times (3r_D) \end{aligned} \tag{3.6}$$

식 (3.6)으로부터 부하 전류 I_L의 변화에 따른 출력 전압 V_{out}의 변화를 계산하면 식 (3.7)과 같다.

$$\Delta V_{\text{out}} = -3r_D \times \Delta I_L \tag{3.7}$$

식 (3.7)로부터 부하 전류의 변화 $\Delta I_L = 1\text{mA}$이고 $3r_D = 10\Omega$일 때, 출력 전압의 변화 $\Delta V_{\text{out}} = -10\text{mV}$임을 알 수 있고 부하 레귤레이션 특성은 −10mV/mA로 나타낼 수 있다.

제너 다이오드를 이용한 전압 레귤레이터

PN 접합 다이오드를 이용한 전압 레귤레이터의 경우 V_{D0} 전압이 0.7V 부근으로, 높은 출력 전압을 얻기 위해서는 PN 접합 다이오드가 여러 개 필요하다는 단점이 있다. 이를 해결하기 위해서는 항복 전압이 높은 제너 다이오드를 이용한 전압 레귤레이터를 사용할 수 있다. [그림 3-3]은 제너 다이오드를 이용한 전압 레귤레이터 회로이다. 입력 전압 V_{in}이 변하거나, 부하 저항 R_L이 달라져서 부하 전류 I_L이 변하더라도 출력 전압 V_{out}의 변화가 최소가 되어야 한다.

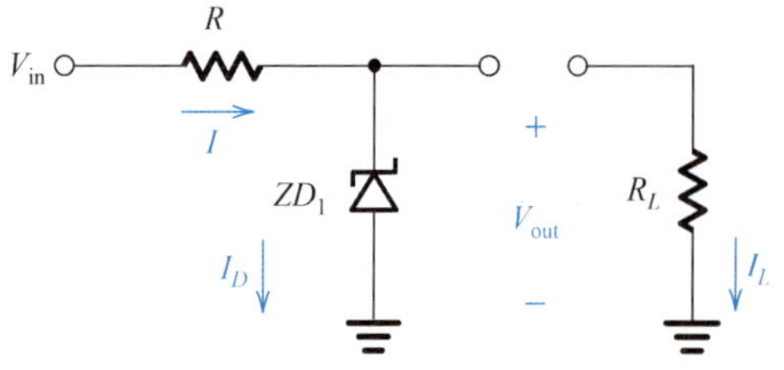

[그림 3-3] 제너 다이오드를 이용한 전압 레귤레이터 회로

[그림 3-3]의 전압 레귤레이터 회로를 분석하기 위해서 [실험 01]에서 설명한 제너 다이오드의 조각적 선형 모델piecewise linear model을 이용하면 [그림 3-4]와 같은 등가회로를 그릴 수 있다.

[그림 3-4]에서 부하 저항 R_L이 없는 경우를 살펴보면 다음과 같다. 출력 전압 V_{out}을 구하면 식 (3.8)과 같다.

$$\begin{aligned} V_{out} &= V_{Z0} + I_D(r_z) \\ &= V_{Z0} + (r_z) \times \frac{V_{in} - V_{Z0}}{R + r_z} \end{aligned} \tag{3.8}$$

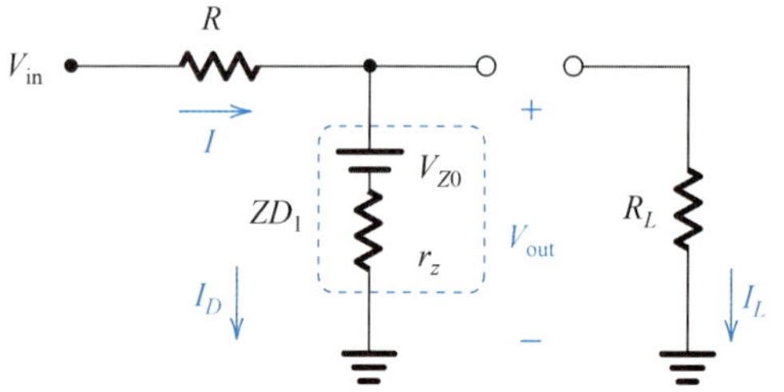

[그림 3-4] 제너 다이오드를 이용한 전압 레귤레이터의 등가회로

식 (3.8)로부터 입력 전압 V_{in}이 변할 때, 출력 전압 V_{out}의 변화율을 계산하면 식 (3.9)와 같다.

$$\Delta V_{out} = \frac{r_z}{R + r_z} \times \Delta V_{in} \tag{3.9}$$

식 (3.4)로부터 라인 레귤레이션 특성을 유도하면 식 (3.10)과 같다.

$$\frac{\Delta V_{\text{out}}}{\Delta V_{\text{in}}} = \frac{r_z}{R + r_z} \qquad (3.10)$$

예를 들어 $V_{\text{in}} = 100\text{mV}$, $r_z = 10\Omega$, $R = 1\text{k}\Omega$이라고 할 때, $V_{\text{out}} = 0.99\text{mV}$임을 알 수 있고, 라인 레귤레이션 특성은 0.99mV/100mV = 9.9mV/1V로 나타낼 수 있다.

한편, 부하 저항 R_L이 연결되어서 출력 쪽으로 I_L 전류가 흐르는 경우의 제너 다이오드를 이용한 전압 레귤레이터 특성을 살펴보면 식 (3.11)과 같다. 부하 쪽으로 전류가 흐를수록 출력 전압 V_{out}은 낮아지게 된다.

$$\begin{aligned} V_{\text{out}} &= V_{Z0} + I_D(r_z) \\ &= V_{Z0} + (I - I_L) \times (r_z) \end{aligned} \qquad (3.11)$$

식 (3.11)로부터 부하 전류 I_L의 변화에 따른 출력 전압 V_{out}의 변화를 계산하면 식 (3.12)와 같다.

$$\Delta V_{\text{out}} = -r_z \times \Delta I_L \qquad (3.12)$$

식 (3.12)로부터 부하 전류의 변화 $I_L = 1\text{mA}$이고 $r_z = 10\Omega$일 때, 출력 전압의 변화 $\Delta V_{\text{out}} = -10\text{mV}$임을 알 수 있고, 부하 레귤레이션 특성은 −10mV/mA로 나타낼 수 있다.

3.2 실험회로 및 PSpice 시뮬레이션

전압 레귤레이터 회로

[그림 3-5]는 PN 접합 다이오드 3개와 저항을 이용한 전압 레귤레이터 회로이다. 다이오드 3개를 직렬로 연결하였으므로 V_{D0} 전압 근처의 출력 전압이 생성되고, 다이오드의 내부 저항과 저항 R과의 비에 의해서 라인 레귤레이션 특성이 결정된다. 또한 다이오드의 내부 저항이 작을수록 부하 레귤레이션 특성도 좋아진다.

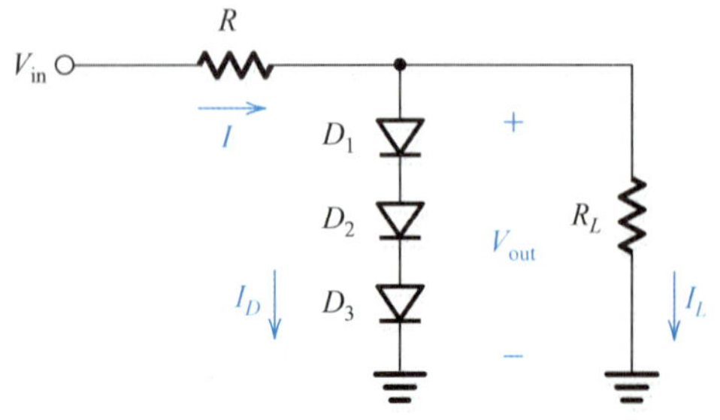

[그림 3-5] PN 접합 다이오드를 이용한 전압 레귤레이터 회로(실험회로 1)

[그림 3-6]은 제너 다이오드를 이용한 전압 레귤레이터 회로이다. PN 접합 다이오드의 경우, 출력 전압이 높을 때 다이오드 여러 단을 직렬로 연결해야 하므로 소자의 개수가 많아지는 문제가 있다. 제너 다이오드가 켜졌을 때 양단 사이의 전압 강하는 상대적으로 PN 접합에 비해서 크므로, 소자의 개수를 줄일 수 있는 장점이 있다.

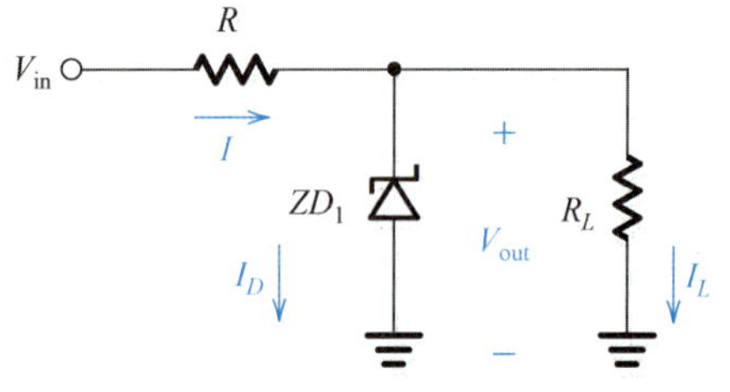

[그림 3-6] 제너 다이오드를 이용한 전압 레귤레이터 회로(실험회로 2)

[그림 3-7]과 [그림 3-8]은 PSpice를 이용한 제너 다이오드 레귤레이터의 회로도와 모의실험 결과이다.

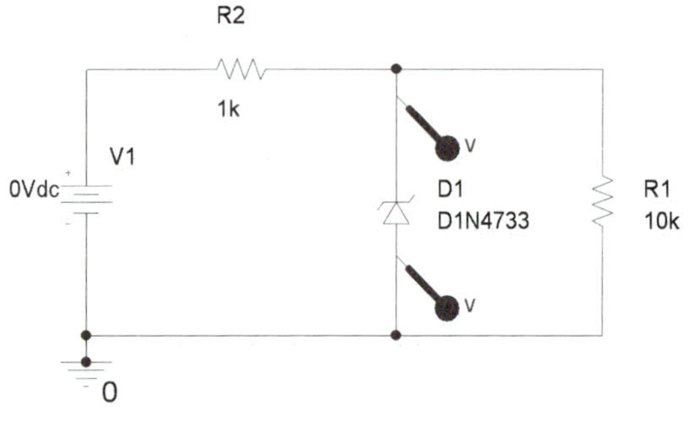

[그림 3-7] PSpice 모의실험을 위한 제너 다이오드 레귤레이터 회로도

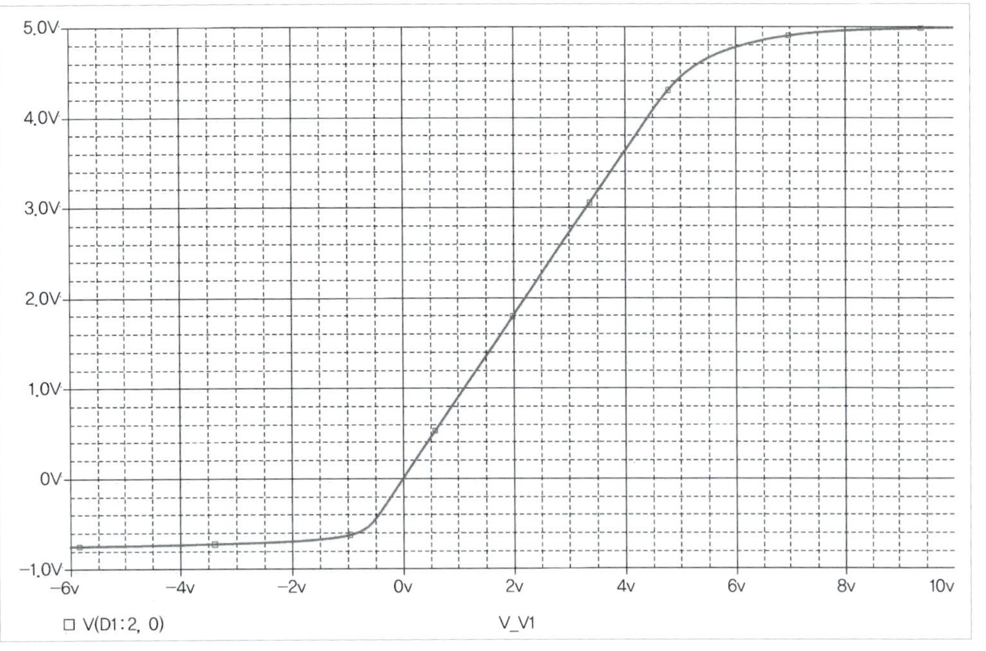

[그림 3-8] 제너 다이오드 레귤레이터의 PSpice 모의실험 결과

리미팅 회로

[그림 3-9]는 PN 접합 다이오드를 이용한 리미팅 회로이다. 입력 전압 V_{in}의 값이 V_{D0} 이상이면, D_1이 켜져서 출력 전압 V_{out}이 V_{D0} 부근의 값으로 제한되고, 반대로 입력 전압 V_{in}의 값이 $-V_{D0}$ 이하이면 D_2가 켜져서 출력 전압 V_{out}이 $-V_{D0}$ 부근의 값으로 제한된다.

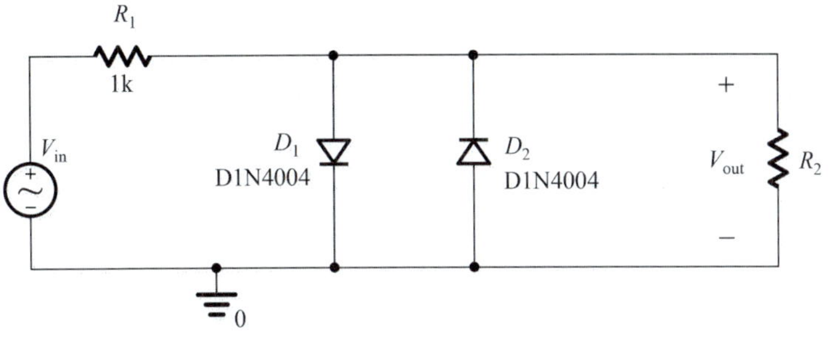

[그림 3-9] PN 접합 다이오드를 이용한 리미팅 회로(실험회로 3)

[그림 3-10]은 제너 다이오드를 이용한 리미팅 회로이다. 제너 다이오드를 이용할 경우, PN 접합 다이오드에 비해서 리미팅되는 전압의 범위가 넓어짐을 알 수 있다.

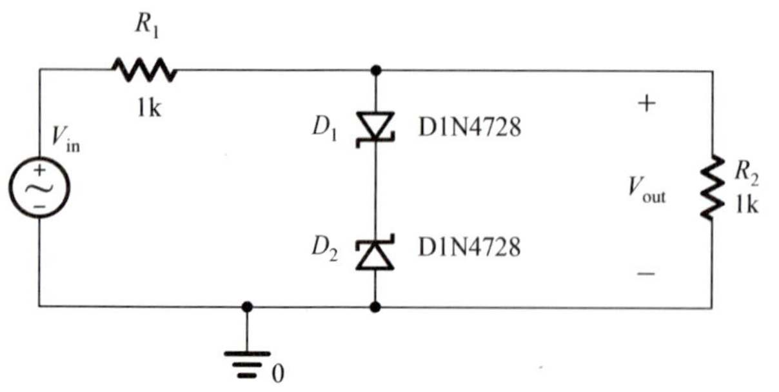

[그림 3-10] 제너 다이오드를 이용한 리미팅 회로(실험회로 4)

[그림 3-11]과 [그림 3-12]는 PSpice를 이용한 PN 접합 다이오드 리미팅 회로도와 모의실험 결과이다.

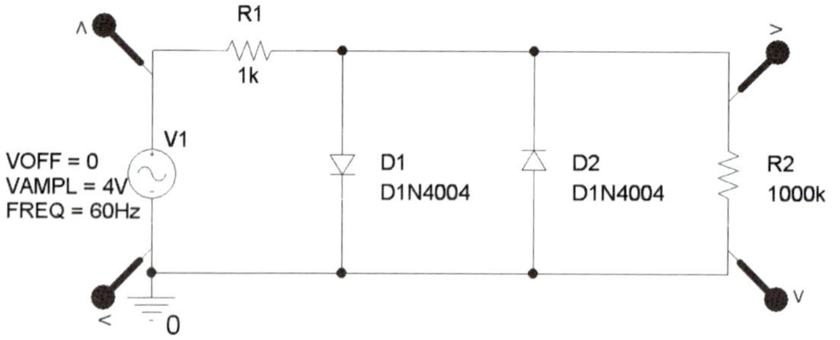

[그림 3-11] PSpice 모의실험을 위한 PN 접합 다이오드 리미팅 회로도

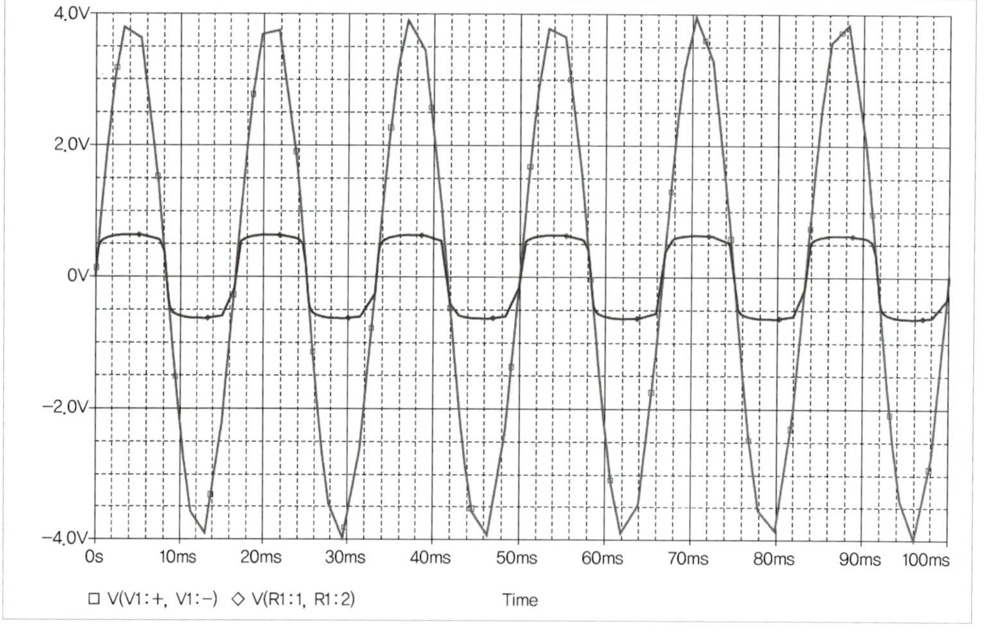

[그림 3-12] PN 접합 다이오드 리미팅 회로의 PSpice 모의실험 결과

[그림 3-13]과 [그림 3-14]는 PSpice를 이용한 제너 다이오드 리미팅 회로도와 모의실험 결과이다.

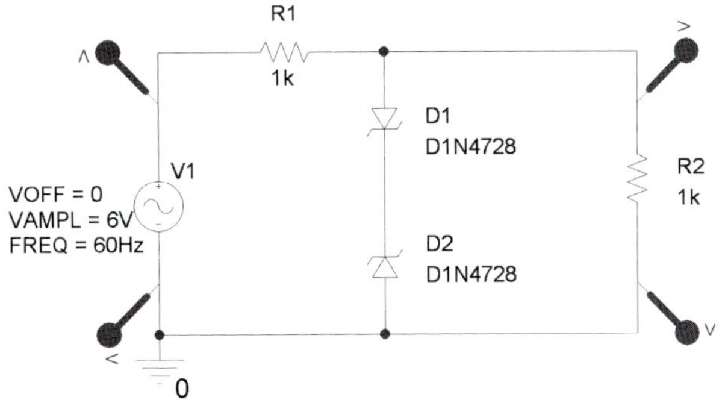

[그림 3-13] PSpice 모의실험을 위한 제너 다이오드 리미팅 회로도

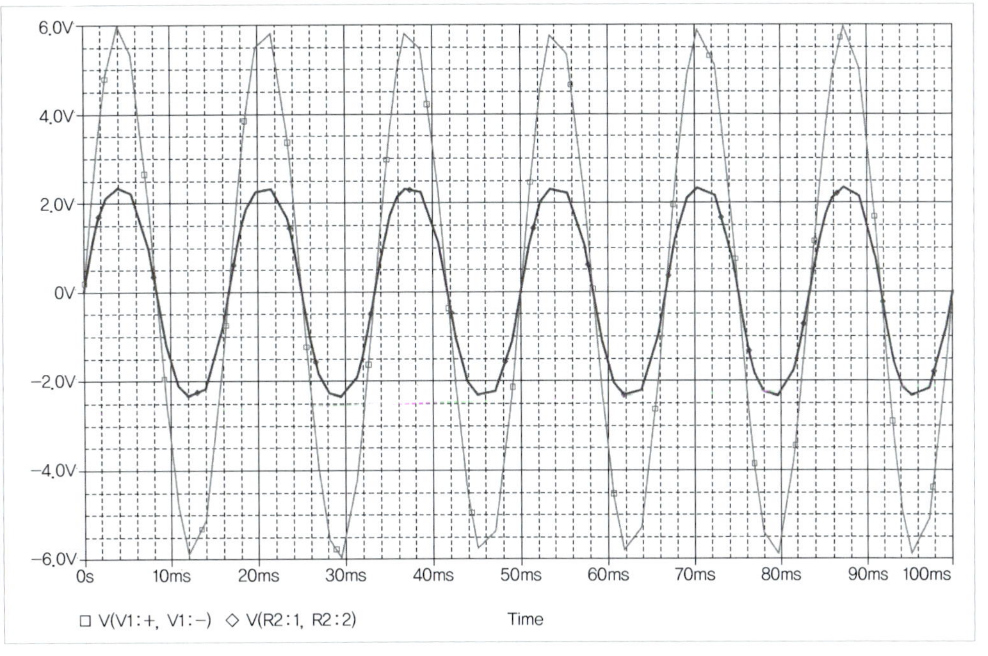

[그림 3-14] 제너 다이오드 리미팅 회로의 PSpice 모의실험 결과

3.3 실험 절차

전압 레귤레이터 회로

1 실험회로 1([그림 3-5])에서 R_L이 없을 때($R_L = \infty$), V_{in} 전압에 DC 전압이 12V, AC 전압이 ±1V, 주파수가 100Hz인 정현파를 인가한다. 이때 출력 V_{out}의 파형을 측정하고, 캡처하여 [그림 3-15]의 형태로 그리고, 리플을 측정하여 [표 3-1]에 기록하시오.

2 실험회로 1에서 V_{in}은 DC 전압 12V로 고정시키고, R_L을 1kΩ, 10kΩ, 100kΩ, 1MΩ으로 변화시키면서 출력 V_{out}의 파형을 측정한다. 측정 화면을 캡처하여 [그림 3-16]에 추가하고, 리플을 측정하여 [표 3-1]에 기록하시오.

3 실험회로 2([그림 3-6])에서 R_L이 없을 때($R_L = \infty$), V_{in} 전압에 DC 전압이 12V, AC 전압이 ±1V, 주파수가 100Hz인 정현파를 인가한다. 이때 출력 V_{out}의 파형을 측정하고, 캡처하여 [그림 3-17]의 형태로 그리고, 리플을 측정하여 [표 3-2]에 기록하시오.

4 실험회로 2에서 V_{in}은 DC 전압 12V로 고정시키고, R_L을 1kΩ, 10kΩ, 100kΩ, 1MΩ으로 변화시키면서 출력 V_{out}의 파형을 측정한다. 측정 화면을 캡처하여 [그림 3-18]에 추가하고, 리플을 측정하여 [표 3-2]에 기록하시오.

리미팅 회로

1 실험회로 3([그림 3-9])을 구성하고, R_2에 걸리는 전압을 V_{out}이라고 한다($R_1 = 1k\Omega$, $R_2 = 1M\Omega$). V_{in}은 피크값이 ±5V인 사인 파형이며, 주파수는 60Hz이다. 이 경우의 시간 축에서 V_{in}과 V_{out}의 파형을 측정하여 [그림 3-19]에 추가하고, V_{in}과 V_{out}의 관계식을 구한 후, [그림 3-20]의 그래프에 그리시오.

2 실험회로 4([그림 3-10])를 구성하고, R_2에 걸리는 전압을 V_{out}이라고 한다($R_1 = 1k\Omega$, $R_2 = 1M\Omega$). V_{in}은 피크값이 ±5V인 사인 파형이며, 주파수는 60Hz이다. 이 경우 시간 축에서 V_{in}과 V_{out}의 파형을 측정하여 [그림 3-21]에 추가하고, V_{in}과 V_{out}의 관계식을 구한 후, [그림 3-22]의 그래프에 그리시오.

3.4 고찰 사항

(1) 제너 다이오드를 이용한 전압 레귤레이터 회로와 PN 접합 다이오드를 이용한 전압 레귤레이터 회로의 용도 및 차이를 설명하시오.

(2) 전압 레귤레이터의 라인 레귤레이션 특성과 부하 레귤레이션 특성이 좋기 위한 조건을 설명하시오.

요약

이 실험에서는 다이오드를 이용한 전압 레귤레이터 회로 및 리미팅 회로에 대해서 살펴보았다. 정류회로의 출력 전압은 리플이 크기 때문에 전압 레귤레이터를 사용하여 리플을 최소화함으로써 DC 전압을 공급해줄 수 있었다. 실험을 통해서 라인 레귤레이션의 특성과 부하 레귤레이션의 특성을 알아보았다. 그리고 리미팅 회로를 구성하여, 출력 전압이 원하는 레벨로 제한됨을 실험을 통해 확인했다. 또한 전압 레귤레이터의 부하 저항이 줄어들수록 부하 전류가 증가하고, 출력 전압은 떨어짐을 확인하였다. 이 전압 강하를 줄이기 위해서는 내부 저항이 작은 다이오드를 사용해야 함을 알 수 있었다.

퀴즈

(1) 다음 중 전압 레귤레이터를 사용함으로써 얻을 수 있는 장점이 아닌 것은?

① 정류회로의 리플 최소화　② 출력 전압의 변화 최소화

③ 잡음 최소화　④ DC 출력 가능

(2) [그림 3-2]에서 부하 저항 R_L이 없을 경우, 라인 레귤레이션 특성을 나타내는 식으로 올바른 것은?

① $\frac{3r_D}{R+3r_D}$　② $\frac{2r_D}{R+2r_D}$　③ $\frac{3r_D}{2R+3r_D}$　④ $\frac{2r_D}{R+3r_D}$

(3) [그림 3-2]에서 부하 저항 R_L이 있을 경우, 부하 전류 I_L의 변화에 따른 출력 전압 V_{out}의 변화를 나타내는 식으로 올바른 것은?

① $\Delta V_{out} = -r_D \times \Delta I_L$　② $\Delta V_{out} = -2r_D \times \Delta I_L$

③ $\Delta V_{out} = -3r_D \times \Delta I_L$　④ $\Delta V_{out} = -4r_D \times \Delta I_L$

(4) [그림 3-4]에서 부하 저항 R_L이 없는 경우, 출력 전압 V_{out} 식으로 올바른 것은?

① $V_{out} = V_{Z0} + (r_z) \times \frac{V_{in} - V_{Z0}}{2R+r_Z}$　② $V_{out} = V_{Z0} + (r_z) \times \frac{V_{in} - V_{Z0}}{2R+3r_Z}$

③ $V_{out} = V_{Z0} + (r_z) \times \dfrac{V_{in} - V_{Z0}}{R + r_Z}$ ④ $V_{out} = V_{Z0} + (r_z) \times \dfrac{V_{in} - V_{Z0}}{R + 4r_Z}$

(5) [그림 3-4]에서 부하 저항 R_L이 있을 경우, 부하 전류 I_L의 변화에 따른 출력 전압 V_{out}의 변화를 나타내는 식으로 올바른 것은?

① $\Delta V_{out} = -r_D \times \Delta I_L$ ② $\Delta V_{out} = -2r_D \times \Delta I_L$

③ $\Delta V_{out} = -3r_D \times \Delta I_L$ ④ $\Delta V_{out} = -4r_D \times \Delta I_L$

(6) 전압 레귤레이터가 필요한 이유를 설명하시오.

(7) PN 접합 다이오드를 이용한 전압 레귤레이터의 동작 원리를 설명하시오.

(8) 제너 다이오드를 이용한 전압 레귤레이터의 동작 원리를 설명하시오.

(9) 리미팅 회로의 용도와 동작 원리를 설명하시오.

예비 보고 사항

(1) 전압 레귤레이터가 필요한 이유를 설명하시오(라인 레귤레이션, 부하 레귤레이션 조건 포함).

(2) PN 접합 다이오드를 이용한 전압 레귤레이터의 동작 원리를 설명하고, V_{in} 전압의 변화에 따른 출력의 변화를 PSpice를 이용하여 모의실험하시오.

(3) PN 접합 다이오드를 이용한 전압 레귤레이터의 부하 전류 변화에 따른 출력의 변화를 PSpice를 이용하여 모의실험하시오.

(4) 제너 다이오드를 이용한 전압 레귤레이터의 동작 원리를 설명하고, V_{in} 전압의 변화에 따른 출력의 변화를 PSpice를 이용하여 모의실험하시오.

(5) 제너 다이오드를 이용한 전압 레귤레이터의 부하 전류 변화에 따른 출력의 변화를 PSpice를 이용하여 모의실험하시오.

실험 03 실험 결과

[실험 절차]에 따라 [실험 결과]를 작성하시오.

전압 레귤레이터 회로

1

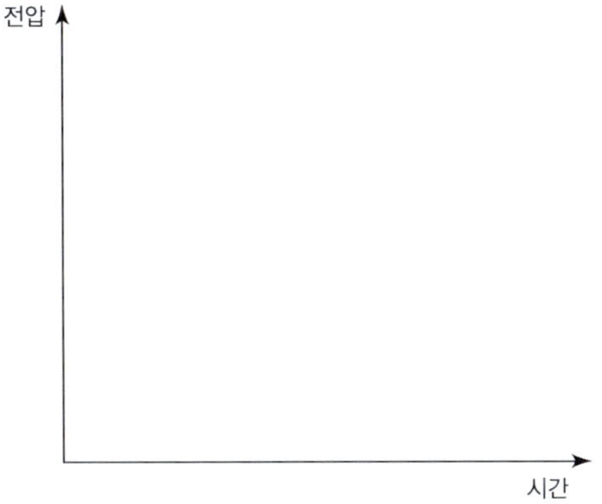

[그림 3-15] R_L = ∞인 경우, 실험회로 1의 출력 파형

[표 3-1] 실험회로 1의 출력 파형의 리플

V_{in} 전압	V_{out}의 리플 (R_L이 없는 경우)	V_{out}의 리플 (R_L이 변하는 경우)		
12V		R_L 저항	1kΩ	
12V			10kΩ	
12V			100kΩ	
12V			1MΩ	

2

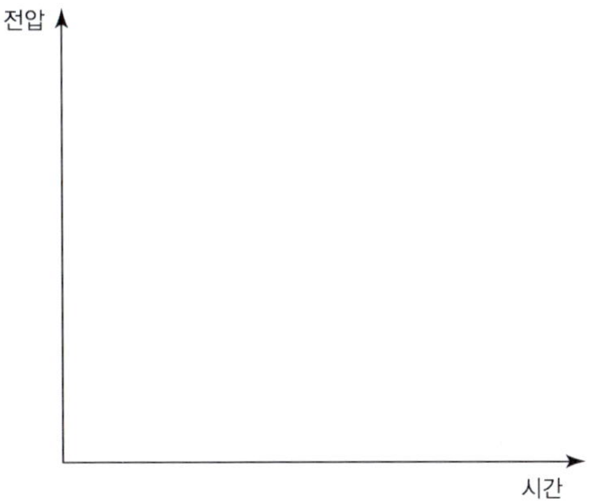

(a) R_L = 1kΩ인 경우

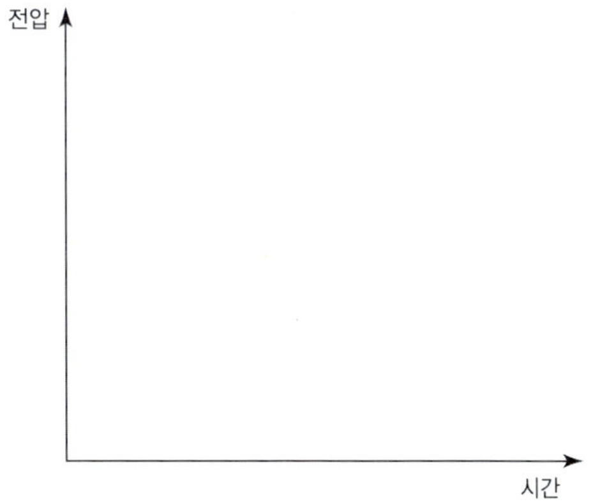

(b) R_L = 10kΩ인 경우

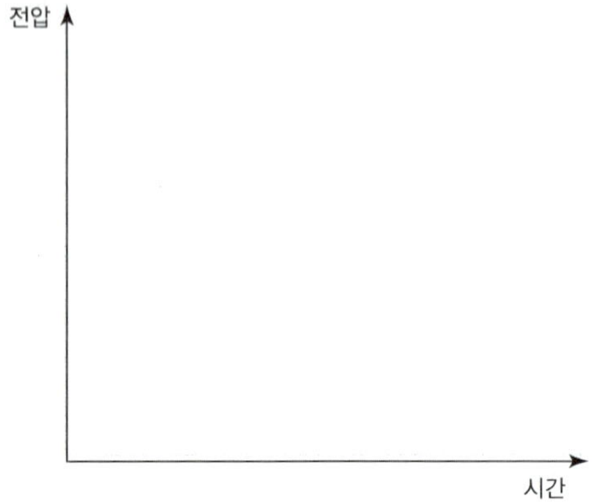

(c) R_L = 100kΩ인 경우

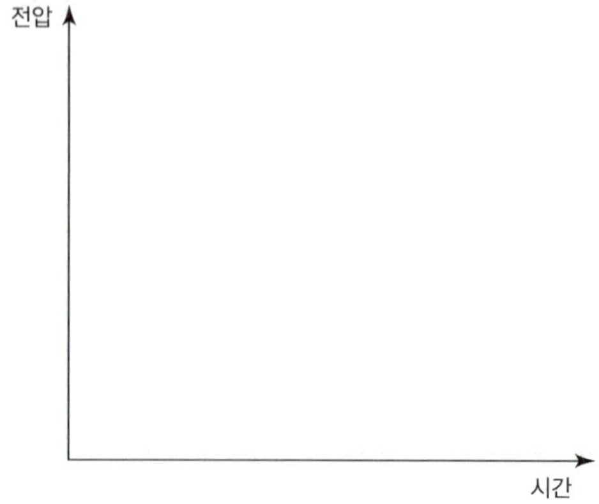

(d) R_L = 1MΩ인 경우

[그림 3-16] R_L 값에 따른 실험회로 1의 출력 파형

3

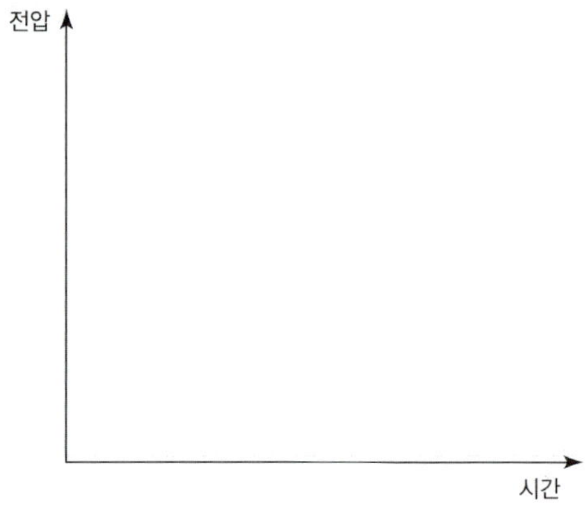

[그림 3-17] R_L = ∞인 경우, 실험회로 2의 출력 파형

[표 3-2] 실험회로 2의 출력 파형의 리플

V_{in} 전압	V_{out}의 리플 (R_L이 없는 경우)	V_{out}의 리플 (R_L이 변하는 경우)		
12V		R_L 저항	1kΩ	
12V			10kΩ	
12V			100kΩ	
12V			1MΩ	

4

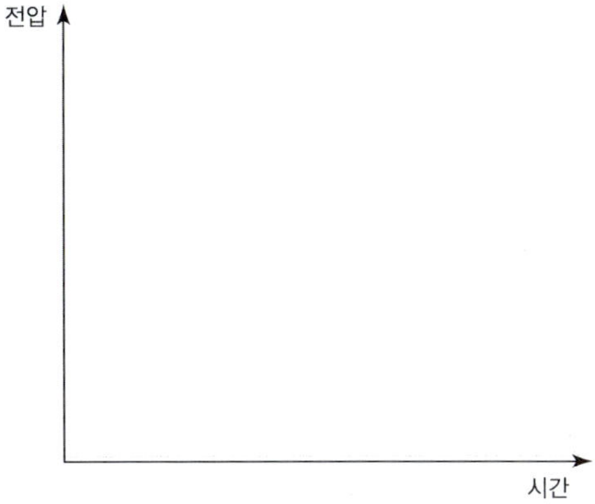

(a) R_L = 1kΩ인 경우

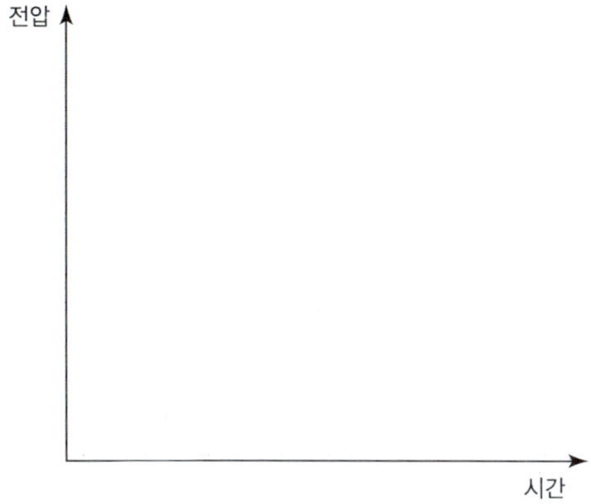

(b) R_L = 10kΩ인 경우

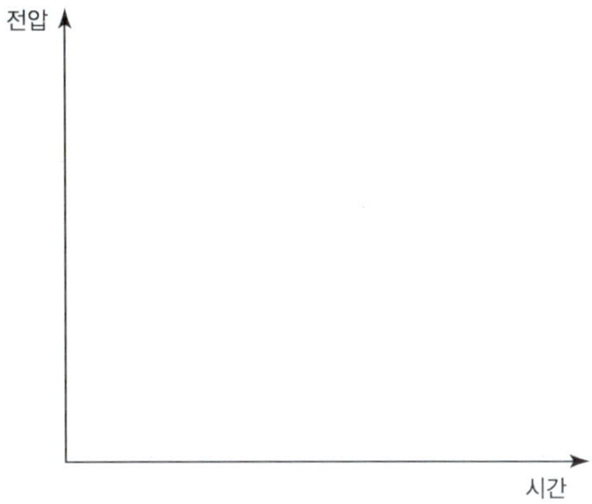

(c) R_L = 100kΩ인 경우

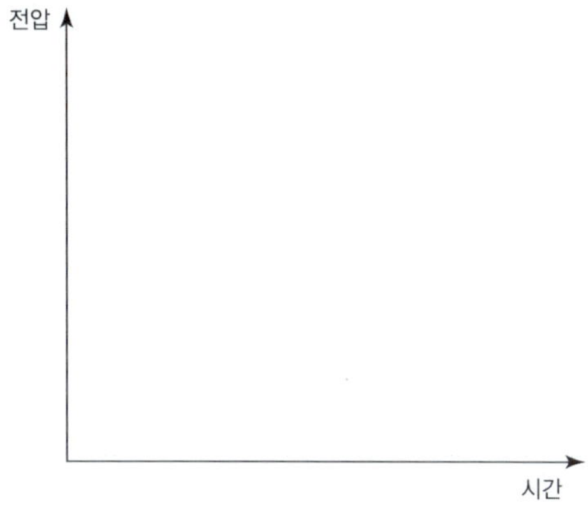

(d) R_L = 1MΩ인 경우

[그림 3-18] R_L 값에 따른 실험회로 2의 출력 파형

리미팅 회로

1

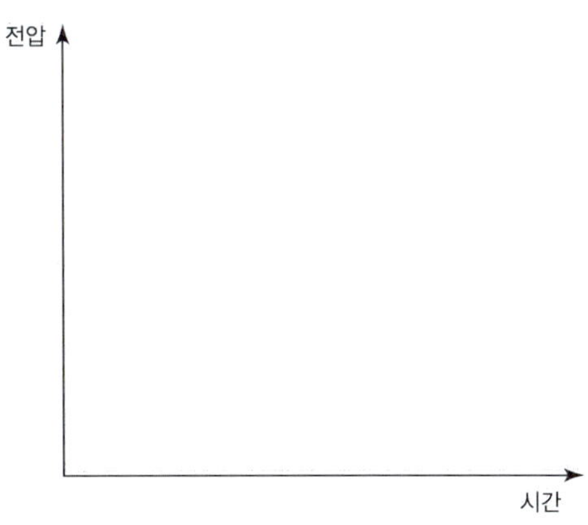

[그림 3-19] 실험회로 3의 V_{in}과 V_{out} 파형

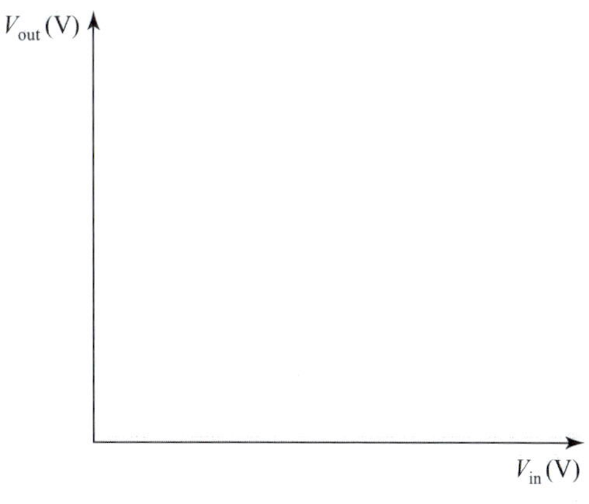

[그림 3-20] 실험회로 3의 V_{in}과 V_{out} 사이의 전압 전달 특성 그래프

2

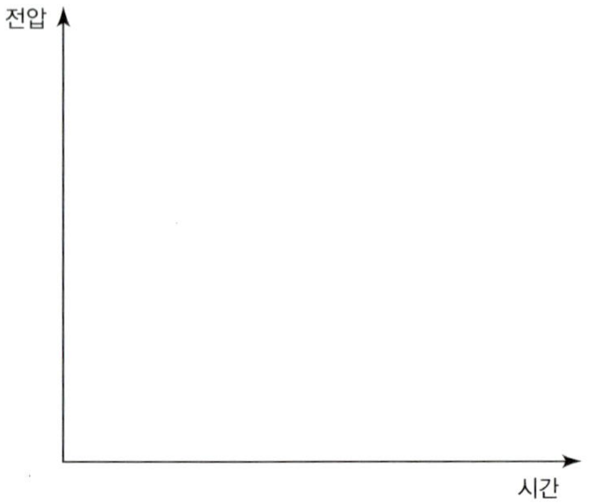

[그림 3-21] 실험회로 4의 V_{in}과 V_{out} 파형

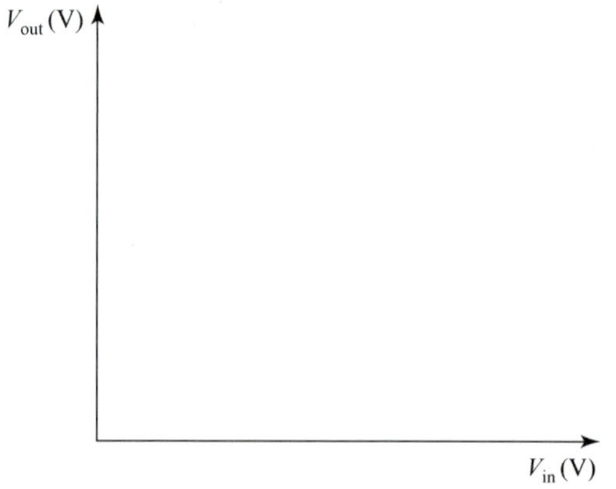

[그림 3-22] 실험회로 4의 V_{in}과 V_{out} 사이의 전압 전달 특성 그래프

실험 04

BJT 기본 특성

실험 개요

바이폴라 접합 트랜지스터(BJT : Bipolar Junction Transistor)는 N형과 P형 반도체를 샌드위치 모양으로 접합한 구조로, 이미터, 베이스, 컬렉터라고 하는 3개의 단자로 구성된다. 베이스 단자의 전류가 컬렉터 단자의 전류나 이미터 단자의 전류에서 증폭되는 특성을 가지므로, 증폭기로 사용될 수 있다. 이 실험에서는 BJT의 기본적인 동작 원리를 살펴보고, 전류-전압 특성 및 동작 영역을 실험을 통하여 확인한다. 또한 BJT의 전류 증폭도 및 출력 저항을 측정을 통하여 확인한다.

실험 기자재 및 부품

- DC 파워 서플라이
- 디지털 멀티미터
- 오실로스코프
- 함수 발생기
- Q2N4401(npn형 BJT) (1개)
- 저항
- 커패시터

4.1 배경 이론

BJT는 p형과 n형 반도체 3개를 결합하여 만든 소자로서, 그 구성에 따라서 npn형과 pnp형으로 나뉜다. [그림 4-1(a)]는 npn형, [그림 4-1(b)]는 pnp형 BJT의 구조이다. npn형 BJT의 이미터 영역은 n형, 베이스 영역은 p형, 컬렉터 영역은 n형으로 구성되어 있으며, pnp형 BJT의 이미터 영역은 p형, 베이스 영역은 n형, 컬렉터 영역은 p형으로 구성되어 있다.

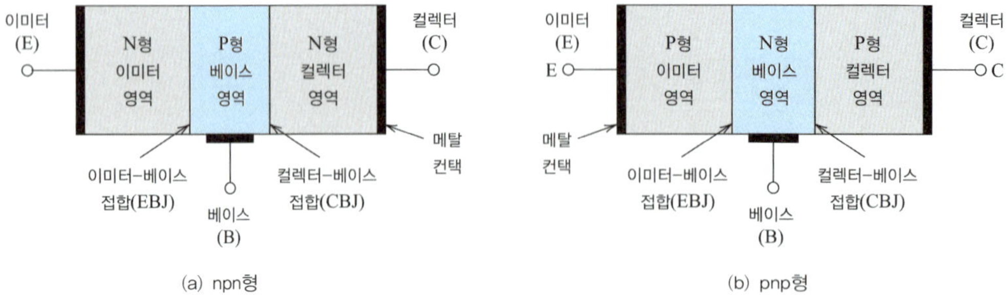

[그림 4-1] npn형 BJT의 구조

[그림 4-2(a)]는 npn형, [그림 4-2(b)]는 pnp형 BJT의 기호를 나타낸다.

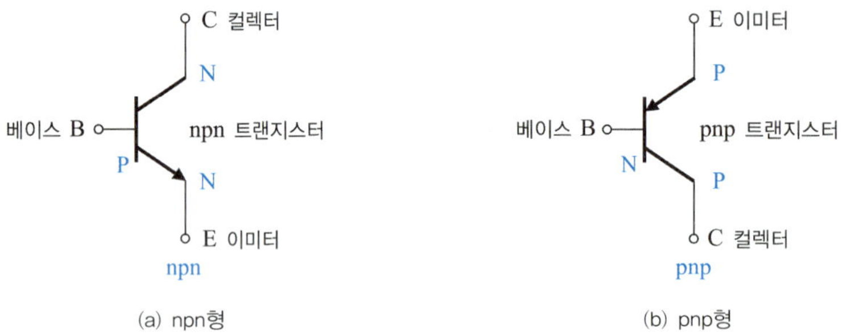

[그림 4-2] BJT의 기호

npn형 BJT는 베이스와 이미터, 베이스와 컬렉터 사이에 PN 접합이 존재하므로, PN 접합의 동작 영역에 따라서 BJT의 동작 영역이 결정된다. [표 4-1]은 npn형 BJT의 동작 영역을 정리한 것이다. EBJ는 베이스와 이미터 사이의 PN 접합, CBJ는 컬렉터와 베이스 사이의 PN 접합을 나타낸다.

[표 4-1] npn형 BJT의 동작 영역

동작 영역	EBJ	CBJ
차단(cutoff)	역방향	역방향
능동(active)	순방향	역방향
역능동(reverse active)	역방향	순방향
포화(saturation)	순방향	순방향

[표 4-1]과 같이 능동 영역은 EBJ가 순방향 바이어스, CBJ가 역방향 바이어스 영역일 경우이고, 전류의 흐름은 [그림 4-3]과 같다. [그림 4-4]는 BJT 내부의 캐리어 농도 분포를 보여주고 있다.

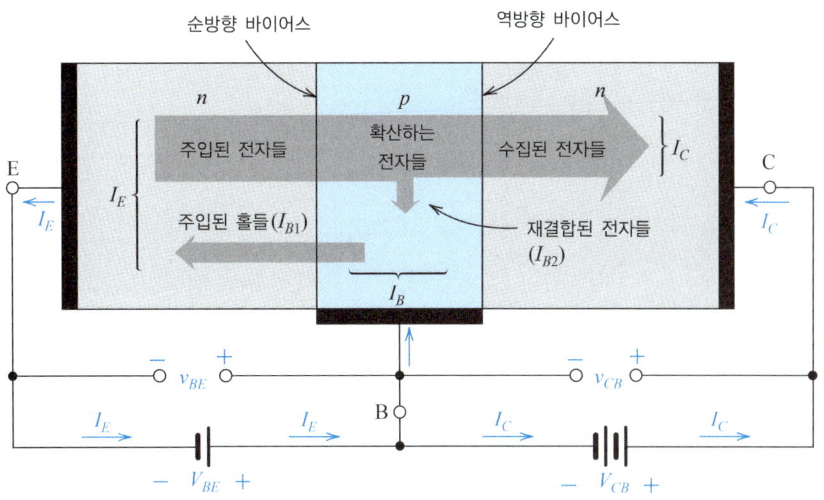

[그림 4-3] **능동 영역에서 npn형 BJT의 전류의 흐름도**

이미터로부터 주입된 전자는 EBJ를 지나면서 베이스 영역의 홀과 재결합하면서 공핍 영역을 형성하고, 베이스 영역에서의 소수 캐리어minority carrier는 [그림 4-4]와 농도 분포가 같다. 베이스 영역에서 전자의 농도 분포에 의해서 확산 전류diffusion current가 흐르게 되고, CBJ에 역방향 바이어스가 인가되면 베이스 영역에서의 전자가 컬렉터로 이동하면서 컬렉터 전류 I_C를 형성하게 된다. 또한, 베이스에서 주입되는 홀에 의한 전류 성분 I_{B1}과 이미터에서 베이스로 확산되는 전자들이 베이스 영역에서 재결합함으로써 발생하는 전류 성분 I_{B2}에 의해서 베이스 전류 I_B가 흐르게 된다. 컬렉터 전류 I_C와 베이스 전류 I_B의 합이 이미터 전류 I_E가 된다.

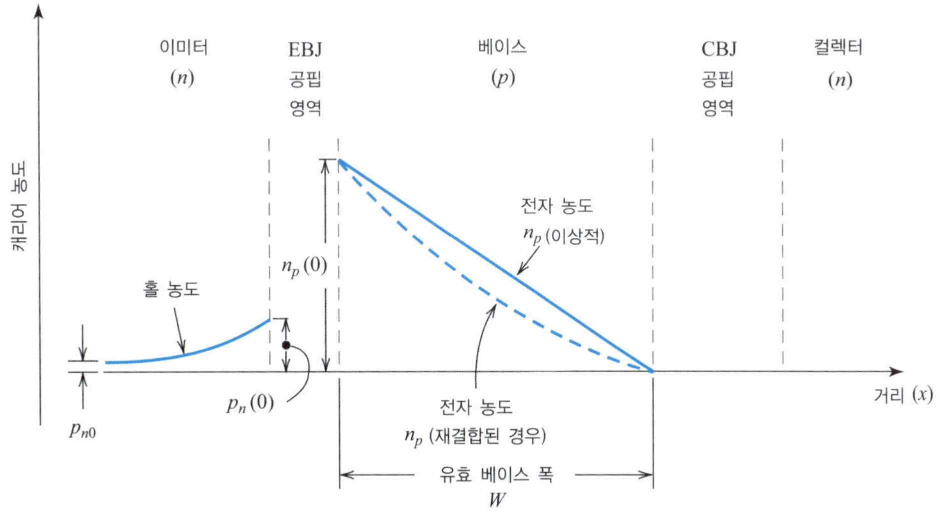

[그림 4-4] **능동 영역에서 npn형 BJT의 캐리어 농도 분포**

[그림 4-4]의 농도 분포로부터 컬렉터 전류 I_C를 구하면 식 (4.1) 및 식 (4.2)와 같다.

$$I_C = I_S e^{V_{BE}/V_T} \tag{4.1}$$

$$\begin{aligned} I_S &= A_E q D_n n_{p0} / W \\ &= \frac{A_E q D_n n_i^2}{N_A W} \quad (n_{p0} = \frac{n_i^2}{N_A}) \end{aligned} \tag{4.2}$$

베이스 전류 I_B를 구하면 식 (4.3), 식 (4.4) 및 식 (4.5)와 같다.

$$I_{B1} = \frac{A_E q D_p n_i^2}{N_D L_p} e^{V_{BE}/V_T} \tag{4.3}$$

$$I_{B2} = \frac{1}{2} \frac{A_E q W n_i^2}{\tau_b N_A} e^{V_{BE}/V_T} \tag{4.4}$$

$$I_B = I_{B1} + I_{B2} = I_S \left(\frac{D_p}{D_n} \frac{N_A}{N_D} \frac{W}{L_p} + \frac{1}{2} \frac{W^2}{D_n \tau_b} \right) e^{V_{BE}/V_T} \tag{4.5}$$

식 (4.1)과 식 (4.5)로부터 컬렉터 전류와 베이스 전류 사이의 관계를 구하면 식 (4.6)의 관계가 성립한다.

$$I_B = \frac{I_C}{\beta} \tag{4.6}$$

$$I_B = \left(\frac{I_S}{\beta} \right) e^{V_{BE}/V_T} \tag{4.7}$$

$$\beta = 1 / \left(\frac{D_p}{D_n} \frac{N_A}{N_D} \frac{W}{L_p} + \frac{1}{2} \frac{W}{D_n \tau_b} \right) \tag{4.8}$$

이미터 전류와 베이스 전류, 컬렉터 전류 사이의 관계를 구하면 식 (4.9)~(4.15)와 같은 관계가 성립한다.

$$I_E = I_C + I_B \tag{4.9}$$

$$I_E = \frac{\beta + 1}{\beta} I_C \tag{4.10}$$

$$I_E = \frac{\beta + 1}{\beta} I_S e^{V_{BE}/V_T} \tag{4.11}$$

$$I_C = \alpha I_E \tag{4.12}$$

$$\alpha = \frac{\beta}{\beta + 1} \tag{4.13}$$

$$I_E = (I_S / \alpha) e^{V_{BE}/V_T} \tag{4.14}$$

$$\beta = \frac{\alpha}{1 - \alpha} \tag{4.15}$$

[그림 4-5]는 npn형 BJT의 단면도이다. 이미터에서 전자가 방출되어 베이스 영역을 지나서 컬렉터에서 수집되는데, 이는 비대칭적인 특성을 가진다. 따라서 일반적으로 [표 4-1]의 네 가지 영역 중에서 능동 영역을 사용하고, 역능동 영역은 사용하지 않는다.

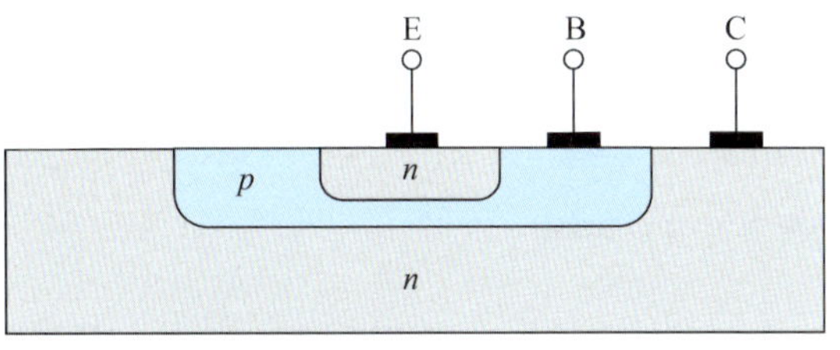

[그림 4-5] npn형 BJT의 단면도

[그림 4-6]은 npn형 BJT의 에버스-몰[Ebers-Moll] 모델이다. 베이스와 이미터 사이의 다이오드(D_E)에 순방향 바이어스 전압이 인가되면, 컬렉터에서 이미터로 $\alpha_F I_{DE}$만큼의 전류가 흐른다. 마찬가지로, 베이스와 컬렉터 사이의 다이오드(D_C)에 순방향 바이어스 전압이 인가되면 이미터에서 컬렉터로 $\alpha_R I_{DC}$만큼의 전류가 흐른다. 능동 영역에서는 베이스-이미터 접합(EBJ)에 순방향 바이어스가, 베이스-컬렉터 접합(CBJ)에는 역방향 바이어스가 인가되므로, 컬렉터에서 이미터로 $\alpha_F I_{DE}$만큼의 전류가 흐르게 된다.

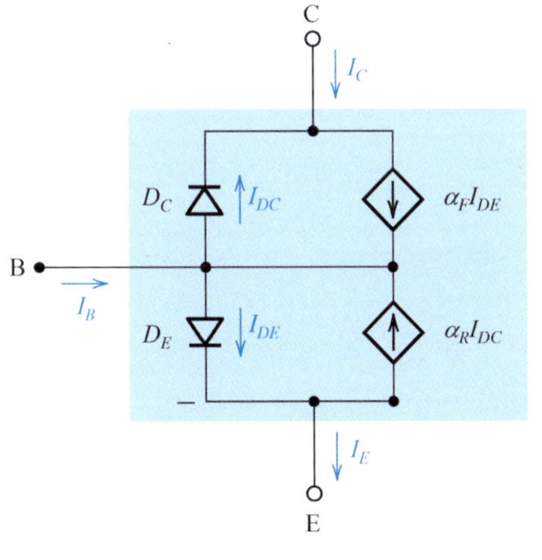

[그림 4-6] npn형 BJT의 에버스-몰 모델

[그림 4-7(a)]는 능동 영역에서의 npn형 BJT의 전류-전압 관계를 보여주고 있다. V_{BE} 전압이 0.7V보다 크고, V_{CB} 전압이 -0.4V보다 클 경우에 능동 영역에 있게 되고, 능동 영역에서의 컬렉터 전류식은 식 (4.1)과 같다.

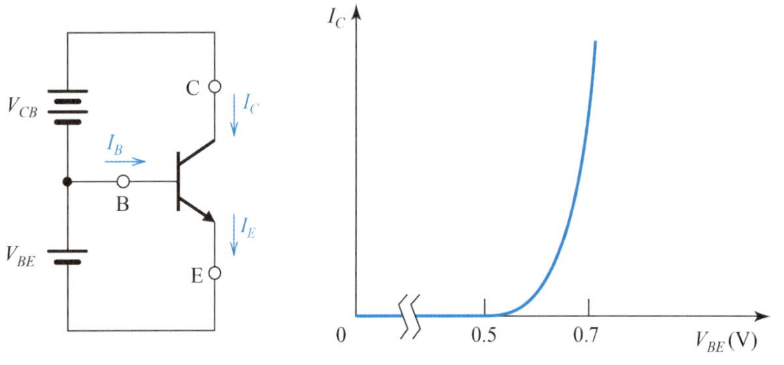

(a) 전류-접압 관계　　　　(b) $I_C - V_{BE}$ 그래프

[그림 4-7] 능동 영역에서의 npn형 BJT의 전류-전압 관계 및 $I_C - V_{BE}$ 그래프

[그림 4-7(b)]는 능동 영역에서의 npn형 BJT의 컬렉터 전류 I_C와 V_{BE} 전압 사이의 그래프이다. 식 (4.1)과 같이 지수 함수의 특성을 가지고, 0.5V 부근에서 전류가 흐르기 시작하고, 0.7V 부근에서 전류가 많이 흐를 수 있다. 지수 함수이므로 전류가 많이 바뀌더라도 베이스-이미터 양단 사이의 전압은 0.7V 부근에서 크게 바뀌지 않는다.

[그림 4-8]는 npn형 BJT의 컬렉터 전류 I_C와 컬렉터-베이스 전압 V_{CB}와의 관계를 알아보기 위한 회로이며, [그림 4-9]는 $I_C - V_{CB}$ 그래프이다. V_{CB} 전압이 $-(0.4 \sim 0.5)$V 보다 크면 능동 영역에 해당되고, 작으면 포화 영역에 해당된다. 능동 영역에서 V_{CB} 전압이 고정되었을 때, 이미터 전류가 I_{E2}에서 I_{E1}으로 증가되면 컬렉터 전류도 αI_{E2}에서 αI_{E1}으로 증가된다.

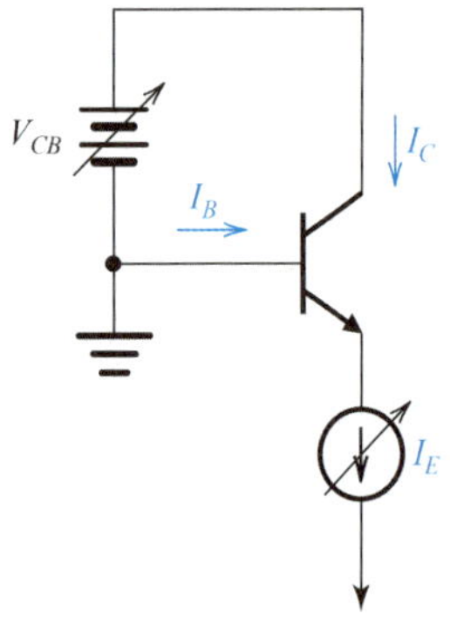

[그림 4-8] npn형 BJT의 I_C-V_{CB} 관계를 구하기 위한 회로

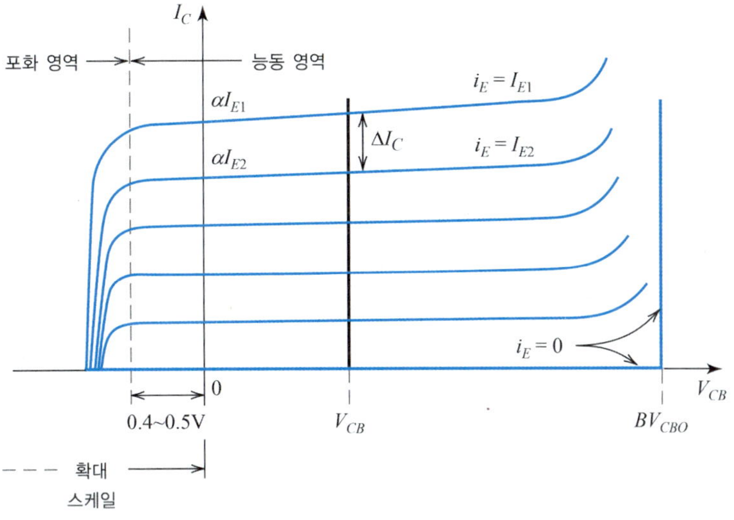

[그림 4-9] npn형 BJT의 I_C-V_{CB} 그래프

[그림 4-10]은 npn형 BJT의 $I_C - V_{CE}$ 관계를 구하기 위한 회로이며, [그림 4-11]은 npn형 BJT의 $I_C - V_{CE}$ 그래프이다.

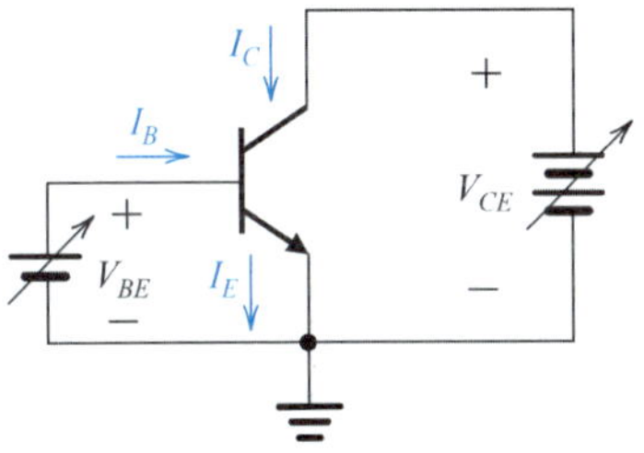

[그림 4-10] npn형 BJT의 I_C-V_{CE} 관계를 구하기 위한 회로

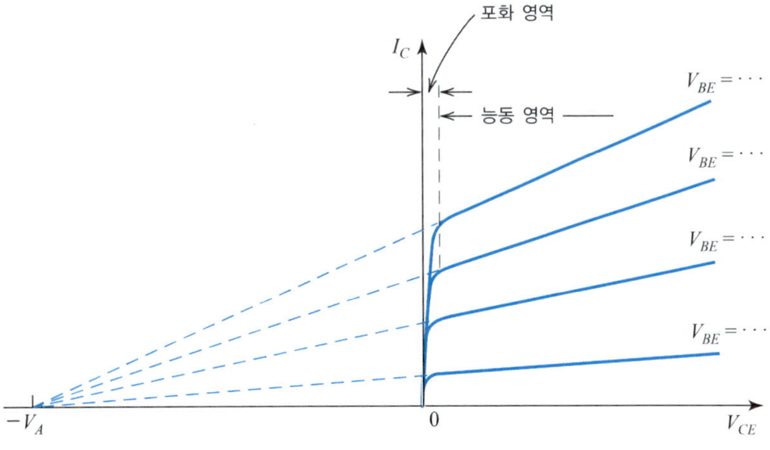

[그림 4-11] npn형 BJT의 I_C-V_{CE} 그래프

$V_{CE} = V_{CB} + V_{BE}$이다. 따라서 $V_{CB} > -0.4\text{V}$, $V_{BE} = 0.7\text{V}$인 경우, $V_{CE} > 0.3\text{V}$이면 능동 영역, $V_{CE} < 0.3\text{V}$이면 포화 영역에 해당된다고 할 수 있다. 마찬가지로 $V_{BE} = 0.8\text{V}$로 증가되는 경우, $V_{CE} > 0.4\text{V}$이면 능동 영역, $V_{CE} < 0.4\text{V}$이면 포화 영역에 해당된다고 할 수 있다. 능동 영역에서 컬렉터-이미터 전압(V_{CE})이 증가되면, 얼리 효과 또는 채널 변조 효과channel length modulation effect에 의해서 컬렉터 전류가 증가한다. 이를 컬렉터 전류식에 반영하면 식 (4.1)은 식 (4.16)과 같이 수정되어야 한다.

$$I_C = I_S e^{V_{BE}/V_T}\left(1+\frac{V_{CE}}{V_A}\right) \tag{4.16}$$

식 (4.16)에서 $I_C = 0$이 되는 V_{CE} 전압을 구하면 $V_{CE} = -V_A$가 됨을 알 수 있는데, 여기서 V_A를 얼리 전압Early voltage이라고 부른다.

[그림 4-12]는 npn형 BJT와 pnp형 BJT의 기호 및 각 단자의 전류와 전압을 나타낸다.

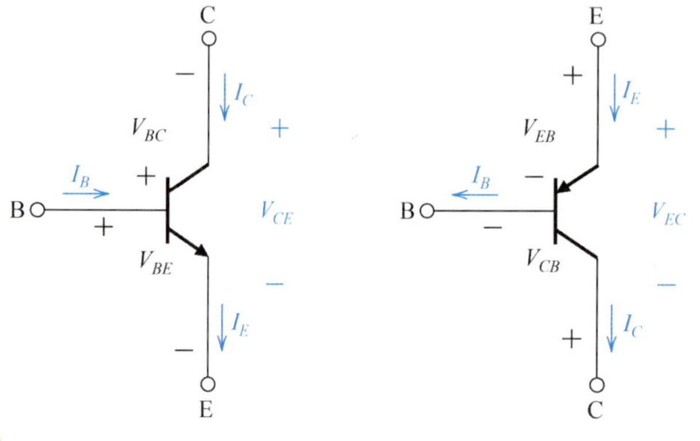

(a) npn형 BJT (b) pnp형 BJT

[그림 4-12] BJT의 기호 및 단자의 전류와 전압

[그림 4-13(a)]와 [그림 4-13(b)]는 npn형 BJT와 pnp형 BJT의 대신호 등가회로를 나타낸다. npn형 BJT의 경우, 베이스-이미터 사이에 순방향 바이어스 전압이 걸리면 베이스 전류 I_B의 β만큼 증폭된 컬렉터 전류 βI_B가 흐른다. 또한 컬렉터-이미터 양단 사이의 전압이 증가되면 얼리 효과에 의해서 컬렉터 전류가 증가되므로, 양단 사이에 저항이 존재하고 이를 r_o로 표현한다. 여기서 r_o를 BJT의 출력 저항이라고 한다.

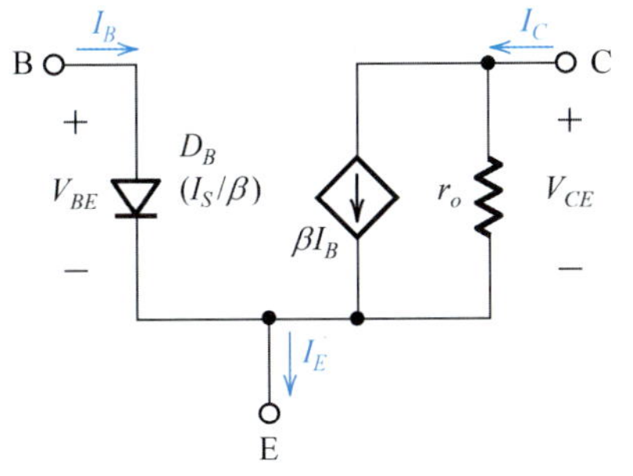

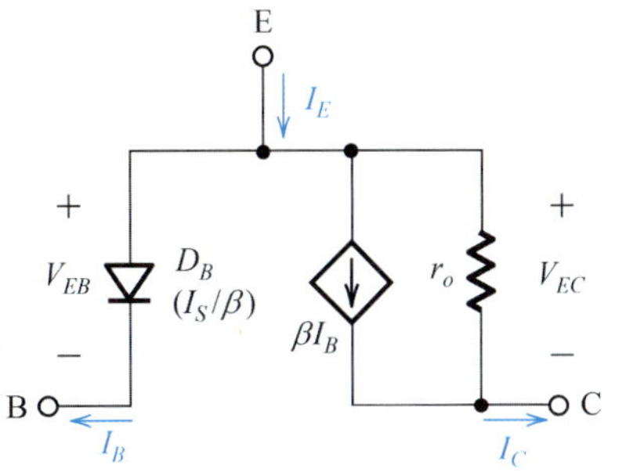

[그림 4-13] npn형 BJT와 pnp형 BJT의 대신호 등가회로

식 (4.16)으로부터 BJT의 출력 저항 r_o를 식 (4.17)과 같이 계산할 수 있다.

$$r_o = \frac{\partial V_{CE}}{\partial I_C} = \frac{1}{\left(\frac{\partial I_C}{\partial V_{CE}}\right)} \approx \frac{V_A}{I_C} \tag{4.17}$$

4.2 실험회로 및 PSpice 시뮬레이션

npn형 BJT

[그림 4-14]는 npn형 BJT의 전류-전압 특성을 측정하기 위한 회로이다. V_{sig} 전압을 0V부터 증가시킬수록 npn형 BJT의 동작 영역이 바뀌고, 전류도 바뀌게 된다. 이때 동작 영역을 확인하면서 npn형 BJT의 입력 전압 V_I와 베이스, 컬렉터, 이미터 전류를 측정하면, 전류-전압 특성을 측정할 수 있다.

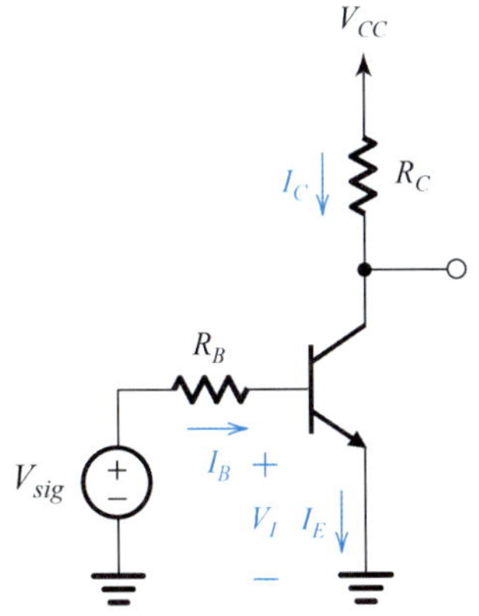

[그림 4-14] npn형 BJT의 전류-전압 특성 회로(실험회로 1)

[그림 4-15]는 PSpice 모의실험을 위한 회로도이다. V1 전압과 V_DC 전압을 조정하면서 단자들의 전류(I_B, I_C, I_E) 및 전압(V_{BE}, V_{CB}, V_{CE})을 구할 수 있다.

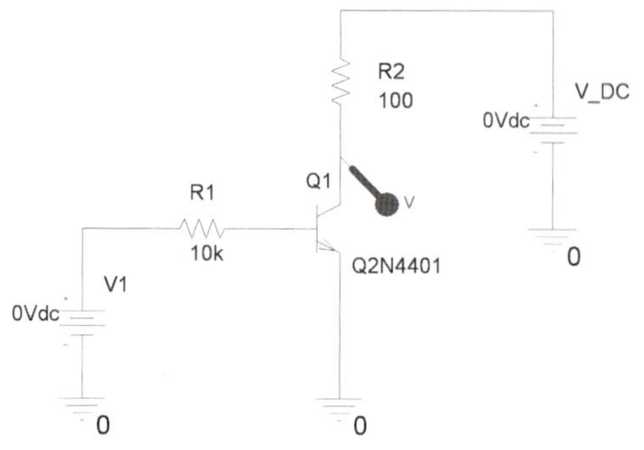

[그림 4-15] PSpice 모의실험회로도

[그림 4-16]은 PSpice 모의실험을 통한 npn형 BJT의 $I_C - V_{BE}$ 그래프이다.

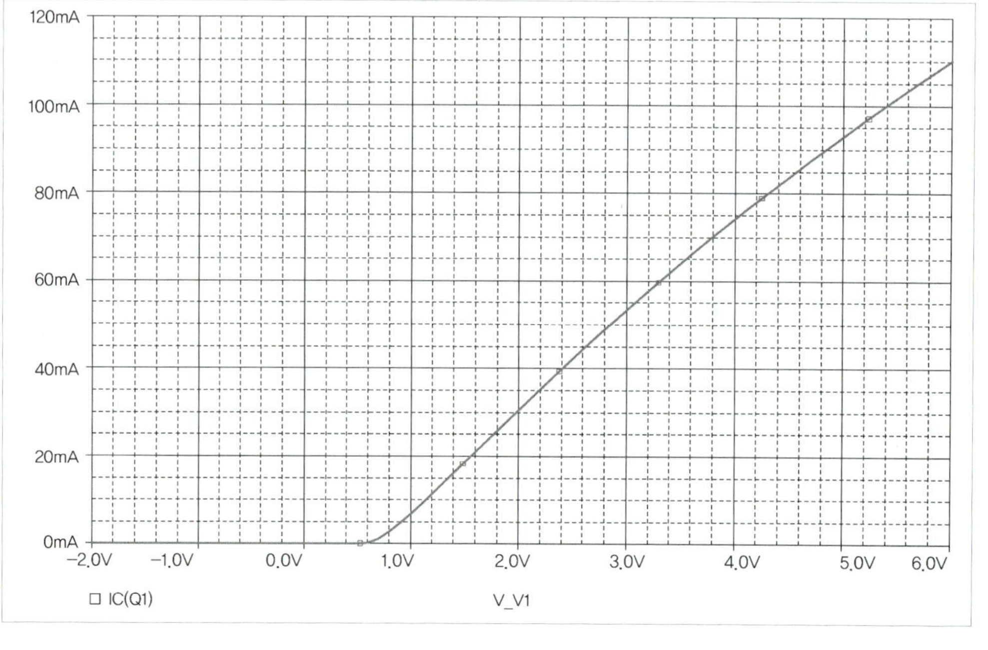

[그림 4-16] npn형 BJT의 $I_C - V_{BE}$ 그래프

[그림 4-17]은 PSpice 모의실험을 통한 npn형 BJT의 $I_C - V_{CE}$ 그래프이다.

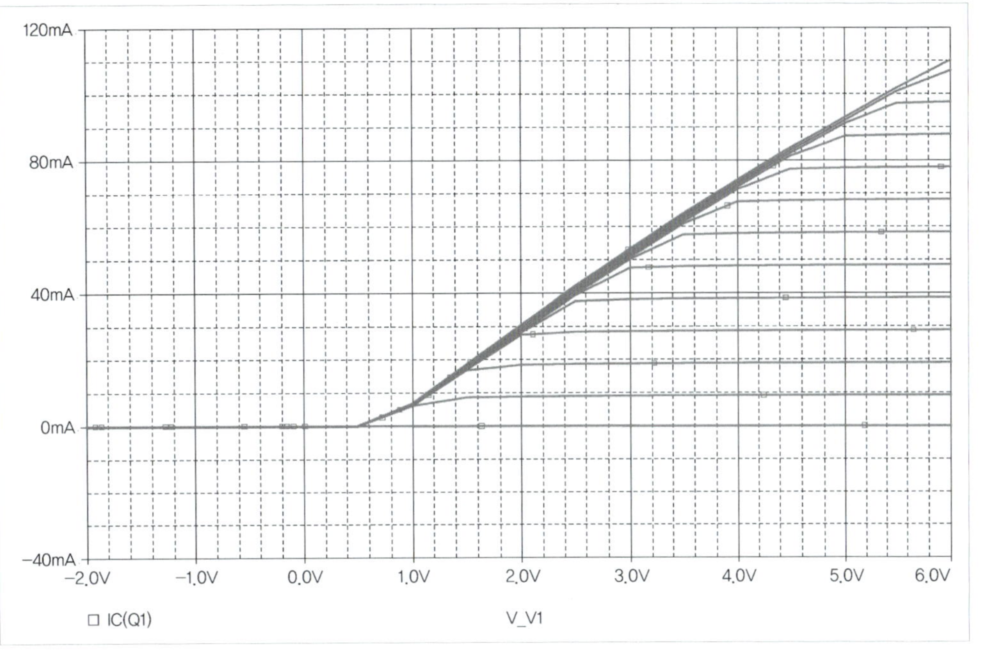

[그림 4-17] npn형 BJT의 $I_C - V_{CE}$ 그래프

pnp형 BJT

[그림 4-18]은 pnp형 BJT의 전류-전압 특성을 측정하기 위한 회로이다. V_{sig} 전압을 0V부터 증가시킬수록 pnp형 BJT의 동작 영역이 바뀌고, 전류도 바뀌게 된다. 이때 동작 영역을 확인하면서 pnp형 BJT의 입력 전압 V_I와 베이스, 컬렉터, 이미터 전류를 측정하면, 전류-전압 특성을 측정할 수 있다.

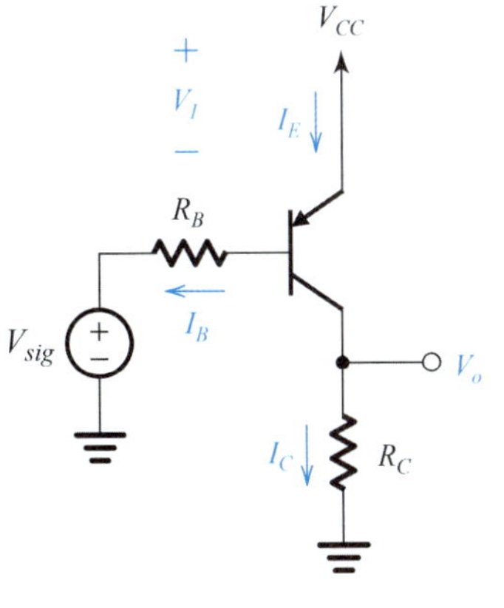

[그림 4-18] pnp형 BJT의 전류-전압 특성 회로

pnp형 BJT의 PSpice 모의실험은 npn형 BJT의 회로도와 시뮬레이션 결과를 참고로 하여 직접 진행해보기 바란다.

pnp형 BJT의 동작 원리는 npn형과 동일하고, 대부분의 증폭기는 pnp형보다는 npn형을 훨씬 더 많이 사용하므로, 시간관계상 여기서는 pnp형 BJT에 대한 실험은 생략하도록 하겠다.

4.3 실험 절차

1 실험회로 1([그림 4-14])에서 R_B를 10kΩ으로 고정하고, V_{CC}는 12V로 고정한 상태에서 V_{sig}에 6V의 DC 전압을 인가하고, V_o 전압이 6V가 되는 R_C를 구해서 [표 4-2]에 기록하시오. 예비 보고 사항에서 PSpice를 이용해서 구한 값 부근에서 R_C 값을 변화시키면서 찾으면 효율적으로 찾을 수 있다. 그리고 I_B, I_C, I_E를 측정하여, [표 4-2]에 기록하시오.

2 V_{CC}를 12V로 고정하고, V_{sig} 전압을 0V~12V까지 1V 간격으로 변화시키면서 V_{BE} 전압(V_I 전압), 컬렉터 전류 I_C와 베이스 전류 I_B를 측정하여 [표 4-3]에 기록하시오. 동작 영역을 확인하기 위해서 V_{CE}, V_{CB} 전압도 같이 기록한다.

3 [표 4-3]을 바탕으로 [그림 4-19]에 $I_C - V_{BE}$ 그래프를 그리시오.

4 [표 4-3]을 바탕으로 능동 영역과 포화 영역에서의 전류 이득인 α, β를 [표 4-4]에 기록하고, 데이터시트의 값과 비교하시오.

5 V_{sig} 전압을 6V로 고정하고, V_{CC} 전압을 0V~12V까지 1V 간격으로 변화시키면서 V_{CE} 전압, 컬렉터 전류 I_C와 베이스 전류 I_B를 측정하여 [표 4-5]에 기록하시오. 동작 영역을 확인하기 위해서 V_{BE}, V_{CB} 전압도 같이 기록한다.

6 [표 4-5]를 바탕으로 [그림 4-20]에 $I_C - V_{CE}$ 그래프를 그리시오.

7 [표 4-5]와 [그림 4-20]을 바탕으로 얼리 전압을 구하고, 출력 저항 r_o를 계산하시오.

4.4 고찰 사항

(1) npn형 BJT의 α, β가 측정값과 데이터시트의 값이 차이가 나는 요인을 분석하시오.

요약

이 실험에서는 BJT의 기본 동작 원리를 파악하고, 전류-전압 특성을 실험을 통하여 파악하였다. BJT의 네 가지 동작 영역 중에서 능동 영역에서 BJT의 전류 이득을 결정하는 β에 대해서 공부하고, 측정을 통해 구하였다. 또한 BJT의 출력 저항 r_o가 존재하는 원리인 얼리 효과에 대해서 공부하고, $I_C - V_{CE}$ 그래프를 통해서 얼리 전압과 출력 저항 r_o를 측정하였다. 다음 실험 주제인 BJT 증폭기를 분석하고 설계하기 위해서는 이러한 BJT의 기본 특성을 잘 파악해야 한다.

퀴즈

(1) 다음 중 npn형 BJT 동작 영역으로 알맞게 짝지어진 것은?

	①		②		③		④	
동작 영역	EBJ	CBJ	EBJ	CBJ	EBJ	CBJ	EBJ	CBJ
차단	순방향	역방향	역방향	역방향	역방향	역방향	역방향	순방향
능동	순방향	역방향	역방향	역방향	순방향	역방향	순방향	순방향
역능동	역방향	순방향	역방향	순방향	역방향	순방향	역방향	순방향
포화	순방향	순방향	순방향	순방향	순방향	순방향	순방향	순방향

(2) 능동 영역에서 컬렉터-이미터 전압(V_{CE})이 증가되면 컬렉터 전류가 증가하게 되는 효과는 무엇인가?

① 바디 효과 Body effect
② 플라시보 효과 Placebo effect
③ 얼리 효과 Early effect
④ 안테나 효과 Antenna effect

(3) BJT의 베이스 전류식으로 올바른 것은?

① $I_B = \dfrac{I_E}{\beta}$
② $I_B = \left(\dfrac{I_S}{\beta}\right)e^{V_{BE}/V_T}$
③ $I_B = \left(\dfrac{I_S}{\beta}\right)e^{V_{CE}/V_T}$
④ $I_B = \left(\dfrac{I_S}{\alpha}\right)e^{V_{BE}/V_T}$

(4) BJT의 콜렉터 전류식으로 올바른 것은?

① $I_C = I_S e^{\frac{V_{BE}}{V_T}}\left(1 + \dfrac{V_{BE}}{V_A}\right)$
② $I_C = I_S e^{\frac{V_{BE}}{V_T}}\left(1 + \dfrac{V_{CE}}{V_A}\right)$
③ $I_C = I_S e^{\frac{V_{CE}}{V_T}}\left(1 + \dfrac{V_{CE}}{V_A}\right)$
④ $I_C = I_S e^{\frac{V_{CE}}{V_T}}\left(1 + \dfrac{V_{BE}}{V_A}\right)$

(5) [그림 4-14]에서 BJT의 출력 저항 r_o의 식으로 올바른 것은?

① $r_o \approx \dfrac{V_A}{I_B}$ ② $r_o \approx \dfrac{2V_A}{I_B}$

③ $r_o \approx \dfrac{V_A}{I_C}$ ④ $r_o \approx \dfrac{V_A}{I_E}$

(6) PSpice를 이용하여 주어진 회로를 모의실험한 결과, npn형 BJT와 pnp형 BJT의 각 동작 영역에서의 α, β는 각각 얼마인가?

예비 보고 사항

(1) npn형 BJT의 기본적인 동작 원리를 설명하시오.

(2) npn형 BJT의 네 가지 동작 영역을 설명하고, 각 동작 영역에서의 단자 전압들 사이의 관계를 정리하시오.

(3) npn BJT의 얼리 효과를 설명하고, 얼리 효과가 전류-전압 특성에 미치는 영향을 설명하시오. 또한, 얼리 전압과 출력 저항의 관계를 설명하시오.

(4) 실험회로 1([그림 4-14])에서 $I_C - V_{BE}$, $I_C - V_{CB}$, $I_C - V_{CE}$ 사이의 관계를 공부하고, PSpice를 이용하여 실험회로 1의 $I_C - V_{BE}$, $I_C - V_{CB}$, $I_C - V_{CE}$ 그래프를 그리시오.

(5) PSpice를 이용하여 실험회로 1에서 I_B, I_C, I_E 전류를 측정하고, 각 동작 영역에서 α, β를 구하시오.

(6) 실험회로 1에서 R_B를 10kΩ으로 고정하고, V_{sig}에 6V의 DC 전압을 인가한 후, V_o 전압이 6V의 DC 전압이 나오는 R_C 값을 각각 구하시오.

자르는 선

실험 04 실험 결과

[실험 절차]에 따라 [실험 결과]를 작성하시오.

1

[표 4-2] 실험회로 1이 능동 영역에서 동작하기 위한 DC 조건

R_C 값 (PSpice 결과)	R_C 값 (측정)	V_{sig} 전압	V_o 전압	I_B 전류	I_C 전류	I_E 전류	동작 영역

2

[표 4-3] $I_C - V_{BE}$ 특성 확인을 위한 측정 데이터

V_{sig} 전압	V_{BE} 전압 (V_1 전압)	베이스 전류 (I_B)	컬렉터 전류 (I_C)	V_{CB} 전압	V_{CE} 전압	동작 영역
0V						
1V						
2V						
3V						
4V						
5V						
6V						
7V						
8V						
9V						
10V						
11V						
12V						

3

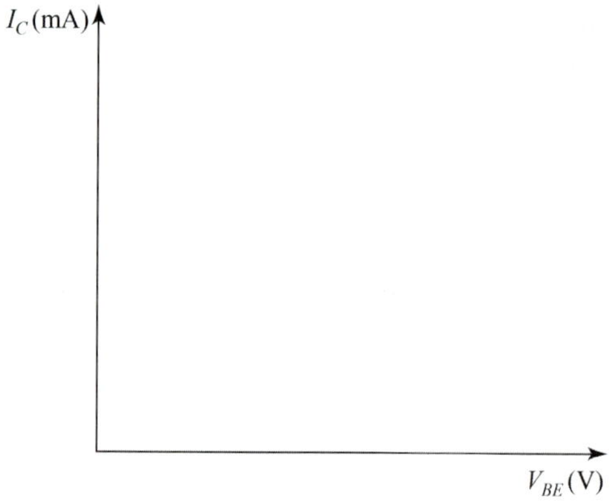

[그림 4-19] $I_C - V_{BE}$ 특성 그래프

4

[표 4-4] npn형 BJT의 α, β 값 계산

동작 영역	I_B 전류	I_C 전류	I_E 전류	β (측정치)	β (데이터시트)	α

5

[표 4-5] $I_C - V_{CE}$ 특성 확인을 위한 측정 데이터

V_{CC} 전압	V_{CE} 전압	베이스 전류 (I_B)	컬렉터 전류 (I_C)	V_{BE} 전압	V_{CB} 전압	동작 영역
0V						
1V						
2V						
3V						
4V						
5V						
6V						
7V						
8V						
9V						

V_{CC} 전압	V_{CE} 전압	베이스 전류 (I_B)	컬렉터 전류 (I_C)	V_{BE} 전압	V_{CB} 전압	동작 영역
10V						
11V						
12V						

6

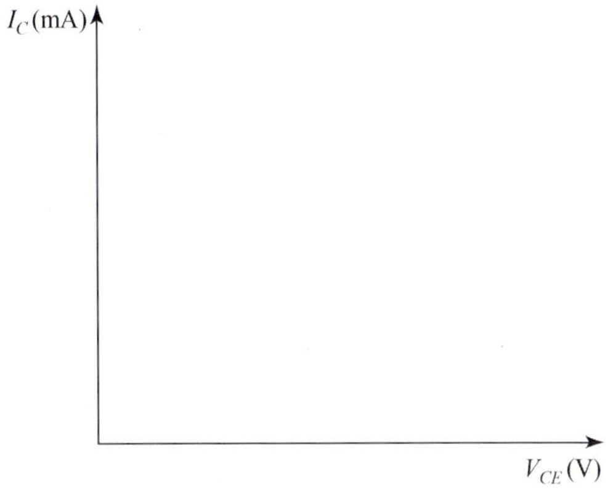

[그림 4-20] $I_C - V_{CE}$ 특성 그래프

7

[표 4-6] 출력 저항 r_o를 구하기 위한 측정 데이터

I_C 전류	ΔV_{CE} 전압	ΔI_C	출력 저항 r_o

m.e.m.o

실험 05

BJT 바이어스 회로

실험 개요

BJT를 증폭기로 동작시키기 위해서는 적절한 DC 바이어스가 인가되어야 하며, 이때의 DC 바이어스를 동작점 또는 Q점이라고 부른다. DC 바이어스는 증폭기의 전압 이득과 스윙을 결정하는 중요한 역할을 한다. 이 실험에서는 BJT를 이용한 증폭기의 DC 동작점을 잡아주기 위한 바이어스 회로에 대해 알아보고, 실험을 통하여 동작을 확인하고자 한다.

실험 기자재 및 부품

- DC 파워 서플라이
- 디지털 멀티미터
- 오실로스코프
- 함수 발생기
- Q2N4401(npn형 BJT) (1개)
- 저항
- 커패시터

5.1 배경 이론

DC 바이어스와 소신호의 개념

일반적으로 BJT나 MOSFET을 이용한 증폭기는 [그림 5-1]과 같은 비선형 증폭기의 특성을 보인다. 비선형 증폭기를 선형적으로 동작시키기 위해서는 DC 바이어스를 인가해서 동작점(Q-포인트)operating point을 잡아주는 것이 중요하다. 또한 동작점 부근에서 소신호small-signal를 인가해서 최대한 선형적인 특성을 따라갈 수 있도록 해야 한다.

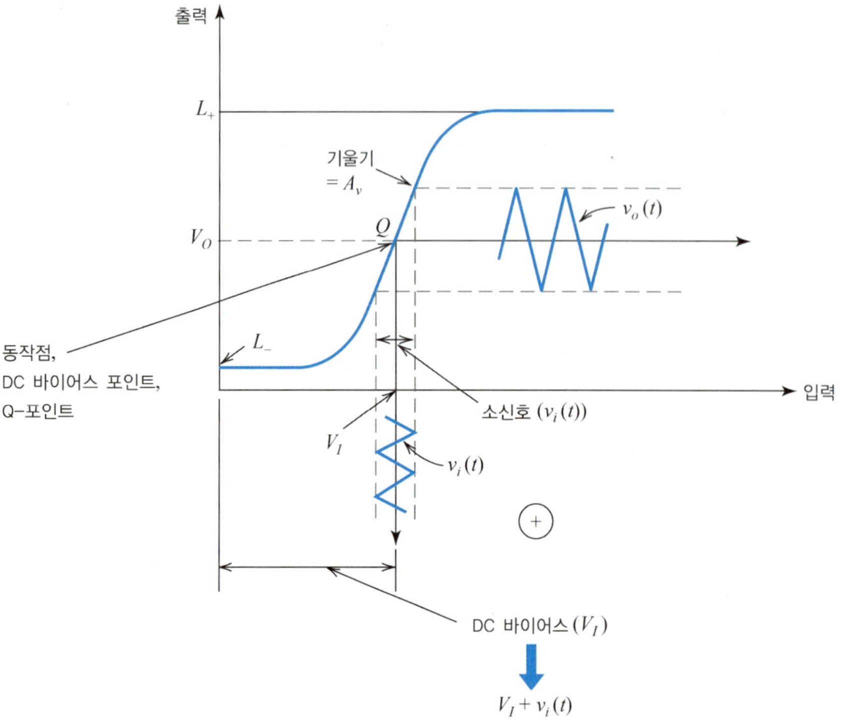

[그림 5-1] **비선형 증폭기의 전압 전달 특성**

바이어스 회로

일반적으로 증폭기의 동작점을 잡아주기 위해서는 바이어스 회로가 필요하다. [그림 5-2]는 가장 기본적인 전압분배 바이어스 회로이다. 이 회로는 저항 R_{B1} 또는 R_{B2}의 변화에 따라서 V_{BE} 전압과 I_C의 변화가 심한 단점이 있다.

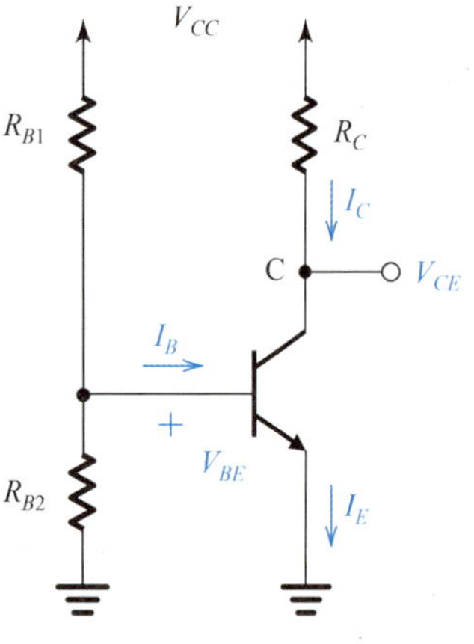

[그림 5-2] **전압분배 바이어스 회로**

[그림 5-3(a)]는 [그림 5-2]와 같은 바이어스 회로의 단점을 보완하기 위해 이미터 저항 R_E를 추가한 전압분배 바이어스 회로이다. 이 회로를 분석하기 위해 [그림 5-3(b)]와 같은 등가회로를 구성하고 V_{BB}, R_B를 구하면 각각 식 (5.1), 식 (5.2)와 같다.

$$V_{BB} = \frac{R_2}{R_1 + R_2} V_{CC} \tag{5.1}$$

$$R_B = \frac{R_1 R_2}{R_1 + R_2} \tag{5.2}$$

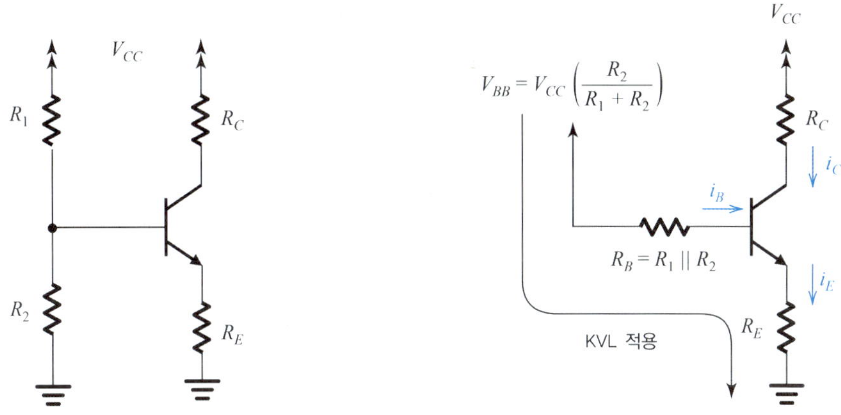

(a) 이미터 저항이 있는 전압분배 바이어스 회로

(b) 분석을 위한 등가회로

[그림 5-3] **이미터 저항이 있는 전압분배 바이어스 회로와 등가회로**

[그림 5-3(b)]의 회로에서 KVL을 적용하면 식 (5.3)과 같이 나타낼 수 있고, 이미터 전류 I_E를 구하면 식 (5.4)와 같다.

$$V_{BB} = I_B R_B + V_{BE} + I_E R_E = \frac{R_B}{\beta + 1} I_E + V_{BE} + I_E R_E \tag{5.3}$$

$$I_E = \frac{V_{BB} - V_{BE}}{R_E + R_B / (\beta + 1)} \tag{5.4}$$

식 (5.4)에서 $V_{BB} >> V_{BE}$, $R_E >> \frac{R_B}{\beta + 1}$인 경우를 가정하면 이미터 전류가 온도와 β의 변화에 민감하지 않음을 알 수 있다.

5.2 실험회로 및 PSpice 시뮬레이션

전압분배 바이어스 회로

[그림 5-4]는 증폭기의 베이스 단자의 DC 전압과 컬렉터 전류를 잡아주는 전압분배 바이어스 회로이다. R_{B1}, R_{B2}에 의해서 이미터 및 컬렉터 전류가 결정된다.

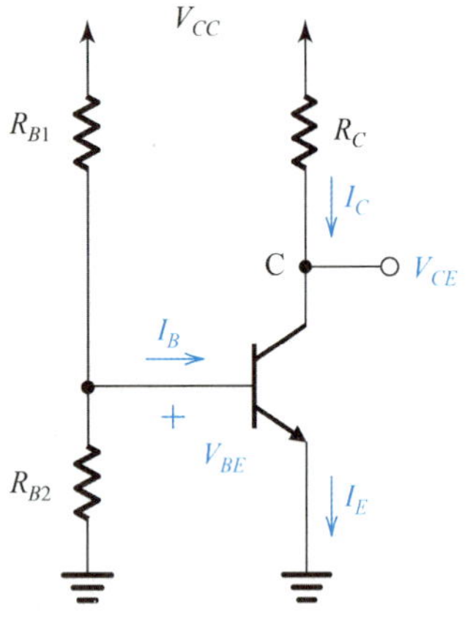

[그림 5-4] 전압분배 바이어스 회로(실험회로 1)

[그림 5-5]는 PSpice 모의실험을 위한 전압분배 바이어스 회로도이고, [그림 5-6]은 전압분배 바이어스 회로의 PSpice 모의실험 결과이다.

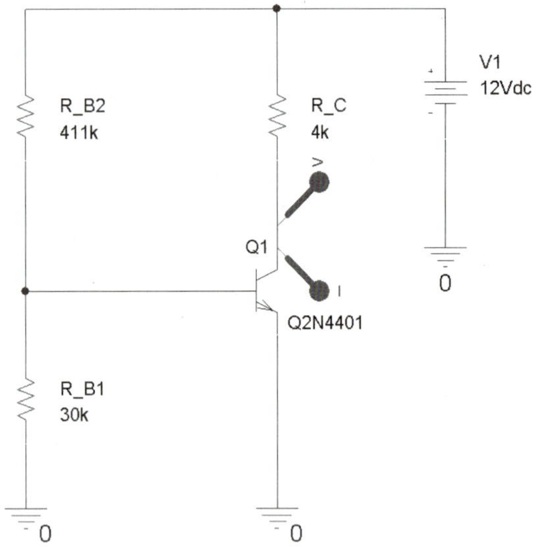

[그림 5-5] PSpice 모의실험을 위한 전압분배 바이어스 회로도

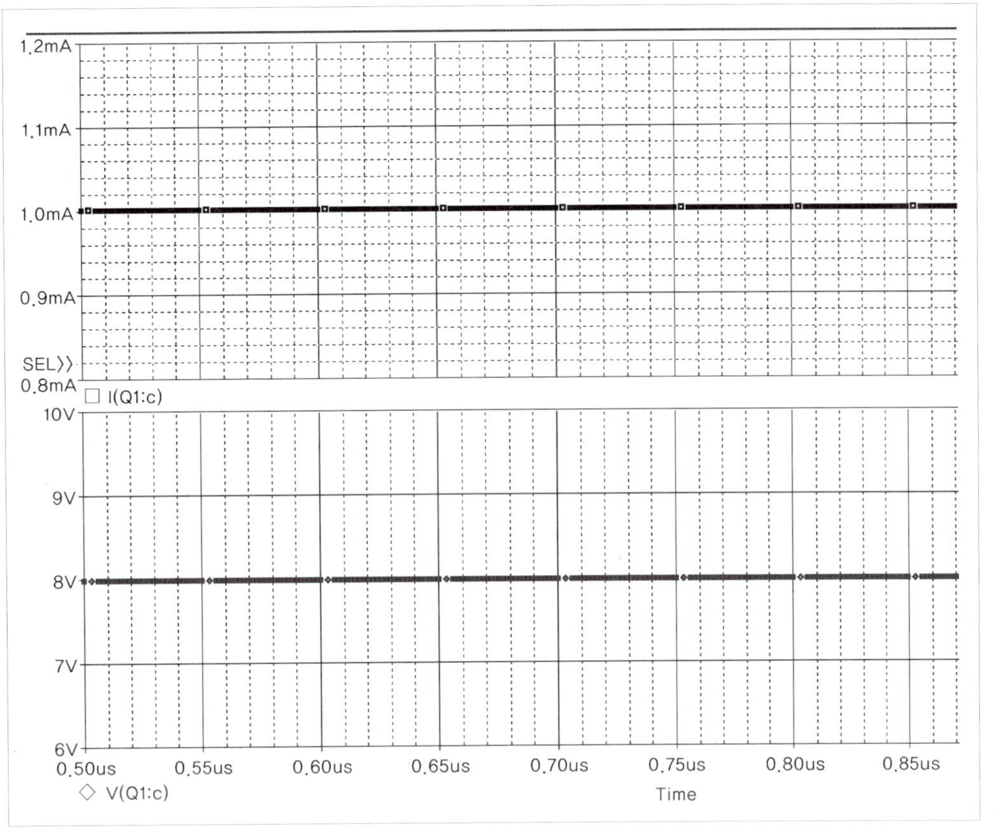

[그림 5-6] 전압분배 바이어스 회로의 PSpice 모의실험 결과

베이스 바이어스 회로

[그림 5-7]은 증폭기의 베이스 단자의 DC 전압과 컬렉터 전류를 잡아주는 바이어스 회로이다. R_1, R_2, R_E에 의해서 이미터 및 컬렉터 전류가 안정적으로 형성된다.

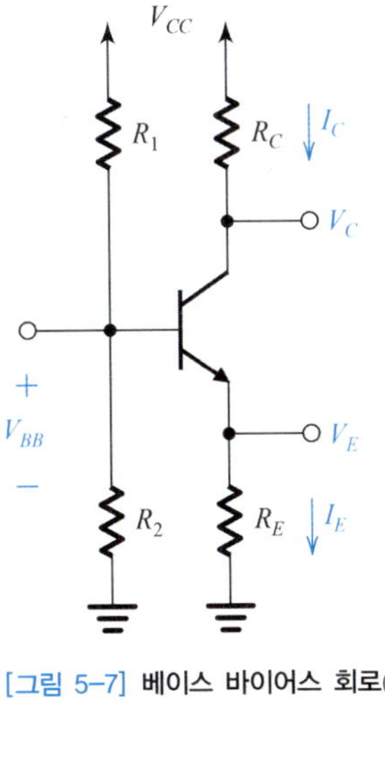

[그림 5-7] 베이스 바이어스 회로(실험회로 2)

[그림 5-8]은 PSpice 모의실험을 위한 베이스 바이어스 회로도이고, [그림 5-9]는 베이스 바이어스 회로의 PSpice 모의실험 결과이다.

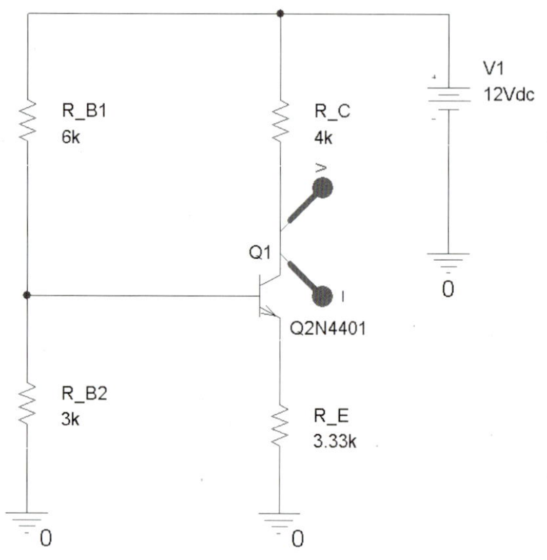

[그림 5-8] PSpice 모의실험을 위한 베이스 바이어스 회로

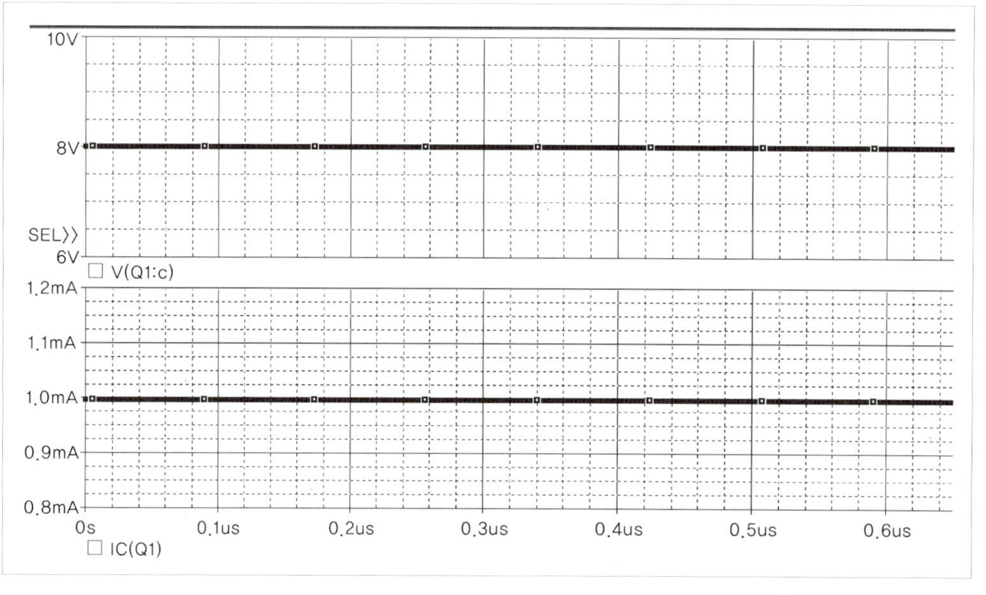

[그림 5-9] 베이스 바이어스 회로의 PSpice 모의실험 결과

5.3 실험 절차

전압분배 바이어스 회로

1 실험회로 1([그림 5-4])에서 V_{BB} 값이 4V, R_{BB} 저항값이 2kΩ, R_C는 v_O의 DC 값이 8V가 되도록 하는 저항값으로 둔다. 컬렉터 전압이 8V, 컬렉터 전류가 1mA가 되도록 R_{B1}, R_{B2}를 구하고, [표 5-1]에 기록하시오. 예비 보고 사항에서 구한 값을 바탕으로 하면 효율적으로 찾을 수 있다.

베이스 바이어스 회로

1 실험회로 2([그림 5-7])에서 V_{BB} 값이 4V, R_{BB} 저항값이 2kΩ, R_C는 v_O의 DC 값이 8V가 되도록 하는 저항값으로 둔다. 컬렉터 전압이 8V, 컬렉터 전류가 1mA가 되도록 R_E, R_1, R_2를 구하고, [표 5-2]에 기록하시오. 예비 보고 사항에서 구한 값을 바탕으로 하면 효율적으로 찾을 수 있다.

5.4 고찰 사항

(1) 예비 보고 사항에서 PSpice를 이용하여 구한 실험회로 1의 DC 동작점과 실험을 통해서 측정한 DC 동작점 사이의 차이가 발생하는 원인을 설명하시오.

(2) 예비 보고 사항에서 PSpice를 이용하여 구한 실험회로 2의 DC 동작점과 실험을 통해서 측정한 DC 동작점 사이의 차이가 발생하는 원인을 설명하시오.

요약

이 실험에서는 BJT를 이용한 증폭기의 DC 동작점을 잡아주기 위한 바이어스 회로에 대해 공부하고, 실험을 통하여 동작을 확인하였다. DC 바이어스 회로는 증폭기의 전압 이득, 출력 DC 전압 등을 결정하는 중요한 회로로서 증폭기 구성을 위한 기본적이면서도 중요한 실험이라고 할 수 있다.

퀴즈

(1) 비선형 증폭기를 선형적으로 동작시키기 위한 조건은?

① 적절한 DC 바이어스를 인가한다.

② 대신호를 인가해서 최대한 비선형적인 특성을 따라가도록 한다.

③ 이미터를 V_{CC}에 연결한다.

④ 베이스를 GND에 연결한다.

(2) 소신호 등가회로에서 DC 바이어스의 역할은?

① 소신호를 증폭시킨다.

② 소신호를 반전시킨다.

③ 선형적인 특성을 따라가도록 동작점을 잡아준다.

④ DC 전압을 증폭시킨다.

(3) 실험회로 1에서 V_{BB} 전압, 컬렉터 전류 I_C, 컬렉터 전압 V_C는 얼마인지 계산을 통해서 구하시오.

(4) 실험회로 2에서 V_{BB} 전압, 컬렉터 전류 I_C, 컬렉터 전압 V_C는 얼마인지 계산을 통해서 구하시오.

예비 보고 사항

(1) 실험회로 1([그림 5-4])에서 PSpice를 이용하여 $V_{BB} = 4\text{V}$, $I_C = I_E = 1\text{mA}$가 되는 R_{B1}, R_{B2}, R_C 값을 결정하시오.

(2) 실험회로 2([그림 5-7])에서 PSpice를 이용하여 $V_{BB} = 4\text{V}$, $I_C = I_E = 1\text{mA}$가 되는 R_1, R_2, R_C, R_E 값을 결정하시오.

자르는 선

실험 05 실험 결과

[실험 절차]에 따라 [실험 결과]를 작성하시오.

전압분배 바이어스 회로

1

[표 5-1] 실험회로 1의 바이어스 회로 구성을 위한 소자값

컬렉터 전류(I_C)	컬렉터 전압(V_C)	R_C 저항값	R_{B1} 저항값	R_{B2} 저항값	동작 영역

베이스 바이어스 회로

2

[표 5-2] 실험회로 2의 바이어스 회로 구성을 위한 소자값

컬렉터 전류(I_C)	컬렉터 전압(V_C)	R_C 저항값	R_E 저항값	R_1 저항값	R_2 저항값	동작 영역

m.e.m.o

실험 06

공통 이미터 증폭기

실험 개요

BJT를 이용한 공통 이미터 증폭기의 동작 원리를 공부하고, 실험을 통하여 특성을 측정한다. 공통 이미터 증폭기는 베이스가 입력 단자, 컬렉터가 출력 단자, 이미터가 공통 단자인 증폭기이고, 높은 전압 이득을 얻을 수 있다는 장점이 있어 널리 사용되고 있다. 이 실험에서는 공통 이미터 증폭기의 입력-출력 특성 곡선을 구하고, 소신호 등가회로의 개념을 적용하여 전압 이득을 구하고, 이를 실험에서 확인하고자 한다.

실험 기자재 및 부품

- DC 파워 서플라이
- 함수 발생기
- 저항
- 디지털 멀티미터
- Q2N4401(npn형 BJT) (1개)
- 커패시터
- 오실로스코프

6.1 배경 이론

BJT의 소신호 등가회로

[그림 6-1(a)]와 같이 입력에 DC 바이어스와 소신호 전압을 인가할 경우, 식 (6.1)과 같이 나타낼 수 있다.

$$v_{BE} = V_{BE} + v_{be} \tag{6.1}$$

식 (6.1)을 BJT의 전류식에 대입하면 식 (6.2)와 같이 전개할 수 있다.

$$
\begin{aligned}
i_C &= I_S e^{v_{BE}/v_T} \\
&= I_S e^{(v_{BE}+v_{be})/V_T} \\
&= I_S e^{(V_{BE}/V_T)} e^{(v_{be}/V_T)} \\
&= I_C e^{(v_{be}/V_T)} \\
&\approx I_C \left(1+\frac{v_{be}}{V_T}\right) \quad (v_{be} < 10\text{mV라고 가정}) \\
&= I_C + i_c
\end{aligned}
\tag{6.2}
$$

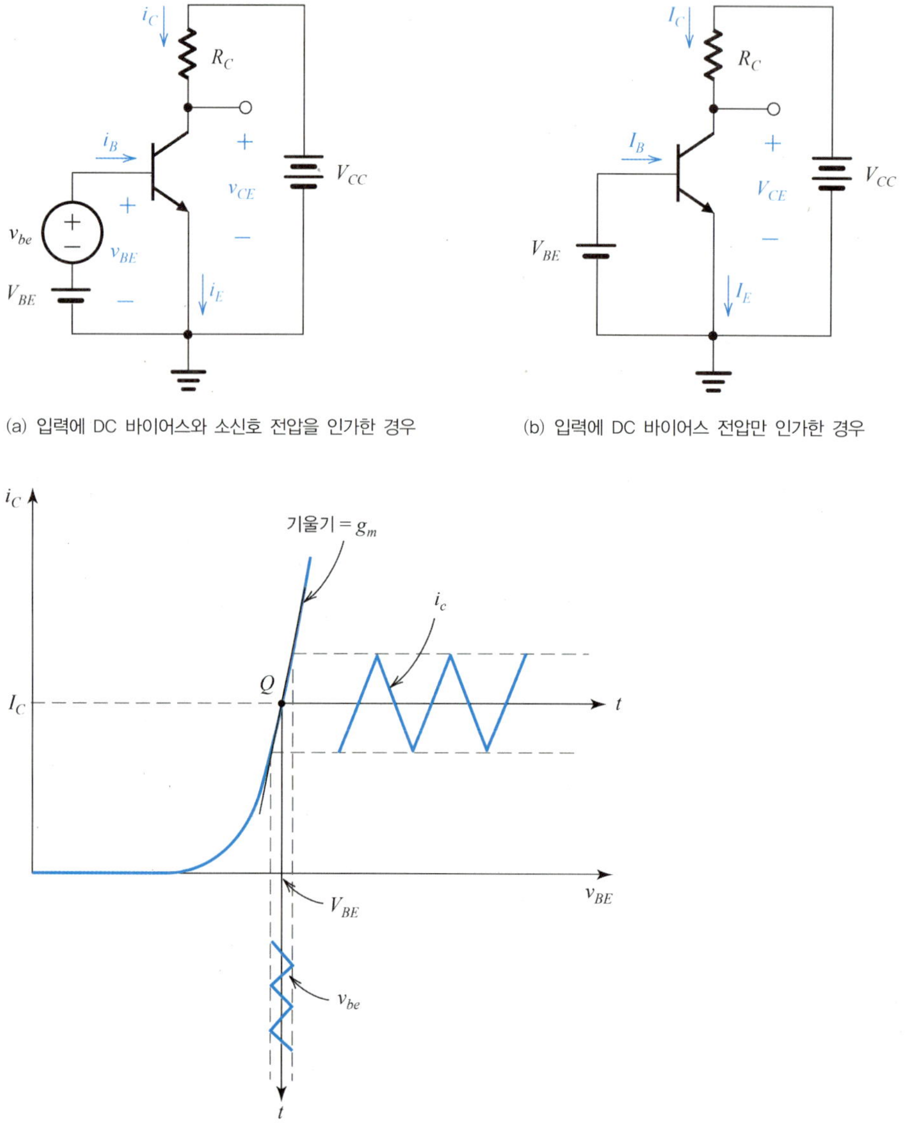

(a) 입력에 DC 바이어스와 소신호 전압을 인가한 경우

(b) 입력에 DC 바이어스 전압만 인가한 경우

(c) BJT 증폭기의 전류-전압 특성

[그림 6-1] BJT 증폭기의 DC 및 소신호 동작

식 (6.2)에서 I_C는 DC 전류를 의미하고, i_C는 소신호 전류를 의미한다. i_C는 식 (6.3)과 같이 표현할 수 있다.

$$i_c = \frac{I_C}{V_T} v_{be} = g_m v_{be} \qquad (6.3)$$

식 (6.3)에서 g_m을 트랜스컨덕턴스[transconductance]라고 하며, 식 (6.4)와 같이 정의된다.

$$\begin{aligned} g_m &= \frac{\partial i_C}{\partial v_{BE}}\Big|_{i_C = I_C} \\ &= \frac{I_C}{V_T} \end{aligned} \qquad (6.4)$$

[그림 6-2]는 BJT의 π-모델이다. [그림 6-2(a)]는 트랜스컨덕턴스 증폭기의 형태로 나타낸 모델이고, [그림 6-2(b)]는 전류 증폭기의 형태로 나타낸 모델이다.

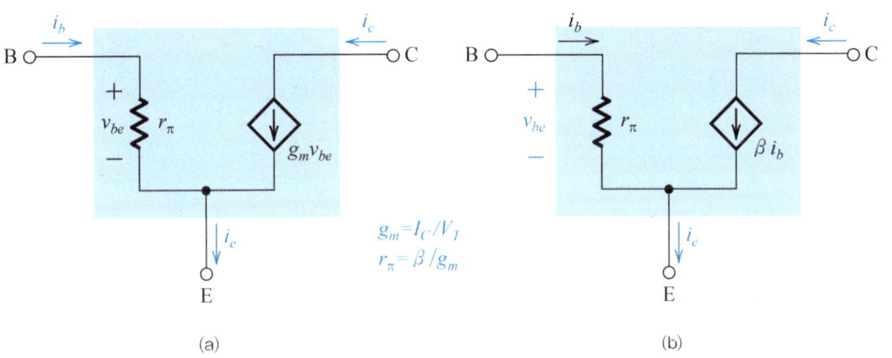

[그림 6-2] BJT의 π-모델

[그림 6-3]은 BJT의 T-모델이다. [그림 6-3(a)]는 트랜스컨덕턴스 증폭기의 형태로 나타낸 모델이고, [그림 6-3(b)]는 전류 증폭기의 형태로 나타낸 모델이다.

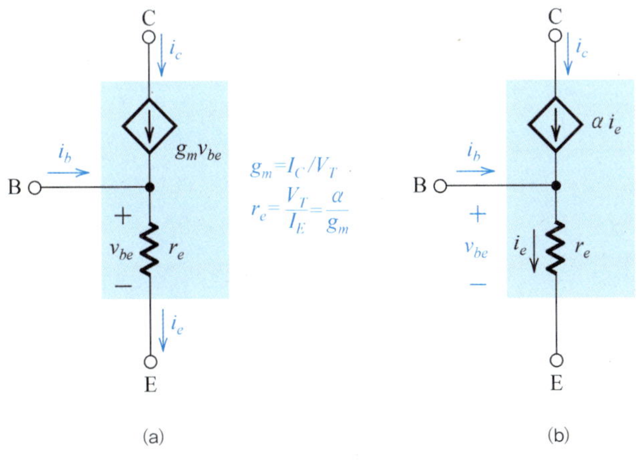

[그림 6-3] BJT의 T-모델

공통 이미터 증폭기의 동작 원리

[그림 6-4]와 같은 기본적인 공통 이미터 증폭기에서 입력 v_I는 베이스-이미터 전압 v_{BE}이고, 출력 v_O는 컬렉터-이미터 전압 v_{CE}이다. 베이스-이미터 사이의 소신호 입력 전압에 비례하는 전류가 컬렉터에 흐르고, 이 전류가 출력 쪽의 저항 R_C에 의해서 전압으로 변환되면서 전압이 증폭된다.

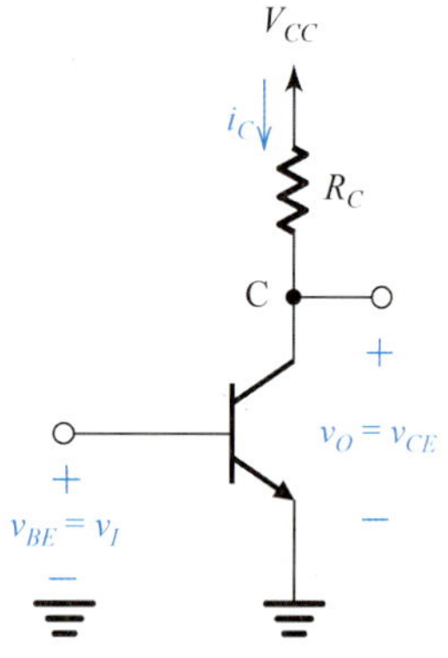

[그림 6-4] 공통 이미터 증폭기

[그림 6-5]는 공통 이미터 증폭기의 전압 전달 특성을 보여주고 있다. 출력 전압은 식 (6.5)와 같이 표현할 수 있으며, v_I 전압에 따라서 BJT의 동작 영역을 크게 세 가지로 나눌 수 있다.

$$v_O = V_{CC} - i_C \times R_C \tag{6.5}$$

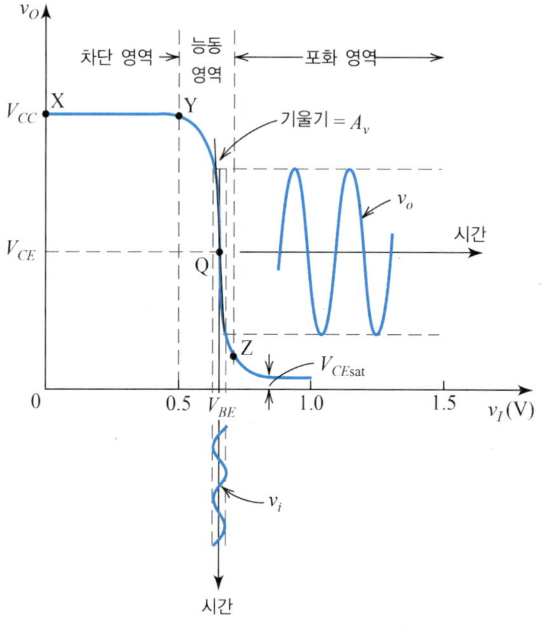

[그림 6-5] 공통 이미터 증폭기의 입력-출력 전달 특성 곡선

❶ **차단** cut-off **영역** : v_I 전압이 X와 Y점 사이일 경우에는 BJT가 차단 영역에서 동작하며, 컬렉터 전류가 흐르지 않는다.

❷ **능동** active **영역** : v_I 전압이 Y와 Z점 사이일 경우에는 BJT가 능동 영역에서 동작하며, 컬렉터 전류 및 출력 전압은 식 (6.6), 식 (6.7)과 같이 표현할 수 있다. 일반적으로 이 영역에서 주로 증폭기로 사용된다.

$$i_C = I_S \exp\left(\frac{v_I}{V_T}\right) \tag{6.6}$$

$$v_O = V_{CC} - I_S \exp\left(\frac{v_I}{V_T}\right) \times R_C \tag{6.7}$$

❸ **포화** saturation **영역** : v_I 전압이 Z점 이상일 경우에는 BJT가 포화 영역에서 동작하며, 출력 전압의 값은 v_{CEsat}이다.

공통 이미터 증폭기의 특성 분석

[그림 6-6]과 같이 소신호 분석을 위해서는 DC 전압원(예를 들어, V_{CC} 전압) 등은 접지시키고, 커플링 커패시터와 바이패스 커패시터 등은 저항을 0으로 간주하고 연결한다. 따라서 소신호 분석을 할 때 R_S 저항은 없다고 볼 수 있다.

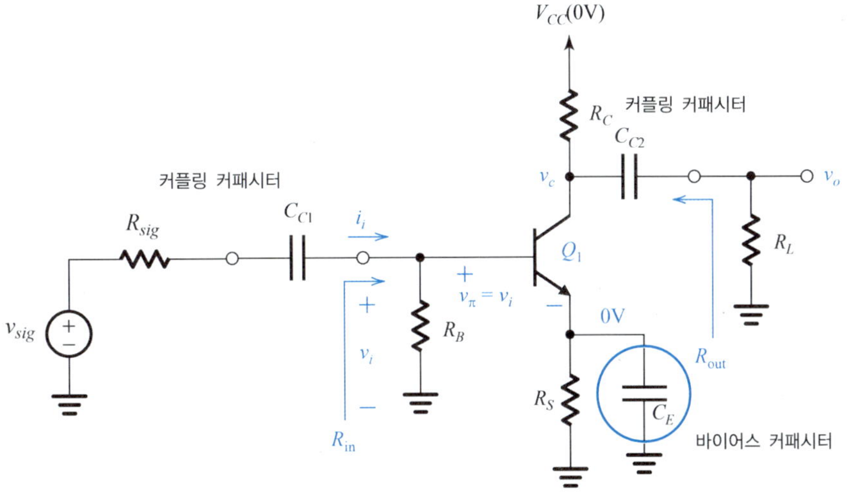

[그림 6-6] 소신호 분석을 위한 공통 이미터 증폭기 회로

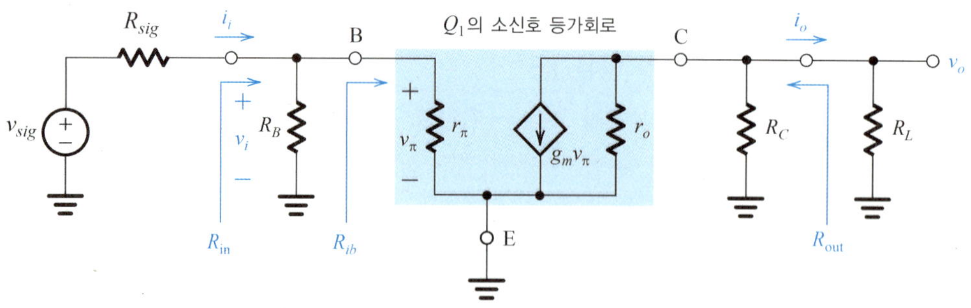

[그림 6-7] 공통 이미터 증폭기의 소신호 등가회로

[그림 6-7]의 소신호 등가회로에서 입력 저항 R_{in}을 구하면 식 (6.8)과 같다.

$$\begin{aligned} R_{in} &\equiv \frac{v_i}{i_i} \\ &= R_B \| R_{ib} \\ &= R_B \| r_\pi \\ &\approx r_\pi \ (R_B >> r_\pi \text{라고 가정}) \end{aligned} \tag{6.8}$$

전압 이득을 구하기 위해서 식 (6.8)의 결과를 이용한 후, 식 (6.9)와 식 (6.10)을 거치면, 식 (6.11)을 얻을 수 있다.

$$\begin{aligned} v_i &= v_{sig} \frac{R_{in}}{R_{in} + R_{sig}} \\ &= v_{sig} \frac{(R_B \| r_\pi)}{(R_B \| r_\pi) + R_{sig}} \\ &\approx v_{sig} \frac{r_\pi}{r_\pi + R_{sig}} \ (R_B >> r_\pi \text{ 일 때}) \end{aligned} \tag{6.9}$$

$$\begin{aligned} v_o &= -g_m v_\pi (r_o \| R_C \| R_L) \\ &= -g_m v_i (r_o \| R_C \| R_L) \ \ (v_\pi = v_i \text{ 이므로}) \end{aligned} \tag{6.10}$$

$$\begin{aligned} A_v &= \frac{v_o}{v_{sig}} = \frac{v_i}{v_{sig}} \times \frac{v_o}{v_i} \\ &= -\frac{r_\pi}{r_\pi + R_{sig}} \times g_m (r_o \| R_C \| R_L) \end{aligned} \tag{6.11}$$

전압 이득 A_v는 식 (6.11)과 같으며, 부하 저항 R_L에 따라서 값이 달라지므로 R_L이 ∞일 경우의 전압 이득 A_{vo}를 구하면 식 (6.12)와 같이 근사화할 수 있다.

$$A_{vo} = -\frac{r_\pi}{r_\pi + R_{sig}} \times g_m (r_o \| R_C)$$

$$\approx -\frac{r_\pi}{r_\pi + R_{sig}} \times g_m R_C \; (r_o >> R_C\text{일 경우}) \qquad (6.12)$$

6.2 실험회로 및 PSpice 시뮬레이션

[그림 6-8]은 입력에 DC 바이어스 전압 V_{BB}와 소신호 전압 v_{sig}가 인가된 공통 이미터 증폭기 회로이다. 출력인 컬렉터 단자에는 컬렉터 저항 R_C와 부하 저항 R_L이 연결되어 있다.

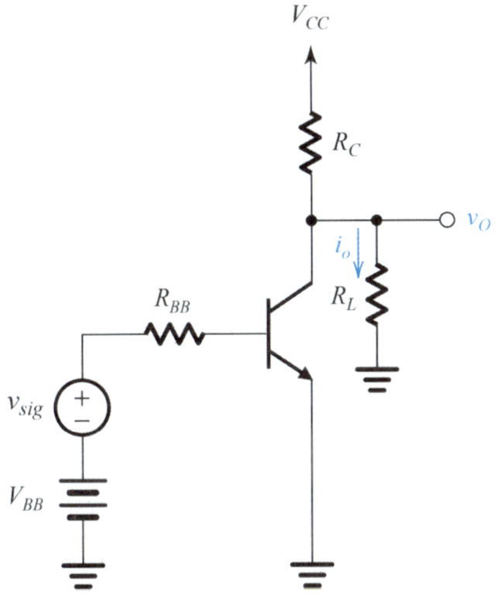

[그림 6-8] 공통 이미터 증폭기 회로(실험회로 1)

[그림 6-9]는 [그림 6-8]의 공통 이미터 증폭기 회로와 [실험 05]의 바이어스 회로([그림 5-7])를 포함한 완성된 공통 이미터 증폭기 회로이다.

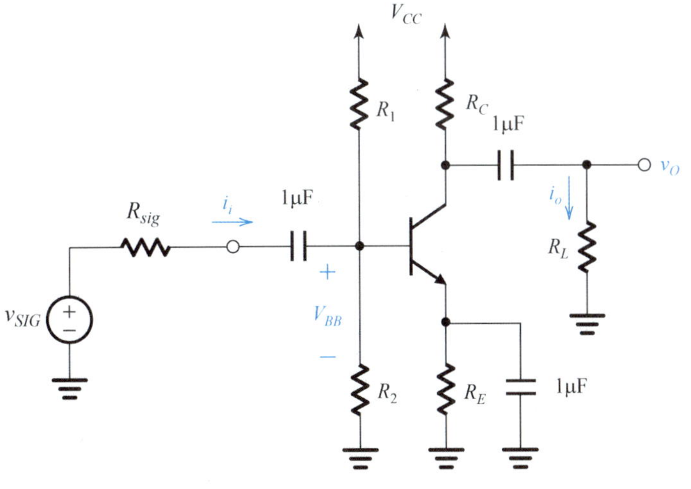

[그림 6-9] 바이어스 회로를 포함한 공통 이미터 증폭기 회로(실험회로 2)

공통 이미터 증폭기 회로를 PSpice 모의실험을 위한 회로도로 구현하면 [그림 6-10]과 같다.

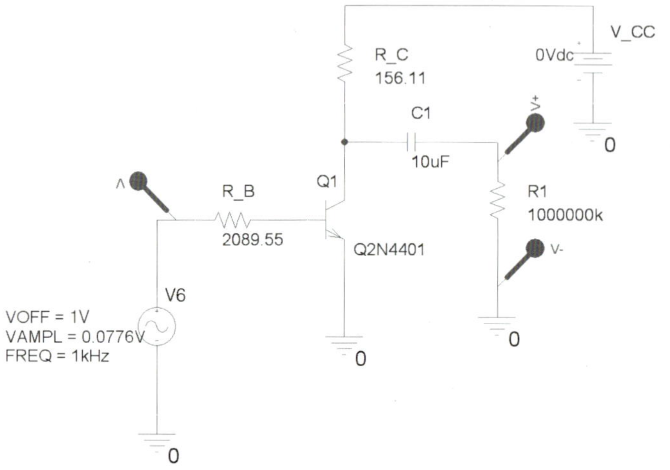

[그림 6-10] PSpice 모의실험을 위한 공통 이미터 증폭기 회로도

[그림 6-11]은 공통 이미터 증폭기의 PSpice 모의실험 결과이다. 입력 파형 v_in의 크기는 0.0770V이고 출력 파형 v_out의 크기는 1.1951V이므로, 이는 15배 정도 증폭된 것을 볼 수 있다.

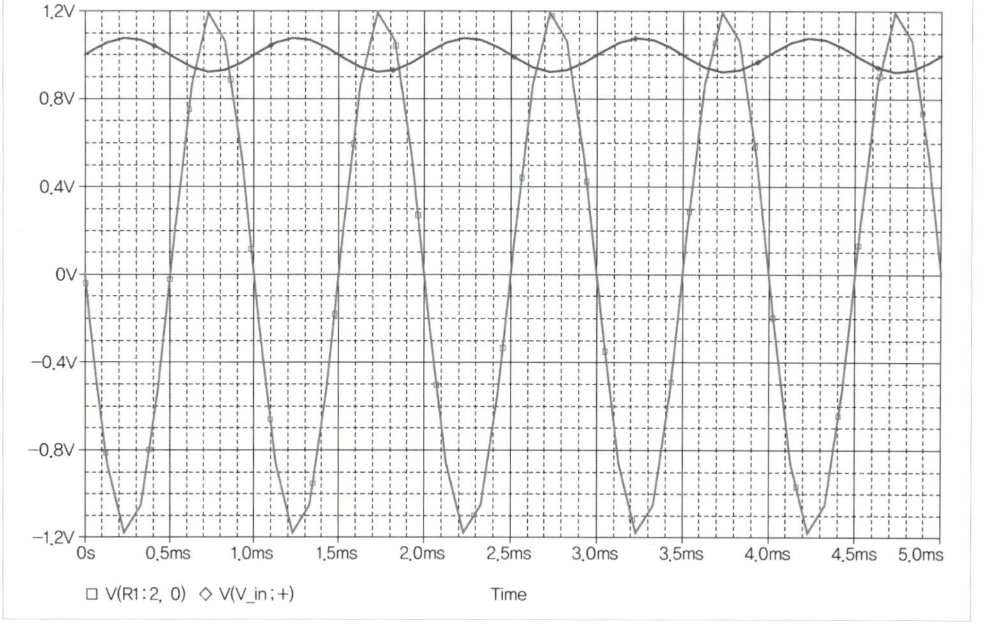

[그림 6-11] 공통 이미터 증폭기의 PSpice 모의실험 결과

6.3 실험 절차

1 실험회로 1([그림 6-8])에서 V_{CC} 값을 12V, v_{sig} 값을 0V, V_{BB} 값을 4V로 두고, R_{BB} 저항값이 2kΩ인 경우 v_O의 DC 값이 6V가 되도록 하는 R_C 값을 결정한다. 이 경우 BJT의 각 단자들의 전압(V_C, V_B, V_E) 및 전류(I_C, I_E, I_B)를 구하고, [표 6-1]에 기록하시오. 각 단자들의 전압을 바탕으로 BJT가 능동 영역에서 동작하는지 확인하시오.

2 v_{sig} 값을 0V로 두고, V_{BB} 전압을 0V, 12V, 3V~9V는 500mV 간격으로 변화시키면서 v_O의 DC 전압을 측정하여 [표 6-2]에 기록하고, 실험회로 1의 입력-출력($V_{BB}-v_O$) 전달 특성 곡선을 [그림 6-12]에 그리시오.

3 능동 영역에서 회로가 동작하는 경우 BJT의 트랜스컨덕턴스 g_m 값, 입력 저항 r_π, 이미터 저항 r_e, 전류 증폭도 β를 구하여 [표 6-3]에 기록하시오. 이를 이용하여 소신호 등가회로를 그리고, 실험회로 1의 공통 이미터 증폭기의 이론적인 전압 이득을 구하시오.

4 전압 이득이 최소 10V/V 이상 나오는지 실험하기 위해 입력에 10kHz의 0.01V_{p-p} 정현파의 입력 전압을 인가한다. 이때 공통 이미터 증폭기의 입력-출력 전압의 크기를 [표 6-4]에 기록하여 전압 이득을 구하고, 크기와 위상을 고려하여 v_{sig}, 입력 전압(BJT 베이스 전압 v_{BE}), 출력 전압(BJT 컬렉터 전압 v_{CE})의 파형을 캡처하여 [그림 6-13]과 같은 형태로 결과 보고서에 기록하시오.

5 실험회로 1의 입력 저항과 출력 저항을 직접 측정하여 [표 6-5]에 기록하시오. 입력 저항을 측정하기 위해 입력의 DC 전압을 변화시키면서 입력 쪽에 흘러 들어가는 DC 전류를 측정한다. 출력 저항을 측정하기 위해 입력에 0V를 인가하고, 출력 쪽에 DC 전압을 변화시키면서 출력 쪽에 흘러 들어가는 DC 전류를 측정한다.

6 실험회로 1과 [실험 05]의 바이어스 회로([그림 5-7])를 결합한 실험회로 2를 구성한다. 입력에 10kHz의 0.01V_{p-p} 정현파의 입력 전압을 인가한다. 이때 공통 이미터 증폭기의 입력-출력 전압의 크기를 [표 6-6]에 기록하여 전압 이득을 구하고, 크기와 위상을 고려하여 v_{sig}, 입력 전압(BJT 베이스 전압 v_{BE}), 출력 전압(BJT 컬렉터 전압 v_{CE})의 파형을 캡처하여 [그림 6-14]와 같은 형태로 결과 보고서에 기록하시오.

7 실험회로 2([그림 6-9])의 입력 저항과 출력 저항을 직접 측정하여 [표 6-7]에 기록하시오. 입력 저항을 측정하기 위해 입력의 DC 전압을 변화시키면서 입력 쪽에 흘러 들어가는 DC 전류를 측정한다. 출력 저항을 측정하기 위해 입력에 0V를 인가하고, 출력 쪽에 DC 전압을 변화시키면서, 출력 쪽에 흘러 들어가는 DC 전류를 측정한다.

6.4 고찰 사항

(1) [그림 6-9]에서 입력 쪽과 출력 쪽의 커패시터의 역할을 설명하시오.

(2) 예비 보고 사항에서 PSpice를 이용하여 구한 전압 이득과 실험을 통해서 측정한 전압 이득 사이의 차이가 발생하는 원인을 설명하시오.

요약

이 실험에서는 BJT를 이용한 기본적인 증폭기 중에서 가장 널리 사용되고 있는 공통 이미터 증폭기 회로를 구성하고, 실험을 통해 그 동작을 확인하였다. 그리고 증폭기의 전압 이득, 입력 임피던스 및 출력 임피던스를 구하기 위한 소신호 등가회로의 개념을 공부하였고, 소신호 등가회로를 이용한 이론적인 계산치를 바탕으로 측정을 통해서 특성을 확인하였다. BJT 증폭기의 전압 이득을 증가시키기 위해서는 컬렉터 전류를 키워서 트랜스컨덕턴스를 증가시켜야 하므로, 전류와 전압 이득 사이에는 상충 관계가 있음을 확인할 수 있었다. 이 실험의 공통 이미터 증폭기는 가장 기본적이면서도 많이 사용되고 있는 증폭기라서 중요한 실험이라고 할 수 있다.

퀴즈

(1) 트랜스컨덕턴스transconductance 식은?

① $\dfrac{I_C}{V_T}$ ② $\dfrac{V_T}{I_B}$

③ $\dfrac{I_E}{V_T}$ ④ $\dfrac{V_T}{I_C}$

(2) 증폭기로 가장 많이 사용하는 BJT의 동작 영역은?

① 차단 영역 ② 능동 영역

③ 포화 영역 ④ 반전 영역

(3) 공통 이미터 증폭기의 특성이 아닌 것은?

① 전압 이득이 비교적 크다.

② 비교적 높은 입력 임피던스를 가진다.

③ 출력 임피던스가 매우 낮다.

④ 비교적 높은 전력 이득을 가진다.

(4) 공통 이미터 증폭기의 전압 이득을 증가시키기 위한 방법으로 올바른 것은?
① DC 바이어스 전류를 감소시킨다.
② BJT 트랜지스터의 면적을 감소시킨다.
③ 부하 저항의 크기를 증가시킨다.
④ 커플링 커패시터의 크기를 감소시킨다.

(5) 공통 이미터 증폭기에서 커플링 커패시턴스의 역할은?
① DC 성분을 통과시킨다.
② AC 성분을 막는다.
③ 전압 이득을 키운다.
④ DC 성분을 막는다.

(6) 공통 이미터 증폭기의 입력 임피던스는?
① r_π ② g_m ③ r_e ④ $\frac{1}{g_m}$

(7) 공통 이미터 증폭기에서 바이패스 커패시턴스의 값이 감소될 때의 특성 변화로 맞는 것은?
① 전압 이득이 감소된다. ② 출력 임피던스가 감소된다.
③ 입력 임피던스가 감소된다. ④ DC 동작점이 변한다.

(6) 실험회로 1에 제시된 공통 이미터 증폭기의 전압 이득, 입력 임피던스 및 출력 임피던스는 얼마인가?

예비 보고 사항

(1) npn형 BJT의 소신호 등가회로에 대해서 설명하고, g_m과 r_o는 컬렉터 전류와 어떤 관계인지 유도하시오.
(2) 실험회로 1([그림 6-8])에서 PSpice를 이용하여 R_{BB}를 10kΩ으로 고정하고, v_{sig}에 6V의 DC 전압을 인가한 후, v_o 전압이 6V인 DC 전압이 나오는 R_C 값을 구하시오.
(3) 실험회로 1에서 PSpice를 이용하여 전압 이득, 입력 임피던스 및 출력 임피던스를 구하시오.
(4) 실험회로 1에 제시된 공통 이미터 증폭기의 전압 이득, 입력 임피던스 및 출력 임피던스를 이론적으로 계산하고, PSpice 모의실험 결과와 비교하시오.
(5) 실험회로 1과 [실험 05]의 바이어스 회로를 결합한 실험회로 2([그림 5-7])에서 PSpice를 이용하여 i_B, i_C, i_E, v_B, v_C, v_E를 구하고, 전압 이득을 구하시오.

m.e.m.o

실험 06 실험 결과

[실험 절차]에 따라 [실험 결과]를 작성하시오.

1

[표 6-1] 공통 이미터 증폭기의 DC 조건

R_C 값 (PSpice)	R_C 값 (측정)	V_{sig} 전압	V_B 전압	V_O 전압	I_B 전류	I_C 전류	I_E 전류	동작 영역

2

[표 6-2] 실험회로 1의 입력-출력 전달 특성 확인을 위한 측정 데이터

입력 전압(V_{BB})	출력 전압(v_O)	동작 영역	입력 전압(V_{BB})	출력 전압(v_O)	동작 영역
0V			6.5V		
3V			7V		
3.5V			7.5V		
4V			8V		
4.5V			8.5V		
5V			9V		
5.5V			12V		
6V					

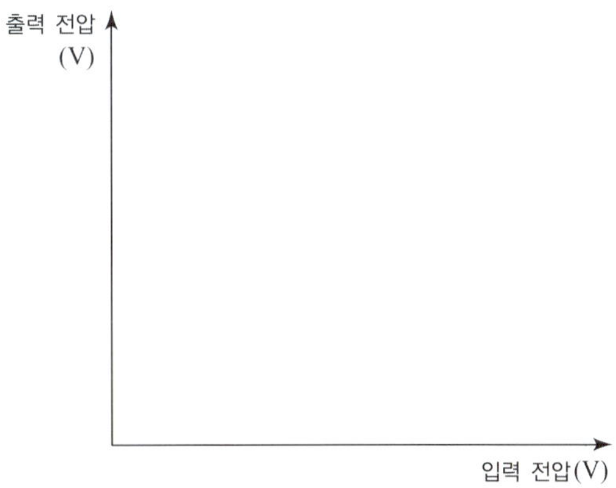

[그림 6-12] 공통 이미터 증폭기의 입력-출력 전달 특성 곡선

3

[표 6-3] 실험회로 1의 소신호 파라미터

동작 영역	I_B 전류	I_C 전류	I_E 전류	트랜스컨덕턴스 (g_m)	β	r_π	r_e

4

[표 6-4] 공통 이미터 증폭기의 전압 이득을 계산하기 위한 측정 데이터

입력 신호의 크기 (mV)	입력 신호의 주파수 (kHz)	출력 신호의 크기 (mV)	출력 신호의 주파수 (kHz)	전압 이득 ($A_v = \lvert v_O / v_{sig} \rvert$) 선형 스케일	전압 이득 ($A_v = 20\log \lvert v_O / v_{sig} \rvert$) dB 스케일

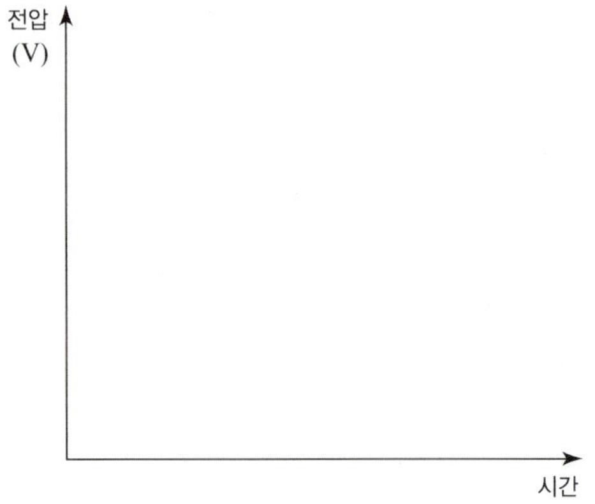

(a) 입력 파형

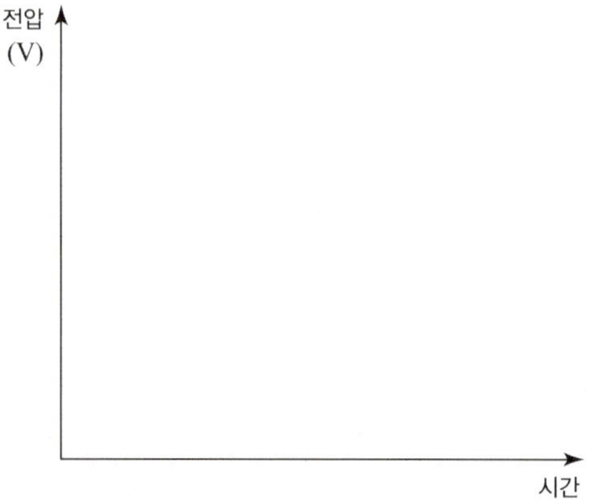

(b) 출력 파형

[그림 6-13] 실험회로 1의 입력 파형과 출력 파형

자르는 선

5

[표 6-5] 공통 이미터 증폭기의 입력 저항과 출력 저항

입력 전압(v_{sig})	입력 전류(I_B)	출력 전압(v_O)	출력 전류(I_O)	입력 저항(R_{in})	출력 저항(R_{out})

6

[표 6-6] 실험회로 2의 전압 이득을 계산하기 위한 측정 데이터

입력 신호의 크기 (mV)	입력 신호의 주파수 (kHz)	출력 신호의 크기 (mV)	출력 신호의 주파수 (kHz)	전압 이득 ($A_v = \lvert v_O / v_{SIG} \rvert$) 선형 스케일	전압 이득 ($A_v = 20\log \lvert v_O / v_{SIG} \rvert$) dB 스케일

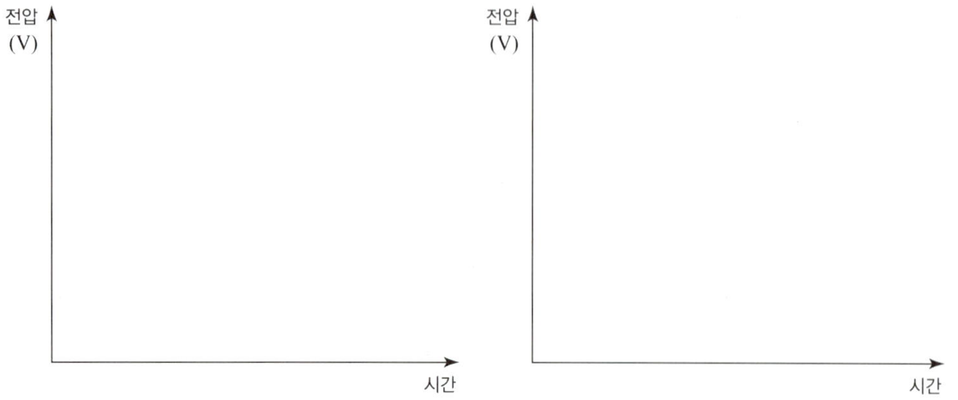

(a) 입력 파형

(b) 출력 파형

[그림 6-14] 실험회로 2의 입력 파형과 출력 파형

7

[표 6-7] 실험회로 2의 입력 저항과 출력 저항

입력 전압(v_{SIG})	입력 전류(I_I)	출력 전압(v_O)	출력 전류(I_O)	입력 저항(R_{in})	출력 저항(R_{out})

실험 07

이미터 팔로워

실험 개요

BJT를 이용한 기본적인 세 가지 증폭기 중에서 공통 이미터 증폭기를 [실험 06]에서 실험하였다. 이번 실험은 나머지 두 가지 증폭기 구조 중 이미터 팔로워에 대한 실험이다. 이미터 팔로워는 출력 임피던스가 작기 때문에 작은 부하 저항을 구동하는 데 많이 사용된다. 이 실험에서는 이미터 팔로워의 동작 원리를 살펴보고, 증폭기의 전압 이득 및 특성을 실험을 통하여 확인하고자 한다.

실험 기자재 및 부품

- DC 파워 서플라이
- 함수 발생기
- 저항
- 디지털 멀티미터
- Q2N4401(npn형 BJT) (1개)
- 커패시터
- 오실로스코프

7.1 배경 이론

[그림 7-1(a)]와 같이 이미터 팔로워 회로에서 입력은 베이스 단자에 인가되고, 출력은 이미터 단자에서 감지된다. 컬렉터 단자가 공통이므로, 공통-컬렉터 증폭기라고 할 수 있다. [그림 7-1(b)]의 입력-출력 파형에서 볼 수 있는 것처럼, 출력 신호가 입력 신호를 따라가기 때문에 '이미터 팔로워'라는 용어를 더 많이 사용한다. 또한 출력 신호의 DC 레벨이 입력 신호의 DC 레벨에서 V_{BE}만큼 떨어진 전압이 나오기 때문에, 레벨 시프터level shifter로서도 동작할 수 있다.

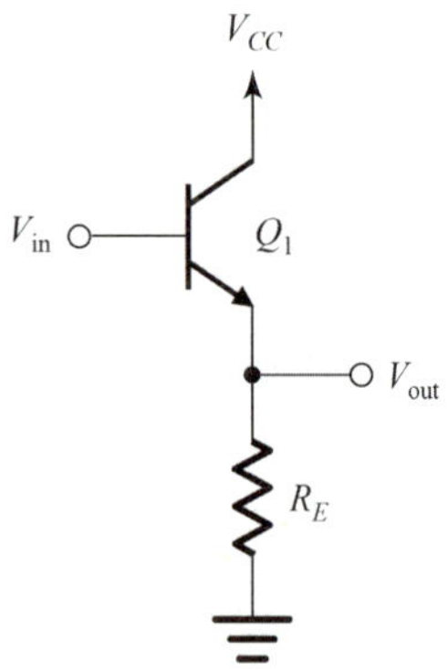

(a) 이미터 팔로워 회로

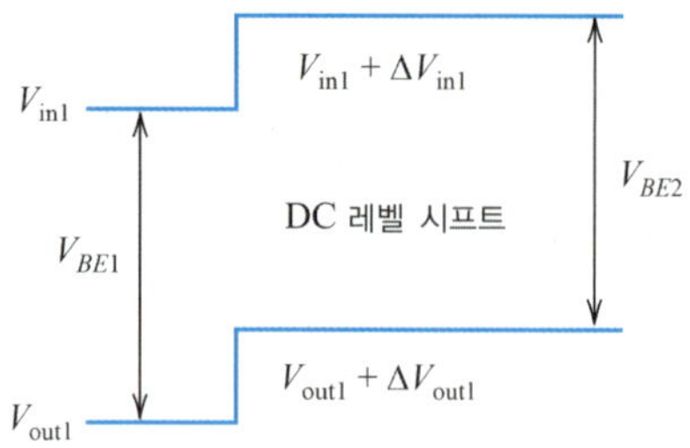

(b) 입력-출력 파형

[그림 7-1] 이미터 팔로워 회로와 입력-출력 파형

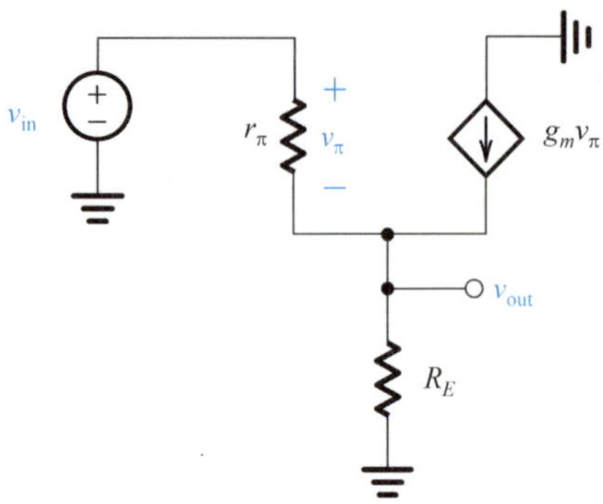

[그림 7-2] 이미터 팔로워의 소신호 등가회로

[그림 7-2]는 이미터 팔로워의 전압 이득을 구하기 위한 소신호 등가회로이다. 계산상의 편의를 위해 출력 저항 r_o가 ∞라고 가정하였다.

$$\frac{v_{out}}{v_{in}} = \frac{1}{1+\dfrac{r_\pi}{\beta+1}\cdot\dfrac{1}{R_E}} \approx \frac{R_E}{R_E+\dfrac{1}{g_m}} \tag{7.1}$$

식 (7.1)과 같이 이미터 팔로워의 전압 이득은 양의 값이며, 그 값이 1에 가깝다.

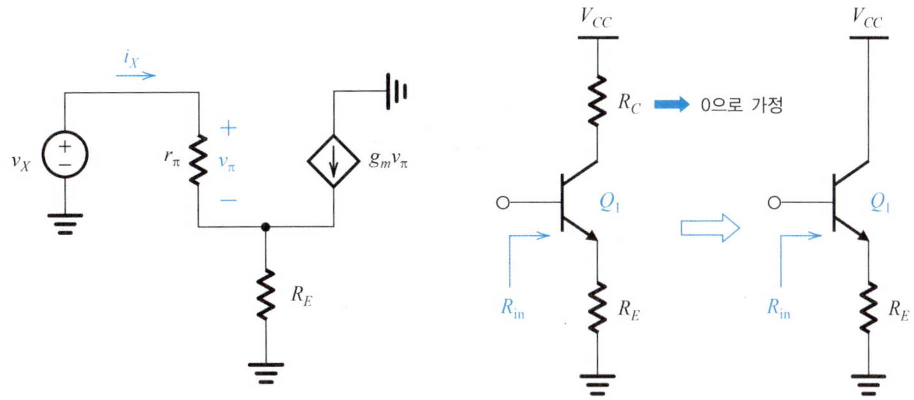

[그림 7-3] 이미터 팔로워의 입력 임피던스

[그림 7-3]은 이미터 팔로워의 입력 임피던스를 구하기 위한 회로이며, 식 (7.2)와 같이 계산할 수 있다.

$$\frac{v_X}{i_X} = r_\pi + (1+\beta)R_E \tag{7.2}$$

공통 이미터 증폭기와 같이 베이스 단자에 입력을 인가하므로, 입력 임피던스가 서로 같다.

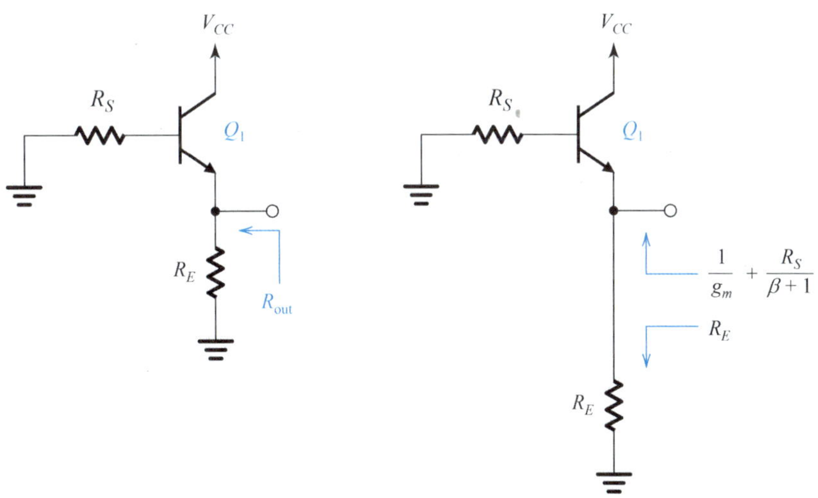

[그림 7-4] 이미터 팔로워의 출력 임피던스

[그림 7-4]는 이미터 팔로워의 출력 임피던스를 구하기 위한 회로이며, 식 (7.3)과 같이 계산할 수 있다.

$$R_{out} = \left(\frac{R_S}{\beta+1} + \frac{1}{g_m}\right) \| R_E \tag{7.3}$$

식 (7.3)으로부터, $\frac{R_S}{\beta+1} = \frac{1}{g_m} = R_E$ 인 조건이 만족되면 $R_{out} \approx \frac{1}{g_m}$ 이 성립하고, 출력 임피던스 값이 매우 작음을 알 수 있다.

작은 출력 임피던스의 특성이 있기 때문에 작은 부하 저항을 구동하는 데 유리하고, 전압 버퍼로 많이 사용된다. 예를 들어 스피커의 임피던스가 수 Ω 정도로 매우 작은데, [그림 7-5(a)]와 같이 공통 이미터 증폭기로 바로 구동하게 되면, 전압 이득이 많이 감소한다. 이럴 경우 [그림 7-5(b)]와 같이 이미터 팔로워를 전압 버퍼로 사용하면, 전압 이득의 급격한 감소를 막을 수 있다.

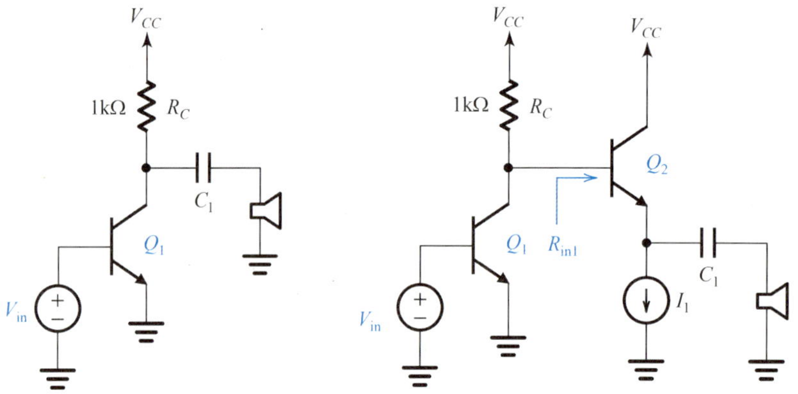

(a) 공통 이미터 증폭기 + 스피커 (b) 공통 이미터 증폭기 + 이미터 팔로워 + 스피커

[그림 7-5] 공통 이미터 증폭기 + 스피커 및 공통 이미터 증폭기 + 이미터 팔로워 + 스피커

7.2 실험회로 및 PSpice 시뮬레이션

[그림 7-6]은 입력에 DC 바이어스 전압 V_{BB}와 소신호 전압 v_{sig}가 인가된 이미터 팔로워 회로이다. 출력인 이미터 단자에는 이미터 저항 R_E와 부하 저항 R_L이 연결되어 있다.

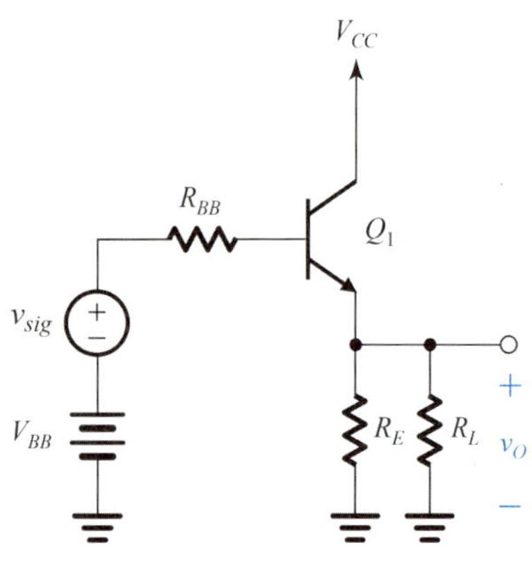

[그림 7-6] 이미터 팔로워 회로(실험회로 1)

[그림 7-7]은 PSpice 모의실험을 위한 이미터 팔로워 회로도이다.

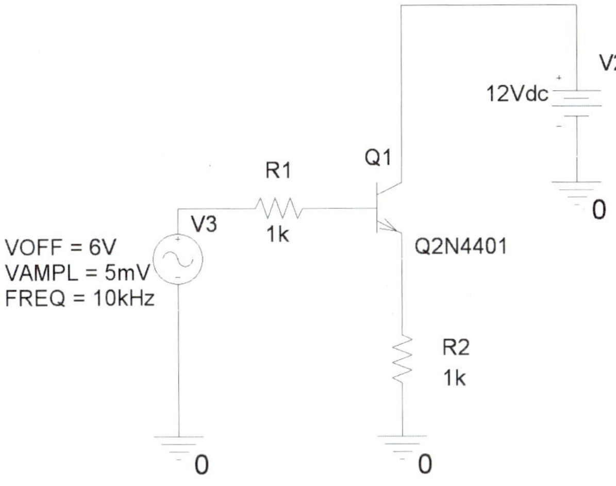

[그림 7-7] PSpice 모의실험을 위한 이미터 팔로워 회로도

[그림 7-8]은 이미터 팔로워의 PSpice 모의실험 결과이다. 여기서 입력 파형 v_in의 크기는 5mV이고 출력 파형 v_out의 크기는 5mV이므로, 전압 이득은 1에 가까움을 알 수 있다.

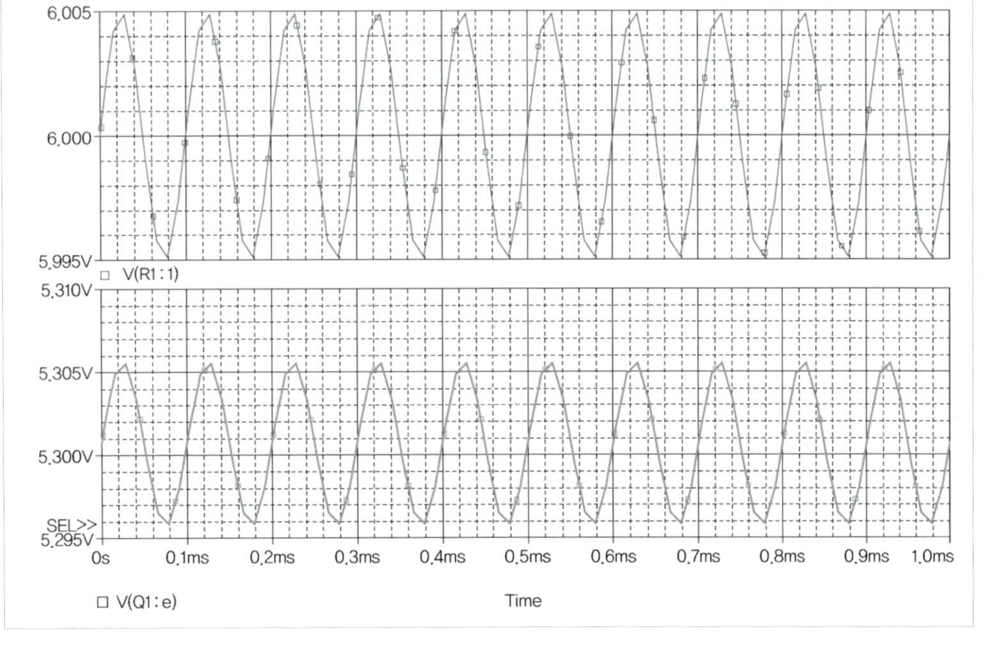

[그림 7-8] 이미터 팔로워의 PSpice 모의실험 결과

7.3 실험 절차

1 실험회로 1([그림 7-6])에서 V_{CC} 값을 12V, v_{sig} 값을 0V, V_{BB} 값을 6V로 두고, R_{BB} 저항값이 2kΩ인 경우 v_O의 DC 값이 4V가 되도록 하는 R_E 값을 결정한다. 이 경우 BJT의 각 단자들의 전압(V_C, V_B, V_E) 및 전류(I_C, I_E, I_B)를 구하고, [표 7-1]에 기록하시오. 각 단자들의 전압을 바탕으로 BJT가 능동 영역에서 동작하는지 확인하시오.

2 v_{sig} 값을 0V로 두고, V_{BB} 전압을 0V, 12V, 3V~9V는 500mV 간격으로 변화시키면서 v_O의 DC 전압을 측정하여 [표 7-2]에 기록하고, 실험회로 1의 입력-출력 전달 특성 곡선을 [그림 7-9]에 그리시오.

3 능동 영역에서 회로가 동작하는 경우 BJT의 트랜스컨덕턴스 g_m 값, 입력 저항 r_π, 이미터 저항 r_e, 전류 증폭도 β를 구하여 [표 7-3]에 기록하시오. 이를 이용하여 실험회로 1의 소신호 등가회로를 그리고, 이미터 팔로워 회로의 이론적인 전압 이득을 구하시오.

4 전압 이득이 1에 가깝게 나오는지 보기 위해 입력에 10kHz의 $0.01\mathrm{V_{p\text{-}p}}$ 정현파의 입력 전압을 인가한다. 이때 이미터 팔로워 회로의 입력-출력 전압의 크기를 [표 7-4]에 기록하여 전압 이득을 구하고, 크기와 위상을 고려하여 입력 전압(v_{sig})과 출력 전압의 파형을 캡처하여 [그림 7-10]과 같은 형태로 결과 보고서에 기록하시오.

5 실험회로 1의 입력 저항과 출력 저항을 직접 측정하여 [표 7-5]에 기록하시오. 입력 저항을 측정하기 위해 입력의 DC 전압을 변화시키면서 입력 쪽에 흘러 들어가는 DC 전류를 측정한다. 출력 저항을 측정하기 위해 입력에 0V를 인가하고, 출력 쪽에 DC 전압을 변화시키면서 출력 쪽에 흘러 들어가는 DC 전류를 측정한다.

7.4 고찰 사항

(1) 이미터 팔로워 증폭기의 전압 이득은 그 값이 1에 가까운데, 이것이 전압 증폭기로 사용되는 이유를 설명하시오.

요약

이 실험에서는 BJT를 이용한 증폭기 중에서 전압 버퍼 및 레벨 시프터로서 많이 사용되는 이미터 팔로워 회로의 기본 동작 원리를 공부하고, 전압 이득, 입력-출력 임피던스 등을 실험을 통하여 확인하였다. 많은 회로들은 다단 증폭기를 구성해서 사용되는데, 이때 증폭기 자체의 전압 이득뿐 아니라 입력-출력 임피던스도 매우 중요하다. 따라서 이미터 팔로워는 공통 이미터 증폭기만큼 전압 이득이 크지는 않지만, 전압 이득 및 입력-출력 임피던스 특성이 다르기 때문에 전압 버퍼의 역할로 응용에 따라 유용하게 사용될 수 있다.

퀴즈

(1) 출력 임피던스가 작기 때문에, 작은 부하 저항을 구동하는 데 많이 사용하는 증폭기는?

① 공통 이미터 증폭기 ② 공통 베이스 증폭기
③ 공통 소오스 증폭기 ④ 이미터 팔로워

(2) 레벨 시프터level shifter로 사용할 수 있는 증폭기는?

① 공통 이미터 증폭기 ② 공통 베이스 증폭기
③ 공통 소오스 증폭기 ④ 이미터 팔로워

(3) 이미터 팔로워 회로의 출력 임피던스는?

① r_o ② $1/g_m$ ③ r_π ④ g_m

(4) 이미터 팔로워 회로의 입력에 50mV의 크기를 가지는 사인파가 입력될 경우 출력 신호의 크기는 대략 얼마인가?

① 25mV ② 50mV ③ 100mV ④ 200mV

(5) 이미터 팔로워 회로의 입력 전압과 출력 전압의 위상차는 얼마인가?

① 90° ② 0° ③ 180° ④ 270°

(6) 이미터 팔로워 증폭기의 전압 이득, 입력 임피던스, 출력 임피던스를 구하시오.

예비 보고 사항

(1) 실험회로 1([그림 7-6])의 이미터 팔로워 회로의 전압 이득, 입력 임피던스 및 출력 임피던스를 계산으로 구하고, PSpice 모의실험을 통해서 구하시오.

(2) 실험회로 1의 이미터 팔로워 회로의 입력-출력 전달 특성 곡선을 PSpice를 이용해서 그리시오.

m.e.m.o

실험 07 실험 결과

[실험 절차]에 따라 [실험 결과]를 작성하시오.

1

[표 7-1] 이미터 팔로워 회로의 DC 조건

R_E 값 (PSpice 결과)	R_E 값 (측정)	V_C 전압	V_B 전압	V_E 전압	I_B 전류	I_C 전류	I_E 전류	동작 영역

2

[표 7-2] 실험회로 1의 입력-출력 전달 특성 확인을 위한 측정 데이터

입력 전압(V_{BB})	출력 전압(v_O)	동작 영역	입력 전압(V_{BB})	출력 전압(v_O)	동작 영역
0V			6.5V		
3V			7V		
3.5V			7.5V		
4V			8V		
4.5V			8.5V		
5V			9V		
5.5V			12V		
6V					

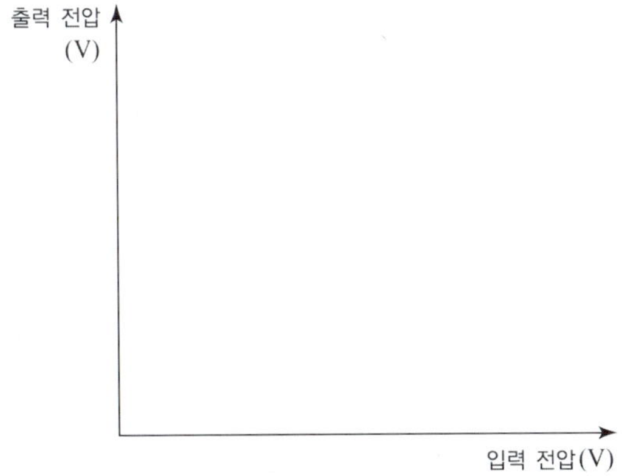

[그림 7-9] 실험회로 1의 입력-출력 전달 특성 곡선

3

[표 7-3] 실험회로 1의 소신호 파라미터

동작 영역	I_B 전류	I_C 전류	I_E 전류	트랜스컨덕턴스 (g_m)	β	r_π	r_e

4

[표 7-4] 이미터 팔로워 증폭기의 전압 이득을 계산하기 위한 측정 데이터

입력 신호의 크기 (mV)	입력 신호의 주파수 (kHz)	출력 신호의 크기 (mV)	출력 신호의 주파수 (kHz)	전압 이득 ($A_v = \lvert v_O / v_{sig} \rvert$) 선형 스케일	전압 이득 (A_v = 20log $\lvert v_O / v_{sig} \rvert$) dB 스케일

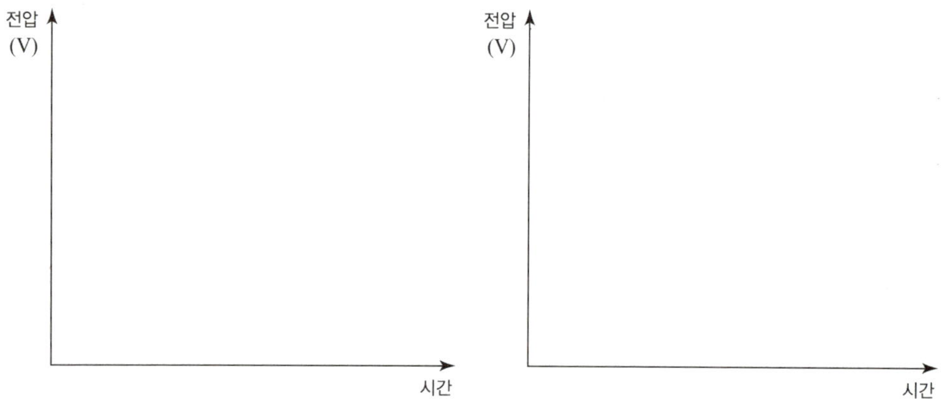

(a) 입력 파형

(b) 출력 파형

[그림 7-10] 실험회로 1의 입력 파형과 출력 파형

자르는 선

5

[표 7-5] 이미터 팔로워 증폭기의 입력 저항과 출력 저항

입력 전압(v_{sig})	입력 전류(I_B)	출력 전압(v_O)	출력 전류(I_E)	입력 저항(R_{in})	출력 저항(R_{out})

m.e.m.o

실험 08

공통 베이스 증폭기

실험 개요

BJT를 이용한 기본적인 세 가지 증폭기 중에서 공통 이미터 증폭기와 이미터 팔로워를 각각 [실험 06]과 [실험 07]에서 실험하였다. 이번 실험은 나머지 증폭기 구조인 공통 베이스 증폭기에 대한 실험이다. 공통 베이스 증폭기는 입력 임피던스가 작기 때문에 전류를 잘 받아들이는 특성을 지니고 있다. 이 실험에서는 공통 베이스 증폭기의 동작 원리를 살펴보고, 증폭기의 전압 이득 및 특성을 실험을 통해 확인하고자 한다.

실험 기자재 및 부품

- DC 파워 서플라이
- 함수 발생기
- 저항
- 디지털 멀티미터
- Q2N4401(npn형 BJT) 1개
- 커패시터
- 오실로스코프

8.1 배경 이론

공통 베이스 증폭기는 [그림 8-1]과 같이 입력은 이미터 단자에 인가하고, 출력은 컬렉터 단자에서 감지하고, 베이스 단자는 공통인 구조를 취하고 있다.

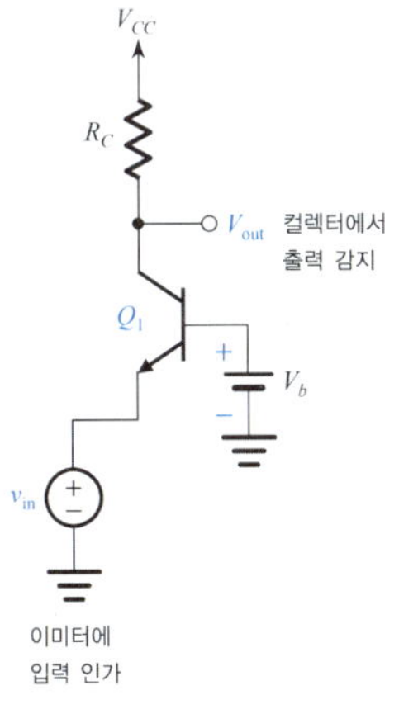

[그림 8-1] 공통 베이스 증폭기

공통 베이스 증폭기의 전압 이득은 [그림 8-2]와 같이 소신호 등가회로를 이용해서 구할 수 있다.

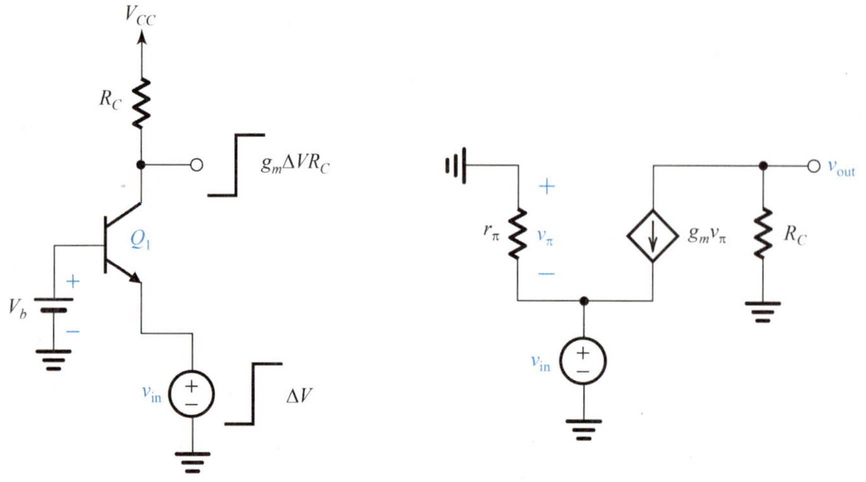

[그림 8-2] 공통 베이스 증폭기의 전압 이득을 구하기 위한 등가회로

공통 베이스 증폭기의 전압 이득은 식 (8.1)의 형태로 표현할 수 있으며, 크기는 공통 이미터 증폭기와 같고, 위상만 반대임을 알 수 있다.

$$A_v = g_m R_C \tag{6.1}$$

공통 베이스 증폭기의 입력 임피던스는 [그림 8-3]과 같이 소신호 등가회로를 이용해서 구할 수 있다.

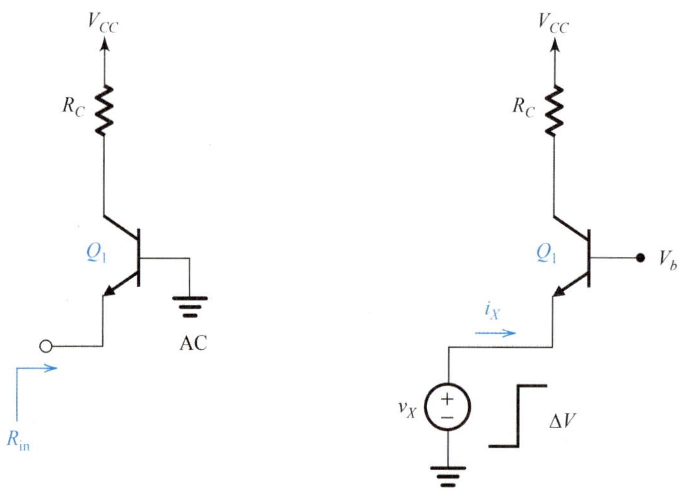

[그림 8-3] 공통 베이스 증폭기의 입력 임피던스를 구하기 위한 등가회로

공통 베이스 증폭기의 입력 임피던스는 식 (8.2)와 같이 구할 수 있는데, 이 값은 공통 베이스 증폭기에 비해서 매우 작다.

$$R_{\text{in}} = \frac{1}{g_m} \tag{8.2}$$

50Ω의 특성 임피던스를 가지는 전송 선로transmission line를 통해서 전달된 신호를 증폭하고자 할 때, [그림 8-4]와 같이 입력 임피던스 $1/g_m$이 50Ω인 공통 베이스 증폭기를 사용하면 별도의 매칭 회로를 사용하지 않고, 반사 없이 신호를 수신할 수 있다.

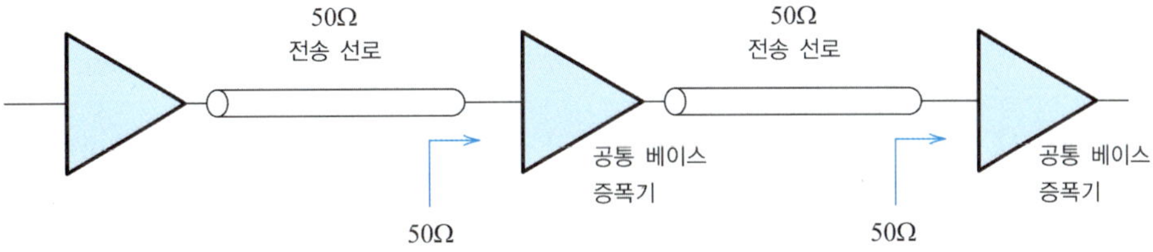

[그림 8-4] **공통 베이스 증폭기를 이용한 임피던스 매칭**

또한 공통 베이스 증폭기는 일반적으로 임피던스가 수십 Ω 정도로 매우 작으므로, 전압을 받아들이는 용도보다는 전류를 받아들이는 용도로 많이 사용된다.

8.2 실험회로 및 PSpice 시뮬레이션

[그림 8-5]는 입력에 DC 바이어스 전압 V_{BB}와 소신호 전압 v_{sig}가 인가된 공통 베이스 증폭기 회로이다. 출력 단자에는 컬렉터 저항 R_C와 부하 저항 R_L이 연결되어 있다.

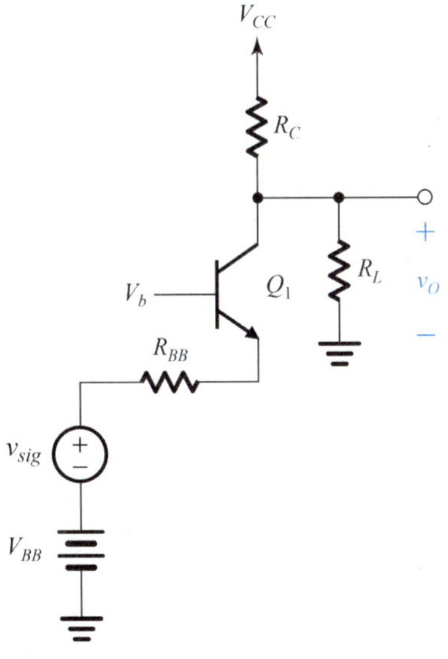

[그림 8-5] **공통 베이스 증폭기 회로(실험회로 1)**

[그림 8-6]은 PSpice 모의실험을 위한 공통 베이스 증폭기 회로도이다.

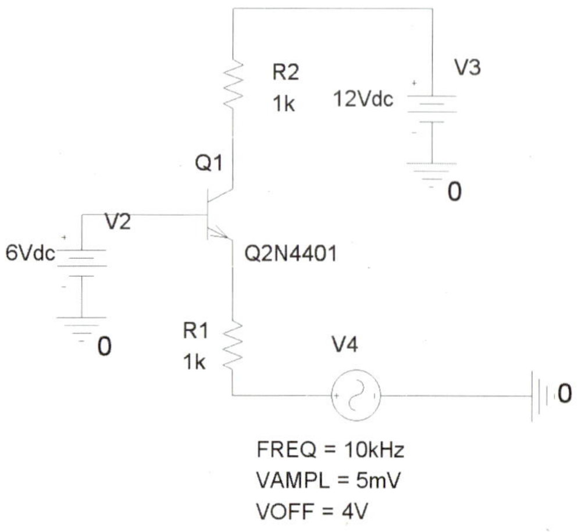

[그림 8-6] PSpice 모의실험을 위한 공통 베이스 증폭기 회로도

[그림 8-7]은 공통 베이스 증폭기의 PSpice 모의실험 결과이다. 여기서 입력 파형 v_in의 크기는 5mV이고 출력 파형 v_out의 크기는 20mV이므로, 전압 이득은 4V/V 임을 알 수 있다.

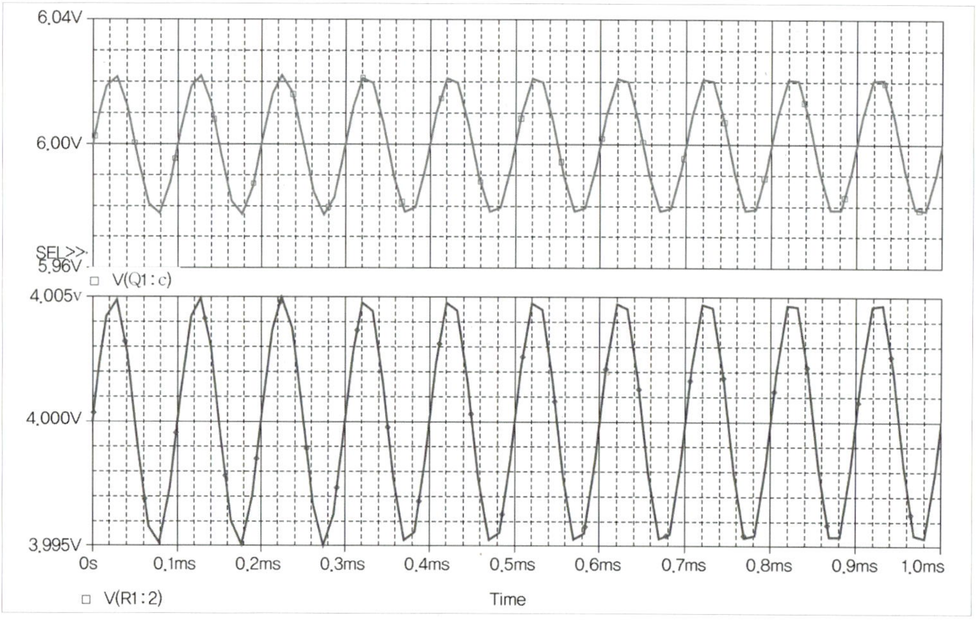

[그림 8-7] 공통 베이스 증폭기의 PSpice 모의실험 결과

8.3 실험 절차

1. 실험회로 1([그림 8-5])에서 V_{CC} 값을 12V, v_{sig} 값을 0V, V_b 값을 6V, V_{BB} 값을 4V로 두고, R_{BB} 저항값이 2kΩ인 경우 v_O의 DC 값이 6V가 되도록 하는 R_C 값을 결정한다. 이 경우 BJT의 각 단자들의 전압(V_C, V_B, V_E) 및 전류(I_C, I_E, I_B)를 구하고, [표 8-1]에 기록한다. 각 단자들의 전압을 바탕으로 BJT가 능동 영역에서 동작하는지 확인하시오.

2. v_{sig} 값을 0V로 두고, V_{BB} 전압을 0V, 12V, 3V~9V는 500mV 간격으로 변화시키면서 v_O의 DC 전압을 측정하여 [표 8-2]에 기록하시오. 그리고 실험회로 1의 입력-출력 전달 특성 곡선을 [그림 8-8]에 그리시오.

3. 능동 영역에서 회로가 동작하는 경우 BJT의 트랜스컨덕턴스 g_m 값, 입력 저항 r_π, 이미터 저항 r_e, 전류 증폭도 β를 구하여 [표 8-3]에 기록하시오. 이를 이용하여 실험회로 1의 소신호 등가회로를 그리고, 공통 베이스 증폭기 회로의 이론적인 전압 이득을 구하시오.

4. 전압 이득이 최소 10V/V 이상 나오는지 실험하기 위해 입력에 10kHz의 $0.01V_{p-p}$ 정현파의 입력 전압을 인가한다. 이때 공통 베이스 증폭기 회로의 입력-출력 전압의 크기를 [표 8-4]에 기록하여 전압 이득을 구하고, 크기와 위상을 고려하여 입력 전압(v_{sig})과 출력 전압(v_O)의 파형을 캡처하여 [그림 8-9]와 같은 형태로 결과 보고서에 기록하시오.

5. 실험회로 1의 입력 저항과 출력 저항을 직접 측정하여 [표 8-5]에 기록하시오. 입력 저항을 측정하기 위해 입력의 DC 전압을 변화시키면서 입력 쪽에 흘러 들어가는 DC 전류를 측정한다. 출력 저항을 측정하기 위해 입력에 0V를 인가하고, 출력 쪽에 DC 전압을 변화시키면서 출력 쪽에 흘러 들어가는 DC 전류를 측정한다.

8.4 고찰 사항

(1) 공통 베이스 증폭기의 전압 이득이 계산상으로 큼에도 불구하고, 전압 증폭기로 널리 사용되지 않는 이유를 설명하시오.

요약

이 실험에서는 공통 베이스 증폭기 회로의 동작 원리를 파악하고, 전압 이득 및 입력-출력 임피던스 등을 실험을 통하여 확인하였다. 많은 회로들은 다단 증폭기를 구성해서 사용되는데, 이때 증폭기 자체의 전압 이득뿐 아니라 입력-출력 임피던스도 매우 중요하다. 따라서 공통 베이스 증폭기는 공통 이미터 증폭기만큼 전압 이득이 크지는 않지만, 전압 이득 및 입력-출력 임피던스 특성이 다르기 때문에 전류 전달기의 역할로 응용에 따라 유용하게 사용될 수 있다.

퀴즈

(1) 입력 임피던스가 작아 전류를 잘 받아들이는 특성을 가지는 증폭기는?
① 공통 이미터 증폭기　② 공통 베이스 증폭기
③ 공통 소오스 증폭기　④ 이미터 팔로워

(2) 공통 베이스 증폭기의 입력 임피던스는?
① $\frac{1}{g_m}$　② $\frac{1}{R_C}$　③ g_m　④ R_C

(3) 공통 베이스 증폭기의 전압 이득은?
① $(g_m R_C)^2$　② $\frac{R_C}{g_m}$　③ $\frac{g_m}{R_C}$　④ $g_m R_C$

(4) 공통 베이스 증폭기의 입력 전압과 출력 전압의 위상차는 얼마인가?
① 90°　② 0°　③ 180°　④ 270°

(5) 공통 베이스 증폭기의 전류 이득은?
① β와 같다.　② 1에 가깝다.　③ 매우 크다.　④ 0.1 이하이다.

(6) 공통 베이스 증폭기의 전압 이득, 입력 임피던스, 출력 임피던스를 구하시오.

예비 보고 사항

(1) 실험회로 1([그림 8-5])의 공통 베이스 증폭기 회로의 전압 이득, 입력 임피던스 및 출력 임피던스를 계산으로 먼저 구하고, PSpice 모의실험을 통해서 구하시오.
(2) 실험회로 1의 공통 베이스 증폭기 회로의 입력-출력 전달 특성 곡선을 PSpice로 그리시오.

자르는 선

실험 08 실험 결과

[실험 절차]에 따라 [실험 결과]를 작성하시오.

1

[표 8-1] 공통 베이스 증폭기의 DC 조건

R_E 값 (PSpice 결과)	R_C 값 (측정)	V_C 전압	V_B 전압	V_E 전압	I_B 전류	I_C 전류	I_E 전류	동작 영역

2

[표 8-2] 실험회로 1의 입력-출력 전달 특성 확인을 위한 측정 데이터

입력 전압(V_{BB})	출력 전압(v_O)	동작 영역	입력 전압(V_{BB})	출력 전압(v_O)	동작 영역
0V			6.5V		
3V			7V		
3.5V			7.5V		
4V			8V		
4.5V			8.5V		
5V			9V		
5.5V			12V		
6V					

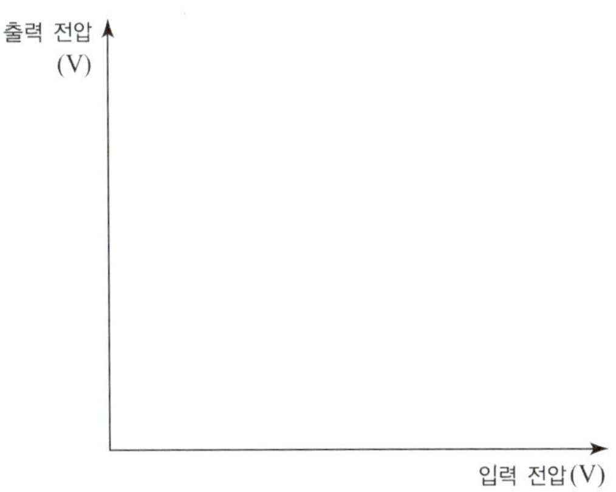

[그림 8-8] 실험회로 1의 입력-출력 전달 특성 곡선

m.e.m.o

실험 09

MOSFET 기본 특성

실험 개요

MOSFET은 전계 효과(field effect)를 이용하여 전류가 흐르는 소자이며, 전하를 공급하는 소오스 단자, 전하를 받아들이는 드레인 단자, 전류의 양을 조절하는 게이트 단자, 기판의 역할을 하는 바디 단자로 구성되어 있다. 게이트 전압을 바꾸면 드레인에서 소오스로 흐르는 전류가 바뀌면서 증폭기로 동작할 수 있다. 이 실험에서는 MOSFET의 기본적인 동작 원리를 살펴보고, 전류-전압 특성 및 동작 영역을 실험을 통하여 확인하고자 한다.

실험 기자재 및 부품

- DC 파워 서플라이
- 디지털 멀티미터
- 오실로스코프
- 함수 발생기
- 2n7000(NMOS) (1개)
- 저항
- 커패시터
- FQP17P10(PMOS) (2개) (단, 모의실험은 FDC6322CP 사용)

9.1 배경 이론

MOSFET에서 MOS는 'Metal Oxide Semiconductor'의 약자로서 구조를 나타내며, FET는 'Field Effect Transistor'의 약자로서 동작 원리를 나타낸다.

[그림 9-1(a)]와 같이 바디[body]는 p형 기판, 소오스[source]와 드레인[drain] 영역은 n^+로 도핑을 한 MOSFET 구조를 'NMOS'라고 한다. 마찬가지로 바디는 n형 기판, 소오스와 드레인은 p^+로 도핑한 MOFSET 구조를 'PMOS'라고 한다.

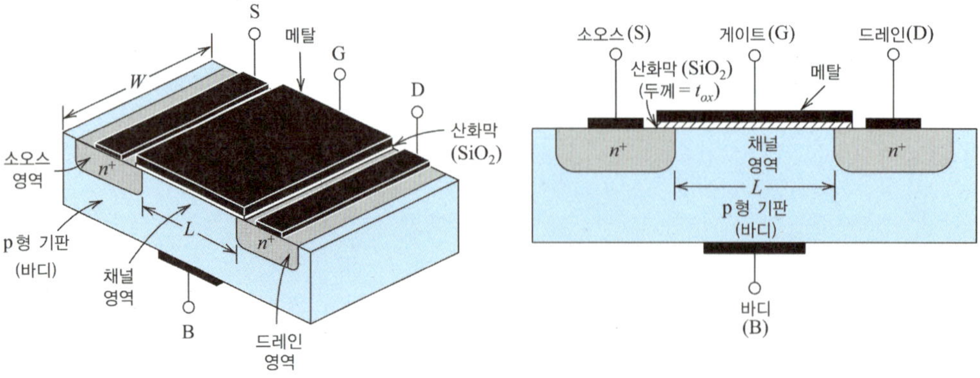

(a) 구조 (b) 단면도

[그림 9-1] NMOS의 구조와 단면도

[그림 9-1(b)]는 NMOS의 단면도이다. 소오스와 드레인은 n형으로 도핑되어 있으므로 전자가 많이 존재한다. 전자가 소오스에서 드레인 영역으로 이동하기 위해서는 전자가 많은 n 영역이 필요하다. 이를 위해서 게이트에 충분히 큰 양의 전압을 인가하면 p형 기판의 일부가 n형으로 반전되고, 채널 영역channel region이 형성된다. 소오스와 드레인 사이의 길이를 채널길이channel length라고 하며, 'L'로 표시한다. 소오스와 드레인의 폭을 채널 폭channel width이라고 하며, 'W'로 표시한다.

채널 영역 위에는 산화막silicon oxide이 만들어지고, 그 위에 게이트가 형성된다. 산화막이 절연체의 역할을 하므로, 게이트 전류는 거의 흐르지 않는다.

[그림 9-2(a)]와 [그림 9-2(b)]는 NMOS와 PMOS의 심볼을 각각 보여주고 있다. NMOS에는 소오스 단자 쪽으로 흘러 나가는 화살표가 있고, PMOS에는 소오스 단자 쪽에서 흘러 들어오는 화살표가 있다.

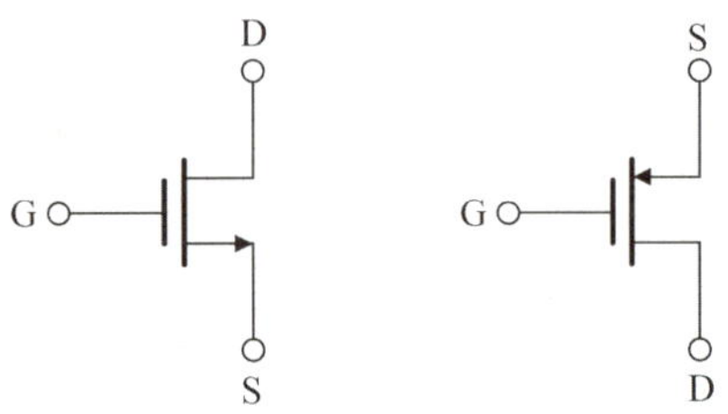

(a) NMOS (b) PMOS

[그림 9-2] NMOS와 PMOS

NMOS의 경우 소오스-바디, 드레인-바디 사이에 각각 PN 접합이 형성되어 있고 역방향 바이어스 상태에 있어야 하므로, 바디는 접지시켜야 한다. [그림 9-3]과 같이 게이트에 양의 전압이 인가될 경우 n형 채널이 형성되기 시작한다. 게이트에 약간의 양의 전압이 인가되었다고 해서 n형 채널이 형성되지는 않고 문턱 전압threshold voltage 이상이 인가될 경우 충분한 양의 전자가 쌓여서 채널이 형성된다. 문턱 전압은 V_{th}로 표시하며, NMOS의 경우에는 그 값이 보통 0.4~1.0V이고, PMOS의 경우에는 −1.0~−0.4V이다.

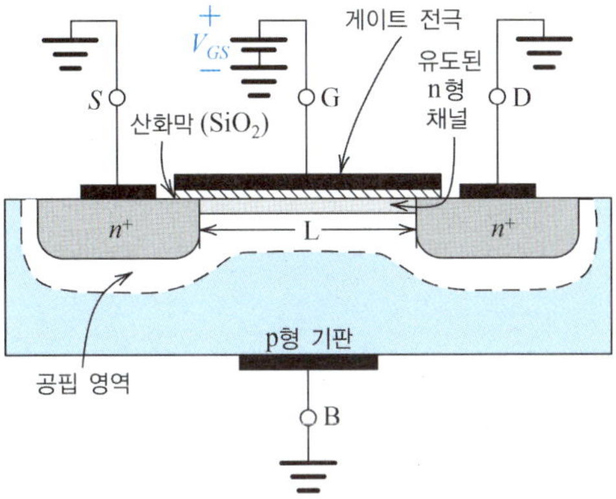

[그림 9-3] 게이트에 양의 전압이 인가될 경우 n형 채널 형성

[그림 9-4]는 게이트에 V_{th} 이상의 전압이 인가되어 채널이 형성된 후, V_{DS}에 적은 양의 전압이 인가될 경우의 전류의 흐름을 보여주고 있다. 전자가 소오스 단자에서 드레인 단자로 이동하므로 전류는 드레인에서 소오스로 흐르게 되고, 보통 드레인 전류 I_D로 나타낸다. V_{DS} 전압이 작은 경우에는 V_{GS} 전압과 V_{GD} 전압이 거의 비슷하므로, 채널이 균일하게 분포되어 있다. 이와 같이 채널이 드레인 영역까지 이어져 있는 경우에는 드레인 전압을 올릴수록 소오스로부터 드레인으로 더 많은 전자들이 이동하게 되고, 따라서 드레인 전류가 증가하게 된다.

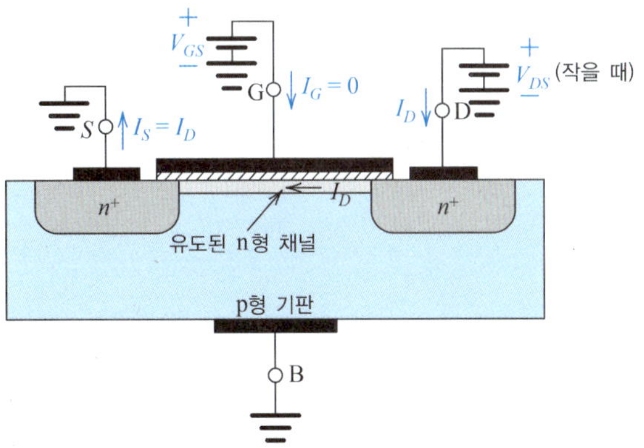

[그림 9-4] V_{DS}에 적은 양의 전압이 인가될 경우의 전류

[그림 9-5]에서 V_{GS}가 V_{th}보다 작으면 전류가 흐르지 않으며, 이를 차단 영역cut-off region이라고 한다. V_{GS}에 V_{th} 이상의 전압이 인가된 상태에서, V_{DS} 전압이 증가되면 전류도 증가함을 알 수 있다. 같은 V_{DS} 전압에 대해서도 V_{GS}가 증가되면 전류도 증가한다는

사실을 알 수 있다. 이와 같이 채널이 드레인 영역까지 연결되어 있는 동작 영역을 트라이오드triode 또는 선형 영역linear region이라고 한다.

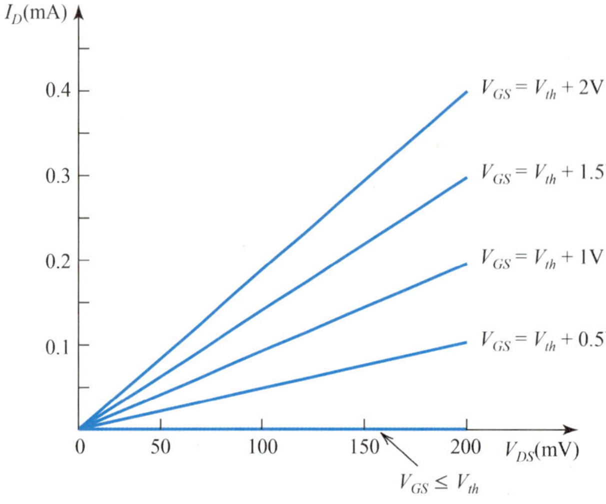

[그림 9-5] V_{DS}에 적은 양의 전압이 인가될 경우의 전류 그래프

V_{DS}가 증가할수록 게이트 전압과 드레인 사이의 전압 V_{GD}가 줄어들어 드레인 쪽 채널이 얇아진다. V_{DS} 전압이 증가해서 $V_{GD} = V_{GS} - V_{DS} < V_{th}$가 되면 드레인 쪽의 채널이 사라지는 핀치오프pinch-off 현상이 발생한다.

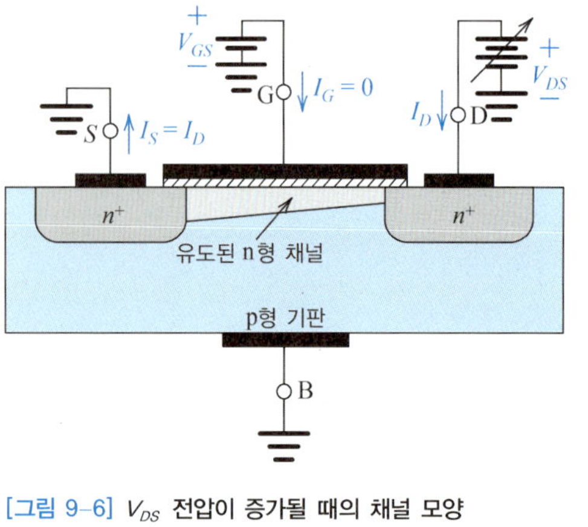

[그림 9-6] V_{DS} 전압이 증가될 때의 채널 모양

이와 같이 핀치오프가 발생하면 드레인 쪽 채널이 사라지게 되므로 V_{DS} 전압이 증가되어도 전류가 더 이상 증가하지 않고 포화되는데, 이 동작 영역을 포화 영역saturation region이라고 한다.

NMOS의 동작 영역은 앞의 설명과 같이 V_{GS} 전압과 V_{GD} 전압에 따라서 결정됨을 알 수 있으며, 각 동작 영역에서의 전류식은 다음과 같이 표현될 수 있다.

❶ 차단 영역

- 조건 : $V_{GS} < V_{th}$ (9.1)
- 전류식 : $I_D = 0$ (9.2)

❷ 트라이오드 영역

- 조건 : $V_{GS} \geq V_{th}$ &

$$V_{GD} = V_{GS} - V_{DS} \geq V_{th} \Rightarrow V_{DS} \leq V_{GS} - V_{th} \tag{9.3}$$

- 전류식 : $I_D = \mu_n C_{ox} \frac{W}{L}\left[(V_{GS} - V_{th})V_{DS} - \frac{1}{2}V_{DS}{}^2\right]$ (9.4)

❸ 포화 영역

- 조건 : $V_{GS} \geq V_{th}$ &

$$V_{GD} = V_{GS} - V_{DS} \leq V_{th} \Rightarrow V_{DS} \geq V_{GS} - V_{th} \tag{9.5}$$

- 전류식 : $I_D = \frac{1}{2}\mu_n C_{ox} \frac{W}{L}(V_{GS} - V_{th})^2$ (9.6)

드레인 전류식에서 $V_{GS} - V_{th}$는 오버드라이브 전압overdrive voltage이라고 하며, V_{OV}로 표시한다.

NMOS의 동작 영역을 정리하면 [표 9-1]과 같다.

[표 9-1] NMOS의 동작 영역

동작 영역	V_{GS}	V_{DS}
차단 영역	$V_{GS} < V_{th}$	-
트라이오드 영역	$V_{GS} \geq V_{th}$	$V_{DS} \leq V_{GS} - V_{th}$
포화 영역	$V_{GS} \geq V_{th}$	$V_{DS} \geq V_{GS} - V_{th}$

[그림 9-7]은 V_{DS} 전압과 드레인 전류 사이의 그래프이다. V_{GS} 전압이 V_{th} 이하가 되면 차단 영역에서 동작하고, 전류가 흐르지 않는다. V_{GS} 전압이 V_{th} 이상인 조건에서 V_{DS} 전압이 $V_{GS} - V_{th}$ 이하이면 트라이오드 영역에서 동작하고, V_{DS} 전압이 증가할수록 드레인 전류가 증가한다. V_{GS} 전압이 V_{th} 이상인 조건에서 V_{DS} 전압이 $V_{GS} - V_{th}$ 이상이면 포화 영역에서 동작하고, V_{DS} 전압이 증가할수록 드레인 전류는 일정함을 알 수 있다. 또한 포화 영역에서 같은 V_{DS} 전압이 일정할 때, V_{GS} 전압이 증가할수록 드레인 전류(I_D)가 제곱의 형태로 증가한다.

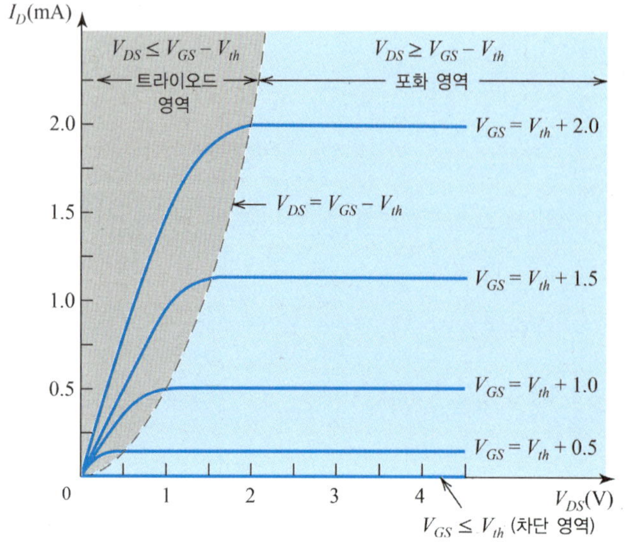

[그림 9-7] V_{DS} 전압과 드레인 전류 사이의 관계

포화 영역에서 $I_D - V_{GS}$ 사이의 그래프를 그리면 [그림 9-8]과 같다. 식 (9.6)과 같이 V_{GS}가 V_{th} 이상인 경우 제곱의 법칙square-law을 따른다.

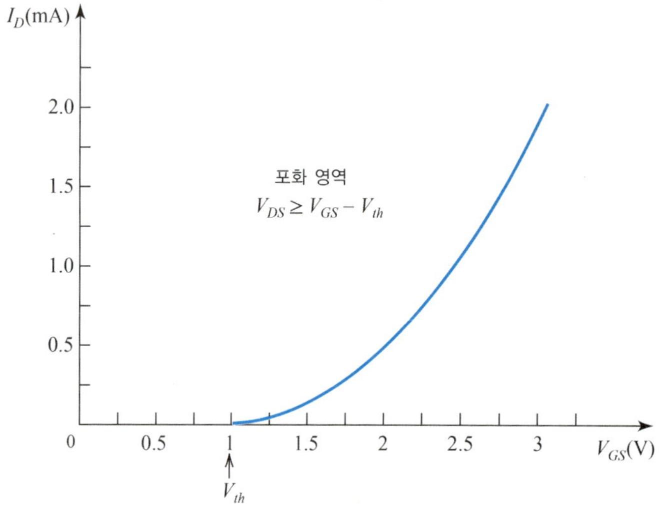

[그림 9-8] V_{GS} 전압과 드레인 전류 사이의 관계

[그림 9-9]는 포화 영역에서 NMOS의 대신호large signal 등가회로이다. 게이트 단자는 산화막에 의해서 절연되어 있으므로 게이트 전류 I_G는 0이라고 할 수 있고, V_{GS}에 의존하는 드레인 전류 I_D가 드레인 단자에서 소오스 단자로 흐른다고 등가적으로 나타낼 수 있다.

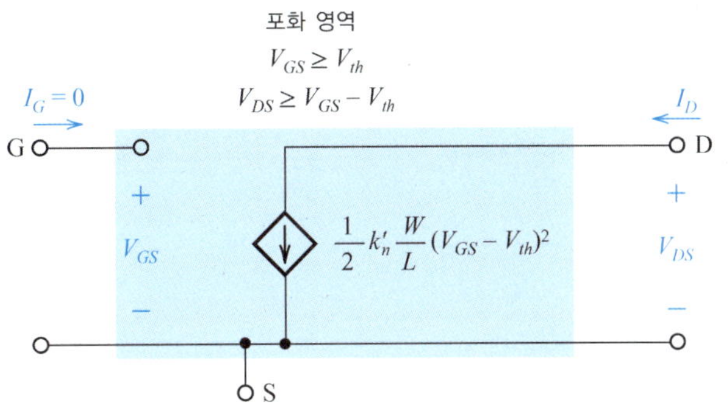

[그림 9-9] 포화 영역에서 NMOS의 대신호 등가회로

[그림 9-10]은 PMOS의 구조이다. NMOS와 반대로 바디는 n-웰로 구성되어 있고, 소오스와 드레인은 p^+형으로 형성되어 있다. 게이트 전압이 소오스 전압에 비해서 음의 값을 가질수록 양의 전하로 구성된 채널이 형성된다. 따라서 $V_{GS} < V_{th}$인 조건이 만족되면 소오스 쪽 채널이 형성된다고 할 수 있고, V_{th} 값 자체가 음의 값임을 알 수 있다. 음의 값보다는 양의 값으로 생각하는 것이 편리하므로, $V_{SG} > -V_{th} = |V_{th}|$로 조건을 생각하기로 한다. 소오스-드레인 전압도 V_{SD} 전압으로 동작 영역을 판별하면 혼선을 피할 수 있다.

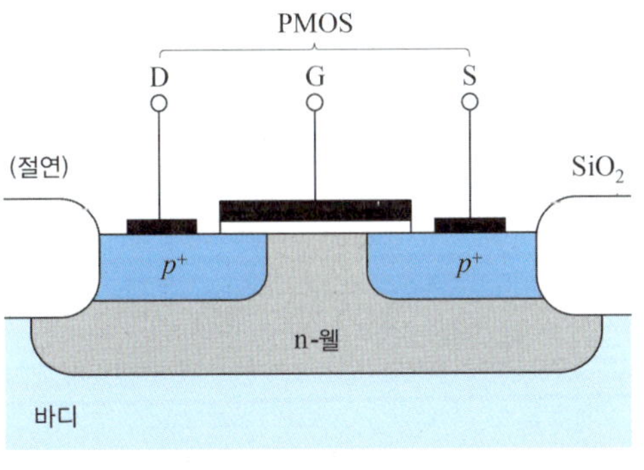

[그림 9-10] PMOS의 구조

NMOS의 경우와 마찬가지로 PMOS의 동작 영역과 드레인 전류(I_D)를 정리하면 식 (9.7)~식 (9.12)와 같다.

❶ 차단 영역

- 조건 : $V_{SG} < |V_{th}|$ (9.7)
- 전류식 : $I_D = 0$ (9.8)

❷ 트라이오드 영역

- 조건 : $V_{SG} \geq |V_{th}|$ &

$$V_{DG} = V_{SG} - V_{SD} \geq |V_{th}| \Rightarrow V_{SD} \leq V_{SG} - |V_{th}| \quad (9.9)$$

- 전류식 : $I_D = \mu_n C_{ox} \frac{W}{L}\left[(V_{GS} - |V_{th}|)V_{DS} - \frac{1}{2}{V_{DS}}^2\right]$ (9.10)

❸ 포화 영역

- 조건 : $V_{SG} \geq |V_{th}|$ &

$$V_{DG} = V_{SG} - V_{SD} \leq |V_{th}| \Rightarrow V_{SD} \geq V_{SG} - |V_{th}| \quad (9.11)$$

- 전류식 : $I_D = \frac{1}{2}\mu_n C_{ox} \frac{W}{L}(V_{GS} - |V_{th}|)^2$ (9.12)

[그림 9-11]은 포화 영역에서 PMOS의 대신호 등가회로이다. 게이트 단자는 산화막에 의해서 절연되어 있으므로 게이트 전류 I_G는 0이라고 할 수 있으며, V_{SG} 전압에 대해서 제곱의 형태로 소오스에서 드레인으로 드레인 전류(I_D)가 흐른다고 등가적으로 나타낼 수 있다.

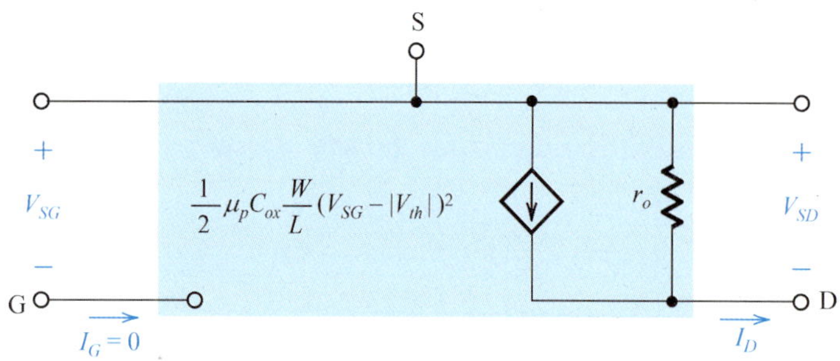

[그림 9-11] 포화 영역에서 PMOS의 대신호 등가회로

[그림 9-7]에서 MOSFET의 포화 영역에서 V_{DS} 전압이 증가해도 드레인 전류가 일정한 것처럼 나타내었지만, 실제로는 그렇지 않다. 포화 영역에서 핀치 오프가 발생하고 게이트와 드레인 전위차가 증가함에 따라 반전된 채널의 실제 길이가 점차 감소하게 된다.

다시 말해, 식 (9.6)에서 채널길이 L은 사실상 V_{DS}의 함수이다. 이러한 효과를 '채널길이 변조channel-length modulation'라고 부른다. V_{DS} 전압이 증가할수록 채널길이 L이 감소하는 효과가 있으므로, 드레인 전류 I_D는 증가하게 된다. 채널길이 변조 효과를 반영하면, 포화 영역에서의 드레인 전류식은 식 (9.13)과 같이 바뀌어야 한다.

$$I_D \approx \frac{1}{2}\mu_n C_{ox}\frac{W}{L}(V_{GS} - V_{th})^2(1 + \lambda V_{DS}) \quad (9.13)$$

여기서 λ는 채널길이 변조 계수이다.

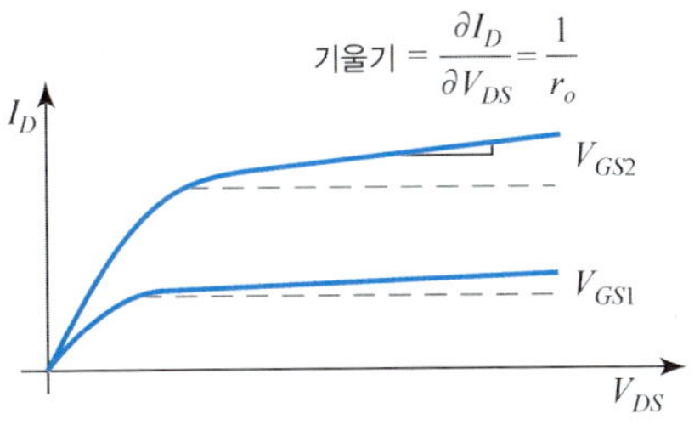

[그림 9-12] 채널길이 변조 효과에 의한 실제 $I_D - V_{DS}$ 그래프

이러한 현상 때문에 $I_D - V_{DS}$ 특성은 [그림 9-12]에 그린 것처럼 0이 아닌 기울기를 가지게 되고, 포화 영역에서 드레인과 소오스 사이에 비이상적인 전류원이 된다. 파라미터 λ는 주어진 V_{DS}의 증가분에 대해 채널길이의 상대적인 변화를 나타낸다. 따라서 장 채널에서는 λ가 작다.

MOSFET 양단 사이의 V_{DS} 전압이 바뀌면 드레인 전류 I_D가 바뀌므로 양단 사이에 출력 저항 r_o가 있다고 볼 수 있고, 식 (9.14)와 같이 구할 수 있다.

$$r_o = \frac{\partial V_{DS}}{\partial I_D} = \frac{1}{\lambda \times \frac{1}{2}\mu_n C_{ox}\frac{W}{L}(V_{GS} - V_{th})^2} = \frac{1}{\lambda \times I_D} \tag{9.14}$$

9.2 실험회로 및 PSpice 시뮬레이션

NMOS

[그림 9-13]은 NMOS의 전류-전압 특성을 측정하기 위한 회로이다. V_{sig} 전압을 0V부터 증가시킬수록 NMOS의 동작 영역이 바뀌고, 전류도 바뀌게 된다. 이때 동작 영역을 확인하면서 NMOS의 입력 전압 V_I와 드레인 전류를 측정하면, 전류-전압 특성을 측정할 수 있다.

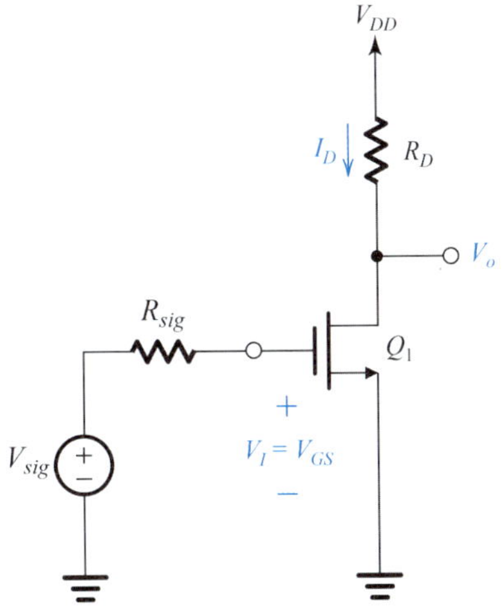

[그림 9-13] NMOS의 전류-전압 특성 회로(실험회로 1)

[그림 9-14]는 PSpice 모의실험을 위한 회로도이다. V1 전압과 V_DC 전압을 조정하면서 단자들의 전류(I_D) 및 전압(V_{GS}, V_{DS})을 구할 수 있다.

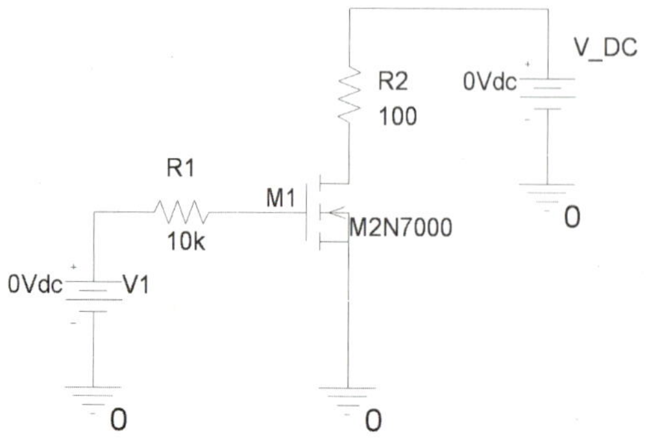

[그림 9-14] PSpice 모의실험 회로도

[그림 9-15]는 V1 전압을 증가시키면서 I_D를 측정한 그래프이다.

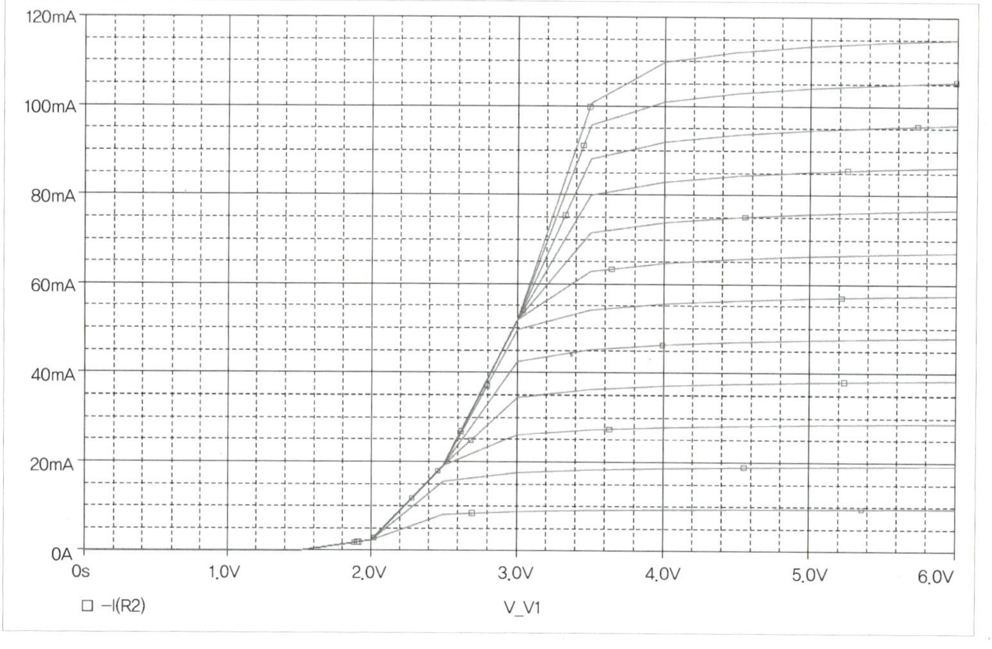

[그림 9-15] NMOS의 $I_D - V_{GS}$ 그래프

[그림 9-16]은 V_DC 전압을 증가시키면서, I_D를 측정한 그래프이다.

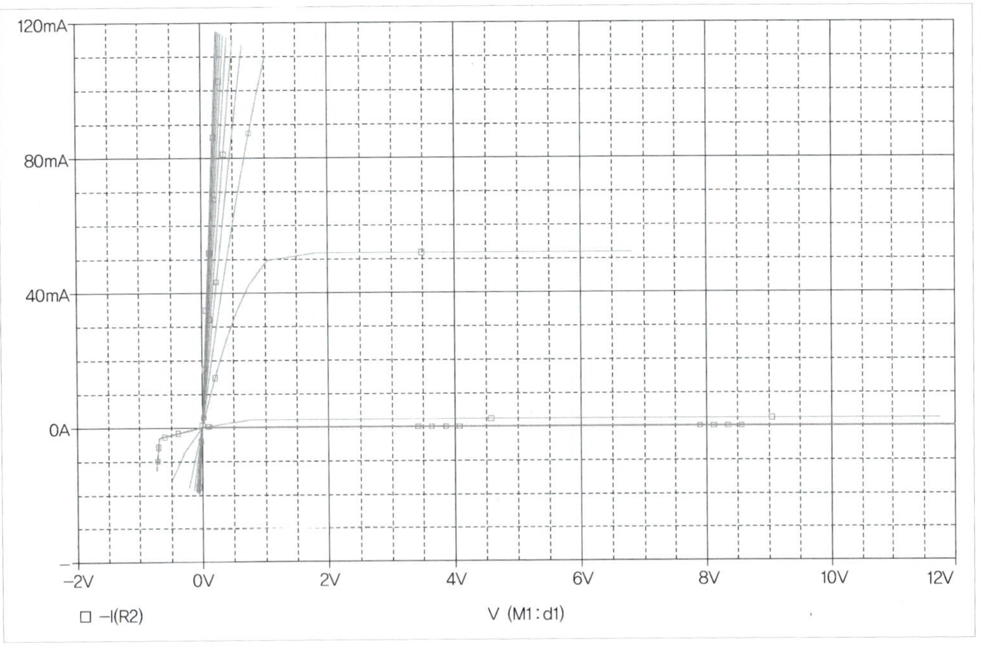

[그림 9-16] NMOS의 $I_D - V_{DS}$ 그래프

PMOS

[그림 9-17]은 PMOS의 전류-전압 특성을 측정하기 위한 회로이다. V_{sig} 전압을 0V부터 증가시킬수록 PMOS의 동작 영역이 바뀌고, 전류도 바뀌게 된다. 이때 동작 영역을 확인하면서 PMOS의 입력 전압 V_I와 드레인 전류를 측정하면 전류-전압 특성을 측정할 수 있다.

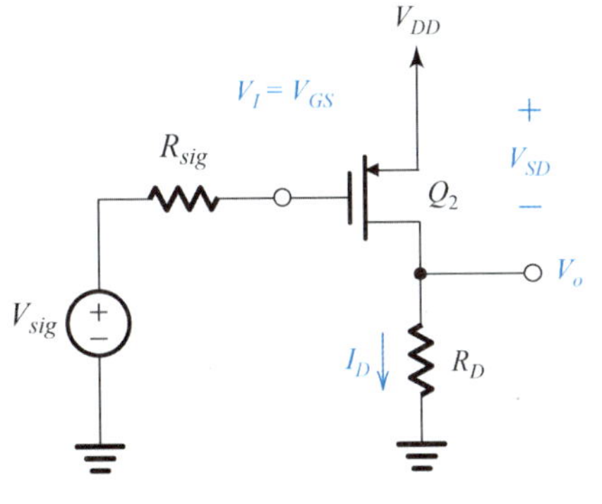

[그림 9-17] PMOS의 전류-전압 특성 회로(실험회로 2)

PMOS의 PSpice 모의실험은 NMOS의 회로도와 시뮬레이션 결과를 참고로 하여 직접 진행해보기 바란다.

9.3 실험 절차

NMOS

1 실험회로 1([그림 9-13])에서 R_{sig}를 10kΩ으로 고정하고, V_{DD}는 12V로 고정한 상태에서 V_{sig}에 6V의 DC 전압을 인가하고, V_o 전압이 6V가 되는 R_D를 구해서 [표 9-2]에 기록하시오. 예비 보고 사항에서 PSpice를 이용해서 구한 값 부근에서 R_D 값을 변화시키면서 찾으면 효율적으로 찾을 수 있다. 또한, I_D를 측정하여 [표 9-2]에 기록하시오.

2 V_{sig} 전압을 6V, R_D 저항을 0Ω으로 고정하고, V_{DD}를 0V, 12V, 3V~9V는 500mV 간격으로 변화시키면서 V_{DS} 전압, 드레인 전류 I_D를 측정하여 [표 9-3]에 기록하시오.

3 [표 9-3]을 바탕으로 [그림 9-19]에 I_D-V_{DS} 그래프를 그리시오.

4 V_{DD}를 12V로 고정하고, V_{sig} 전압을 0V, 12V, 3V~9V는 500mV 간격으로 변화시키면서 V_{GS} 전압(V_I 전압), 드레인 전류 I_D를 측정하여 [표 9-4]에 기록하시오. 동작 영역을 확인하기 위해 V_{DS} 전압도 같이 기록하시오.

5 [표 9-4]를 바탕으로 [그림 9-20]에 I_D-V_{GS} 그래프를 그리시오. 또한 그래프로부터 문턱 전압(V_{th})을 구하시오.

PMOS

1 실험회로 2([그림 9-17])에서 R_{sig}를 10kΩ으로 고정하고, V_{DD}는 12V로 고정한 상태에서 V_{sig}에 6V의 DC 전압을 인가하고, V_o 전압이 6V가 되는 R_D와 이에 해당되는 I_D를 측정하여 [표 9-5]에 기록하시오. 예비 보고 사항에서 PSpice를 이용해서 구한 값 부근에서 R_D 값을 변화시키면서 찾으면 효율적으로 찾을 수 있다.

2 V_{sig} 전압을 6V, R_D 저항을 0Ω으로 고정하고, V_{DD}를 0V, 12V, 3V~9V는 500mV 간격으로 변화시키면서 V_{SD} 전압, 드레인 전류 I_D를 측정하여 [표 9-6]에 기록하시오.

3 [표 9-6]을 바탕으로 [그림 9-21]에 I_D-V_{SD} 그래프를 그리시오.

4 V_{DD}를 12V로 고정하고, V_{sig} 전압을 0V, 12V, 3V~9V는 500mV 간격으로 변화시키면서 V_{SG} 전압(V_I 전압), 드레인 전류 I_D를 측정하여 [표 9-7]에 기록하시오. 동작 영역을 확인하기 위해서 V_{SD} 전압도 같이 기록하시오.

5 [표 9-7]을 바탕으로 [그림 9-22]에 I_D-V_{SG} 그래프를 그리시오. 또한 그래프로부터 문턱 전압(V_{th})을 구하시오.

9.4 고찰 사항

(1) NMOS의 문턱 전압이 양수이고 PMOS의 문턱 전압이 음수인 이유를 설명하고, 이를 바탕으로 일반적으로 NMOS를 낮은 전압 쪽에, PMOS를 높은 전압 쪽에 사용하는 이유를 설명하시오.

(2) MOSFET의 세 가지 동작 영역 중에서 전류가 최대로 흘러서 증폭기로 사용하기에 적합한 동작 영역은 어느 영역인가?

요약

이 실험에서는 MOSFET의 기본적인 동작 원리를 파악하고, 전류-전압 특성을 실험을 통하여 알아보았다. 그리고 MOSFET의 세 가지 동작 영역 조건을 살펴보고, 측정을 통해 전류와 전압 사이의 관계를 확인하였다. 또한 MOSFET의 출력 저항 r_o가 존재하는 원리인 채널길이 변조 효과에 대해서 공부하고, $I_D - V_{DS}$ 그래프를 통해서 출력 저항 r_o를 측정하였다. 다음 실험 주제인 MOSFET 증폭기를 분석하고, 설계하기 위해서는 이러한 MOSFET의 기본 특성에 대해서 잘 파악해야 한다.

퀴즈

(1) 다음 중 [그림 9-18]은 어떤 MOSFET의 단면도를 나타낸 것인가?

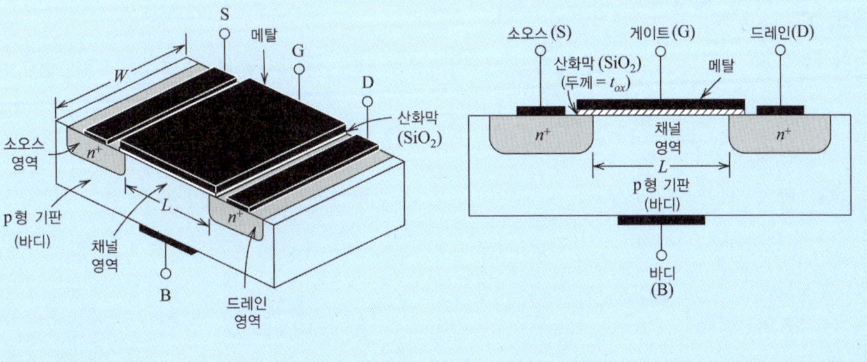

[그림 9-18]

① NMOS ② PMOS ③ CMOS ④ BJT

(2) V_{GS}가 V_{th}보다 낮을 때 MOSFET은 어떤 영역에 있는가?

① 포화 영역 ② 선형 영역 ③ 차단 영역 ④ 트라이오드 영역

(3) MOSFET이 포화 영역일 때 전류식으로 알맞은 것은?

① $I_D = \frac{1}{2}\mu_n C_{ox}\frac{W}{L}\left[(V_{GS} - V_{th})V_{DS} - \frac{1}{2}V_{DS}^{\ 2}\right]$

② $I_D = \frac{1}{2}\mu_n C_{ox}\frac{W}{L}(V_{GS} - V_{th})^2$

③ $I_D = \frac{1}{2}\mu_n C_{ox}\frac{W}{L}(V_{GS} - V_{th})^2 - \frac{1}{2}V_{DS}^{\ 2}$

④ $I_D = \frac{1}{2}\mu_n C_{ox}\frac{W}{L}(V_{GS} - V_{th})$

(4) 포화 영역일 때 조건으로 알맞은 것은?

① $V_{GS} \geq V_{th}$ & $V_{GS} - V_{th} \leq V_{DS}$

② $V_{GS} - V_{th} \leq V_{DS}$

③ $V_{GS} \leq V_{th}$

④ $V_{GS} \geq V_{th}$ & $V_{GS} - V_{th} \geq V_{DS}$

(5) 다음은 MOSFET에서 나타나는 비선형 특성을 나타낸 것이다. 다음에서 설명하는 비선형 특성으로 알맞은 것은?

> 실제로 MOSFET의 포화 영역에서 전압이 증가해도 드레인 전류가 일정하지 않다. 포화 영역에서 핀치오프의 발생으로 게이트와 드레인 전위차가 증가함에 따라 반전된 채널의 실제 길이가 점차 감소하게 된다. 따라서 드레인 전류는 L에 따라 변하는 특성을 가지고 있다.
>
> $$I_D \approx \frac{1}{2}\mu_n C_{ox}\frac{W}{L}(V_{GS} - V_{th})^2(1 + \lambda V_{DS})$$

① 포화 영역 ② 트라이오드 영역

③ 채널길이 변조 ④ Hot carrier effect

(6) MOSFET의 동작 영역이 아닌 것은?

① 포화 영역 ② 트라이오드 영역

③ 드레인 영역 ④ 차단 영역

(7) MOSFET을 증폭기로 사용하기 위해 적합한 동작 영역은?

① 포화 영역 ② 트라이오드 영역

③ 드레인 영역 ④ 차단 영역

(8) 드레인 영역에서 $V_{GS} - V_{DS} < V_{th}$일 때 발생하는 현상은?

① Pinch-on 현상 ② Pinch-off 현상

③ Pinch-through 현상 ④ Pinch-back 현상

(9) MOSFET의 포화 영역에서 전류가 일정하게 유지되지 않는 이유는?

① 반전된 채널길이의 감소 ② 작은 출력 임피던스

③ 오버드라이브 전압의 증가 ④ 큰 게이트 전압 인가

(10) NMOS가 포화 영역일 때의 전류식으로 알맞은 것은?

① $I_D = \mu_n C_{ox} \frac{W}{L}\left[(V_{GS} - V_{th})V_{DS} - \frac{1}{2}V_{DS}^2\right]$

② $I_D = \frac{1}{2}\mu_n C_{ox} \frac{W}{L}(V_{GS} - V_{th})^2$

③ $I_D = \mu_n C_{ox} \frac{W}{L}\left[(V_{GS} - |V_{th}|)V_{DS} - \frac{1}{2}V_{DS}^2\right]$

④ $I_D = \frac{1}{2}\mu_n C_{ox} \frac{W}{L}(V_{GS} - |V_{th}|)^2$

(11) NMOS의 소자 구조와 동작 원리를 설명하시오.

(12) NMOS와 PMOS의 동작 영역과 단자 전압들 사이의 관계를 설명하시오.

(13) NMOS의 $I_D - V_{DS}$, $I_D - V_{GS}$ 사이의 그래프를 그리시오.

예비 보고 사항

(1) NMOS와 PMOS의 기본적인 동작 원리를 설명하시오.

(2) NMOS와 PMOS의 세 가지 동작 영역을 설명하고, 각 동작 영역에서의 단자 전압들 사이의 관계를 정리하시오.

(3) MOSFET의 채널길이 변조 효과에 대해서 설명하고, 채널길이 변조 효과가 전류-전압 특성에 미치는 영향을 설명하시오.

(4) 실험회로 1, 2([그림 9-13], [그림 9-17])에서 $I_D - V_{GS}$, $I_D - V_{DS}$ 사이의 관계를 공부하고, PSpice를 이용하여 실험회로 1, 2의 $I_D - V_{GS}$, $I_D - V_{DS}$를 그리시오.

(5) PSpice를 이용하여 실험회로 1, 2에서 I_D 전류를 측정하고, 각 동작 영역에서 단자들의 전압과 전류를 구하시오.

(6) 실험회로 1, 2에서 V_{sig}에 6V의 DC 전압을 인가하고, V_o 전압이 6V의 DC 전압이 나오는 R_D 값을 구하시오.

m.e.m.o

자르는 선

실험 09 실험 결과

[실험 절차]에 따라 [실험 결과]를 작성하시오.

NMOS

1

[표 9-2] 실험회로 1의 DC 동작 조건

R_D 값 (PSpice 결과)	R_D 값 (측정)	V_{sig} 전압	V_o 전압	I_D 전류	동작 영역

2

[표 9-3] I_D-V_{DS} 특성 확인을 위한 측정 데이터

V_{DD} 전압(V_{DS})	드레인 전류(I_D)	동작 영역	V_{DD} 전압(V_{DS})	드레인 전류(I_D)	동작 영역
0V			6.5V		
3V			7V		
3.5V			7.5V		
4V			8V		
4.5V			8.5V		
5V			9V		
5.5V			12V		
6V					

3

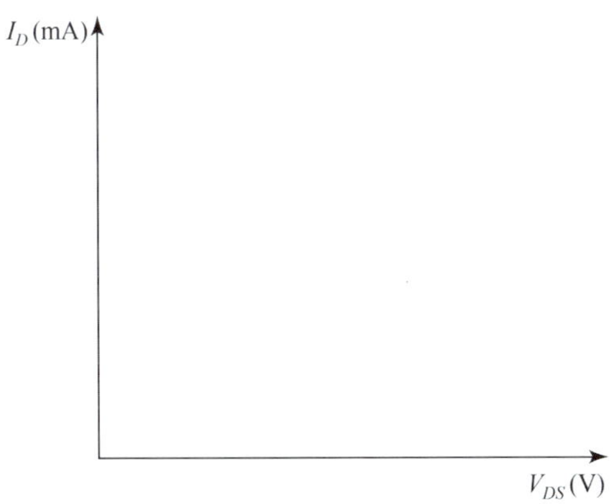

[그림 9-19] I_D-V_{DS} 특성 그래프

4

[표 9-4] I_D- V_{GS} 특성 확인을 위한 측정 데이터

V_{sig} 전압	V_{GS} 전압	V_{DS} 전압	드레인 전류(I_D)	동작 영역
0V				
3V				
3.5V				
4V				
4.5V				
5V				
5.5V				
6V				
6.5V				
7V				
7.5V				
8V				
8.5V				
9V				
12V				

4

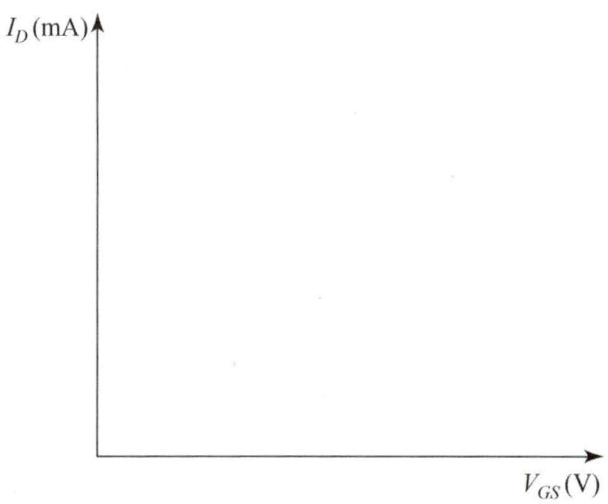

[그림 9-20] I_D- V_{GS} 특성 그래프

자르는 선

PMOS

1

[표 9-5] 실험회로 2의 DC 동작 조건

R_D 값 (PSpice 결과)	R_D 값 (측정)	V_{sig} 전압	V_o 전압	I_D 전류	동작 영역

2

[표 9-6] $I_D - V_{SD}$ 특성 확인을 위한 측정 데이터

V_{DD} 전압	V_{SD} 전압	드레인 전류 (I_D)	동작 영역	V_{DD} 전압	V_{SD} 전압	드레인 전류 (I_D)	동작 영역
0V				6.5V			
3V				7V			
3.5V				7.5V			
4V				8V			
4.5V				8.5V			
5V				9V			
5.5V				12V			
6V							

3

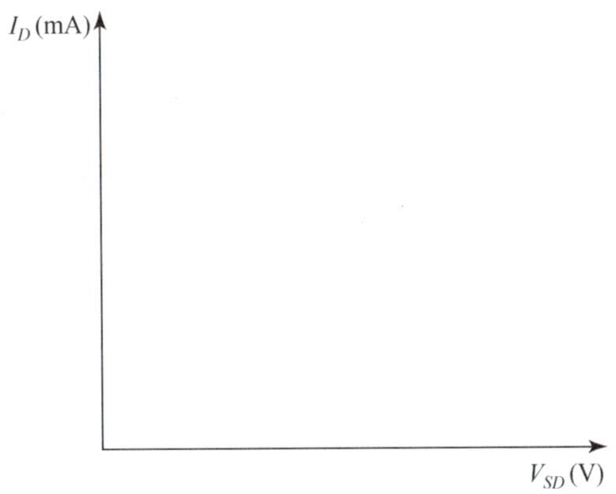

[그림 9-21] $I_D - V_{SD}$ 특성 그래프

4

[표 9-7] I_D- V_{SG} 특성 확인을 위한 측정 데이터

V_{sig} 전압	V_{SG} 전압	V_{SD} 전압	드레인 전류(I_D)	동작 영역
0V				
3V				
3.5V				
4V				
4.5V				
5V				
5.5V				
6V				
6.5V				
7V				
7.5V				
8V				
8.5V				
9V				
12V				

5

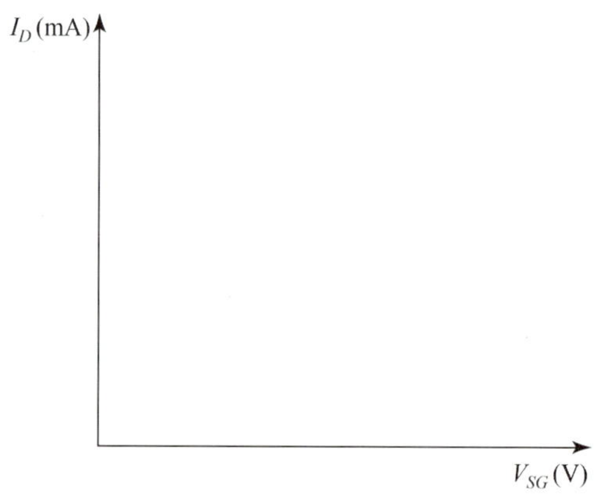

[그림 9-22] I_D- V_{SG} 특성 그래프

실험 10

MOSFET 바이어스 회로

실험 개요

MOSFET을 증폭기로 동작시키기 위해서는 적절한 DC 바이어스가 인가되어야 하며, 이때의 DC 바이어스를 동작점 또는 Q점이라고 부른다. DC 바이어스는 증폭기의 전압 이득과 스윙을 결정하는 중요한 역할을 한다. 이 실험에서는 MOSFET을 이용한 증폭기의 DC 동작점을 잡아주기 위한 바이어스 회로에 대해서 공부하고, 실험을 통하여 그 동작을 확인하고자 한다.

실험 기자재 및 부품

- DC 파워 서플라이
- 디지털 멀티미터
- 오실로스코프
- 함수 발생기
- 2N7000(NMOS) (1개)
- 저항
- 커패시터

10.1 배경 이론

DC 바이어스 회로

DC 바이어스와 소신호의 개념은 [실험 05]에서 살펴보았다. 여기서는 DC 바이어스 회로에 대해 알아보자.

일반적으로 증폭기의 동작점operating point을 잡아주기 위해서는 바이어스 회로가 필요하다. [그림 10-1]은 가장 기본적인 전압분배 MOSFET 바이어스 회로이다. 이 회로는 소오스 단자에 저항 R_S를 추가함으로써, R_{G1}과 R_{G2}의 변화에 따른 V_{GS} 전압과 I_D 전류의 변화를 줄일 수 있다.

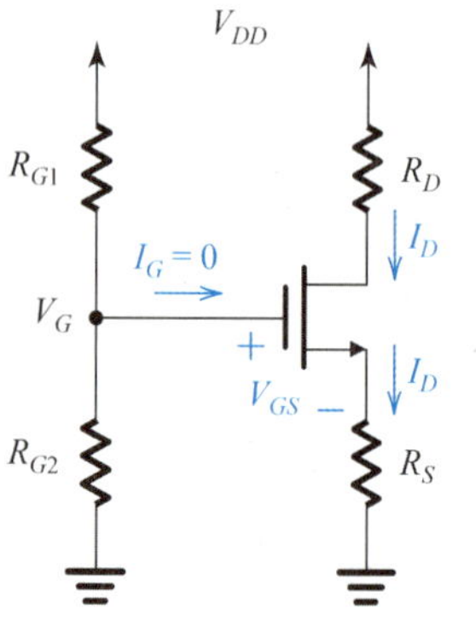

[그림 10-1] 전압분배 MOSFET 바이어스 회로

[그림 10-1] 회로의 각 노드의 전압과 전류를 구하면 식 (10.1)과 같다.

$$V_G = V_{GS} + R_S I_D \tag{10.1}$$

R_{G1}과 R_{G2}의 변화에 따라 V_G 전압이 증가되면, 게이트 전압이 증가하였으므로 I_D 전류도 증가하려고 한다. 하지만 I_D 전류가 증가되면 소오스 전압도 증가하게 되므로 V_{GS} 전압이 줄어들게 되고, I_D 전류가 일정하게 유지되려는 방향으로 동작한다.

[그림 10-2]의 바이어스 회로에서 트랜지스터에 흐르는 전류는 식 (10.2)와 같이 구할 수 있고, 저항에 흐르는 전류는 식 (10.3)과 같이 표현할 수 있다.

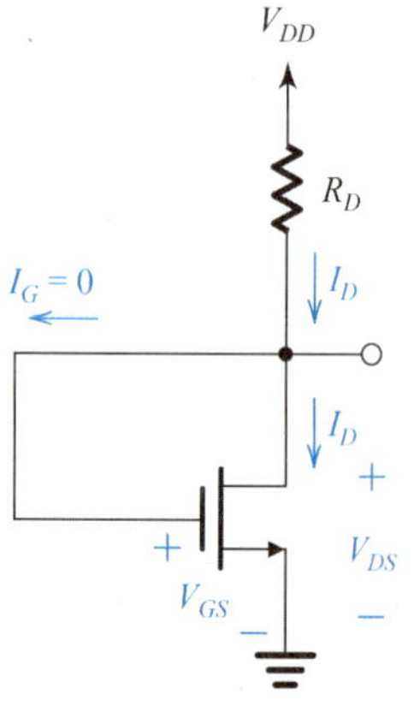

[그림 10-2] 다이오드로 연결된 MOSFET과 저항을 이용한 바이어스 회로

$$I_D = \frac{1}{2}\mu_n C_{ox}\left(\frac{W}{L}\right)(V_{GS} - V_{th})^2 \tag{10.2}$$

$$I_D = \frac{V_{DD} - V_{GS}}{R} \tag{10.3}$$

식 (10.2)와 (10.3)을 연립하면 I_D와 V_{GS}를 구할 수 있다.

10.2 실험회로 및 PSpice 시뮬레이션

게이트 바이어스 회로

[그림 10-3]은 증폭기의 게이트 단자의 DC 전압과 드레인 전류를 잡아주는 바이어스 회로이다. R_1, R_2, R_S에 의해서 드레인 및 소오스 전류가 안정적으로 형성된다.

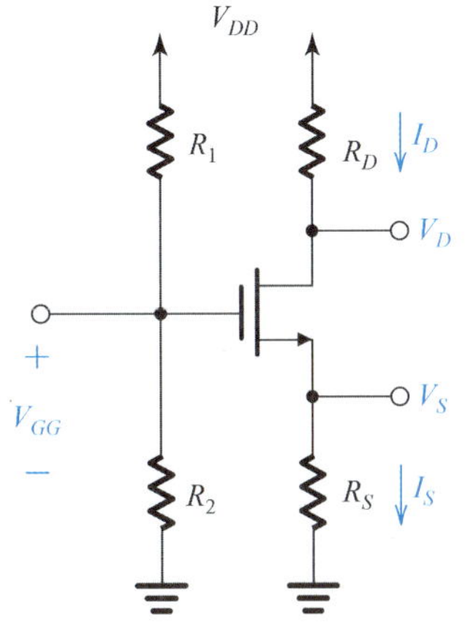

[그림 10-3] 게이트 바이어스 회로(실험회로 1)

[그림 10-4]는 PSpice 모의실험을 위한 게이트 바이어스 회로도이다.

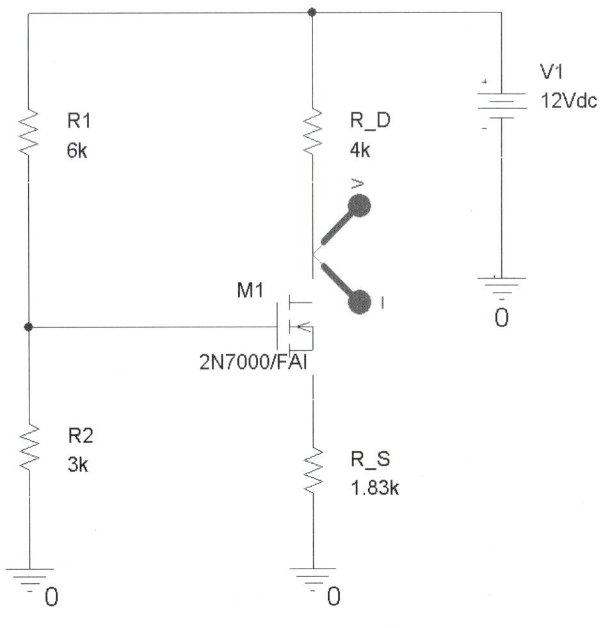

[그림 10-4] PSpice 모의실험을 위한 게이트 바이어스 회로도

[그림 10-5]는 PSpice를 이용한 게이트 바이어스 회로의 모의실험 결과이다.

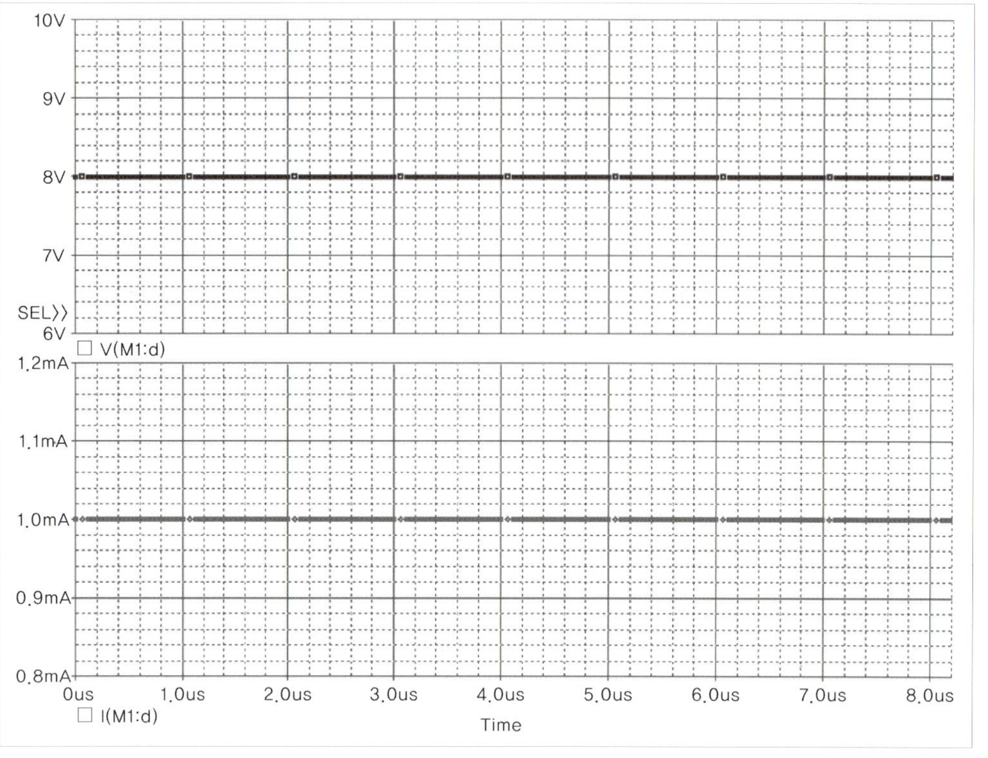

[그림 10-5] 게이트 바이어스 회로의 모의실험 결과

MOSFET과 저항을 이용한 바이어스 회로

[그림 10-6]은 다이오드로 연결된 MOSFET과 저항을 이용해서 만든 바이어스 회로이다. DC 바이어스 전류 I_D가 공정, 전압, 온도 등에 의해서 설계치보다 증가하려고 하면, R_D를 통한 전압 강하가 증가하고 V_{GS} 값이 감소해서 전류 I_D가 감소되는 방향으로 동작한다. 반대로 I_D가 감소하려고 하면, R_D를 통한 전압 강하가 감소하고 V_{GS} 값이 증가해서 전류 I_D가 증가되는 방향으로 동작한다. 즉 DC 바이어스 전류 I_D가 일정한 방향으로 동작하는 회로임을 알 수 있다.

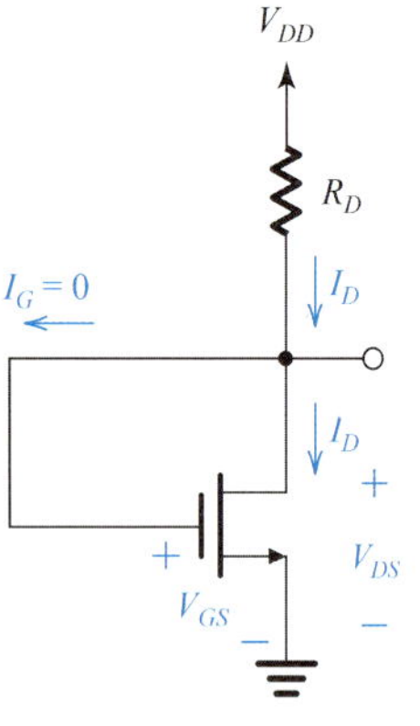

[그림 10-6] 다이오드로 연결된 MOSFET과 저항을 이용한 바이어스 회로(실험회로 2)

[그림 10-7]은 PSpice 모의실험을 위한 다이오드로 연결된 MOSFET과 저항을 이용한 바이어스 회로도이고, [그림 10-8]은 이 바이어스 회로의 모의실험 결과이다.

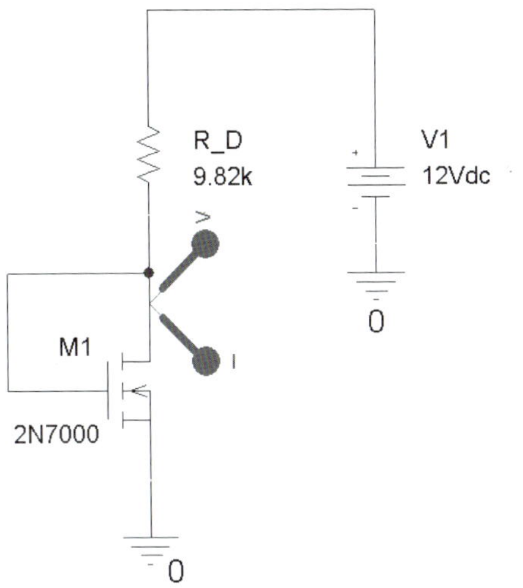

[그림 10-7] PSpice 모의실험을 위한 다이오드로 연결된 MOSFET과 저항을 이용한 바이어스 회로

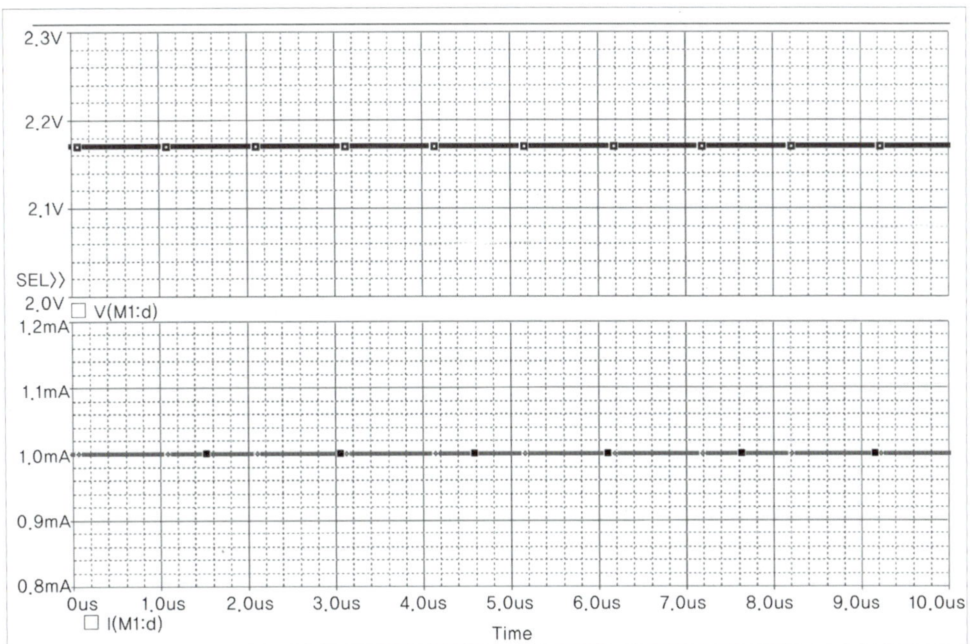

[그림 10-8] 다이오드로 연결된 MOSFET과 저항을 이용한 바이어스 회로의 모의실험 결과

10.3 실험 절차

게이트 바이어스 회로

1 실험회로 1([그림 10-3])에서 V_{GG} 값이 4V, R_D는 4kΩ으로 두고, 드레인 전압이 8V, 드레인 전류가 1mA가 되도록 R_S, R_1, R_2를 구하고, [표 10-1]에 기록하시오. 예비 보고 사항에서 구한 값을 바탕으로 하면 효율적으로 찾을 수 있다.

MOSFET과 저항을 이용한 바이어스 회로

1 실험회로 2([그림 10-6])에서 드레인 전류가 1mA가 되도록 R_D를 구하고, [표 10-2]에 기록하시오. 예비 보고 사항에서 구한 값을 바탕으로 하면 효율적으로 찾을 수 있다.

10.4 고찰 사항

(1) 예비 보고 사항에서 PSpice를 이용하여 구한 DC 바이어스 전류와 실험을 통해서 측정한 DC 바이어스 전류 사이에 차이가 발생하는 원인을 설명하시오.

요약

이 실험에서는 MOSFET을 이용한 기본적인 증폭기 중에서 가장 널리 사용되고 있는 바이어스 회로를 구성하고, 실험을 통해 그 동작을 확인하였다. MOSFET 증폭기의 전압 이득을 증가시키기 위해서는 드레인 전류를 키워서 트랜스컨덕턴스를 증가시켜야 하므로, 전류와 전압 이득 사이에는 상충 관계가 있음을 확인할 수 있었다.

퀴즈

(1) MOSFET을 이용한 증폭기 회로에서 바이어스 회로가 필요한 이유로 가장 알맞은 것은?

① 비선형 증폭기를 선형적으로 동작하도록 하기 위해서

② 소신호를 인가하기 위해서

③ 전압분배를 하기 위해서

④ 전류를 흐르게 하기 위해서

(2) MOSFET 바이어스 회로를 만들기 위한 기자재 및 부품으로 알맞지 않은 것은?

① 저항 ② 커패시터

③ MOSFET ④ 인덕터

(3) [그림 10-9]는 전압분배 바이어스 회로이다. 회로에 대한 설명으로 알맞지 않은 것은?

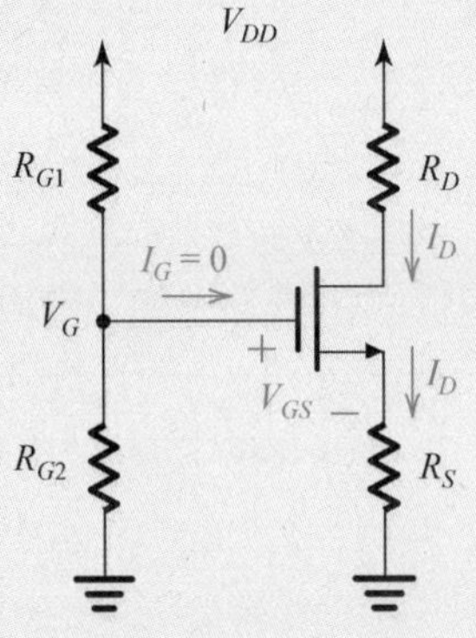

[그림 10-9]

① 소오스 저항을 추가함으로써 R_{G1}과 R_{G2}의 변화에 따른 V_{GS} 전압과 I_D 변화를 줄일 수 있다.

② 증폭기의 동작점을 잡아준다.

③ 드레인 전류를 일정하게 유지하는 방향으로 동작한다.

④ 선형 증폭기를 비선형 증폭기로 동작시키기 위한 회로이다.

(4) [그림 10-10]은 바이어스 회로를 나타낸 것이다. 알맞지 않은 것은?

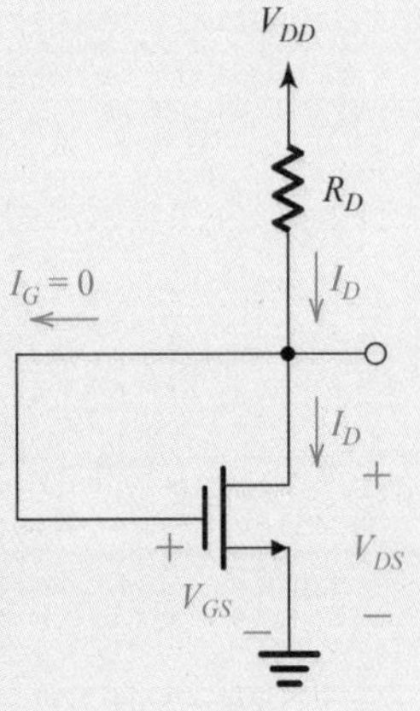

[그림 10-10]

① 다이오드로 연결된 MOSFET과 저항을 이용한 바이어스 회로이다.
② 게이트-소오스 전압과 게이트-드레인 전압이 같다.
③ 드레인 전류를 일정하게 흐르도록 하기 위한 회로이다.
④ 드레인 전류를 안정적으로 형성하도록 하지 않기 위한 회로이다.

(5) 바이어스 회로에 대한 설명으로 알맞지 않은 것은?
① 전압분배로 바이어스 회로를 만들 수 있다.
② 다이오드로 연결된 MOSFET을 이용해서 바이어스 회로를 만들 수 있다.
③ 동작점과는 상관 없는 회로이다.
④ 게이트-드레인 전압의 변화에도 드레인 전류가 일정하게 유지되는 방향으로 동작하도록 하기 위한 회로이다.

(6) 실험회로 1에서 V_{GG} 전압, 드레인 전류, V_D 전압은 얼마인지 계산을 통해서 구하시오.

(7) 실험회로 2에서 V_{GS} 전압, 드레인 전류, V_D 전압은 얼마인지 계산을 통해서 구하시오.

예비 보고 사항

(1) 실험회로 1([그림 10-3])에서 PSpice를 이용하여 $V_{DD} = 12V$, $V_{GG} = 4V$, $V_D = 8V$, $I_D = 1mA$가 되는 R_D, R_S 값을 결정하시오.
(2) 실험회로 2([그림 10-6])에서 PSpice를 이용하여 $V_{DD} = 12V$, $I_D = 1mA$가 되는 R_D 값을 결정하시오.

자르는 선

실험 10 실험 결과

[실험 절차]에 따라 [실험 결과]를 작성하시오.

게이트 바이어스 회로

1

[표 10-1] 실험회로 1의 바이어스 회로 구성을 위한 소자값

드레인 전류	드레인 전압	R_S 저항값	R_1 저항값	R_2 저항값	동작 영역

MOSFET과 저항을 이용한 바이어스 회로

1

[표 10-2] 실험회로 2의 바이어스 회로 구성을 위한 소자값

드레인 전류	드레인 전압	R_D 저항값	동작 영역

드레인 전류	드레인 전압	R_D 저항값	동작 영역

실 험 11

공통 소오스 증폭기

실험 개요

이 실험에서는 MOSFET을 이용한 공통 소오스 증폭기의 동작 원리를 공부하고, 실험을 통하여 특성을 측정하고자 한다. 공통 소오스 증폭기는 게이트가 입력 단자, 드레인이 출력 단자, 소오스가 공통 단자인 증폭기로서 높은 전압 이득을 얻을 수 있는 장점이 있어 널리 사용되고 있다. 이 실험에서는 공통 소오스 증폭기의 입력-출력 특성 곡선을 구하고, 소신호 등가회로의 개념을 적용하여 전압 이득을 구해본 다음, 실험을 통하여 동작을 확인하고자 한다.

실험 기자재 및 부품

- DC 파워 서플라이
- 디지털 멀티미터
- 오실로스코프
- 함수 발생기
- 2N7000(NMOS) (1개)
- 저항
- 커패시터

11.1 배경 이론

공통 소오스 증폭기

[그림 11-1]과 같은 기본적인 공통 소오스 증폭기에서 입력(v_I)은 게이트-소오스 전압(v_{GS})이고, 출력(v_O)은 드레인-소오스 전압(v_{DS})이다. 게이트-소오스 사이의 소신호 입력 전압에 비례하는 전류가 드레인에 흐르고, 이 전류가 출력 쪽의 저항 R_D에 의해 전압으로 변환되면서 전압을 증폭시킨다.

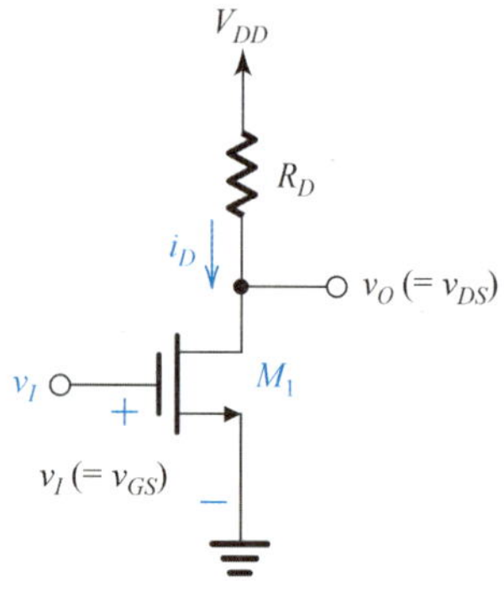

[그림 11-1] 공통 소오스 증폭기

[그림 11-2]는 공통 소오스 증폭기의 전압 전달 특성을 나타낸다. 출력 전압은 식 (11.1)과 같이 표현할 수 있으며, v_I 전압에 따라서 MOSFET의 동작 영역을 크게 세 가지로 나눌 수 있다.

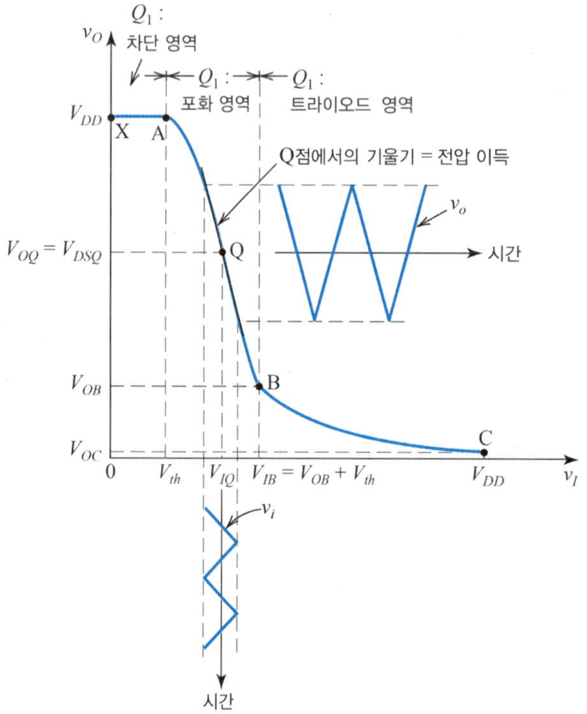

[그림 11-2] 공통 소오스 증폭기의 입력-출력 전달 특성 곡선

$$v_O = V_{DD} - i_D \times R_D \tag{11.1}$$

❶ **차단 영역** : v_I 전압이 X와 A점 사이일 경우에는 MOSFET이 차단 영역에서 동작하며, 드레인 전류가 흐르지 않는다($v_O = V_{DD}$).

❷ **포화 영역** : v_I 전압이 A와 B점 사이일 경우에는 MOSFET이 포화 영역에서 동작하며, 드레인 전류 및 출력 전압은 식 (11.2), 식 (11.3)과 같이 표현할 수 있다.

$$i_D = \frac{1}{2}\mu_n C_{ox}\frac{W}{L}(v_I - V_{th})^2 \tag{11.2}$$

$$v_O = V_{DD} - \frac{1}{2}\mu_n C_{ox}\frac{W}{L}(v_I - V_{th})^2 \times R_D \tag{11.3}$$

일반적으로, 이 영역에서 주로 증폭기로 사용된다.

❸ **트라이오드 영역** : v_I 전압이 B점 이상일 경우에는 MOSFET이 포화 영역에서 동작하며, 드레인 전류 및 출력 전압은 식 (11.4), 식 (11.5)와 같이 표현할 수 있다.

$$i_D = \frac{1}{2}\mu_n C_{ox}\frac{W}{L}\{2(v_I - V_{th})v_O - v_O^2\} \tag{11.4}$$

$$v_O = V_{DD} - \frac{1}{2}\mu_n C_{ox}\frac{W}{L}\{2(v_I - V_{th})v_O - v_O^2\} \times R_D \tag{11.5}$$

MOSET의 소신호 등가회로

MOSFET이 포화 영역에서 동작할 때, 식 (11.2)와 같이 입력 전압과 드레인 전류 사이에는 제곱의 법칙square law이 성립하므로 비선형적인 특성을 보인다. 비선형적인 특성이 있는 MOSFET을 이용해서 선형적인 증폭기로 동작시키려면, [그림 11-3(a)]와 같이 입력에 DC 바이어스 전압(V_{GS})과 소신호(v_{gs})를 동시에 인가한다. [그림 11-3(b)]와 같이 V_{GS} 전압 부근에서 소신호 v_{gs}를 인가하면, 동작점(Q점) 부근에서는 직선과 같이 근사화할 수 있다. 즉 선형적이라고 볼 수 있고, 이때의 기울기는 MOSFET의 트랜스컨덕턴스(g_m)에 해당된다.

$$v_{GS} = V_{GS} + v_{gs} \tag{11.6}$$

$$\begin{aligned} i_D &= \frac{1}{2}\mu_n C_{ox}\frac{W}{L}(V_{GS} + v_{gs} - V_{th})^2 \\ &= \frac{1}{2}\mu_n C_{ox}\frac{W}{L}(V_{GS} - V_{th})^2 + \mu_n C_{ox}\frac{W}{L}(V_{GS} - V_{th})v_{gs} + \frac{1}{2}\mu_n C_{ox}\frac{W}{L}v_{gs}^2 \end{aligned} \tag{11.7}$$

$$\begin{gathered} \frac{1}{2}\mu_n C_{ox}\frac{W}{L}v_{gs}^2 << \mu_n C_{ox}\frac{W}{L}(V_{GS} - V_{th})v_{gs} \\ (\text{즉 } v_{gs} << 2(V_{GS} - V_{th}),\ v_{gs} << 2V_{OV}) \end{gathered} \tag{11.8}$$

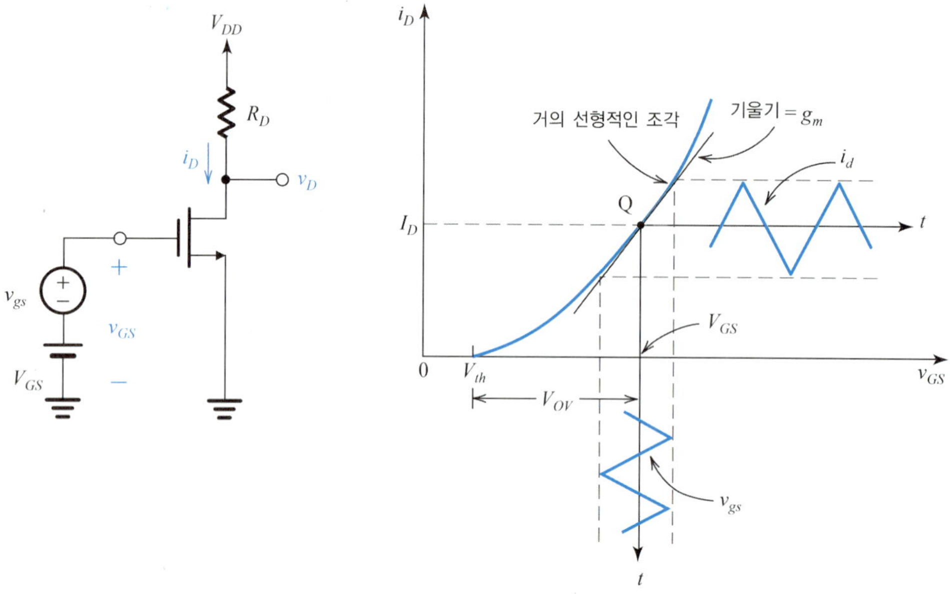

(a) 공통 소오스 증폭기 회로

(b) DC 바이어스와 소신호의 개념

[그림 11-3] **공통 소오스 증폭기 회로 및 DC 바이어스와 소신호의 개념**

식 (11.7)에서 식 (11.8)과 같은 조건이 만족되면, 식 (11.9)와 식 (11.10)이 성립한다.

$$i_D \approx I_D + i_d \tag{11.9}$$

$$i_d = \mu_n C_{ox} \frac{W}{L}(V_{GS} - V_{th}) v_{gs} \tag{11.10}$$

트랜스컨덕턴스(g_m)를 계산하면 식 (11.11)과 같다.

$$g_m \equiv \frac{i_d}{v_{gs}} = \mu_n C_{ox} \frac{W}{L}(V_{GS} - V_{th}) = \mu_n C_{ox} \frac{W}{L} V_{OV} \tag{11.11}$$

즉 전류가 일정할 때, 트랜스컨덕턴스는 W/L과 V_{OV}에 비례함을 알 수 있다.

MOSFET 전류식으로부터 식 (11.12)의 관계를 구할 수 있고, 식 (11.11)에 대입하면 식 (11.13)을 얻을 수 있다.

$$V_{GS} - V_{th} = \sqrt{2I_D / (\mu_n C_{ox} (W/L))} \tag{11.12}$$

$$g_m \equiv \frac{i_d}{v_{gs}} = \sqrt{2\mu_n C_{ox} \left(\frac{W}{L}\right) I_D} \tag{11.13}$$

즉 V_{OV}가 일정할 때, 트랜스컨덕턴스는 W/L과 V_{OV}의 제곱근에 비례한다.

MOSFET 전류식으로부터 트랜스컨덕턴스는 식 (11.14)의 형태로도 표현할 수 있다.

$$g_m = \mu_n C_{ox}(W/L)(V_{GS} - V_{th}) = \frac{2I_D}{V_{GS} - V_{th}} = \frac{2I_D}{V_{OV}} \quad (11.14)$$

즉 W/L이 일정할 때, 트랜스컨덕턴스는 I_D에는 비례하고 V_{OV}에는 반비례한다.

11.2 실험회로 및 PSpice 시뮬레이션

[그림 11-4]는 입력에 DC 바이어스 전압 V_{GG}와 소신호 전압 v_{sig}가 인가된 공통 소오스 증폭기 회로이다. 출력인 드레인 단자에는 드레인 저항 R_D와 부하 저항 R_L이 연결되어 있다.

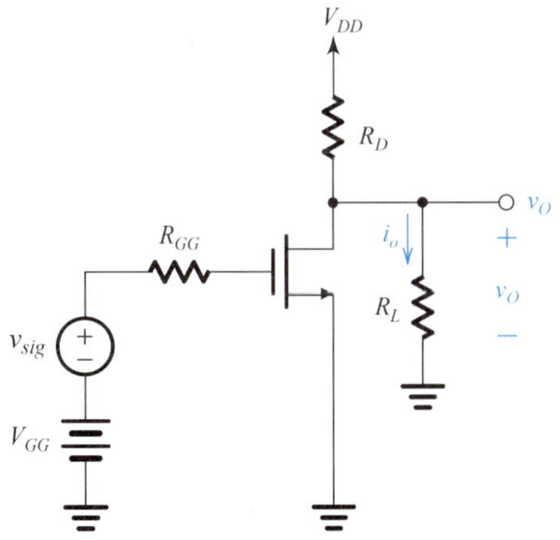

[그림 11-4] 공통 소오스 증폭기 회로(실험회로 1)

[그림 11-5]는 [그림 11-4]의 공통 소오스 증폭기 회로와 [그림 10-4]의 바이어스 회로를 포함한 완성된 공통 소오스 증폭기 회로이다.

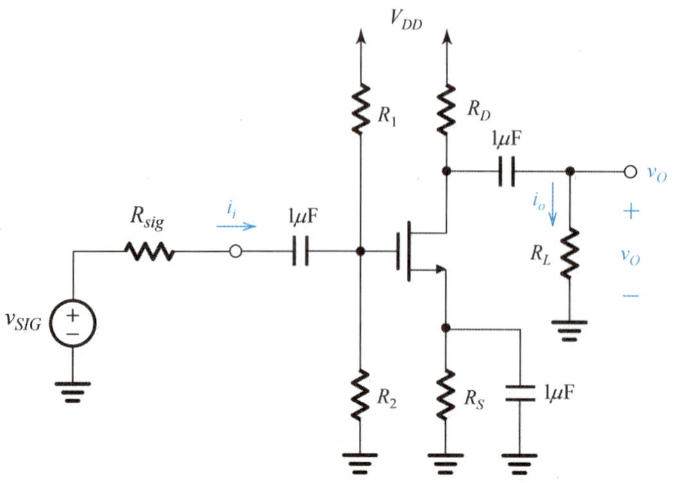

[그림 11-5] 바이어스 회로를 포함한 공통 소오스 증폭기 회로(실험회로 2)

[그림 11-6]은 PSpice 모의실험을 위한 공통 소오스 증폭기 회로도이다.

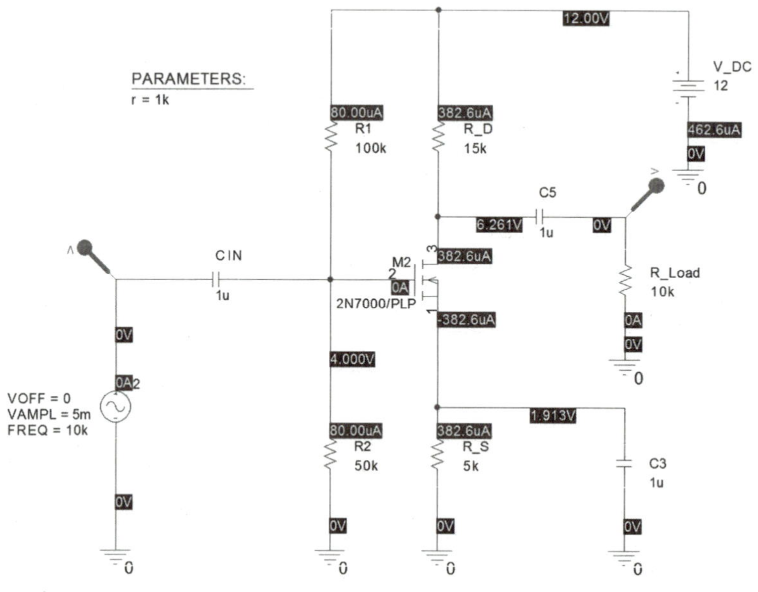

[그림 11-6] PSpice 모의실험을 위한 공통 소오스 증폭기 회로도

공통 소오스 증폭기의 전압 전달 특성 곡선을 PSpice를 이용해 그려보면 [그림 11-7]과 같이 나타낼 수 있다.

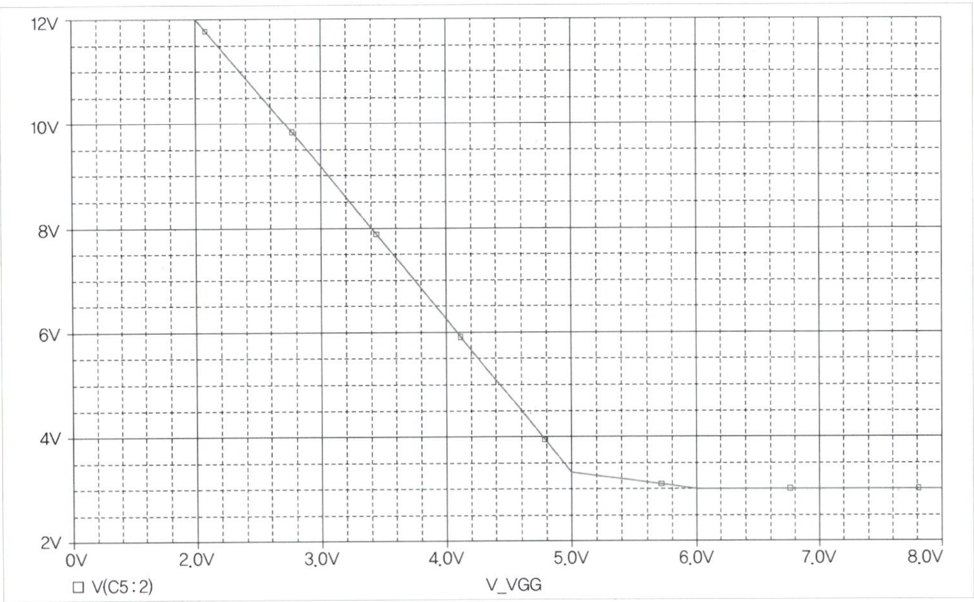

[그림 11-7] 공통 소오스 증폭기의 전압 전달 특성 곡선

[그림 11-8]은 공통 소오스 증폭기의 PSpice 모의실험 결과로, 출력 파형이 클리핑 없이 증폭이 일어난 것을 확인할 수 있다. 증폭률을 계산해보면 인가 전압의 피크가 0.09772V이고 출력 전압의 피크가 3.627V이므로, 전압 이득은 37.116이다.

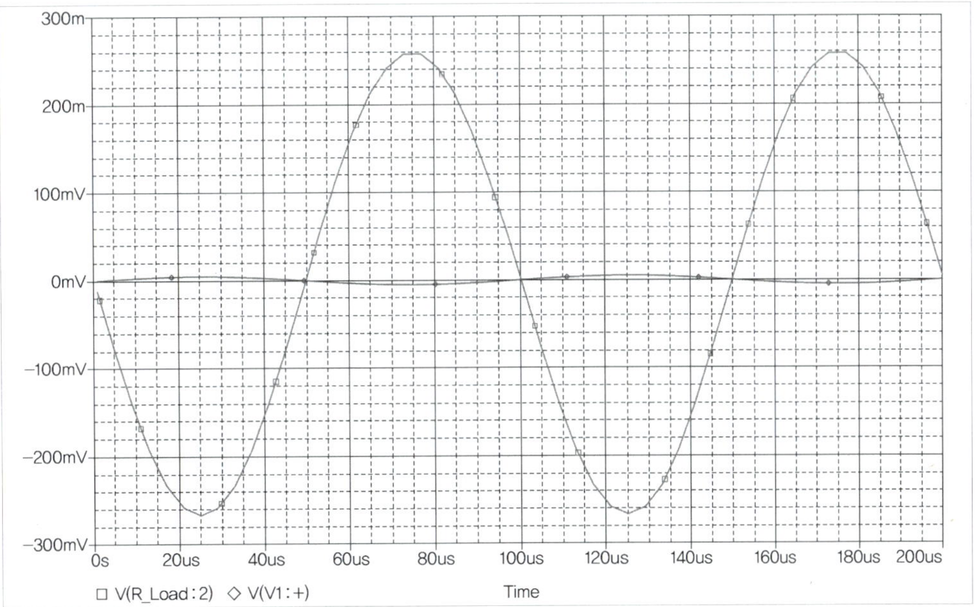

[그림 11-8] 공통 소오스 증폭기의 PSpice 모의실험 결과

11.3 실험 절차

1 실험회로 1([그림 11-4])에서 V_{DD} 값을 12V, v_{sig} 값을 0V, V_{GG} 값을 4V로 두고, R_{GG} 저항값이 2kΩ인 경우 v_O의 DC 값이 6V가 되도록 하는 R_D 값을 결정하시오. 이 경우 MOSFET의 각 단자들의 전압(V_D, V_G) 및 전류(I_D)를 구하여, [표 11-1]에 기록하시오. 각 단자들의 전압을 바탕으로 MOSFET이 포화 영역에서 동작하는지 확인하시오.

2 v_{sig} 값을 0V, V_{GG} 전압을 0V, 12V, 3V~9V는 500mV 간격으로 변화시키면서 v_O의 DC 전압을 측정하여 [표 11-2]에 기록하고, 입력-출력(V_{GG}-v_O) 전달 특성 곡선을 [그림 11-9]에 그리시오.

3 포화 영역에서 회로가 동작하는 경우 MOSFET의 트랜스컨덕턴스 g_m 값, 출력 저항 r_o를 구하여 [표 11-3]에 기록하시오. 이를 이용하여 소신호 등가회로를 그리고, 실험회로 1의 공통 소오스 증폭기의 이론적인 전압 이득을 구하시오.

4 전압 이득이 최소 10V/V 이상 나오는지 보기 위해 입력에 10kHz의 0.01V_{p-p} 정현파의 입력 전압을 인가한다. 이때 공통 소오스 증폭기의 입력-출력 전압의 크기를 [표 11-4]에 기록하여 전압 이득을 구하고, 크기와 위상을 고려하여 v_{sig}, 입력 전압(MOSFET 게이트 전압 v_{GS}), 출력 전압(MOSFET의 드레인 전압 v_{DS})의 파형을 캡처하여 [그림 11-10]과 같은 형태로 결과 보고서에 기록하시오.

5 실험회로 1의 입력 저항과 출력 저항을 직접 측정하여 [표 11-5]에 기록하시오. 입력 저항을 측정하기 위해 입력의 DC 전압을 변화시키면서 입력 쪽에 흘러 들어가는 DC 전류를 측정한다. 출력 저항을 측정하기 위해 입력에 0V를 인가하고, 출력 쪽에 DC 전압을 변화시키면서 출력 쪽에 흘러 들어가는 DC 전류를 측정한다.

6 실험회로 1과 [실험 10]의 실험회로 1([그림 10-4])을 결합한 실험회로 2를 구성하고, 입력에 10kHz의 0.01V_{p-p} 정현파의 입력 전압을 인가한다. 이때 공통 소오스 증폭기의 입력-출력 전압의 크기를 [표 11-6]에 기록하여 전압 이득을 구하고, 크기와 위상을 고려하여 v_{sig}, 입력 전압(MOSFET 게이트 전압 v_{GS}), 출력 전압(MOSFET의 드레인 전압 v_{DS})의 파형을 캡처하여 [그림 11-11]과 같은 형태로 결과 보고서에 기록하시오.

7 실험회로 2([그림 11-5])의 입력 저항과 출력 저항을 직접 측정하여 [표 11-7]에 기록하시오. 입력 저항을 측정하기 위해 입력의 DC 전압을 변화시키면서 입력 쪽에 흘러 들어가는 DC 전류를 측정한다. 출력 저항을 측정하기 위해 입력에 0V를 인가하고, 출력 쪽에 DC 전압을 변화시키면서 출력 쪽에 흘러 들어가는 DC 전류를 측정한다.

11.4 고찰 사항

(1) 실험회로 2([그림 11-5])에서 입력 쪽과 출력 쪽의 커패시터의 역할은 무엇인가?

(2) 예비 보고 사항에서 PSpice를 이용하여 구한 전압 이득과 실험을 통해서 측정한 전압 이득 사이에 차이가 발생하는 원인을 설명하시오.

요약

이 실험에서는 MOSFET을 이용한 기본적인 증폭기 중에서 가장 널리 사용되고 있는 공통 소오스 증폭기 회로를 구성하고, 실험을 통하여 그 동작을 확인하였다. 그리고 증폭기의 전압 이득, 입력 임피던스 및 출력 임피던스를 구하기 위한 소신호 등가회로의 개념을 공부하고, 소신호 등가회로를 이용한 이론적인 계산치를 바탕으로 측정을 통해서 특성을 확인하였다. 공통 소오스 증폭기는 가장 기본적이면서도 많이 사용되고 있는 증폭기이므로 매우 중요한 실험이라고 할 수 있다.

퀴즈

(1) 다음 중 공통 소오스 증폭기에서 가장 큰 증폭률을 얻을 수 있는 동작 영역은?

① 차단 영역　　② 포화 영역
③ 트라이오드 영역　　④ 공핍 영역

(2) 공통 소오스 증폭기에서 전류가 일정할 때, 트랜스컨덕턴스를 증가시킬 수 있는 방법은?

① W/L 비율을 증가시킨다.　　② W를 증가시킨다.
③ W/L 비율을 감소시킨다.　　④ L을 증가시킨다.

(3) 공통 소오스 증폭기에서 왜곡 없는 출력을 얻을 수 있는 방법은?

① 입력 신호를 무조건 크게 인가한다.
② 소신호 근사가 가능한 정도로 작은 신호를 인가한다.
③ 출력 저항을 증가시킨다.
④ 전류를 증가시킨다.

(4) 공통 소오스 증폭기에서 입력 신호에 DC 바이어스 전압(V_{GS}) 없이 소신호(v_{gs})만 인가한다면 어떤 상황이 되는가?

① 소신호만 들어오기 때문에 증폭이 더 잘 된다.

② 증폭은 잘 되고, DC 바이어스 전압이 없으므로 출력 측의 DC 전압이 0으로 출력된다.

③ 증폭은 안 되지만 출력 측의 DC 전압은 출력된다.

④ 증폭기 자체가 동작을 하지 않으며, 증폭된 신호를 얻을 수 없다.

(5) 공통 소오스 증폭기에서 증폭률을 높일 수 있는 방안으로 적절한 것은?

① 트랜스컨덕턴스와 출력 저항의 곱을 증가시킨다.

② 출력 저항을 증가시킨다.

③ 전류를 증가시킨다.

④ 전류를 감소시킨다.

(6) 실험회로 1에 제시된 공통 소오스 증폭기의 전압 이득, 입력 임피던스 및 출력 임피던스는 얼마인가?

예비 보고 사항

(1) NMOS의 소신호 등가회로에 대해서 설명하고, g_m과 r_o는 드레인 전류와 어떤 관계인지 유도하시오.

(2) 실험회로 1([그림 11-4])에서 PSpice를 이용하여 $V_{DD} = 12V$, $R_{GG} = 10k\Omega$으로 고정하고, v_{sig}에 6V의 DC 전압을 인가한 후, v_O 전압이 6V인 DC 전압이 나오는 R_D 값을 구하시오.

(3) 실험회로 1에서 PSpice를 이용하여 전압 이득, 입력 임피던스 및 출력 임피던스를 구하시오.

(4) 실험회로 1에 제시된 공통 소오스 증폭기의 전압 이득, 입력 임피던스 및 출력 임피던스를 이론적으로 계산하고, PSpice 모의실험 결과와 비교하시오.

자르는 선

실험 11 실험 결과

[실험 절차]에 따라 [실험 결과]를 작성하시오.

1

[표 11-1] 공통 소오스 증폭기의 DC 조건

R_D 값 (PSpice 결과)	R_D 값 (측정)	V_{sig} 전압	V_G 전압	$v_O(V_D)$ 전압	I_D 전류	동작 영역

2

[표 11-2] 실험회로 1의 입력-출력 전달 특성 확인을 위한 측정 데이터

입력 전압(V_{GG})	출력 전압(v_O)	동작 영역	입력 전압(V_{GG})	출력 전압(v_O)	동작 영역
0V			6.5V		
3V			7V		
3.5V			7.5V		
4V			8V		
4.5V			8.5V		
5V			9V		
5.5V			12V		
6V					

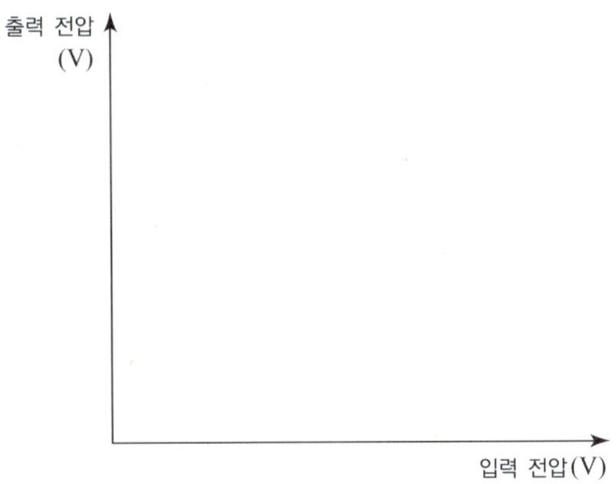

[그림 11-9] 실험회로 1의 입력-출력 전달 특성 곡선

3

[표 11-3] 실험회로 1의 소신호 파라미터

동작 영역	I_G 전류	I_D 전류	I_S 전류	트랜스컨덕턴스(g_m)	r_o

4

[표 11-4] 공통 소오스 증폭기의 전압 이득을 계산하기 위한 측정 데이터

입력 신호의 크기 (mV)	입력 신호의 주파수 (kHz)	출력 신호의 크기 (mV)	출력 신호의 주파수 (kHz)	전압 이득 ($A_v = \|v_O / v_{sig}\|$) 선형 스케일	전압 이득 ($A_v = 20\log \|v_O / v_{sig}\|$) dB 스케일

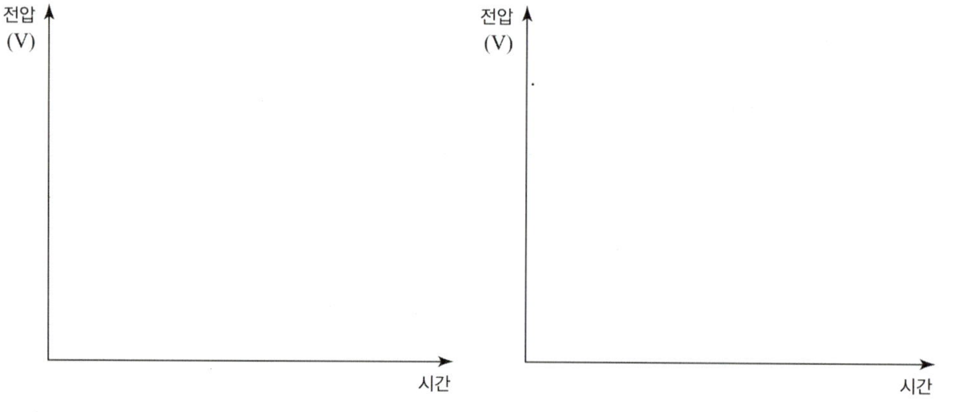

(a) 입력 파형 (b) 출력 파형

[그림 11-10] 실험회로 1의 입력 파형과 출력 파형

자르는 선

5

[표 11-5] 공통 소오스 증폭기의 입력 저항과 출력 저항

입력 전압(v_{sig})	입력 전류(I_G)	출력 전압(v_O)	출력 전류(I_O)	입력 저항(R_{in})	출력 저항(R_{out})

6

[표 11-6] 실험회로 2의 전압 이득을 계산하기 위한 측정 데이터

입력 신호의 크기 (mV)	입력 신호의 주파수 (kHz)	출력 신호의 크기 (mV)	출력 신호의 주파수 (kHz)	전압 이득 ($A_v = \|v_O / v_{sig}\|$) 선형 스케일	전압 이득 ($A_v = 20\log \|v_O / v_{sig}\|$) dB 스케일

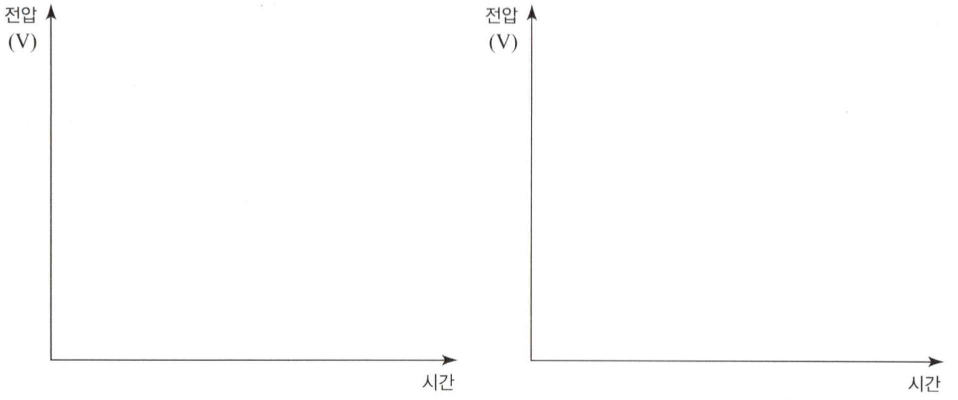

(a) 입력 파형 (b) 출력 파형

[그림 11-11] 실험회로 2의 입력 파형과 출력 파형

7

[표 11-7] 실험회로 2의 입력 저항과 출력 저항

입력 전압(v_{sig})	입력 전류(I_i)	출력 전압(v_O)	출력 전류(I_O)	입력 저항(R_{in})	출력 저항(R_{out})

실험 12

소오스 팔로워

실험 개요

[실험 11]에서는 MOSFET을 이용한 기본적인 세 가지 증폭기 중에서 공통 소오스 증폭기를 실험하였다. 이번 실험은 나머지 두 가지 증폭기 구조 중의 하나인 소오스 팔로워에 대한 실험이다. 소오스 팔로워는 출력 임피던스가 작으므로, 작은 부하 저항을 구동하는 데 많이 사용된다. 이 실험에서는 소오스 팔로워의 동작 원리를 살펴보고, 증폭기의 전압 이득 및 특성을 실험을 통해 확인하고자 한다.

실험 기자재 및 부품

- DC 파워 서플라이
- 디지털 멀티미터
- 오실로스코프
- 함수 발생기
- M2N7000(NMOSFET) (1개)
- 저항
- 커패시터

12.1 배경 이론

[그림 12-1]과 같이 소오스 팔로워 회로에서 입력은 게이트 단자에 인가되고, 출력은 소오스 단자에서 감지된다. 드레인 단자가 공통이므로, 공통 드레인 증폭기라고 할 수 있다. 출력 신호가 입력 신호를 따라가기 때문에 '소오스 팔로워'라는 용어를 더 많이 사용한다. 또한 출력 신호의 DC 레벨이 입력 신호의 DC 레벨에서 V_{GS}만큼 떨어진 전압이 나오기 때문에, 레벨 시프터level shifter로서도 동작할 수 있다.

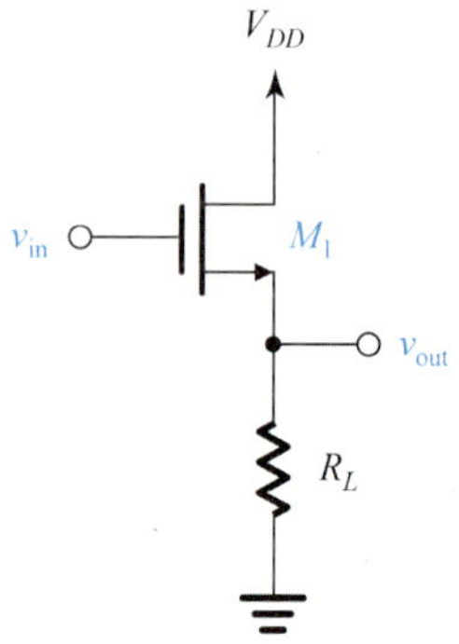

[그림 12-1] 저항 부하가 있는 소오스 팔로워 회로

[그림 12-2]는 저항 부하가 있는 소오스 팔로워의 전압 이득을 구하기 위한 소신호 등가회로이다.

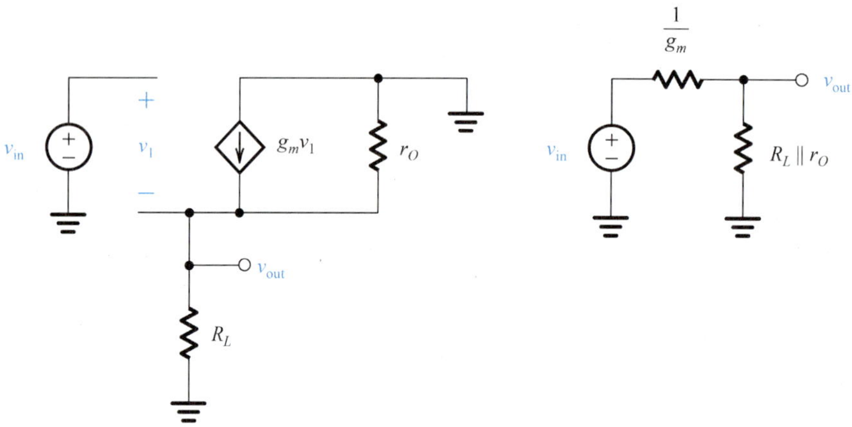

[그림 12-2] 저항 부하가 있는 소오스 팔로워의 소신호 등가회로

식 (12.1)과 같이 소오스 팔로워의 전압 이득은 양의 값을 가지고, 그 값은 1에 가까움을 알 수 있다.

$$A_v = \frac{v_{out}}{v_{in}} = \frac{r_O \parallel R_L}{\frac{1}{g_m} + r_O \parallel R_L} \tag{12.1}$$

[그림 12-3]과 같이 전류원 부하가 있는 소오스 팔로워 회로의 전압 이득을 구하면 식 (12.2)와 같고, 그 값이 1에 가까움을 알 수 있다.

$$A_v = \frac{v_{out}}{v_{in}} = \frac{r_{O1} \parallel r_{O2}}{\frac{1}{g_{m1}} + r_{O1} \parallel r_{O2}} \tag{12.2}$$

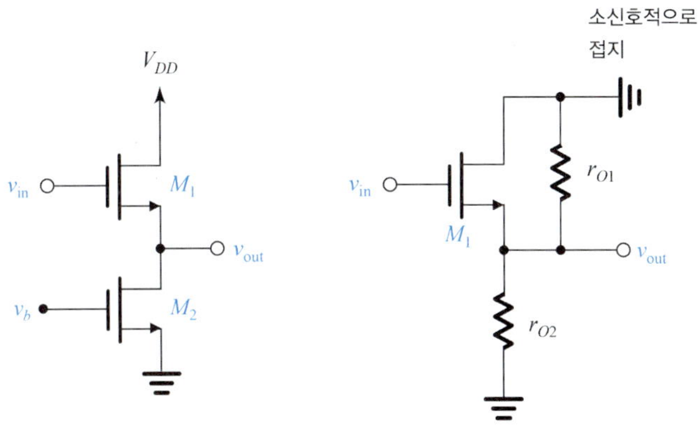

[그림 12-3] **전류원 부하가 있는 소스 팔로워 회로**

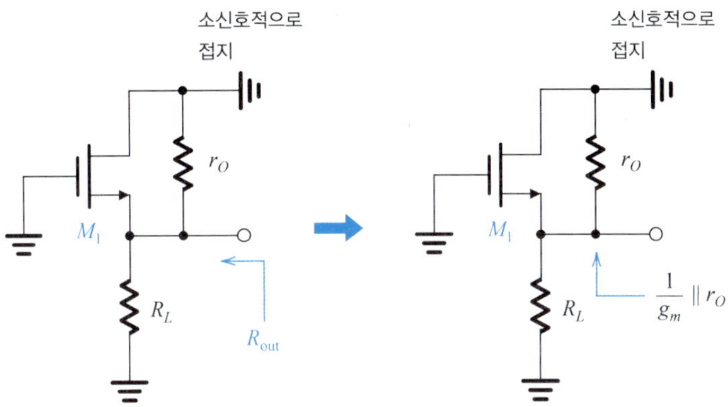

[그림 12-4] **소스 팔로워의 출력 임피던스**

[그림 12-4]는 소스 팔로워의 출력 임피던스를 구하기 위한 회로이며, 식 (12.3)과 같이 계산할 수 있다.

$$R_{out} = \frac{1}{g_m} \| r_O \| R_L \approx \frac{1}{g_m} \| R_L \tag{12.3}$$

식 (12.3)으로부터 $\frac{1}{g_m} \ll R_L$ 인 조건이 만족되면 $R_{out} \approx \frac{1}{g_m}$ 이 성립하고, 출력 임피던스 값이 매우 작음을 알 수 있다. 출력 임피던스가 작은 특성이 있기 때문에 작은 부하 저항을 구동하는 데 유리하고, 전압 버퍼로서 많이 사용된다. 예를 들어 스피커의 임피던스가 수 Ω 정도로 매우 작은데, 공통 소스 증폭기로 바로 구동하게 되면 전압 이득이 많이 감소한다. 이런 경우 소스 팔로워를 전압 버퍼로 사용하면 전압 이득의 급격한 감소를 막을 수 있다. 또한 게이트 단자에 입력을 인가하므로, 공통 소스 증폭기와 입력 임피던스가 같음을 알 수 있다.

12.2 실험회로 및 PSpice 시뮬레이션

[그림 12-5]는 입력에 DC 바이어스 전압 V_{GG}와 소신호 전압 v_{sig}가 인가된 소오스 팔로워 회로이다. 출력인 소오스 단자에는 소오스 저항 R_S와 부하 저항 R_L이 연결되어 있다.

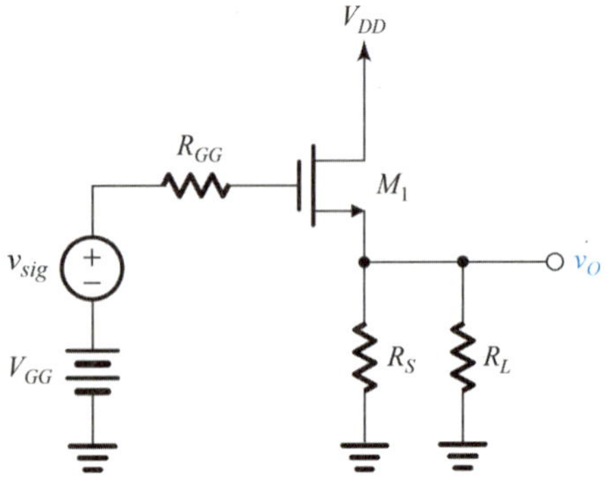

[그림 12-5] 소오스 팔로워 회로(실험회로 1)

[그림 12-6]은 PSpice 모의실험을 위한 소오스 팔로워의 회로도이다.

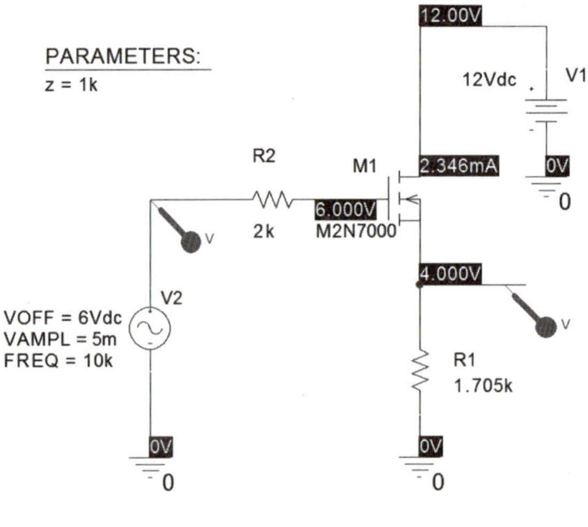

[그림 12-6] PSpice 모의실험을 위한 소오스 팔로워의 회로도

[그림 12-7]은 소오스 팔로워의 PSpice 모의실험 결과이다. 여기서 입력 파형 v_in의 크기는 5mV이고 출력 파형 v_out의 크기는 5mV이므로, 전압 이득은 1에 가까움을 볼 수 있다.

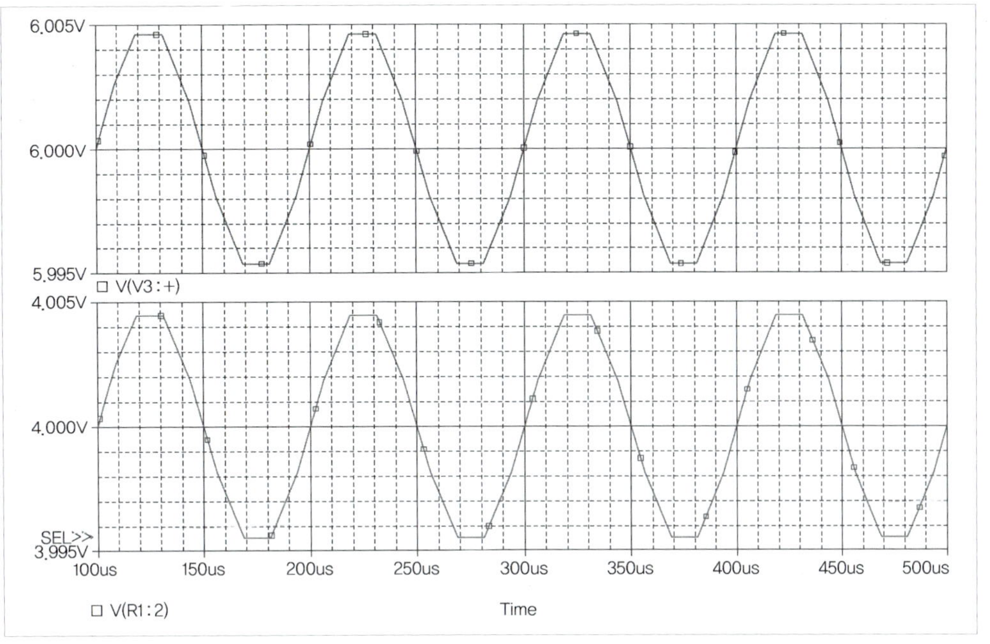

[그림 12-7] 소오스 팔로워의 PSpice 모의실험 결과

12.3 실험 절차

1 실험회로 1([그림 12-5])에서 V_{DD} 값을 12V, v_{sig} 값을 0V, V_{GG} 값을 6V로 두고, R_{GG} 저항값이 2kΩ인 경우 v_O의 DC 값이 4V가 되도록 하는 R_S 값을 결정한다. 이 경우 MOSFET의 각 단자들의 전압(V_D, V_G, V_S) 및 전류(I_D)를 구하고, [표 12-1]에 기록한다. 각 단자들의 전압을 바탕으로 MOSFET이 포화 영역에서 동작하는지 확인하시오.

2 v_{sig} 값을 0V, V_{GG} 전압을 0V, 12V, 3V~9V는 500mV 간격으로 변화시키면서 v_O의 DC 전압을 측정하여 [표 12-2]에 기록하고, 입력-출력 전달 특성 곡선을 [그림 12-8]에 그리시오.

3 포화 영역에서 회로가 동작하는 경우 MOSFET의 트랜스컨덕턴스 g_m 값, 출력 저항 r_o를 구하여 [표 12-3]에 기록하시오. 이를 이용하여 소신호 등가회로를 그리고, 실험회로 1의 소오스 팔로워 회로의 이론적인 전압 이득을 구하시오.

4 전압 이득이 1에 가깝게 나오는지 보기 위해 입력에 10kHz의 0.01V_{p-p} 정현파의 입력 전압을 인가한다. 이때 소오스 팔로워 회로의 입력-출력 전압의 크기를 [표

12-4]에 기록하여 전압 이득을 구하고, 크기와 위상을 고려하여 입력 전압(v_{sig})과 출력 전압의 파형을 캡처하여 [그림 12-9]와 같은 형태로 결과 보고서에 기록하시오.

5 실험회로 1의 입력 저항과 출력 저항을 직접 측정하여 [표 12-5]에 기록하시오. 입력 저항을 측정하기 위해 입력의 DC 전압을 변화시키면서 입력 쪽에 흘러 들어가는 DC 전류를 측정한다. 출력 저항을 측정하기 위해 입력에 0V를 인가하고, 출력 쪽에 DC 전압을 변화시키면서 출력 쪽에 흘러 들어가는 DC 전류를 측정한다.

12.4 고찰 사항

(1) 소오스 팔로워 증폭기의 전압 이득의 값이 1에 가까움에도 불구하고, 이것이 전압 증폭기로 사용되는 이유를 설명하시오.

요약

이 실험에서는 MOSFET을 이용한 증폭기 중에서 전압 버퍼 및 레벨 시프터로서 많이 사용되는 소오스 팔로워 회로의 기본 동작 원리를 공부하고, 전압 이득, 입력-출력 임피던스 등을 실험을 통해 확인하였다. 실제 MOSFET을 이용한 많은 회로들은 [실험 15]와 같이 다단 증폭기를 구성해서 사용되는데, 이때 증폭기 자체의 전압 이득뿐 아니라 입력-출력 임피던스도 매우 중요하다. 따라서 소오스 팔로워는 공통 소오스 증폭기만큼 전압 이득이 크지는 않지만, 전압 이득 및 입력-출력 임피던스 특성이 다르기 때문에 전압 버퍼의 역할로 유용하게 사용될 수 있다.

퀴즈

(1) 소오스 팔로워를 사용할 수 있는 용도로는 어떤 것이 있는가?

① 전압 버퍼 및 레벨 시프터　　② 큰 신호의 증폭에 사용

③ 작은 신호의 증폭에 사용　　④ 속도가 빠른 신호에 사용

(2) 소오스 팔로워를 (1)의 답에서의 용도로 사용할 수 있는 이유는 무엇인가?

① 증폭기로 구현하였을 때 크기가 작기 때문에

② 적은 전류로 동작할 수 있기 때문에

③ 입·출력 임피던스의 특성이 다르기 때문에

④ 증폭률이 크기 때문에

(3) 소오스 팔로워 증폭기의 이론적 전압 이득의 최대치는 얼마인가?

① 0 ② 무한대

③ 100V/V ④ 1V/V

(4) 소오스 팔로워 증폭기의 이득을 최대로 하기 위한 방법은 무엇인가?

① 부하 저항에 병렬로 커패시터를 연결한다.

② 부하 저항을 최소화한다.

③ 부하 저항을 최대화한다.

④ 부하 저항에 병렬로 인덕터를 연결한다.

(5) 소오스 팔로워를 전압 증폭기로 사용하는 이유는 무엇인가?

① 출력에서 왜곡 없이 증폭이 잘 된 신호를 얻을 수 있기 때문에

② 출력에서 입력 신호와 거의 똑같은 신호를 얻을 수 있기 때문에

③ 출력에서 똑같은 위상의 신호를 얻을 수 있기 때문에

④ 출력에서 입력 신호보다 더 빠른 주파수의 신호를 얻을 수 있기 때문에

(6) 소오스 팔로워 증폭기의 전압 이득, 입력 임피던스, 출력 임피던스를 구하시오.

예비 보고 사항

(1) 실험회로 1([그림 12-5])의 소오스 팔로워 회로에서 전압 이득, 입력 임피던스 및 출력 임피던스를 계산으로 구하고, PSpice 모의실험을 통해서도 구하시오.

(2) 실험회로 1의 소오스 팔로워 회로의 입력-출력 전달 특성 곡선을 PSpice를 이용해서 그리시오.

m.e.m.o

자르는 선

실험 12 실험 결과

[실험 절차]에 따라 [실험 결과]를 작성하시오.

1

[표 12-1] 소오스 팔로워 회로의 DC 조건

R_S 값 (PSpice 결과)	R_S 값 (측정)	V_D 전압	V_G 전압	V_S 전압	I_D 전류	동작 영역

2

[표 12-2] 실험회로 1의 입력-출력 전달 특성 확인을 위한 측정 데이터

입력 전압(V_{GG})	출력 전압(v_O)	동작 영역	입력 전압(V_{GG})	출력 전압(v_O)	동작 영역
0V			6.5V		
3V			7V		
3.5V			7.5V		
4V			8V		
4.5V			8.5V		
5V			9V		
5.5V			12V		
6V					

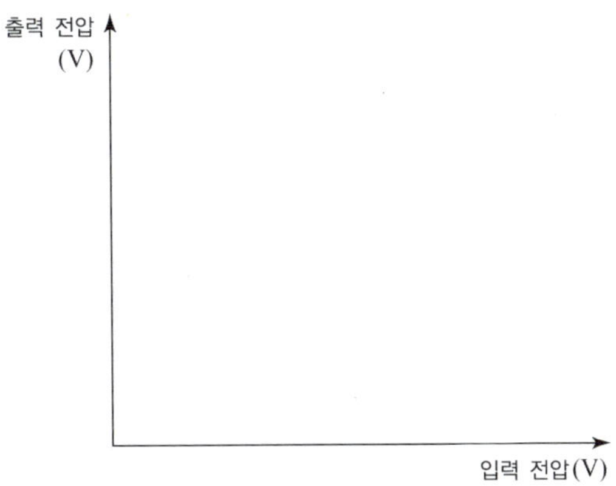

[그림 12-8] 실험회로 1의 입력-출력 전달 특성 곡선

3

[표 12-3] 실험회로 1의 소신호 파라미터

동작 영역	I_D 전류	g_m	r_o	동작 영역	I_D 전류	g_m	r_o

4

[표 12-4] 소오스 팔로워 증폭기의 전압 이득을 계산하기 위한 측정 데이터

입력 신호		출력 신호		전압 이득		입력 신호		출력 신호		전압 이득	
크기 (mV)	주파수 (kHz)	크기 (mV)	주파수 (kHz)	$A_v = \lvert v_O / v_{sig} \rvert$	$A_v = 20\log \lvert v_O / v_{sig} \rvert$	크기 (mV)	주파수 (kHz)	크기 (mV)	주파수 (kHz)	$A_v = \lvert v_O / v_{sig} \rvert$	$A_v = 20\log \lvert v_O / v_{sig} \rvert$

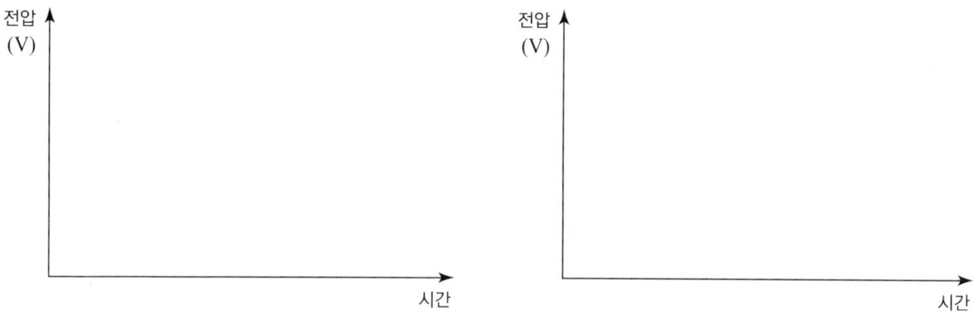

(a) 입력 파형 (b) 출력 파형

[그림 12-9] 실험회로 1의 입력 파형과 출력 파형

5

[표 12-5] 소오스 팔로워의 입력 저항과 출력 저항

v_{sig}	I_i	v_O	I_O	R_{in}	R_{out}	v_{sig}	I_i	v_O	I_O	R_{in}	R_{out}

실험

13 공통 게이트 증폭기

실험 개요

[실험 11]과 [실험 12]에서는 MOSFET을 이용한 기본적인 세 가지 증폭기 중에서 공통 소오스 증폭기와 소오스 팔로워를 실험하였다. 이번에는 나머지 기본 증폭기 구조인 공통 게이트 증폭기에 대한 실험을 진행한다. 공통 게이트 증폭기는 입력 임피던스가 작아 전류를 잘 받아들이는 특성이 있다. 이 실험에서는 공통 게이트 증폭기의 동작 원리를 살펴보고, 증폭기의 전압 이득 및 특성을 실험을 통하여 확인하고자 한다.

실험 기자재 및 부품

- DC 파워 서플라이
- 함수 발생기
- 저항
- 디지털 멀티미터
- M2N7000(NMOSFET) (1개)
- 커패시터
- 오실로스코프

13.1 배경 이론

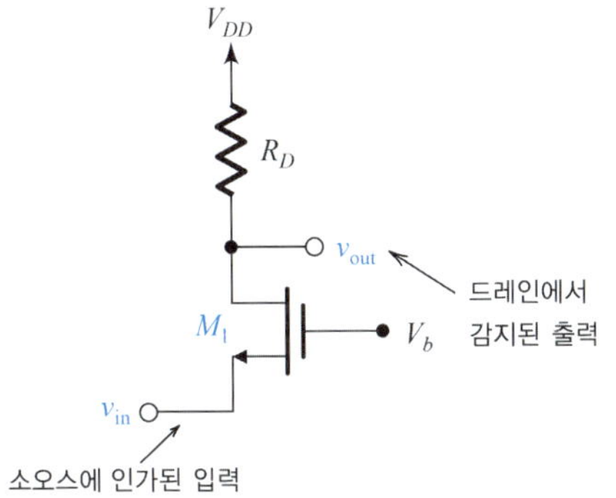

[그림 13-1] 공통 게이트 증폭기의 동작 원리

공통 게이트 증폭기는 [그림 13-1]과 같이 입력은 소오스 단자에 인가하고, 출력은 드레인 단자에서 감지하고, 게이트 단자는 공통인 구조를 취하고 있다.

[그림 13-2(a)]와 같은 공통 게이트 증폭기의 전압 이득은 [그림 13-2(b)]와 같은 소신호 등가회로를 이용해서 구할 수 있다.

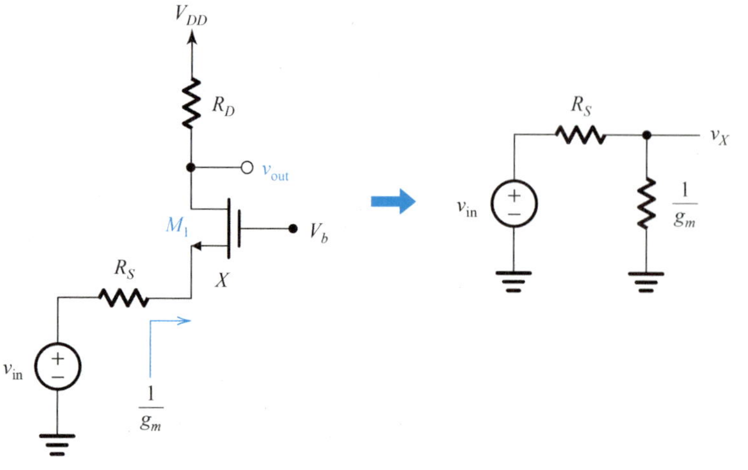

(a) 회로 (b) 소신호 등가회로

[그림 13-2] 공통 게이트 증폭기의 회로와 소신호 등가회로

공통 게이트 증폭기의 전압 이득은 식 (13.1)의 형태로 표현할 수 있으며, 크기는 소오스 축퇴 저항이 있는 공통 소오스 증폭기와 같고, 위상만 반대임을 알 수 있다.

$$A_v = \frac{v_{out}}{v_{in}} = \frac{R_D}{\frac{1}{g_m} + R_S} \qquad (13.1)$$

공통 게이트 증폭기의 입력 임피던스는 [그림 13-3]과 같이 소신호 등가회로를 이용해서 구할 수 있다.

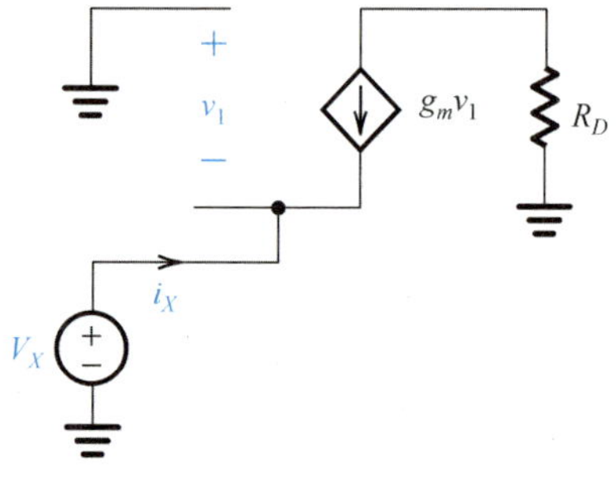

[그림 13-3] 공통 게이트 증폭기의 입력 임피던스를 구하기 위한 등가회로

채널길이 변조 효과를 무시하면, 공통 게이트 증폭기의 입력 임피던스는 식 (13.2)와 같이 구할 수 있으며, 공통 소오스 증폭기에 비해서 매우 작음을 알 수 있다.

$$R_{\text{in}} = \frac{1}{g_m} \tag{13.2}$$

50Ω의 특성 임피던스가 있는 전송 선로transmission line를 통해서 전달된 신호를 증폭하고자 할 때, 입력 임피던스 $1/g_m$이 50Ω인 공통 게이트 증폭기를 사용하면 별도의 매칭 회로를 사용하지 않고, 반사 없이 신호를 수신할 수 있다. 또한 공통 게이트 증폭기는 일반적으로 임피던스가 수십 Ω 정도로 매우 작으므로, 전압을 받아들이는 용도보다는 전류를 받아들이는 용도로 많이 사용된다.

[그림 13-4]와 같이 등가회로를 구성하고 공통 게이트 증폭기의 출력 저항을 구하면 식 (13.3)과 같고, 이때의 출력 저항이 큰 것을 알 수 있다. 즉 출력 저항이 크므로, 출력 전압 변화에 대한 출력 전류의 변화는 크지 않다.

$$R_{\text{out}} = (1 + g_m r_O) R_S + r_O \tag{13.3}$$

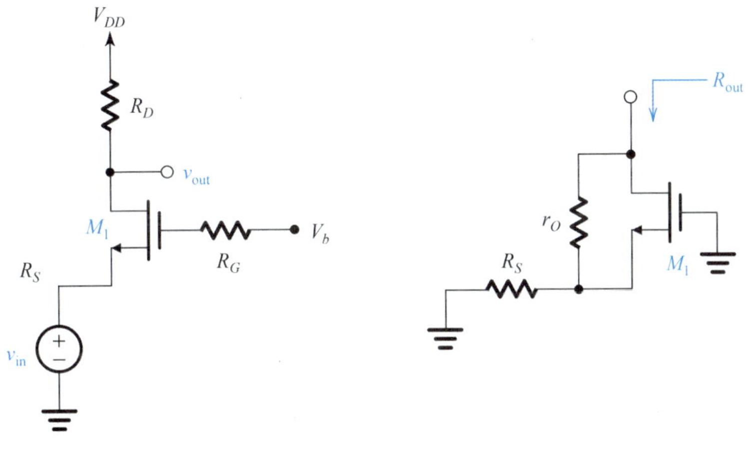

[그림 13-4] 공통 게이트 증폭기의 출력 임피던스를 구하기 위한 등가회로

13.2 실험회로 및 PSpice 시뮬레이션

[그림 13-5]는 입력에 DC 바이어스 전압 V_{GG}와 소신호 전압 v_{sig}가 인가된 공통 게이트 증폭기 회로이다. 출력 단자에는 드레인 저항 R_D와 부하 저항 R_L이 연결되어 있다.

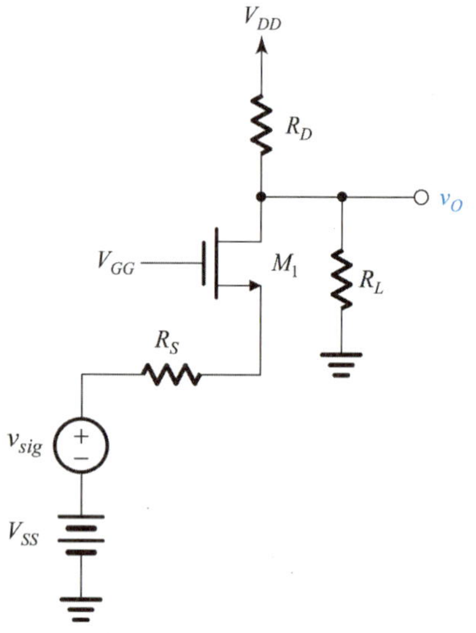

[그림 13-5] 공통 게이트 증폭기 회로(실험회로 1)

[그림 13-6]은 PSpice 모의실험을 위한 공통 게이트 증폭기 회로도이다.

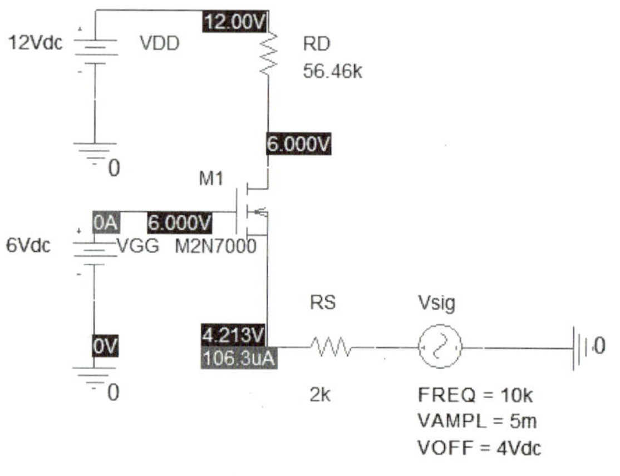

[그림 13-6] PSpice 모의실험을 위한 공통 게이트 증폭기 회로도

[그림 13-7]은 공통 게이트 증폭기의 PSpice 모의실험 결과이다. 여기서 입력 파형 v_in의 크기는 5mV이고 출력 파형 v_out의 크기는 125mV이므로, 전압 이득은 25V/V임을 알 수 있다.

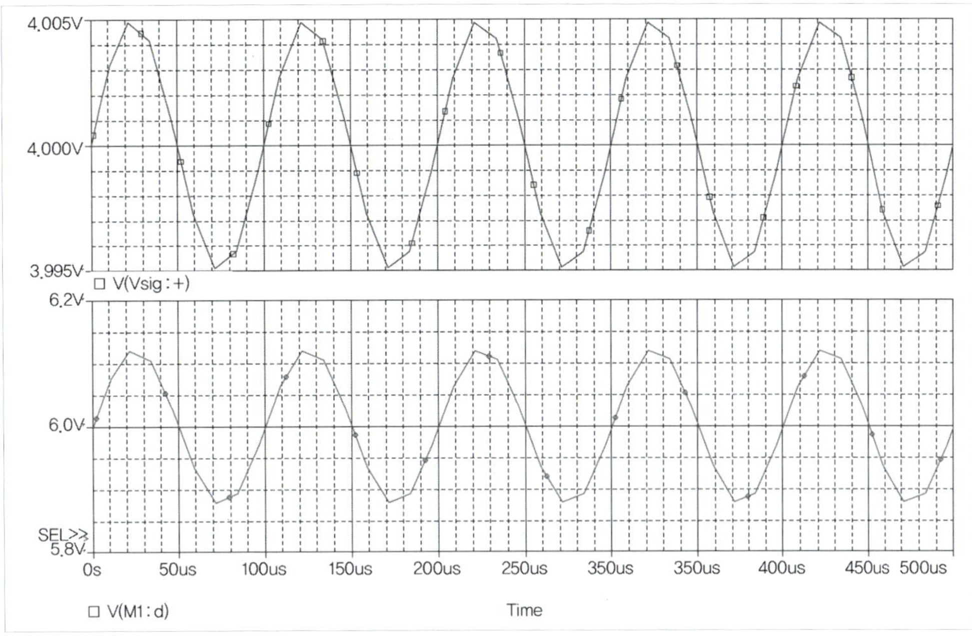

[그림 13-7] 공통 게이트 증폭기의 PSpice 모의실험 결과

13.3 실험 절차

1 실험회로 1([그림 13-5])에서 V_{DD} 값을 12V, v_{sig} 값을 0V, V_{GG} 값을 6V, V_{SS} 값을 4V로 두고, R_S 저항값이 2kΩ인 경우 v_O의 DC 값이 6V가 되도록 하는 R_D 값을 결정한다. 이 경우 MOSFET의 각 단자들의 전압(V_D, V_G, V_S) 및 전류(I_D)를 구하고, [표 13-1]에 기록하시오. 각 단자들의 전압을 바탕으로 MOSFET이 포화 영역에서 동작하는지 확인하시오.

2 v_{sig} 값을 0V, V_{SS} 전압을 0V, 12V, 3V~9V는 500mV 간격으로 변화시키면서 v_O의 DC 전압을 측정하여 [표 13-2]에 기록하고, 입력-출력 전달 특성 곡선을 [그림 13-10]에 그리시오.

3 포화 영역에서 회로가 동작하는 경우 MOSFET의 트랜스컨덕턴스 g_m 값, 출력 저항 r_o를 구하여 [표 13-3]에 기록하시오. 이를 이용하여 소신호 등가회로를 그리고, 실험회로 1의 공통 게이트 증폭기 회로의 이론적인 전압 이득을 구하시오.

4 전압 이득이 최소 10V/V 이상 나오는지 보기 위해 입력에 10kHz의 $0.01V_{p-p}$ 정현파의 입력 전압을 인가한다. 이때 공통 게이트 증폭기 회로의 입력-출력 전압의

크기를 [표 13-4]에 기록하여 전압 이득을 구하고, 크기와 위상을 고려하여 입력 전압(v_{sig})과 출력 전압의 파형을 캡처하여 [그림 13-11]과 같은 형태로 결과 보고서에 기록하시오.

5 실험회로 1의 입력 저항과 출력 저항을 직접 측정하여 [표 13-5]에 기록하시오. 입력 저항을 측정하기 위해 입력의 DC 전압을 변화시키면서 입력 쪽에 흘러 들어가는 DC 전류를 측정한다. 출력 저항을 측정하기 위해 입력에 0V를 인가하고, 출력 쪽에 DC 전압을 변화시키면서 출력 쪽에 흘러 들어가는 DC 전류를 측정한다.

13.4 고찰 사항

(1) 공통 게이트 증폭기의 전압 이득이 계산상으로 큼에도 불구하고, 전압 증폭기로 널리 사용되지 않는 이유를 설명하시오.

요약

이 실험에서는 MOSFET을 이용한 증폭기 중에서 공통 게이트 증폭기 회로의 동작 원리를 파악하고, 전압 이득 및 입력-출력 임피던스 등을 실험을 통해 확인하였다. 실제 MOSFET을 이용한 많은 회로들은 [실험 15]와 같이 다단 증폭기를 구성해서 사용되는데, 이때 증폭기 자체의 전압 이득뿐 아니라 입력-출력 임피던스도 매우 중요하다. 따라서 공통 게이트 증폭기는 공통 소오스 증폭기만큼 전압 이득이 크지는 않지만, 전압 이득 및 입력-출력 임피던스 특성이 다르기 때문에 전류 전달기의 역할로 유용하게 사용될 수 있다.

퀴즈

(1) 다음 중 공통 게이트 증폭기의 입력단으로 알맞은 것은?

① 드레인 ② 게이트
③ 소오스 ④ 바디

(2) 다음 중 공통 게이트 용도로 알맞은 것은?

① 전압 버퍼 ② 전류 버퍼
③ 레벨 시프터 ④ 드라이버

(3) 다음 중 [그림 13-8]의 공통 게이트의 입력 임피던스로 알맞은 것은?

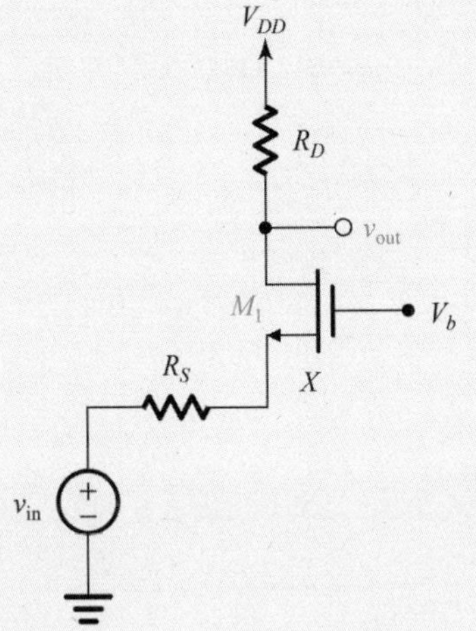

[그림 13-8]

① R_S ② $R_S \parallel g_m$ ③ $1/g_m$ ④ g_m

(4) 다음 중 공통 게이트의 전압 이득으로 알맞은 것은? ([그림 13-8] 참조)

① $A_v = \dfrac{v_{out}}{v_{in}} = \dfrac{R_D}{\dfrac{1}{g_m} + R_S}$

② $A_v = \dfrac{v_{out}}{v_{in}} = \dfrac{r_O \parallel R_L}{\dfrac{1}{g_m} + r_O \parallel R_L}$

③ $A_v = -G_m \times R_{out} = -g_{m1} \times (g_{m2} r_{o2}) r_{o1}$

④ $A_v = G_m \times R_{out} = g_{m1} \times (g_{m2} r_{o2}) r_{o1}$

(5) 다음 중 [그림 13-9]의 공통 게이트의 대략적인 드레인 전류는?

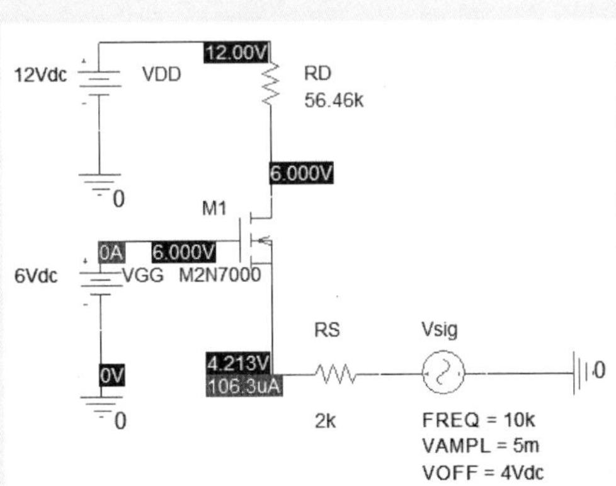

[그림 13-9]

① 20uA ② 50uA

③ 70uA ④ 100uA

(6) 공통 게이트 증폭기의 전압 이득, 입력 임피던스, 출력 임피던스를 구하시오.

예비 보고 사항

(1) 실험회로 1([그림 13-5])의 공통 게이트 증폭기 회로의 전압 이득, 입력 임피던스 및 출력 임피던스를 계산으로 구하고, PSpice 모의실험을 통해서도 구하시오.

(2) 실험회로 1의 공통 게이트 증폭기 회로의 입력-출력 전달 특성 곡선을 PSpice를 이용해서 그리시오.

실험 13 실험 결과

[실험 절차]에 따라 [실험 결과]를 작성하시오.

1

[표 13-1] 공통 게이트 증폭기의 DC 조건

R_D 값 (PSpice 결과)	R_D 값 (측정)	v_D 전압	V_G 전압	V_S 전압	I_D 전류	동작 영역

2

[표 13-2] 실험회로 1의 입력-출력 전달 특성 확인을 위한 측정 데이터

입력 전압	출력 전압(v_O)	동작 영역	입력 전압	출력 전압(v_O)	동작 영역
0V			6.5V		
3V			7V		
3.5V			7.5V		
4V			8V		
4.5V			8.5V		
5V			9V		
5.5V			12V		
6V					

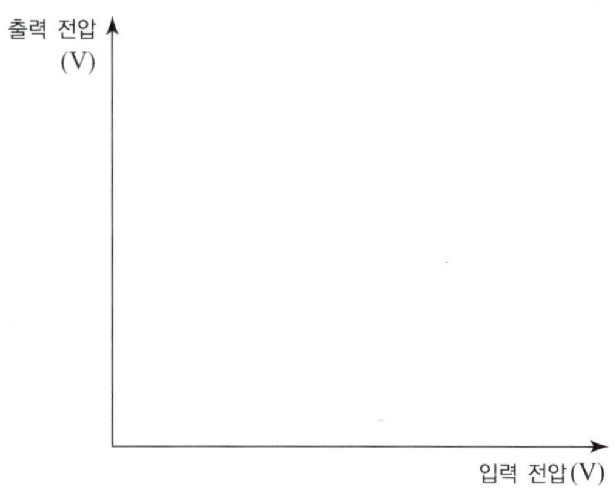

[그림 13-10] 실험회로 1의 입력-출력 전달 특성 곡선

3

[표 13-3] 실험회로 1의 소신호 파라미터

동작 영역	I_D 전류	g_m	r_o	동작 영역	I_D 전류	g_m	r_o

4

[표 13-4] 공통 게이트 증폭기의 전압 이득을 계산하기 위한 측정 데이터

입력 신호		출력 신호		전압 이득		입력 신호		출력 신호		전압 이득	
크기 (mV)	주파수 (kHz)	크기 (mV)	주파수 (kHz)	$A_v = \lvert v_O / v_{sig} \rvert$	$A_v = 20\log \lvert v_O / v_{sig} \rvert$	크기 (mV)	주파수 (kHz)	크기 (mV)	주파수 (kHz)	$A_v = \lvert v_O / v_{sig} \rvert$	$A_v = 20\log \lvert v_O / v_{sig} \rvert$

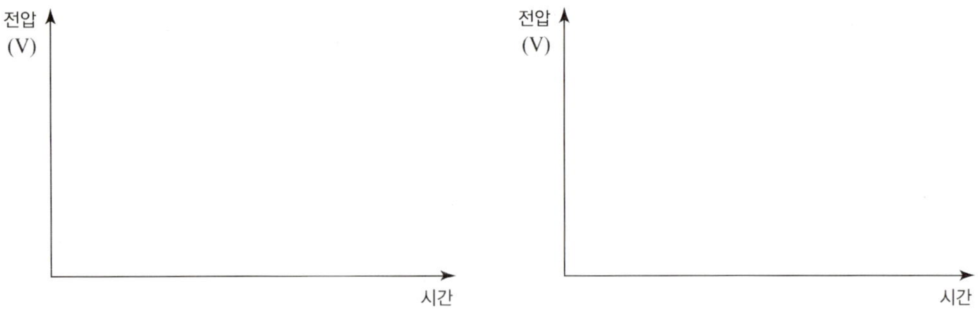

(a) 입력 파형 (b) 출력 파형

[그림 13-11] 실험회로 1의 입력 파형과 출력 파형

5

[표 13-5] 공통 게이트 증폭기의 입력 저항과 출력 저항

v_{sig}	I_i	v_O	I_O	R_{in}	R_{out}	v_{sig}	I_i	v_O	I_O	R_{in}	R_{out}

실험 14

캐스코드 증폭기

실험 개요

이 실험에서는 MOSFET을 이용한 캐스코드 증폭기의 동작 원리를 공부하고, 실험을 통하여 특성을 측정하고자 한다. 캐스코드 증폭기는 공통 소오스 증폭기보다 높은 전압 이득을 얻을 수 있어서 널리 사용되고 있다. 이 실험에서는 캐스코드 증폭기의 입력-출력 특성 곡선을 구하고, 소신호 등가 회로의 개념을 적용하여 전압 이득을 구한 후, 이를 실험에서 확인하고자 한다. 또한 증폭기의 DC 동작점을 잡아주기 위한 바이어스 회로에 대해서도 공부하고, 실험을 통하여 동작을 확인한다.

실험 기자재 및 부품

- DC 파워 서플라이
- 디지털 멀티미터
- 오실로스코프
- 함수 발생기
- M2N7000(NMOSFET) (1개)
- 저항
- 커패시터

14.1 배경 이론

캐스코드 증폭기

[그림 14-1]과 같이 캐스코드 증폭기는 공통 소스 증폭기와 공통 게이트 증폭기로 구성된다. 입력(v_{in})은 M_1의 게이트-소오스 전압(v_{GS1})이고, 출력(v_{out})은 M_2의 드레인 전압(v_{D2})이다. M_1의 게이트-소오스 사이의 소신호 입력 전압(v_{in})에 비례하는 전류($g_{m1}v_{in}$)가 드레인에 흐르고, 이 전류가 출력 쪽의 저항 R_D에 의해서 전압으로 변환되면서 증폭을 하게 된다.

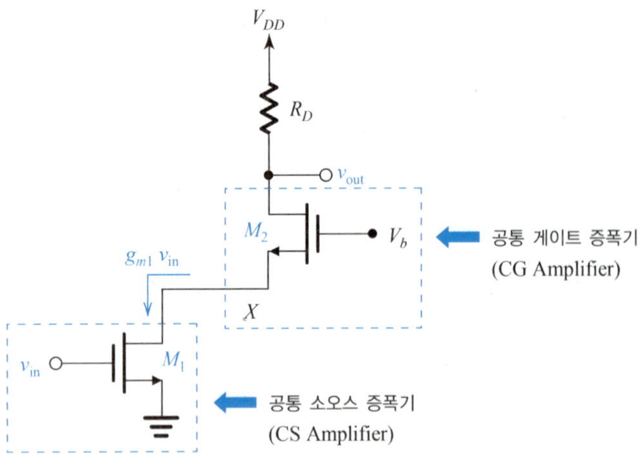

[그림 14-1] 캐스코드 증폭기의 구성 및 동작 원리

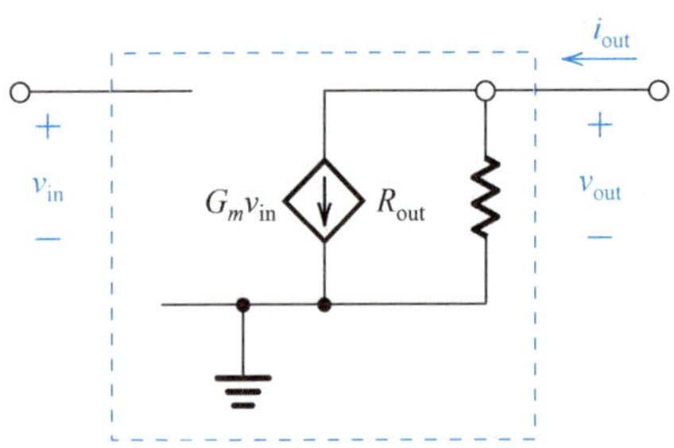

[그림 14-2] 일반적인 증폭기의 등가회로

캐스코드 증폭기는 주로 전압 이득을 높이기 위해서 사용되는데, 전압 이득을 구하기 위해 먼저 [그림 14-2]와 같은 일반적인 증폭기의 등가회로를 이용할 수 있다. 입력 전압(v_{in})에 비례하는 전류 $G_m v_{in}$이 흐르고, 이 전류가 출력 저항 R_{out}에 의해 출력 전압으로 변환되므로, 전압 이득(A_v)은 식 (14.1)과 같이 구할 수 있다.

$$A_v = \frac{v_{out}}{v_{in}} = -G_m \times R_{out} \tag{14.1}$$

식 (14.1)에서 G_m은 유효 트랜스컨덕턴스effective transconductance이고, [그림 14-3]과 같이 출력을 접지시켰을 때 증폭기 출력 전류와 입력 전압의 비로 정의된다.

$$G_m = \left.\frac{i_{out}}{v_{in}}\right|_{v_{out}=0} \tag{14.2}$$

식 (14.1)에서 R_{out}은 출력에서 바라보는 저항을 나타낸다.

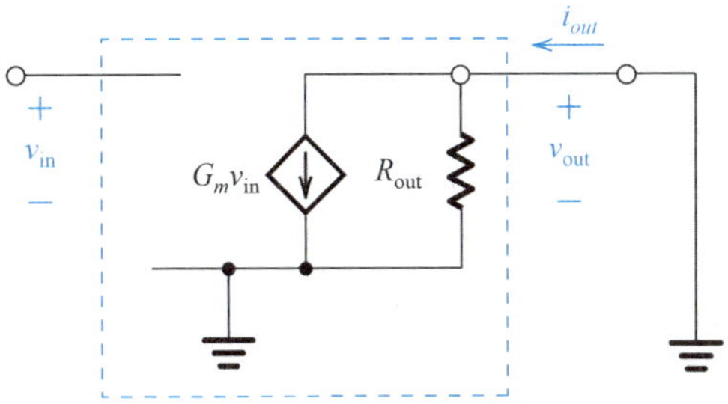

[그림 14-3] G_m을 구하기 위한 등가회로

식 (14.2)는 G_m의 정의를 식으로 표현한 것이다.

전압 이득이 크려면 트랜스컨덕턴스가 커야 하지만, 트랜스컨덕턴스는 트랜지스터의 W/L 또는 전류에 비례하므로 증가시키는 데는 한계가 있다. 따라서 전압 이득을 증가시키기 위해서는 출력 저항을 증가시켜야 한다.

캐스코드 구조는 증폭기의 출력 저항을 증가시키기 위해 가장 널리 사용되는 방법 중 하나이다. 캐스코드단의 출력 저항을 구하기 위해 [그림 14-4]의 오른쪽과 같은 등가회로로 나타낼 수 있다. r_{o1}은 M_1 트랜지스터의 출력 저항이고, M_2 트랜지스터가 캐스코드의 형태로 r_{o1} 위에 연결되어 있다고 해석할 수 있다.

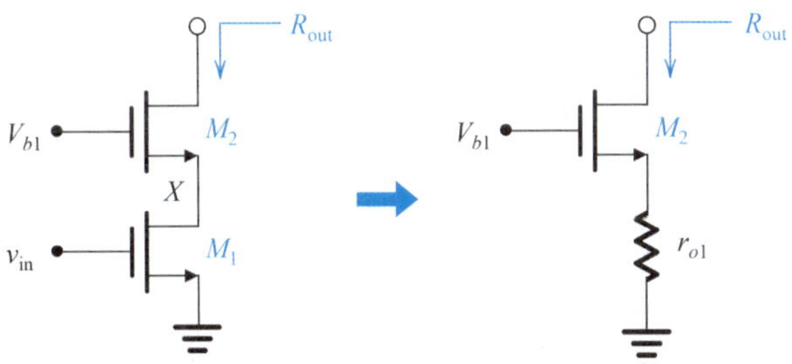

[그림 14-4] 캐스코드단의 출력 저항을 구하기 위한 등가회로

[그림 14-4]와 같은 캐스코드단의 출력 저항은 [그림 14-5]와 같은 소신호 등가회로를 그려서 구할 수 있다. 출력 저항을 구할 때, M_2 트랜지스터의 게이트 전압을 접지시킨다.

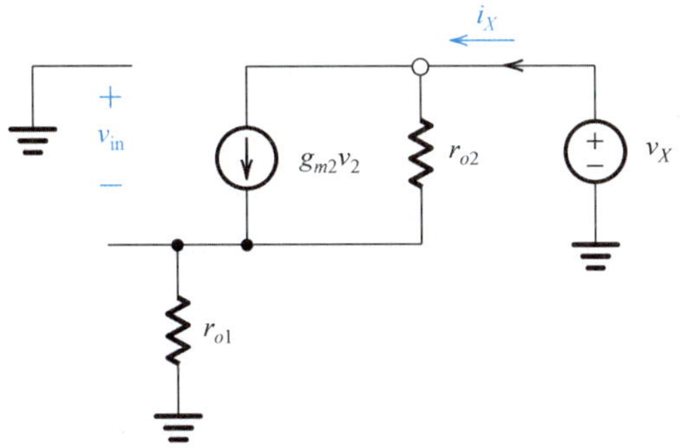

[그림 14-5] 캐스코드단의 소신호 등가회로

[그림 14-5]에서 KCL과 KVL을 사용하면 식 (14.3) 및 식 (14.4)와 같이 나타낼 수 있다.

$$i_x = g_{m2}v_2 + \frac{(v_x - i_x r_{o1})}{r_{o2}} \tag{14.3}$$

$$v_2 = -i_x r_{o1} \tag{14.4}$$

식 (14.3)과 식 (14.4)를 연립하면, 식 (14.5)와 같이 출력 저항을 구할 수 있다.

$$R_{\text{out}} = \frac{v_x}{i_x} = 1 + g_{m2}r_{o2}r_{o1} + r_{o1} \approx (g_{m2}r_{o2})r_{o1} \tag{14.5}$$

즉 M_1 트랜지스터의 출력 저항 r_{o1}이 M_2 트랜지스터 자체의 전압 이득 $g_{m2}r_{o2}$만큼 증가됨을 알 수 있다.

식 (14.2)로부터 캐스코드 증폭기의 G_m을 구하면 식 (14.6)과 같다.

$$G_m = g_{m1} \tag{14.6}$$

식 (14.5)와 식 (14.6)으로부터 캐스코드 증폭기의 전압 이득을 구하면 식 (14.7)과 같이 표현할 수 있다.

$$A_v = -G_m \times R_{\text{out}} = -g_{m1} \times (g_{m2}r_{o2})r_{o1} \tag{14.7}$$

식 (14.7)에서 캐스코드 증폭기의 전압 이득은 공통 소오스 증폭기에 비해 $g_{m2}r_{o2}$배만큼 큰 전압 이득을 얻을 수 있음을 알 수 있다.

캐스코드 증폭기의 바이어스 조건 및 출력 스윙

[그림 14-6]에서 캐스코드 증폭기의 바이어스 조건은 M_1과 M_2의 동작 영역 조건에 의해서 결정된다.

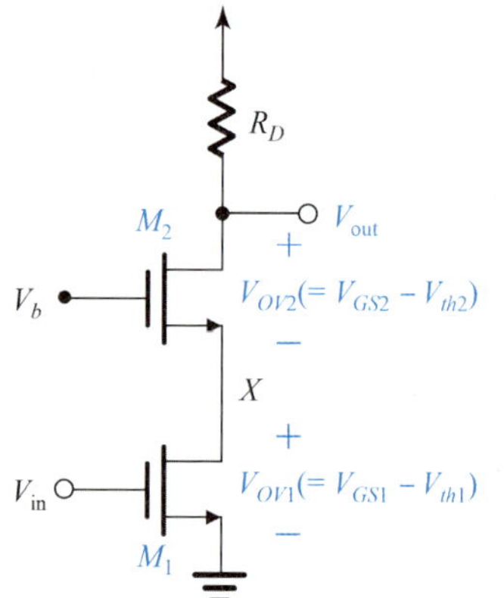

[그림 14-6] 캐스코드 증폭기의 바이어스 조건

M_1 트랜지스터가 포화 영역에서 동작하기 위해서는 식 (14.8)~식 (14.10)이 성립해야 한다.

$$V_X \geq V_{in} - V_{th1} \tag{14.8}$$

$$V_X = V_b - V_{GS2} \tag{14.9}$$

$$V_b - V_{GS2} \geq V_{in} - V_{th1} \tag{14.10}$$

마찬가지로 M_2 트랜지스터가 포화 영역에서 동작하기 위해서는 식 (14.11)이 성립해야 한다.

$$V_{out} \geq V_b - V_{th2} \tag{14.11}$$

따라서 식 (14.10)과 식 (14.11)을 연립해서 구하면 M_1, M_2가 동시에 포화 영역에 있기 위한 조건인 식 (14.12)를 얻을 수 있다.

$$V_{out} \geq V_{in} - V_{th1} + V_{GS2} - V_{th2} \tag{14.12}$$

결과적으로 두 개의 트랜지스터가 모두 포화 영역에서 동작하는 최소의 출력 레벨은 M_1 및 M_2의 오버드라이브 전압의 합이다. 다시 말해, M_2를 회로에 추가함으로써 출력 전압의 스윙은 적어도 M_2의 오버드라이브 전압만큼 감소한다.

[그림 14-7]은 V_{in}이 0에서 V_{DD}까지 변할 때 캐스코드 증폭기의 입력-출력 전달 특성 곡선을 나타낸다.

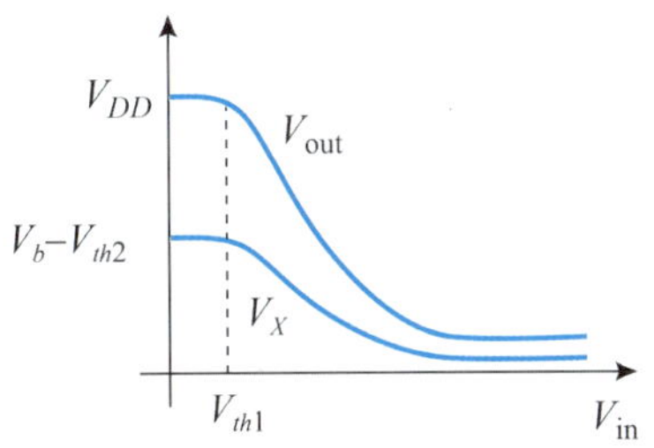

[그림 14-7] **캐스코드 증폭기의 입력-출력 전달 특성 곡선**

$V_{in} \leq V_{th1}$일 때 M_1과 M_2는 오프되고, $V_{out} = V_{DD}$이며, $V_X \approx V_b - V_{th2}$이다. V_{in}이 V_{th1}을 넘어서면서, M_1은 전류를 흘리기 시작하고 V_{out}은 떨어진다. I_{D2}가 증가하므로 V_{GS2}도 역시 증가해야 하고 V_X는 떨어진다.

14.2 실험회로 및 PSpice 시뮬레이션

[그림 14-8]은 바이어스 회로를 포함하지 않은 캐스코드 증폭기 회로이다. 입력에 DC 전압 V_{GG}와 소신호 전압 v_{sig}가 인가되었을 때 M_1 트랜지스터에 의해서 전류로 변환되고, M_2 트랜지스터는 공통 게이트 증폭기이므로 출력까지 전류를 잘 전달한다. 이 전류는 출력에서의 출력 저항과 곱해져서 전압으로 변환되며, 전압 증폭기로서 동작하게 된다. 실험회로 1에서는 M_2의 게이트 바이어스 전압은 고정된 전압 V_{b1}으로 인가하도록 회로를 먼저 구성한다.

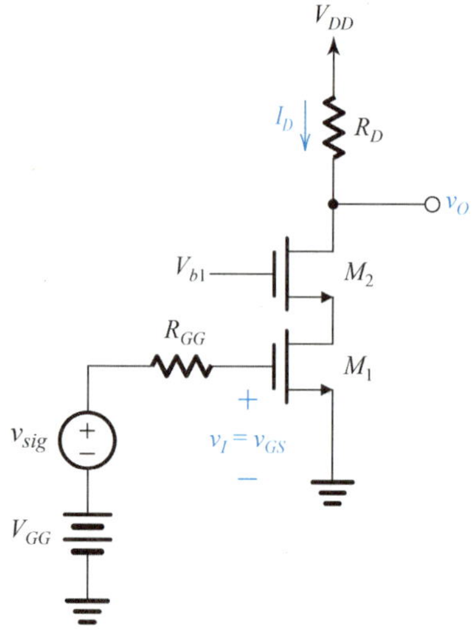

[그림 14-8] 캐스코드 증폭기 회로(실험회로 1)

[그림 14-9]는 캐스코드 증폭기의 바이어스 회로이다. R_1, R_2, R_S에 의해서 M_1의 DC 바이어스가 잡히고, R_3와 R_4에 의해서 M_2의 게이트 전압 V_{b1}이 결정된다.

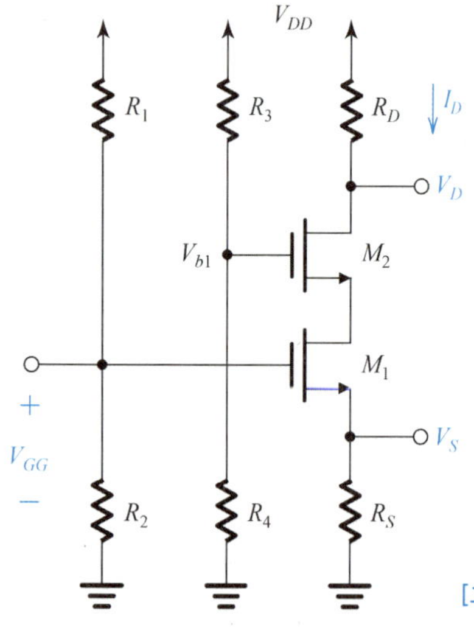

[그림 14-9] 캐스코드 증폭기의 바이어스 회로(실험회로 2)

[그림 14-10]은 [그림 14-8]의 증폭기 회로와 [그림 14-9]의 바이어스 회로를 결합하여 만든 캐스코드 증폭기이다. V_{GG} 및 V_{b1}은 실험회로 1에서 정한 최적의 값이 나오도록 바이어스 회로의 소자값을 조정하여 맞춘다.

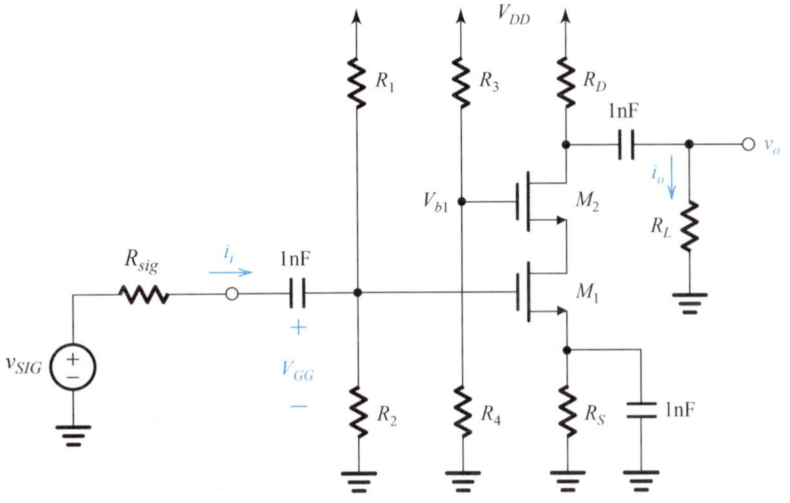

[그림 14-10] 바이어스 회로를 포함한 캐스코드 증폭기 회로(실험회로 3)

[그림 14-11]은 캐스코드 증폭기의 PSpice 모의실험을 위한 회로도이다.

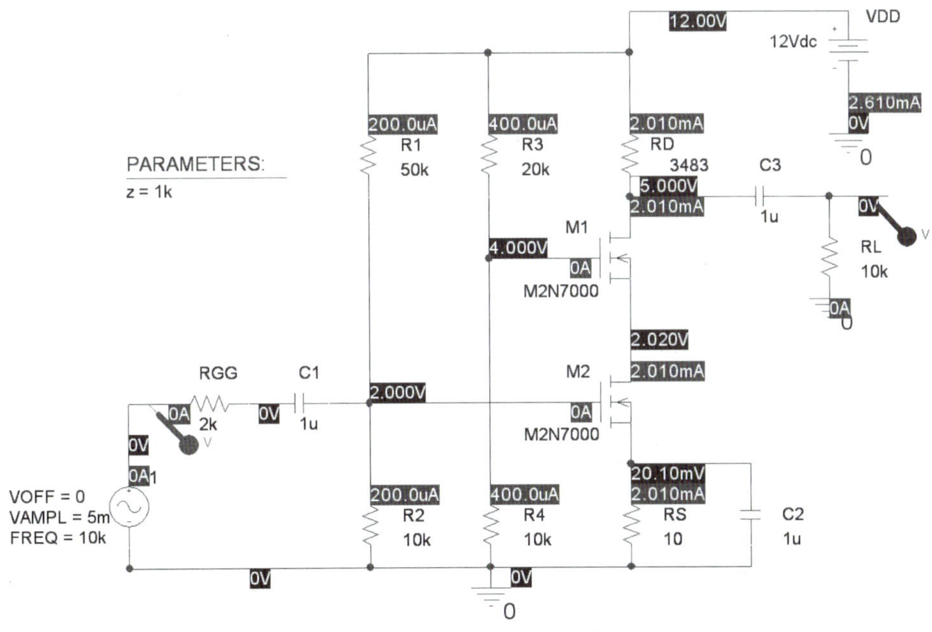

[그림 14-11] PSpice 모의실험을 위한 캐스코드 증폭기 회로도

[그림 14-12]는 캐스코드 증폭기의 PSpice 모의실험 결과이다. 여기서 입력 파형 v_in의 크기는 5mV이고 출력 파형 v_out의 크기는 200mV이므로, 40배 정도 증폭된 것을 볼 수 있다.

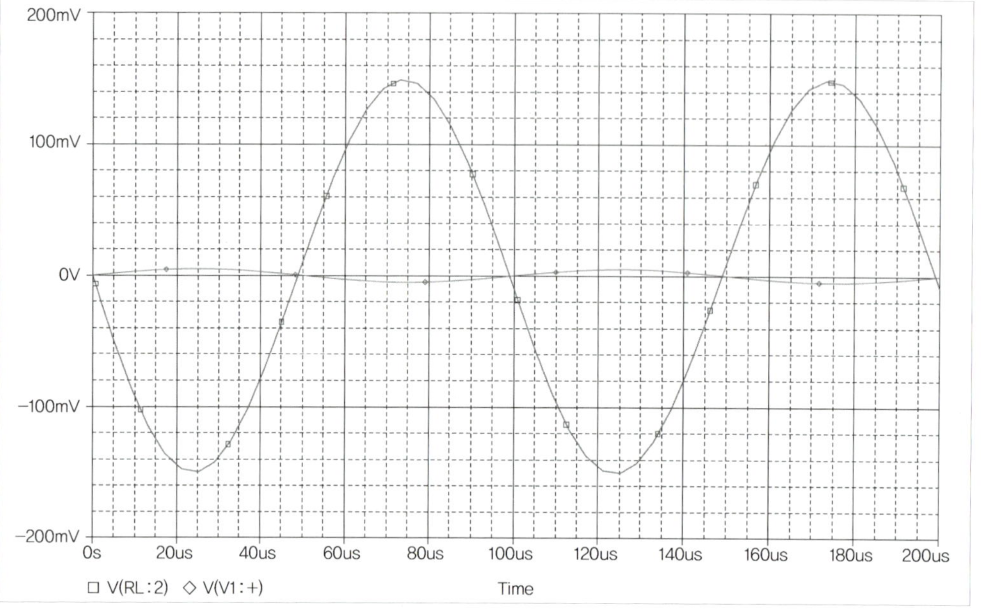

[그림 14-12] 캐스코드 증폭기의 PSpice 모의실험 결과

14.3 실험 절차

1. 실험회로 1([그림 14-8])에서 V_{DD} 값을 12V, v_{sig} 값을 0V, V_{GG} 값을 2V, V_{b1} 값을 4V로 두고, R_{GG} 저항값이 2kΩ인 경우 v_O의 DC 값이 5V가 되도록 하는 R_D 값을 결정한다. 이 경우 MOSFET의 각 단자들의 전압(V_{D1}, V_{G1}, V_{S1}, V_{D2}, V_{G2}, V_{S2}) 및 전류(I_D)를 구하고, [표 14-1]에 기록한다. 각 단자들의 전압을 바탕으로 M_1, M_2가 포화 영역에서 동작하는지 확인하시오.

2. v_{sig} 값을 0V, V_{GG} 전압을 0V, 12V, 3V~9V는 500mV 간격으로 변화시키면서 v_O의 DC 전압을 측정하여 [표 14-2]에 기록하고, 입력-출력($V_{GG}-v_O$) 전달 특성 곡선을 [그림 14-15]에 그리시오.

3. 포화 영역에서 회로가 동작하는 경우 M_1, M_2의 트랜스컨덕턴스 g_m 값, 출력 저항 r_o를 구하여 [표 14-3]에 기록하시오. 이를 이용하여 소신호 등가회로를 그리고, 실험회로 1의 캐스코드 증폭기의 이론적인 전압 이득을 구하시오.

4 전압 이득이 최소 40V/V 이상 나오는지 실험하기 위해 입력에 10kHz의 $0.01V_{p-p}$ 정현파의 입력 전압을 인가한다. 이때 캐스코드 증폭기의 입력-출력 전압의 크기를 [표 14-4]에 기록하여 전압 이득을 구하고, 크기와 위상을 고려하여 v_{sig}, 입력 전압(M_1의 게이트 전압), 출력 전압(M_2의 드레인 전압)의 파형을 캡처하여 [그림 14-16]과 같은 형태로 결과 보고서에 기록하시오.

5 실험회로 1의 입력 저항과 출력 저항을 직접 측정하여 [표 14-5]에 기록하시오. 입력 저항을 측정하기 위해 입력의 DC 전압을 변화시키면서 입력 쪽에 흘러 들어가는 DC 전류를 측정한다. 출력 저항을 측정하기 위해 입력에 0V를 인가하고, 출력 쪽에 DC 전압을 변화시키면서 출력 쪽에 흘러 들어가는 DC 전류를 측정한다.

6 실험회로 2([그림 14-9])에서 V_{GG} 값이 4V, R_D는 실험 절차 1에서 정한 저항값으로 두시오. V_{b1} 값은 6V, M_2의 드레인 전압은 8V, 드레인 전류(I_D)는 실험 절차 1에서 구한 값이 되도록 R_S, R_1, R_2, R_3, R_4를 구하고, [표 14-6]에 기록하시오. 예비 보고 사항에서 구한 값을 바탕으로 하면 효율적으로 찾을 수 있다.

7 실험회로 1과 실험회로 2를 결합한 실험회로 3을 구성한다. 입력에 10kHz의 $0.01V_{p-p}$ 정현파의 입력 전압을 인가한다. 이때 캐스코드 증폭기의 입력-출력 전압의 크기를 [표 14-7]에 기록하여 전압 이득을 구하고, 크기와 위상을 고려하여 v_{SIG}, 입력 전압(M_1의 게이트 전압), 출력 전압(M_2의 드레인 전압)의 파형을 캡처하여 [그림 14-17]과 같은 형태로 결과 보고서에 기록하시오.

8 실험회로 3의 입력 저항과 출력 저항을 직접 측정하여 [표 14-8]에 기록하시오. 입력 저항을 측정하기 위해 입력의 DC 전압을 변화시키면서 입력 쪽에 흘러 들어가는 DC 전류를 측정한다. 출력 저항을 측정하기 위해 입력에 0V를 인가하고, 출력 쪽에 DC 전압을 변화시키면서 출력 쪽에 흘러 들어가는 DC 전류를 측정한다.

14.4 고찰 사항

(1) 캐스코드 증폭기가 공통 소오스 증폭기에 비해서 가지는 장점과 단점을 논하시오.

(2) 캐스코드 증폭기의 출력 저항은 M_1 트랜지스터 자체의 출력 저항에 비해서 얼마나 증가하였는가?

(3) 예비 보고 사항에서 PSpice를 이용하여 구한 전압 이득과 실험을 통해서 측정한 전압 이득 사이의 차이가 발생하는 원인을 설명하시오.

요약

이 실험에서는 MOSFET을 이용한 증폭기 중에서 높은 전압 이득을 얻을 수 있는 캐스코드 증폭기 회로를 구성하고, 실험을 통해 그 동작을 확인하였다. 또한 캐스코드 증폭기의 출력 임피던스와 전압 이득이 향상되는 원리를 소신호 등가회로를 이용하여 분석하였고, 이론적인 계산치를 바탕으로 측정하여 그 특성을 확인하였다. 이 실험은 고이득 증폭기에서 가장 많이 사용되는 캐스코드의 개념을 이해하고, 실제 회로에 적용하는 데 유용하다.

퀴즈

(1) 다음 중 캐스코드 증폭기의 구조로 알맞은 것은?

① CG+GD ② CS+CG

③ CD+CS ④ CS+CD

(2) 다음 중 캐스코드 증폭기의 입력단으로 알맞은 것은?

① 소오스 ② 바디

③ 게이트 ④ 드레인

(3) [그림 14-13]과 같은 캐스코드 증폭기에서 R_1, R_2, R_3, R_4의 역할은?

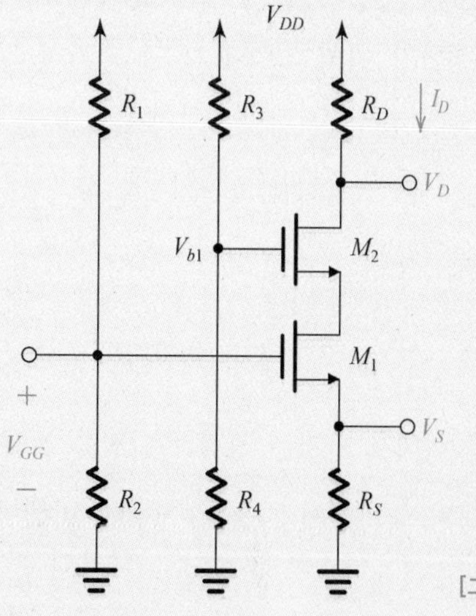

[그림 14-13]

① 전류 정의 ② 전압 증폭

③ DC 전압 바이어스 ④ AC 전압 인가

(4) 다음 중 캐스코드 증폭기의 이득으로 알맞은 것은? ([그림 14-13] 참조)

① $A_v = \dfrac{v_{out}}{v_{in}} = \dfrac{R_D}{\dfrac{1}{g_m} + R_S}$

② $A_v = \dfrac{v_{out}}{v_{in}} = \dfrac{r_O \parallel R_L}{\dfrac{1}{g_m} + r_O \parallel R_L}$

③ $A_v = -G_m \times R_{out} = -g_{m1} \times (g_{m2} r_{o2}) r_{o1}$

④ $A_v = G_m \times R_{out} = g_{m1} \times (g_{m2} r_{o2}) r_{o1}$

(5) 다음 중 [그림 14-14]의 캐스코드 증폭기의 R_{out}으로 맞는 것은?

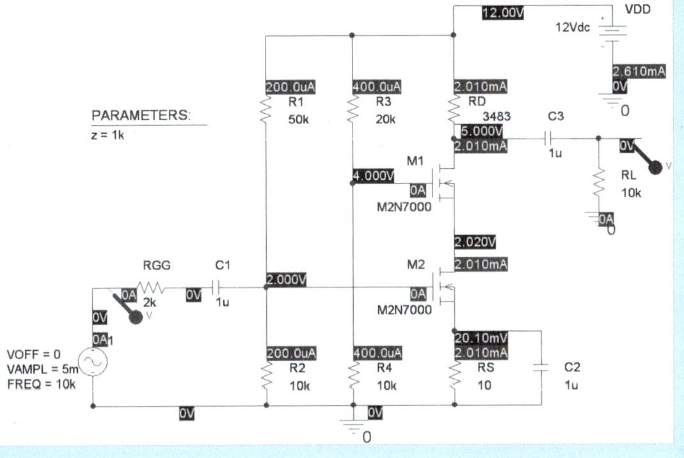

[그림 14-14]

① R_D

② $R_D \parallel R_L$

③ $R_L \parallel R_D + r_o$

④ $R_L \parallel R_D \parallel ro_2(ro_1 \times g_{m1})$

(6) 실험회로 1에 제시된 캐스코드 증폭기의 전압 이득, 입력 임피던스 및 출력 임피던스는 얼마인가?

(7) 실험회로 2에서 V_{GG} 전압, 드레인 전류, V_D 전압을 계산으로 구하시오.

예비 보고 사항

(1) 실험회로 1([그림 14-8])에서 PSpice를 이용하여 $V_{DD} = 12V$, $V_{b1} = 6V$, $R_{GG} = 10k\Omega$으로 고정하고, v_{sig}에 6V의 DC 전압을 인가한 후, v_O 전압이 6V의 DC 전압이 나오는 R_D 값을 구하시오.

(2) 실험회로 1에서 PSpice를 이용하여 전압 이득, 입력 임피던스 및 출력 임피던스를 구하시오.

(3) 실험회로 1에 제시된 공통 소오스 증폭기의 전압 이득, 입력 임피던스 및 출력 임피던스를 이론적으로 계산하고, PSpice 모의실험 결과와 비교하시오.

(4) 실험회로 2([그림 14-9])에서 PSpice를 이용하여 $V_{DD} = 12V$, $V_{GG} = 6V$, $V_{b1} = 6V$, $I_D = 1mA$가 되는 R_D, R_S 값을 결정하시오.

(5) 실험회로 1과 실험회로 2를 결합한 실험회로 3에서 PSpice를 이용하여 I_D, V_G, V_D, V_S를 구하고, 전압 이득을 구하시오.

자르는 선

실험 14 실험 결과

[실험 절차]에 따라 [실험 결과]를 작성하시오.

1

[표 14-1] 캐스코드 증폭기의 DC 조건

R_D 값 (PSpice 결과)	V_{G1}	V_{D1}	V_{S1}	I_{D1}	M_1의 동작 영역
R_D 값 (측정)	**V_{G2}**	**V_{D2}**	**V_{S2}**	**I_{D2}**	**M_2의 동작 영역**

2

[표 14-2] 실험회로 1의 입력-출력 전달 특성 확인을 위한 측정 데이터

입력 전압 (V_{GG})	출력 전압 (v_O)	M_1의 동작 영역	M_2의 동작 영역	입력 전압 (V_{GG})	출력 전압 (v_O)	M_1의 동작 영역	M_2의 동작 영역
0V				6.5V			
3V				7V			
3.5V				7.5V			
4V				8V			
4.5V				8.5V			
5V				9V			
5.5V				12V			
6V							

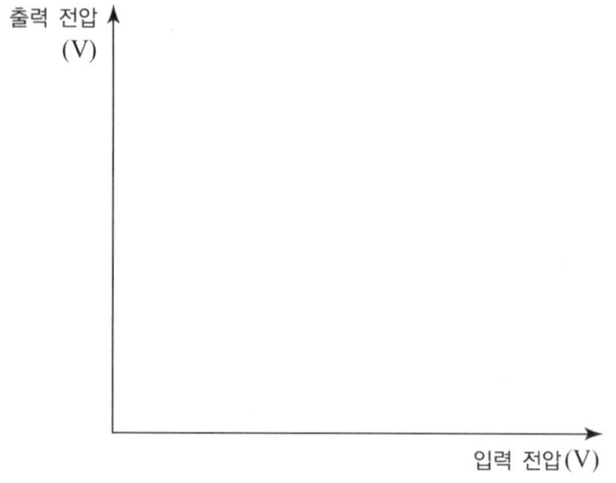

[그림 14-15] 실험회로 1의 입력-출력 전달 특성 곡선

3

[표 14-3] 실험회로 1에서 M_1과 M_2의 소신호 파라미터

M_1의 동작 영역	M_1의 I_D 전류	M_1의 트랜스컨덕턴스(g_m)	M_1의 r_o
M_2의 동작 영역	**M_2의 I_D 전류**	**M_2의 트랜스컨덕턴스(g_m)**	**M_2의 r_o**

4

[표 14-4] 캐스코드 증폭기의 전압 이득을 계산하기 위한 측정 데이터

입력 신호		출력 신호		전압 이득		입력 신호		출력 신호		전압 이득	
크기 (mV)	주파수 (kHz)	크기 (mV)	주파수 (kHz)	$A_v = \|v_o/v_{sig}\|$	$A_v = 20\log\|v_o/v_{sig}\|$	크기 (mV)	주파수 (kHz)	크기 (mV)	주파수 (kHz)	$A_v = \|v_o/v_{sig}\|$	$A_v = 20\log\|v_o/v_{sig}\|$

자르는 선

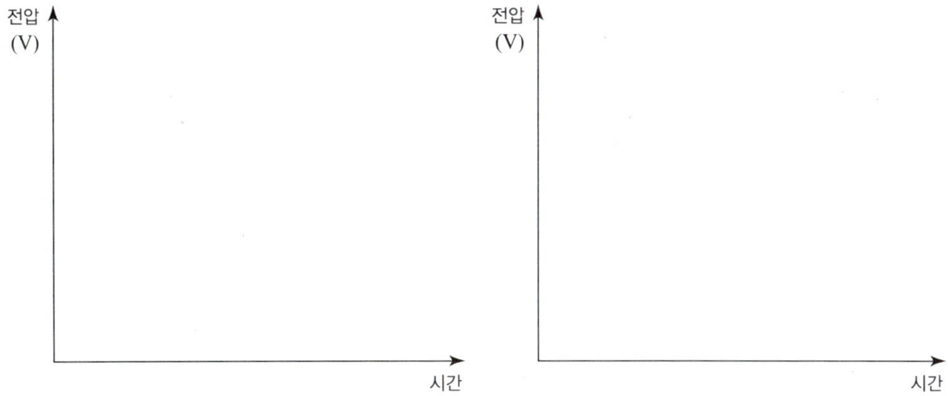

(a) 입력 파형　　　(b) 출력 파형

[그림 14-16] 실험회로 1의 입력 파형과 출력 파형

5

[표 14-5] 캐스코드 증폭기의 입력 저항과 출력 저항

입력		출력		출력 저항		입력		출력		출력 저항	
전압 (v_{sig})	전류 (I_i)	전압 (v_O)	전류 (I_O)	저항 (R_{in})	저항 (R_{out})	전압 (v_{sig})	전류 (I_i)	전압 (v_O)	전류 (I_O)	저항 (R_{in})	저항 (R_{out})

6

[표 14-6] 실험회로 2의 바이어스 회로 구성을 위한 소자값

M_1의 드레인 전류	M_1의 드레인 전압	R_S 저항값	R_1 저항값	R_2 저항값	M_1 동작 영역
M_2의 드레인 전류	**M_2의 드레인 전압**	**R_3 저항값**	**R_4 저항값**	**M_2 동작 영역**	

7

[표 14-7] 실험회로 3의 전압 이득을 계산하기 위한 측정 데이터

입력 신호		출력 신호		전압 이득		입력 신호		출력 신호		전압 이득	
크기 (mV)	주파수 (kHz)	크기 (mV)	주파수 (kHz)	$A_v = \lvert v_O / v_{SIG} \rvert$	$A_v = 20\log \lvert v_O / v_{SIG} \rvert$	크기 (mV)	주파수 (kHz)	크기 (mV)	주파수 (kHz)	$A_v = \lvert v_O / v_{sig} \rvert$	$A_v = 20\log \lvert v_O / v_{SIG} \rvert$

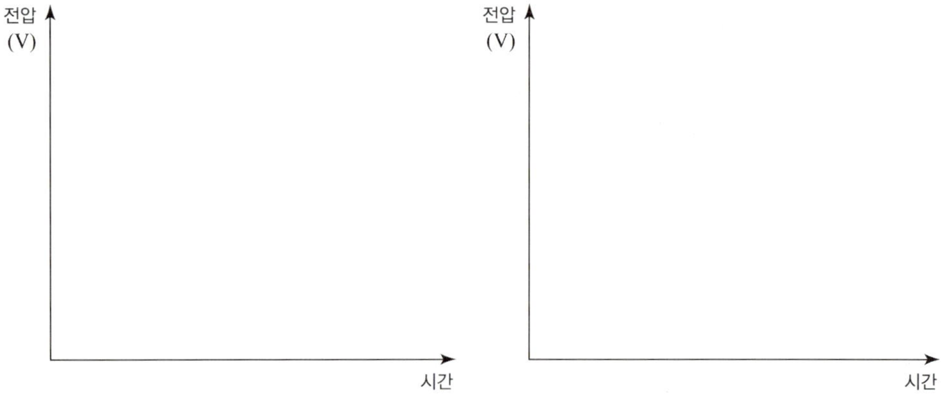

(a) 입력 파형 (b) 출력 파형

[그림 14-17] 실험회로 3의 입력 파형과 출력 파형

8

[표 14-8] 실험회로 3의 입력 저항과 출력 저항

입력		출력		출력 저항		입력		출력		출력 저항	
전압 (v_{SIG})	전류 (I_i)	전압 (v_O)	전류 (I_O)	저항 (R_{in})	저항 (R_{out})	전압 (v_{SIG})	전류 (I_i)	전압 (v_O)	전류 (I_O)	저항 (R_{in})	저항 (R_{out})

실 험

15 다단 증폭기

실험 개요

[실험 11], [실험 12], [실험 13]에서는 MOSFET을 이용한 기본적인 단일단 증폭기들에 대해 살펴보았다. 단일단 증폭기만으로는 이득이 부족하거나, 소오스 및 부하 임피던스와 증폭기 자체의 입력-출력 임피던스의 차이가 클 경우에는 일반적으로 다단 증폭기를 사용한다. 이 실험에서는 MOSFET을 이용한 다단 증폭기를 구성하고, 그 특성을 분석하고자 한다.

실험 기자재 및 부품

- DC 파워 서플라이
- 디지털 멀티미터
- 오실로스코프
- 함수 발생기
- M2N7000(NMOSFET) (1개)
- 저항
- 커패시터

15.1 배경 이론

[그림 15-1]은 다단 증폭기의 개념을 보여준다. 전압원 v_{sig}가 인가되면, 증폭기 1은 v_{in1}이 입력으로 받아서 증폭을 한 후 v_{in2}를 생성한다. 증폭기 2에서는 v_{in2}를 입력으로 받아서 v_o 출력을 생성한다.

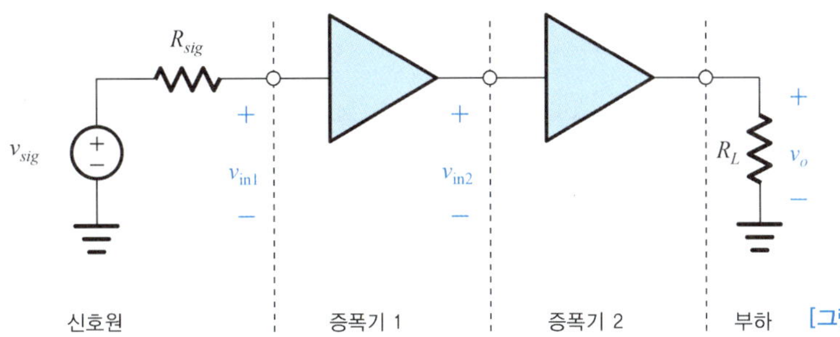

[그림 15-1] 다단 증폭기

[그림 15-2]는 다단 증폭기의 등가회로이다. 증폭기 1의 전압 이득, 입력 저항, 출력 저항을 각각 A_{v1}, R_{in1}, R_{out1}으로 정의하고, 증폭기 2의 전압 이득, 입력 저항, 출력 저항을 각각 A_{v2}, R_{in2}, R_{out2}로 정의하였다.

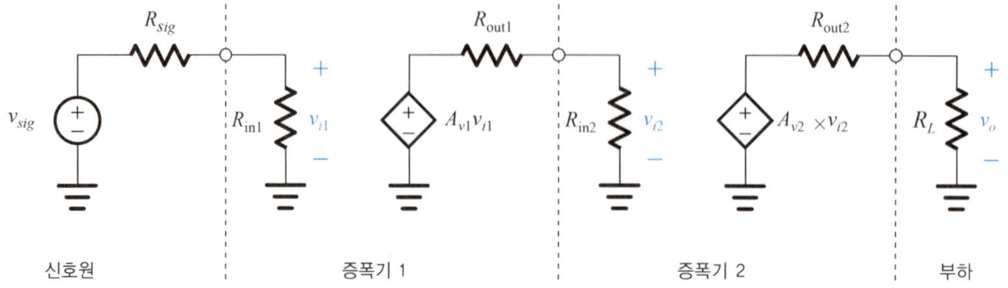

[그림 15-2] 다단 증폭기의 등가회로

신호원 v_{sig}부터 출력 v_o까지의 전압 이득을 식 (15.1)과 같이 계산할 수 있다.

$$\frac{v_{i1}}{v_{sig}} = \frac{R_{in1}}{R_{sig} + R_{in1}} \tag{15.1}$$

식 (15.1)로부터, 신호원 v_{sig}가 증폭기 1의 입력 v_{i1}에 인가될 때는 R_{sig}와 R_{in1}에 의해서 전압분배됨을 알 수 있다. 따라서 전압 이득이 증가되기 위해서는 R_{in1}이 R_{sig}에 비해 그 값이 커야 한다.

$$\frac{v_{i2}}{v_{i1}} = A_{v1}\frac{R_{in2}}{R_{out1} + R_{in2}} \tag{15.2}$$

식 (15.2)로부터, 증폭기 1에서 증폭된 신호 $A_{v1}v_{i1}$은 증폭기 1의 출력 임피던스 R_{out1}과 증폭기 2의 입력 임피던스 R_{in2}에 의해 전압분배됨을 알 수 있다. 따라서 최대한 증폭기 1 자체의 전압 이득 A_{v1}에 가까운 이득을 얻기 위해서는 R_{out1}이 R_{in2}에 비해서 값이 작아야 함을 알 수 있다.

$$\frac{v_o}{v_{i2}} = A_{v2}\frac{R_L}{R_{out2} + R_L} \tag{15.3}$$

식 (15.3)으로부터, 증폭기 2에서 증폭된 신호 $A_{v2}v_{i2}$는 증폭기 2의 출력 임피던스 R_{out2}와 부하 저항 R_L에 의해서 전압분배됨을 알 수 있다. 따라서 증폭기 2 자체의 전압 이득 A_{v2}에 최대한 가까운 이득을 얻기 위해서는 R_{out2}가 R_L에 비해서 값이 작아야 한다.

$$\frac{v_o}{v_{sig}} = \frac{v_{i1}}{v_{sig}} \times \frac{v_{i2}}{v_{i1}} \times \frac{v_o}{v_{i2}} \tag{15.4}$$

$$\frac{v_o}{v_{sig}} = A_{v1}A_{v2} \times \frac{R_{\text{in}1}}{R_{sig} + R_{\text{in}1}} \times \frac{R_{\text{in}2}}{R_{\text{out}1} + R_{\text{in}2}} \times \frac{R_L}{R_{\text{out}2} + R_L} \tag{15.5}$$

식 (15.4)와 식 (15.5)로부터, 다단 증폭기의 전체 전압 이득은 $A_{v1}A_{v2}$에 임피던스에 의한 전압분배비가 곱해짐을 알 수 있다. 따라서 증폭기 자체의 전압 이득뿐 아니라 입력-출력 임피던스가 매우 중요하다.

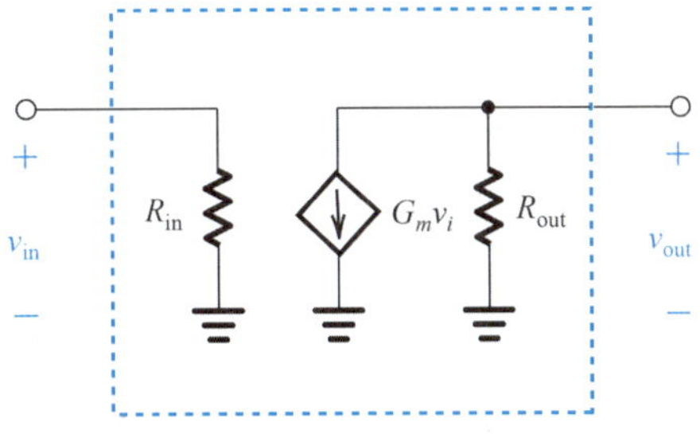

[그림 15-3] 트랜스컨덕턴스 증폭기의 등가회로

트랜지스터를 이용한 트랜스컨덕턴스 증폭기의 등가회로는 [그림 15-3]과 같이 표현할 수 있으며, 증폭기의 전압 이득 A_v를 구하면 식 (15.6)과 같다.

$$A_v = \frac{v_{\text{out}}}{v_{\text{in}}} = -G_m \times R_{\text{out}} \tag{15.6}$$

식 (15.6)으로부터, 트랜스컨덕턴스 증폭기의 이득을 증가시키기 위해서는 G_m 값뿐만 아니라 출력 임피던스 R_{out}이 커야 함을 알 수 있다.

일반적으로 부하 저항을 고려하지 않고 전압 이득만을 높이기 위해서는 [그림 15-1]에서 증폭기 1과 2가 각각 공통 소오스 증폭기 1과 2로 구성된 2단 증폭기를 사용하면 된다고 생각할 수 있다.

하지만 부하 저항 R_L이 작은 경우에는 증폭기의 출력 임피던스 R_{out}이 크면 증폭기의 전압 이득이 많이 감소한다. 따라서 전압 이득이 높은 증폭기는 작은 부하 저항을 구동할 수 없는 문제가 있다.

소오스 저항 R_{sig}와 부하 저항 R_L이 주어진 경우, 최적의 다단 증폭기를 설계하기 위해서는 먼저 단일단 증폭기의 전압 이득과 입력-출력 임피던스 등을 파악해야 한다. [표 15-1]은 앞선 실험에서 진행한 단일단 증폭기의 상대적인 특성을 정리한 표이다.

[표 15-1] 단일단 증폭기의 특성

	전압 이득(A_v)	입력 임피던스(R_{in})	출력 임피던스(R_{out})
공통 소오스 증폭기	크다($\sim -g_m R_D$)	크다(∞)	크다($\sim R_D$)
소오스 저항이 있는 공통 소오스 증폭기	작다($\sim -\frac{g_m R_D}{(1+g_m R_s)}$)	크다(∞)	크다($\sim R_D$)
소오스 팔로워	작다(~ 1)	크다(∞)	작다($\sim 1/g_m$)
공통 게이트 증폭기	크다($\sim +g_m R_D$)	작다($\sim 1/g_m$)	크다($\sim R_D$)

스피커나 VDSL 등 통신용 케이블과 같이 수십 Ω의 작은 임피던스가 있는 부하를 구동하면서 큰 전압 이득을 얻기 위해서는, [그림 15-4]와 같이 공통 소오스 증폭기와 소오스 팔로워 증폭기를 연결해서 2단 증폭기를 구성한다.

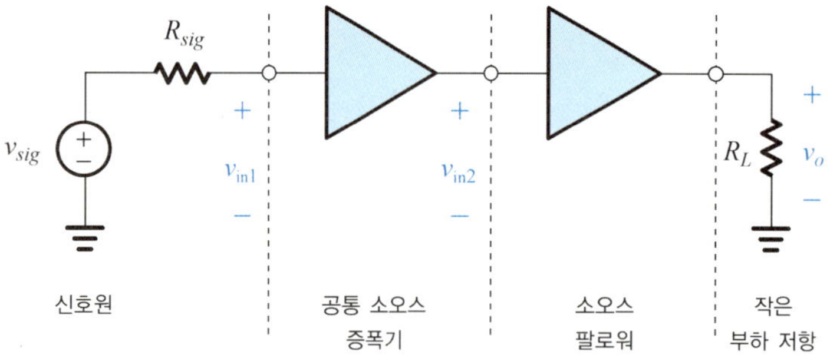

[그림 15-4] 작은 부하 저항을 구동하기 위한 2단 증폭기

[표 15-1]과 같이 출력단에 소오스 팔로워를 사용하면, 소오스 팔로워의 출력 저항 R_{out2}가 매우 작으므로 작은 부하 저항 R_L과 전압분배가 크게 되지 않으면서 전압 이득은 1에 가까우므로 전압을 잘 전달하는 특성을 보인다.

[그림 15-4]의 2단 증폭기보다 더 큰 전압 이득을 얻기 위해서는 [그림 15-5]와 같이 공통 소오스 증폭기 2단을 연결하고, 출력단으로 소오스 팔로워를 사용할 수 있다.

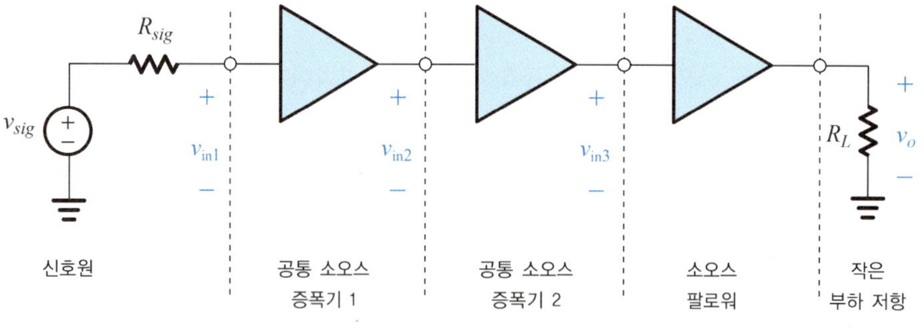

[그림 15-5] 작은 부하 저항을 구동하기 위한 3단 증폭기

임피던스의 중요성을 알아보기 위해 [그림 15-6]과 같이 공통 소스 증폭기와 소스 팔로워의 순서를 바꿔보면 전압 이득이 감소됨을 알 수 있다. 그 이유는 공통 소스 증폭기의 출력 저항이 커서 작은 부항 저항과의 전압분배가 많이 되기 때문이다.

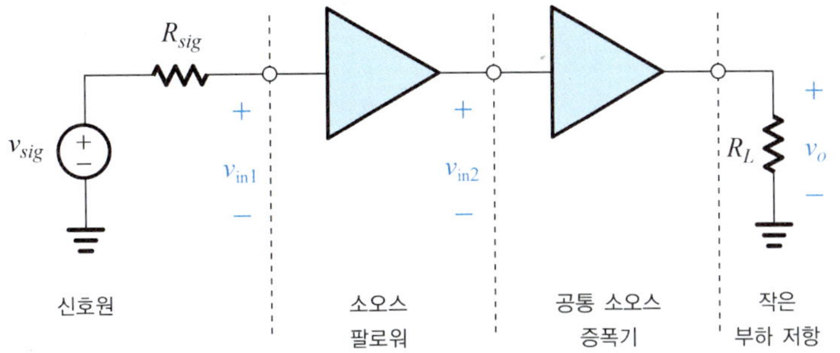

[그림 15-6] 소스 팔로워와 공통 소스 증폭기로 구성된 2단 증폭기

[표 15-1]로부터 공통 게이트 증폭기의 전압 이득은 공통 소스 증폭기의 전압 이득과 값이 비슷하다는 것을 알 수 있지만, 입력 임피던스가 매우 작기 때문에 [그림 15-7]과 같이 신호원의 전압이 증폭기 입력에 전압분배되어서 들어올 때 매우 작은 부분만 들어온다. 따라서 전압 이득은 매우 작다.

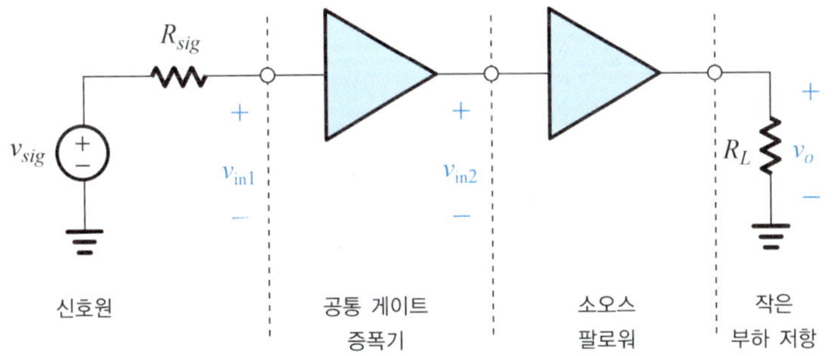

[그림 15-7] 공통 게이트 증폭기와 소스 팔로워로 구성된 2단 증폭기

15.2 실험회로 및 PSpice 시뮬레이션

2단 증폭기

[그림 15-8]은 공통 소스 증폭기로 구성된 2단 증폭기 회로이다. 신호원 v_{SIG}는 1μF의 커플링 커패시터를 통해서 DC 성분은 차단되고, AC 성분만 통과되어서 공통 소스 증폭기 1에 인가된다. 공통 소스 증폭기 1의 DC 바이어스는 R_1, R_2, R_{s1}에 의

해 잡힌다. 공통 소오스 증폭기 1의 출력은 1μF의 커플링 커패시터를 통해 DC 성분은 차단되고, AC 성분만 통과되어서 공통 소오스 증폭기 2에 인가된다. 공통 소오스 증폭기 2의 DC 바이어스는 R_3, R_4, R_{s2}에 의해 잡힌다. 공통 소오스 증폭기 2는 부하 저항 R_L을 구동한다.

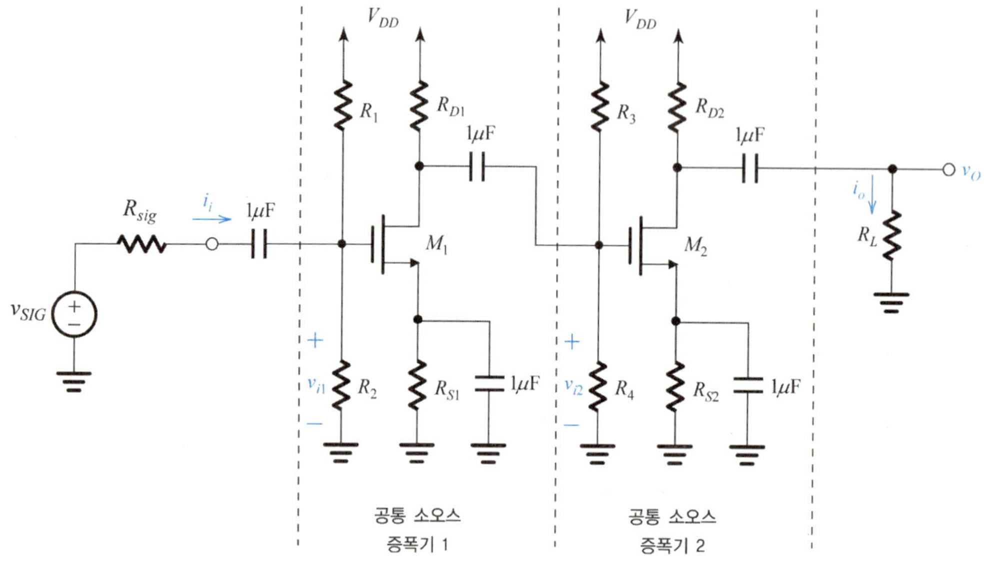

[그림 15-8] 공통 소오스 증폭기로 구성된 2단 증폭기 회로(실험회로 1)

[그림 15-9]는 실험회로 1의 PSpice 모의실험을 위한 회로도이다. 공통 소오스 증폭기 2단을 이용하여 2단 증폭기를 구성하였다.

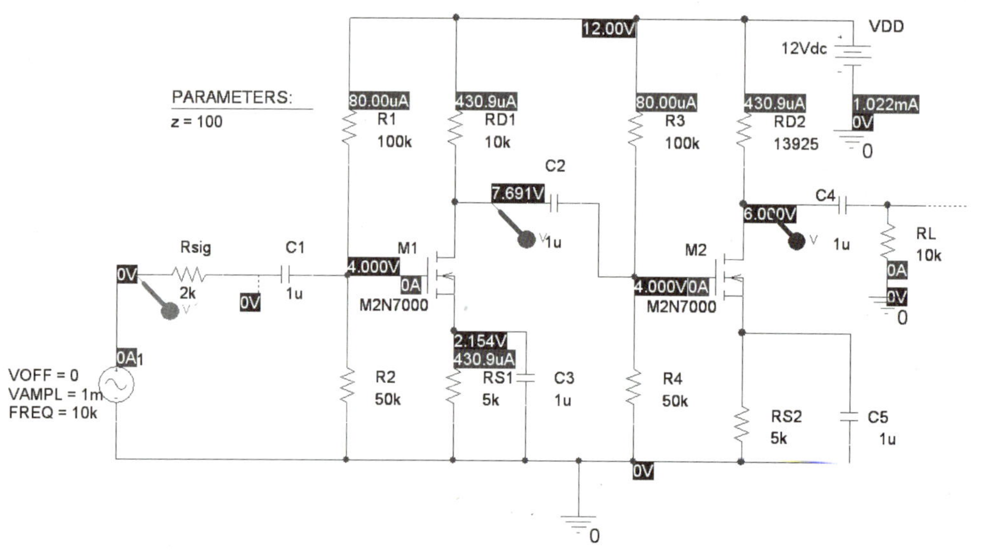

[그림 15-9] PSpice 모의실험을 위한 2단 증폭기의 회로도

[그림 15-10]은 실험회로 1의 PSpice 모의실험 결과이다. 입력단의 파형, 첫 번째 단의 출력 파형, 두 번째 단의 출력 파형을 중첩하여 나타내었다.

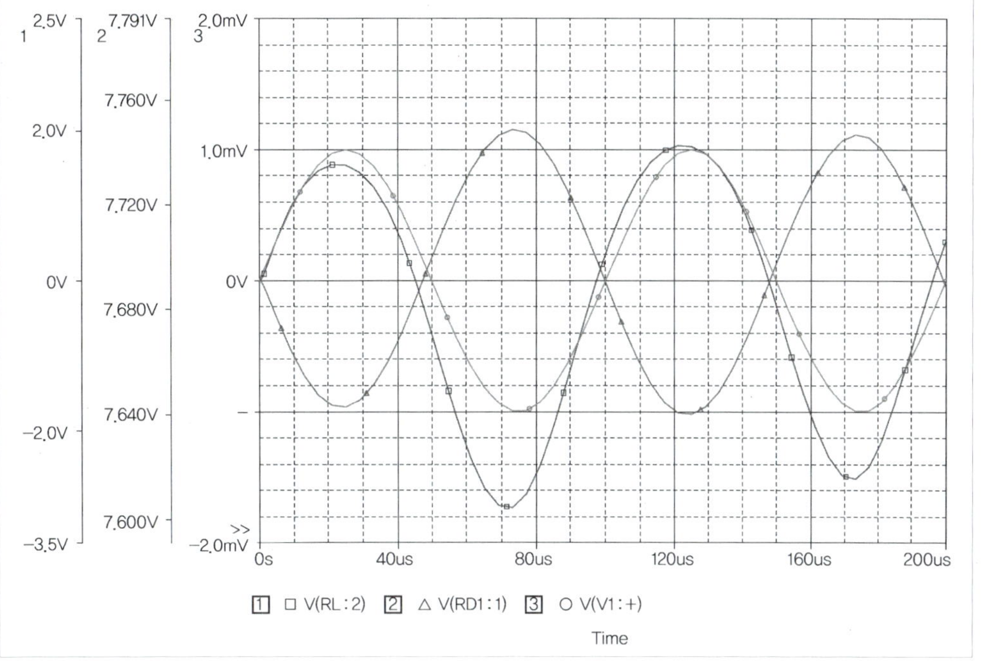

[그림 15-10] 2단 증폭기의 PSpice 모의실험 결과

3단 증폭기

[그림 15-11]은 공통 소오스 증폭기 2단과 소오스 팔로워로 구성된 3단 증폭기 회로이다. 신호원 v_{SIG}는 1μF의 커플링 커패시터를 통해 DC 성분은 차단되고, AC 성분만 통과되어서 공통 소오스 증폭기 1에 인가된다. 공통 소오스 증폭기 1의 DC 바이어스는 R_1, R_2, R_{s1}에 의해 잡힌다. 공통 소오스 증폭기 1의 출력은 1μF의 커플링 커패시터를 통해 DC 성분은 차단되고, AC 성분만 통과되어서 공통 소오스 증폭기 2에 인가된다. 공통 소오스 증폭기 2의 DC 바이어스는 R_3, R_4, R_{s2}에 의해 잡힌다. 공통 소오스 증폭기 2의 출력은 1μF의 커플링 커패시터를 통해 DC 성분은 차단되고, AC 성분만 통과되어서 소오스 팔로워에 인가된다. 소오스 팔로워의 DC 바이어스는 R_5, R_6, R_{s3}에 의해 잡힌다. 소오스 팔로워는 부하 저항 R_L을 구동한다.

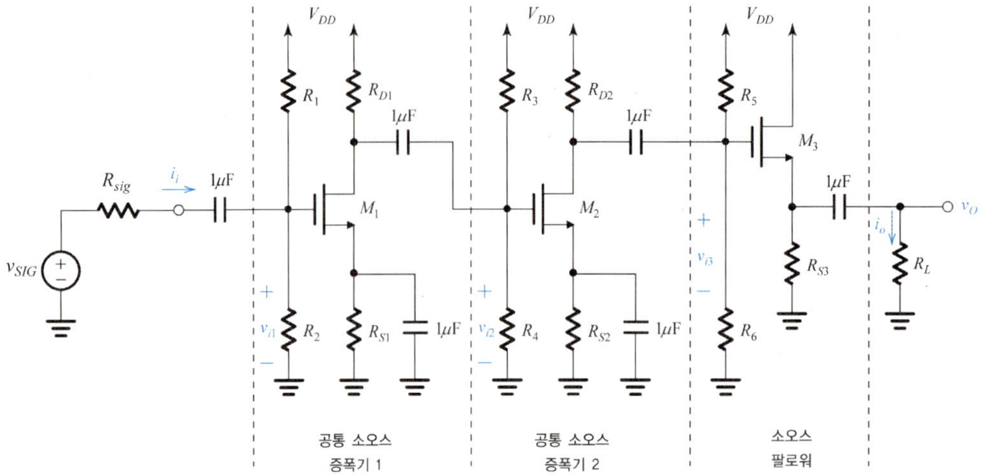

[그림 15-11] 공통 소오스 증폭기 2단과 소오스 팔로워로 구성된 3단 증폭기 회로(실험회로 2)

[그림 15-12]는 실험회로 2의 PSpice 모의실험을 위한 회로도이다. 공통 소오스 증폭기 2단과 소오스 팔로워를 이용하여 3단 증폭기를 구성하였다.

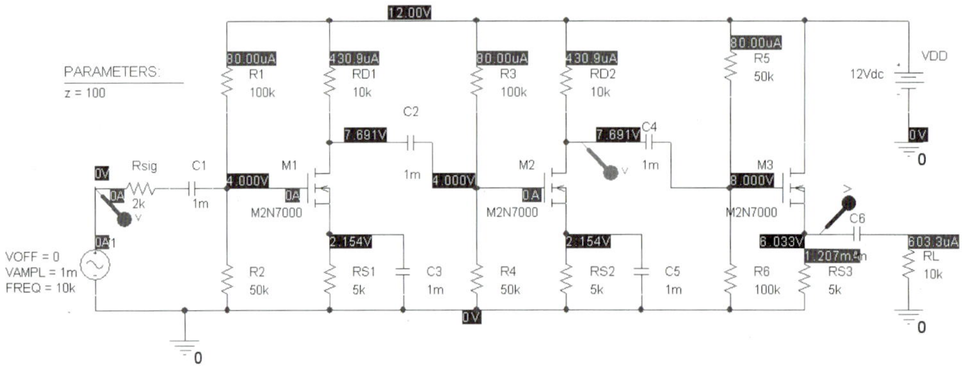

[그림 15-12] PSpice 모의실험을 위한 3단 증폭기의 회로도

[그림 15-13]은 실험회로 2의 PSpice 모의실험 결과이다. 입력단의 파형, 첫 번째 단의 출력 파형, 최종단의 출력 파형을 중첩하여 나타내었다.

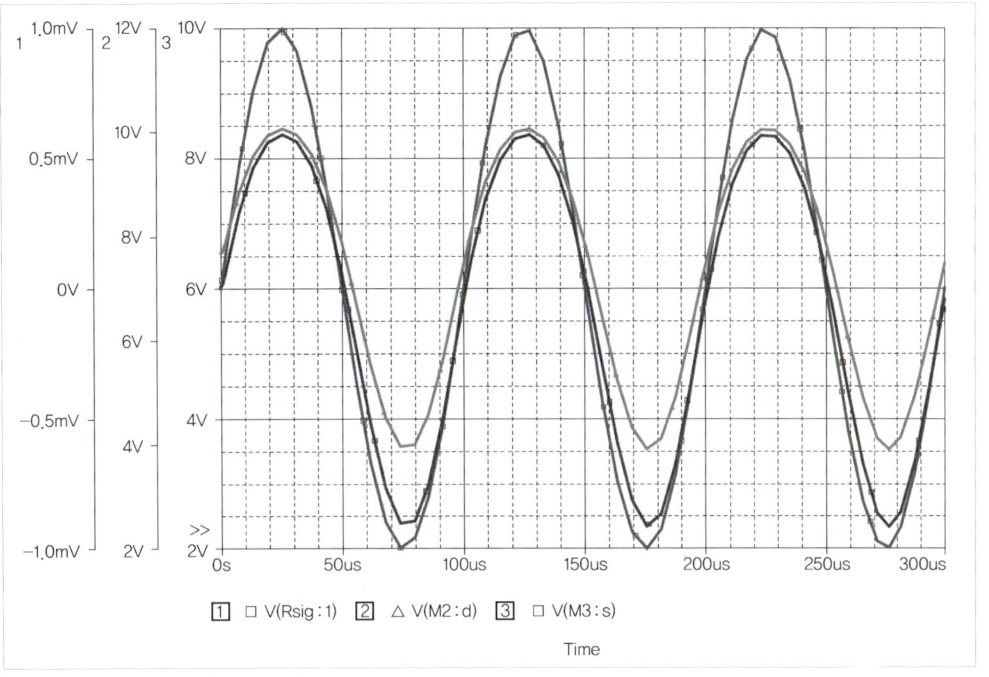

[그림 15-13] 3단 증폭기의 PSpice 모의실험 결과

15.3 실험 절차

2단 증폭기

1 실험회로 1([그림 15-8])에서 $V_{DD} = 12V$, $v_{SIG} = 0V$, $R_{D1} = 10k\Omega$, $R_{S1} = R_{S2} = 5k\Omega$, $R_1 = R_3 = 100k\Omega$, $R_2 = R_4 = 50k\Omega$, $R_L = 10k\Omega$으로 고정하고, 회로를 구성한 후, 공통 소오스 증폭기 2 출력의 DC 값이 6V가 되도록 하는 R_{D2} 값을 결정한다. 이 경우 M_1, M_2의 각 단자들의 전압(V_{D1}, V_{G1}, V_{S1}, V_{D2}, V_{G2}, V_{S2}) 및 전류(I_{D1}, I_{D2})를 구하고, [표 15-2]에 기록하시오. 각 단자들의 전압을 바탕으로 MOSFET이 포화 영역에서 동작하는지 확인하시오.

2 포화 영역에서 회로가 동작하는 경우 M_1, M_2의 트랜스컨덕턴스 g_m 값, 출력 저항 r_o를 구하여 [표 15-3]에 기록하시오. 이를 이용하여 소신호 등가회로를 그리고, 실험회로 1의 이론적인 전압 이득을 구하시오.

3 전압 이득이 최소 100V/V 이상 나오는지 보기 위해 입력에 10kHz의 0.01V_{p-p} 정현파의 입력 전압을 인가한다. 이때 실험회로 1의 2단 증폭기의 입력-출력 전압의

크기를 [표 15-4]에 기록하여 전압 이득을 구하고, 크기와 위상을 고려하여 v_{SIG}, 첫 번째 단의 입력 전압, 첫 번째 단의 출력 전압, 두 번째 단의 출력 전압의 파형을 캡처하여 [그림 15-14]와 같은 형태로 결과 보고서에 기록하시오.

4 실험회로 1의 입력 저항과 출력 저항을 직접 측정하여 [표 15-5]에 기록하시오. 입력 저항을 측정하기 위해 입력의 DC 전압을 변화시키면서 입력 쪽에 흘러 들어가는 DC 전류를 측정한다. 출력 저항을 측정하기 위해 입력에 0V를 인가하고, 출력 쪽에 DC 전압을 변화시키면서 출력 쪽에 흘러 들어가는 DC 전류를 측정한다.

5 R_L을 10Ω으로 바꾼 후에 실험 절차 1~4를 수행하고, [표 15-6]~[표 15-9]와 [그림 15-15]에 각각 기록하시오. 또, R_L이 10kΩ인 경우와 결과를 비교하시오.

3단 증폭기

1 실험회로 2([그림 15-11])에서 $V_{DD} = 12V$, $v_{SIG} = 0V$, $R_{D1} = R_{D2} = 10k\Omega$, $R_{S1} = R_{S2} = 5k\Omega$, $R_1 = R_3 = R_6 = 100k\Omega$, $R_2 = R_4 = R_5 = 50k\Omega$, $R_L = 10k\Omega$으로 고정하고, 회로를 구성한 후, 소오스 팔로워 출력의 DC 값이 6V가 되도록 하는 R_{S3} 값을 결정한다. 이 경우 M_1, M_2, M_3의 각 단자들의 전압 및 전류를 구하고, [표 15-10]에 기록하시오. 각 단자들의 전압을 바탕으로 MOSFET이 포화 영역에서 동작하는지 확인하시오.

2 능동 영역에서 회로가 동작하는 경우 M_1, M_2, M_3의 트랜스컨덕턴스 g_m 값, 출력 저항 r_o를 구하여 [표 15-11]에 기록하시오. 이를 이용하여 소신호 등가회로를 그리고, 실험회로 2의 이론적인 전압 이득을 구하시오.

3 전압 이득이 최소 100V/V 이상 나오는지 실험하기 위해서 입력에 10kHz의 $0.01V_{p-p}$ 정현파의 입력 전압을 인가한다. 이때 실험회로 2의 3단 증폭기의 입력-출력 전압의 크기를 [표 15-12]에 기록하여 전압 이득을 구하고, 크기와 위상을 고려하여 v_{SIG}, 첫 번째 단의 입력 전압, 첫 번째 단의 출력 전압, 두 번째 단의 출력 전압의 파형, 세 번째 단의 출력 전압의 파형을 캡처하여 [그림 15-16]과 같은 형태로 결과 보고서에 기록하시오.

4 실험회로 2의 입력 저항과 출력 저항을 직접 측정하여 [표 15-13]에 기록하시오. 입력 저항을 측정하기 위해 입력의 DC 전압을 변화시키면서 입력 쪽에 흘러 들어가는 DC 전류를 측정한다. 출력 저항을 측정하기 위해 입력에 0V를 인가하고, 출력 쪽에 DC 전압을 변화시키면서 흘러 들어가는 DC 전류를 측정한다.

5 R_L을 10Ω으로 바꾼 후에 실험 절차 1~4를 수행하고, [표 15-14]~[표 15-17]과 [그림 15-17]에 각각 기록하시오. 또, R_L이 10kΩ인 경우와 결과를 비교하시오.

15.4 고찰 사항

(1) 다단 증폭기의 입력단과 출력단은 입력 임피던스, 출력 임피던스 측면에서 어떤 조건을 만족해야 하는가?

(2) 다단 증폭기에서 전체 전압 이득이 각 단의 전압 이득의 곱보다 작은 이유를 설명하시오.

요약

이 실험에서는 MOSFET 증폭기의 전압 이득을 키우기 위해 단일단 증폭기를 여러 개 조합한 다단 증폭기에 대해서 공부하고, 그 특성을 확인하였다. 공통 소오스 증폭기, 소오스 팔로워, 공통 게이트 증폭기를 적절하게 조합하기 위해서는 각 증폭기의 특성을 정확하게 파악해야 한다. 특히 부하 저항이 작은 경우, 출력 저항이 작으면서 전압을 잘 전달하는 소오스 팔로워 회로가 적합하다. 공통 게이트 증폭기는 전류를 잘 전달하는 특성이 있고, 공통 소오스 증폭기는 전압 이득이 가장 크다. 이 실험에서는 공통 소오스 증폭기만을 조합한 경우와 소오스 팔로워 회로를 버퍼로서 사용한 경우의 전압 이득 특성을 비교함으로써 다단 증폭기의 성능을 확인하였다.

퀴즈

(1) 단일 증폭기의 특성 중 옳지 않은 것은?

① 공통 소오스 증폭기의 경우 전압 이득은 상대적으로 크다.
② 소오스 팔로워의 경우 전압 이득은 상대적으로 작다.
③ 공통 게이트 증폭기의 출력 임피던스는 비교적 크다.
④ 소오스 저항이 있는 공통 소오스 증폭기의 입력 임피던스는 비교적 작다.

(2) 통신용 케이블과 같이 작은 임피던스가 있는 부하를 구동하면서 큰 전압 이득을 얻기 위해 두 번째 단에 와야 할 단일 증폭기로 옳은 것은?

① 공통 소오스 증폭기
② 소오스 저항이 있는 공통 소오스 증폭기
③ 소오스 팔로워
④ 공통 게이트 증폭기

(3) 다단 증폭기의 이득에 가장 크게 관여하는 것은?
① 증폭기 자체 이득 및 입·출력 임피던스
② 증폭기 자체 이득 및 높은 전압원
③ 입·출력 임피던스 및 전류 소모량
④ 전류 소모량 및 높은 전압원

(4) 작은 부하 저항을 구동하기 위해 사용되는 증폭기 조합은?
① 이미터 팔로워 + 공통 이미터
② 공통 베이스 + 공통 이미터
③ 공통 이미터 + 이미터 팔로워
④ 공통 베이스 + 이미터 팔로워

(5) 다음 중 최대 전압 이득을 전달할 수 있는 경우는?
① 마지막 증폭기단의 출력 저항의 값과 부하 저항의 값이 같을 때
② 마지막 증폭기단의 출력 저항의 값이 부하 저항의 값보다 작을 때
③ 마지막 증폭기단의 출력 저항의 값이 부하 저항의 값보다 클 때
④ 마지막 증폭기단의 출력 저항과 부하 저항의 크기와는 관련이 없다.

(6) R_L이 10kΩ일 때와 10Ω일 때, 실험회로 1의 전압 이득을 각각 구하고 그 결과를 비교하시오.

(7) R_L이 10kΩ일 때와 10Ω일 때, 실험회로 2의 전압 이득을 각각 구하고 그 결과를 비교하시오.

예비 보고 사항

(1) 실험회로 1([그림 15-8])의 전압 이득, 입력 임피던스, 출력 임피던스를 계산을 통해서 구하시오.
(2) 실험회로 1의 전압 이득, 입력 임피던스, 출력 임피던스를 PSpice를 이용해서 구하시오.
(3) 실험회로 2([그림 15-11])의 전압 이득, 입력 임피던스, 출력 임피던스를 계산을 통해서 구하시오.
(4) 실험회로 2의 전압 이득, 입력 임피던스, 출력 임피던스를 PSpice를 이용해서 구하시오.

자르는 선

실험 15 실험 결과

[실험 절차]에 따라 [실험 결과]를 작성하시오.

2단 증폭기

1

[표 15-2] 실험회로 1의 DC 조건

R_{D2} 값 (PSpice 결과)	V_{G1}	V_{D1}	V_{S1}	I_{D1}	M_1의 동작 영역
R_{D2} 값 (측정)	**V_{G2}**	**V_{D2}**	**V_{S2}**	**I_{D2}**	**M_2의 동작 영역**

2

[표 15-3] 실험회로 1의 소신호 파라미터

M_1				M_2			
동작 영역	I_D	g_m	r_o	동작 영역	I_D	g_m	r_o

3

[표 15-4] 실험회로 1의 전압 이득을 계산하기 위한 측정 데이터

입력 신호		출력 신호		전압 이득		입력 신호		출력 신호		전압 이득	
크기 (mV)	주파수 (kHz)	크기 (mV)	주파수 (kHz)	$A_v = \lvert v_O / v_{SIG} \rvert$	$A_v = 20\log \lvert v_O / v_{SIG} \rvert$	크기 (mV)	주파수 (kHz)	크기 (mV)	주파수 (kHz)	$A_v = \lvert v_O / v_{SIG} \rvert$	$A_v = 20\log \lvert v_O / v_{SIG} \rvert$

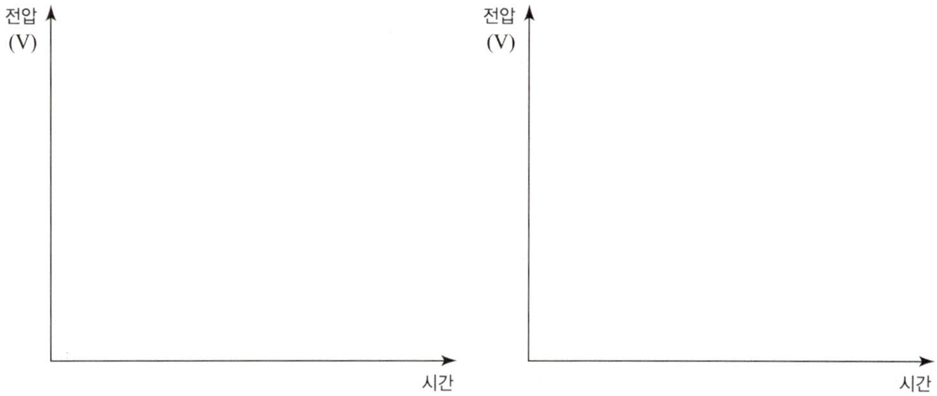

(a) 입력 파형 (b) 출력 파형

[그림 15-14] 실험회로 1의 입력 파형과 출력 파형

4

[표 15-5] 실험회로 1의 입력 저항과 출력 저항

입력		출력		출력 저항		입력		출력		출력 저항	
전압 (v_{SIG})	전류 (I_i)	전압 (v_O)	전류 (I_O)	저항 (R_{in})	저항 (R_{out})	전압 (v_{SIG})	전류 (I_i)	전압 (v_O)	전류 (I_O)	저항 (R_{in})	저항 (R_{out})

자르는 선

5

[표 15-6] 실험회로 1의 DC 조건($R_L = 10\Omega$인 경우)

R_{D2} 값 (측정)	V_{G1}	V_{D1}	V_{S1}	I_{D1}	V_{G2}	V_{D2}	V_{S2}	I_{D2}	동작 영역

[표 15-7] 실험회로 1의 소신호 파라미터($R_L = 10\Omega$인 경우)

M_1		Q_1		M_2		Q_2	
동작 영역	I_D	g_m	r_o	동작 영역	I_D	g_m	r_o

[표 15-8] 실험회로 1의 전압 이득을 계산하기 위한 측정 데이터($R_L = 10\Omega$인 경우)

입력 신호		출력 신호		전압 이득		입력 신호		출력 신호		전압 이득	
크기 (mV)	주파수 (kHz)	크기 (mV)	주파수 (kHz)	$A_v = \lvert v_O / v_{SIG} \rvert$	$A_v = 20\log \lvert v_O / v_{SIG} \rvert$	크기 (mV)	주파수 (kHz)	크기 (mV)	주파수 (kHz)	$A_v = \lvert v_O / v_{SIG} \rvert$	$A_v = 20\log \lvert v_O / v_{SIG} \rvert$

[표 15-9] 실험회로 1의 입력 저항과 출력 저항($R_L = 10\Omega$인 경우)

입력		출력		출력 저항		입력		출력		출력 저항	
전압 (v_{SIG})	전류 (I_i)	전압 (v_O)	전류 (I_O)	저항 (R_{in})	저항 (R_{out})	전압 (v_{SIG})	전류 (I_i)	전압 (v_O)	전류 (I_O)	저항 (R_{in})	저항 (R_{out})

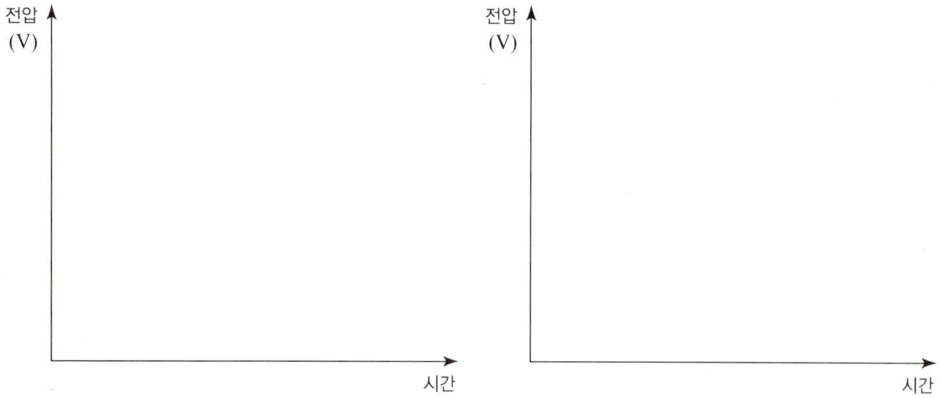

(a) 입력 파형 (b) 출력 파형

[그림 15-15] 실험회로 1의 입력 파형과 출력 파형(R_L = 10Ω인 경우)

3단 증폭기

1

[표 15-10] 실험회로 2의 DC 조건

R_{S3} 값 (PSpice 결과)	V_{G1}	V_{D1}	V_{S1}	I_{D1}	M_1의 동작 영역

R_{S3} 값 (측정)	V_{G2}	V_{D2}	V_{S2}	I_{D2}	M_2의 동작 영역

	V_{G3}	V_{D3}	V_{S3}	I_{D3}	M_3의 동작 영역

자르는 선

2

[표 15-11] 실험회로 2의 소신호 파라미터

M_1의 동작 영역	M_1의 I_D 전류	M_1의 트랜스컨덕턴스(g_m)	M_1의 r_o
M_2의 동작 영역	**M_2의 I_D 전류**	**M_2의 트랜스컨덕턴스(g_m)**	**M_2의 r_o**
M_3의 동작 영역	**M_3의 I_D 전류**	**M_3의 트랜스컨덕턴스(g_m)**	**M_3의 r_o**

3

[표 15-12] 실험회로 2의 전압 이득을 계산하기 위한 측정 데이터

입력 신호		출력 신호		전압 이득		입력 신호		출력 신호		전압 이득	
크기 (mV)	주파수 (kHz)	크기 (mV)	주파수 (kHz)	$A_v = \lvert v_O / v_{SIG} \rvert$	$A_v = 20\log \lvert v_O / v_{SIG} \rvert$	크기 (mV)	주파수 (kHz)	크기 (mV)	주파수 (kHz)	$A_v = \lvert v_O / v_{SIG} \rvert$	$A_v = 20\log \lvert v_O / v_{SIG} \rvert$

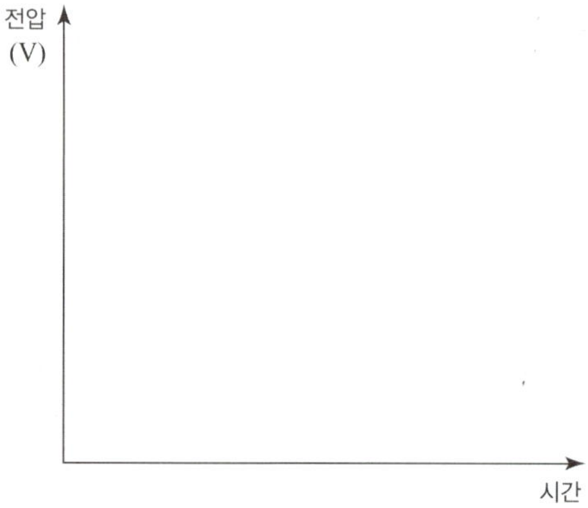

(a) 입력 파형

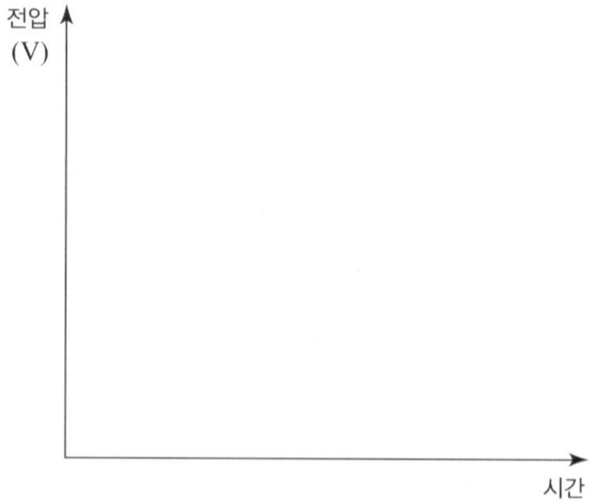

(b) 출력 파형

[그림 15-16] 실험회로 2의 입력 파형과 출력 파형

4

[표 15-13] 실험회로 2의 입력 저항과 출력 저항

입력		출력		출력 저항		입력		출력		출력 저항	
전압 (v_{SIG})	전류 (I_i)	전압 (v_O)	전류 (I_O)	저항 (R_{in})	저항 (R_{out})	전압 (v_{SIG})	전류 (I_i)	전압 (v_O)	전류 (I_O)	저항 (R_{in})	저항 (R_{out})

5

[표 15-14] 실험회로 2의 DC 조건($R_L = 10\Omega$인 경우)

R_{S3} 값 (PSpice 결과)	V_{D1}	V_{G1}	V_{S1}	I_{D1}	M_1의 동작 영역

자르는 선

R_{S3} 값 (측정)	V_{D2}	V_{G2}	V_{S2}	I_{D2}	M_2의 동작 영역
	V_{D3}	V_{G3}	V_{S3}	I_{D3}	M_3의 동작 영역

[표 15-15] 실험회로 2의 소신호 파라미터($R_L = 10\Omega$인 경우)

M_1의 동작 영역	M_1의 I_D 전류	M_1의 트랜스컨덕턴스(g_m)	M_1의 r_o
M_2의 동작 영역	M_2의 I_D 전류	M_2의 트랜스컨덕턴스(g_m)	M_2의 r_o
M_3의 동작 영역	M_3의 I_D 전류	M_3의 트랜스컨덕턴스(g_m)	M_3의 r_o

[표 15-16] 실험회로 2의 전압 이득을 계산하기 위한 측정 데이터($R_L = 10\Omega$인 경우)

입력 신호		출력 신호		전압 이득		입력 신호		출력 신호		전압 이득	
크기 (mV)	주파수 (kHz)	크기 (mV)	주파수 (kHz)	$A_v = \lvert v_O / v_{SIG} \rvert$	$A_v = 20\log \lvert v_O / v_{SIG} \rvert$	크기 (mV)	주파수 (kHz)	크기 (mV)	주파수 (kHz)	$A_v = \lvert v_O / v_{SIG} \rvert$	$A_v = 20\log \lvert v_O / v_{SIG} \rvert$

[표 15-17] 실험회로 2의 입력 저항과 출력 저항($R_L = 10\Omega$인 경우)

입력		출력		출력 저항		입력		출력		출력 저항	
전압 (v_{SIG})	전류 (I_i)	전압 (v_O)	전류 (I_O)	저항 (R_{in})	저항 (R_{out})	전압 (v_{SIG})	전류 (I_i)	전압 (v_O)	전류 (I_O)	저항 (R_{in})	저항 (R_{out})

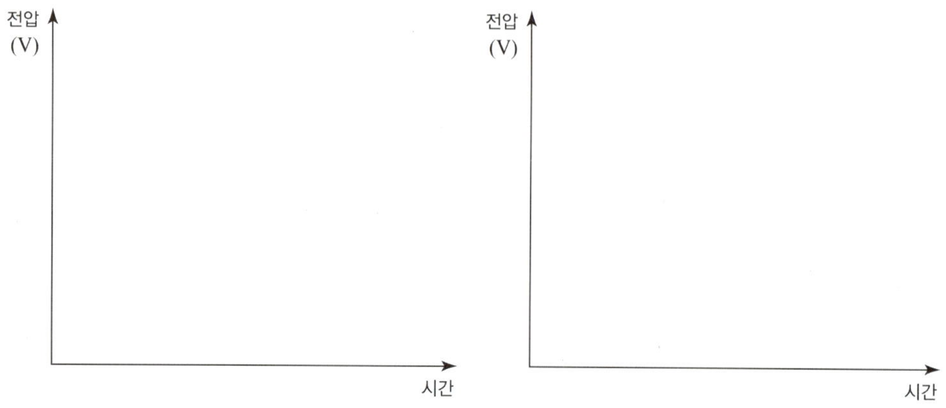

(a) 입력 파형 (b) 출력 파형

[그림 15-17] 실험회로 2의 입력 파형과 출력 파형($R_L = 10\Omega$인 경우)

m.e.m.o

전자회로 실험 II

2부에서는 능동 부하를 사용한 증폭기, 차동 증폭기, 연산 증폭기의 응용 회로들을 구성하여 실험을 진행해본다. 저항 부하 대신에 트랜지스터를 사용하는 능동 부하가 있는 공통 소오스 증폭기의 동작 및 주파수 특성에 대해서 실험한다. 또한 A, B 및 AB급 전력 증폭기와 연산 증폭기의 구조이면서 가장 널리 사용되는 차동 증폭기의 기본적인 동작과 전압 이득, 공통 모드 제거비, 주파수 특성에 대해서 실험한다. 그리고 가변 이득 증폭기, 아날로그 필터, 아날로그-디지털 변환기, 디지털-아날로그 변환기, 발진기 및 신호 발생기 등 다양한 연산 증폭기의 응용 회로에 대해서 실험한다. 마지막으로 한 학기 동안 진행했던 실험들을 정리하기 위해 앞의 실험에서 설계한 회로들을 이용하여 유선 통신 시스템을 설계하고 그 성능을 확인한다. [실험 30]은 텀 프로젝트로도 충분히 활용할 수 있다.

• **실험 학습 로드맵**

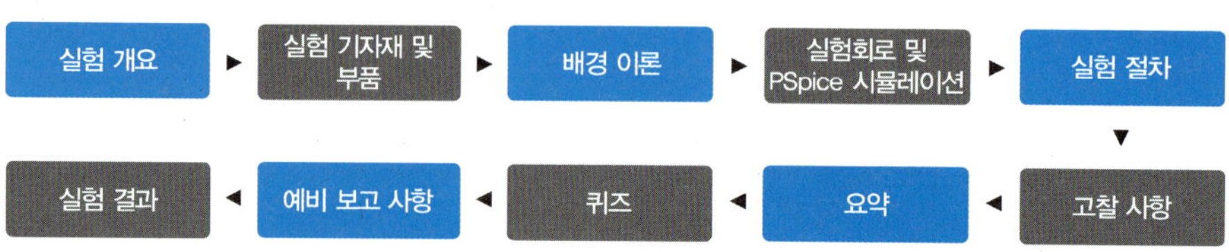

Part 2

>> 2부에서 다루는 실험

실 험

16

전류원 및 전류 거울

실험 개요

이 실험에서는 아날로그 증폭기에서 부하로서 널리 사용되고 있는 정전류원 및 전류 거울을 이용한 능동 부하(active load) 회로를 구성하고, 이를 실제로 구현함으로써 정전류원 및 전류 거울의 특성을 정확하게 파악하고자 한다.

실험 기자재 및 부품

- DC 파워 서플라이
- 디지털 멀티미터
- 오실로스코프
- 함수 발생기
- 2n7000(NMOS) (1개)
- 저항
- 커패시터
- FQP17P10(PMOS) (2개) (단, PSpice 모의실험은 FDC6322CP 사용)

16.1 배경 이론

MOSFET의 특성 구하기

MOSFET은 $I_D = \frac{1}{2}\mu_p C_{ox}\frac{W}{L}(V_{SG} - |V_{thp}|)^2$ 이므로 $|V_{thp}|$와 $\mu_p C_{ox}\frac{W}{L}$를 알아야 V_{SG} 전압에 따른 전류를 구할 수 있다.

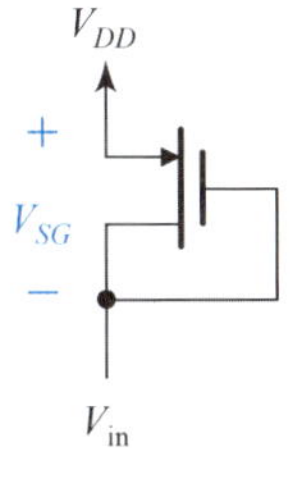

먼저 $|V_{thp}|$를 구하기 위해서 [그림 16-1]과 같이 회로를 구성한 후, V_{in}을 0V부터 V_{DD}까지 변화시키면서 전류를 구한다.

[그림 16-1] MOSFET의 $|V_{thp}|$를 구하기 위한 회로

[그림 16-1]과 같이 회로를 구성하여 I_D 전류를 측정하면, 전류가 흐르기 시작하는 V_{SG} 전압을 $|V_{thp}|$라고 할 수 있다. $|V_{thp}|$를 구한 후에, [그림 16-2]의 회로와 같이 V_{SG}를 V_{DD}에 두고 전류를 측정하면 $\mu_p C_{ox} \frac{W}{L}$를 구할 수 있다.

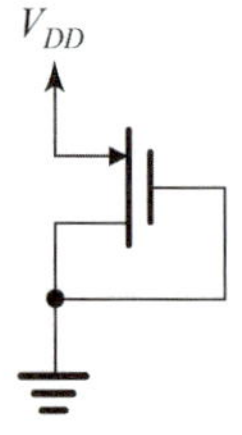

[그림 16-2] MOSFET의 $\mu_p C_{ox} \frac{W}{L}$를 구하기 위한 회로

전류원 능동 부하

공통 소오스 증폭기는 입력 전압에 비례하는 소신호 전류가 흐르고, 이 전류가 부하 저항에 의해서 출력 전압으로 변환되는 구조이다. 공통 소오스 증폭기의 부하로 여러 가지 토폴로지가 사용될 수 있는데, 흔히 저항, 다이오드를 연결한 트랜지스터, 트라이오드 영역에서 동작하는 트랜지스터, 전류원으로 동작하는 트랜지스터 등이 사용된다. 저항 대신 트랜지스터를 사용하는 부하를 능동 부하active load라고도 부르는데, 그 중에서도 전류원으로 동작하는 트랜지스터가 가장 큰 출력 저항을 얻을 수 있으므로 가장 많이 사용되고 있다.

[그림 16-3]은 능동 부하가 있는 공통 소오스 증폭기의 개념도이다. 전류원 부하 I의 출력 저항 r_O가 부하의 역할을 한다.

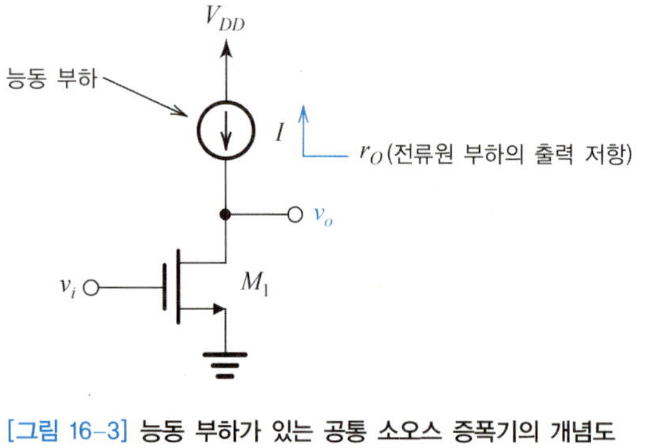

[그림 16-3] 능동 부하가 있는 공통 소오스 증폭기의 개념도

[그림 16-4]는 전류원 부하를 PMOS 트랜지스터 M_2를 이용하여 구현한 공통 소오스 증폭기 회로이다.

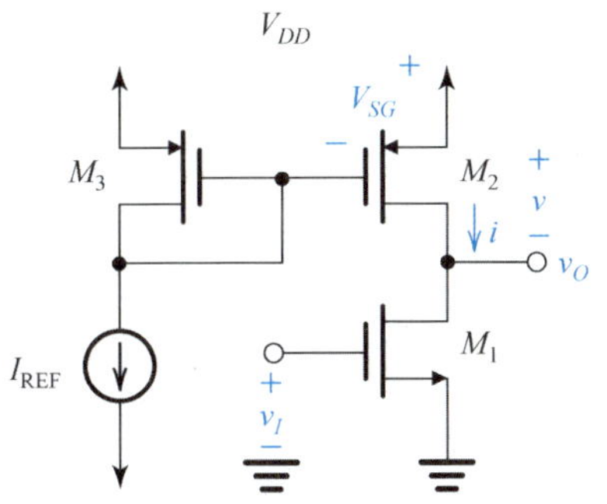

[그림 16-4] 능동 부하가 있는 공통 소오스 증폭기 회로

정전류원과 전류 거울을 이용한 능동 부하

정전류원을 이용한 능동 부하가 포화 영역에서 동작하기 위해서는 정전류원을 이용한 전류 바이어스 회로가 필요하다.

[그림 16-5]는 정전류원을 이용한 전류 바이어스 회로이다. 공정, 전압, 온도에 무관한 이상적인 정전류원을 만들기 위해서는 밴드 갭[band gap] 기준 전압 발생기를 이용해야 하지만, 이는 너무 복잡하므로 [그림 16-5]와 같이 간단하게 M_3와 R_{REF}를 이용해서 구현할 수 있다. R_{REF}에 흐르는 전류 I_{REF}가 M_3와 M_2로 구성된 전류 거울을 통해서 M_2 트랜지스터의 DC 전류를 결정한다.

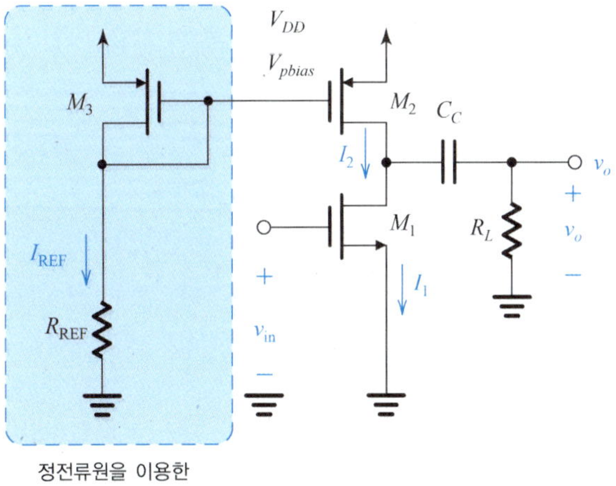

[그림 16-5] 정전류원을 이용한 전류 바이어스 회로

[그림 16-6]은 전류 거울[current mirror]을 보여주고 있다. M_3와 R_{REF}로 구성된 전류원으로부터 기준 전류 I_{REF}가 생성되며, M_2에 흐르는 전류 I_{D3}는 I_{REF}와 같게 된다. 채널길이 변조 효과를 무시하면, 이 전류값은 오직 저항 R_{REF}와 V_{DD}에 의해서만 결정되며, M_2와 M_3의 V_{SG}는 서로 같으므로 식 (16.1)이 성립한다.

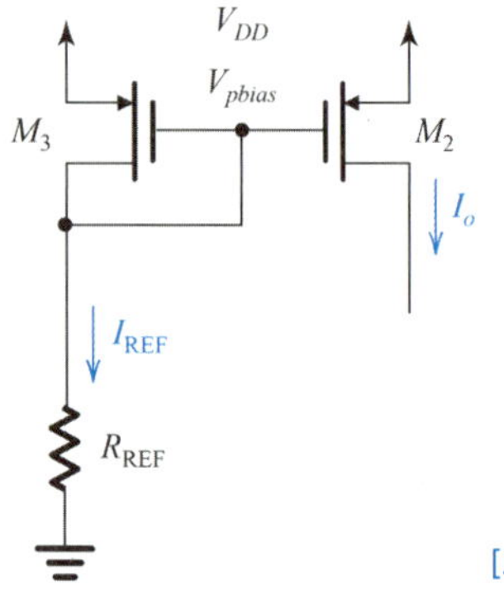

[그림 16-6] 전류 거울

$$I_{D3} = \frac{1}{2}k'_p\left(\frac{W}{L}\right)_3 (V_{SG} - |V_{thp}|)^2$$

$$I_{D3} = I_{REF} = \frac{V_{DD} - V_{SG}}{R}$$

$$I_O = I_{D2} = \frac{1}{2}k'_p\left(\frac{W}{L}\right)_2 (V_{SG} - |V_{thp}|)^2$$

$$\frac{I_O}{I_{REF}} = \frac{(W/L)_2}{(W/L)_3} \tag{16.1}$$

채널길이 변조 효과를 고려할 경우, [그림 16-4]의 공통 소오스 증폭기에서 M_2에 흐르는 전류 I는 일정한 값을 가지지 않고, [그림 16-7]과 같이 M_2의 V_{SG} 전압 v가 증가함에 따라 증가하게 된다.

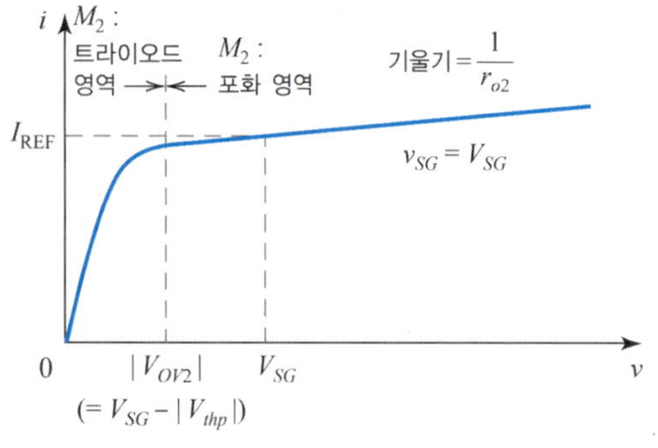

[그림 16-7] 능동 부하가 있는 전류-전압 특성

MOSFET M_2에 대하여 측정을 통해 얼리 전압early voltage V_{A2}를 추출한다면, 그 값을 이용하여 좀더 정확한 I_O를 식 (16.2)에 대입하여 구할 수 있다.

$$I_O = \frac{(W/L)_2}{(W/L)_3} I_{REF}\left(1 + \frac{V_O - V_{GS}}{V_{A2}}\right) \tag{16.2}$$

16.2 실험회로 및 PSpice 시뮬레이션

[그림 16-8]의 회로에서 M_3와 R_{REF}로 구성된 기준 전류원으로부터 M_2의 DC 바이어스 전류가 결정된다. M_2의 출력 저항이 능동 부하 저항의 역할을 하고, M_1의 출력 저항과 병렬 연결로 증폭기의 출력 저항을 제공한다. 증폭기의 입력과 출력 쪽에는 각각 1μF의 커플링 커패시터를 달아서 DC 전압을 차단한다.

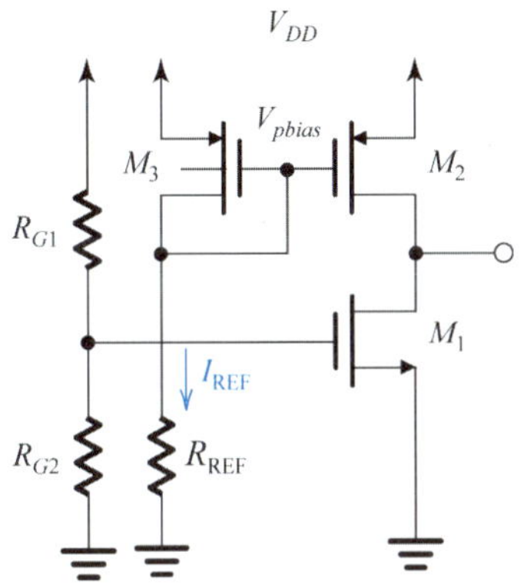

[그림 16-8] 전류원과 전류 거울을 이용한 능동 부하 회로

MOSFET의 특성을 구하기 위해 [그림 16-1]의 회로를 PSpice로 모의실험한 결과, [그림 16-9]와 같은 전류 곡선을 얻을 수 있고, $|V_{thp}|$는 0.8V임을 알 수 있다.

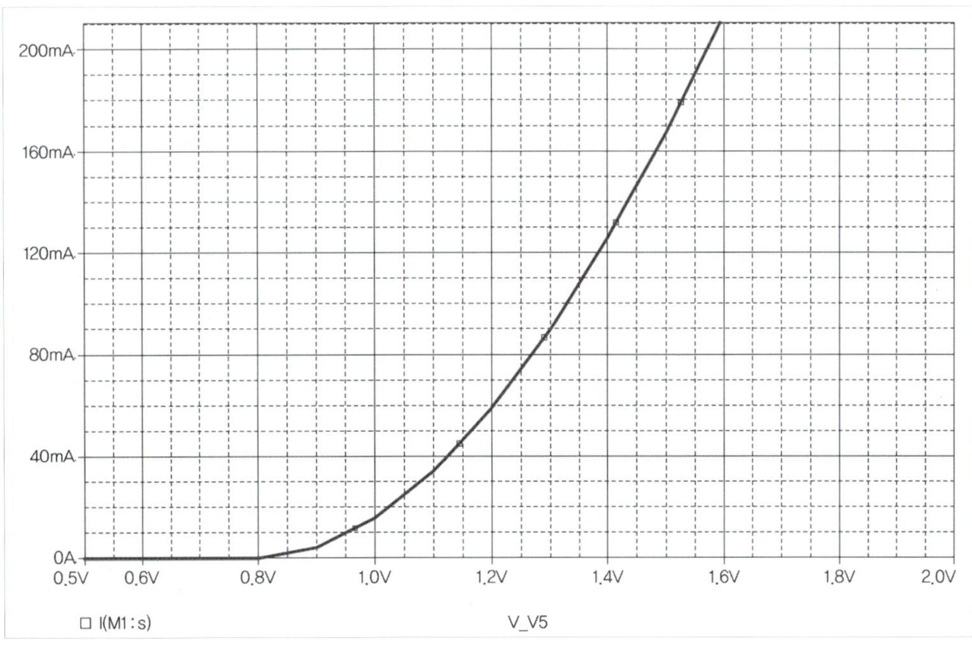

[그림 16-9] [그림 16-1]의 모의실험 결과

또한 1.2V 입력에서 60mA의 전류가 흐르므로, $\mu_p C_{ox} \dfrac{W}{L} = \dfrac{2I_D}{(V_{SG} - |V_{thp}|)^2} = 750\text{mA/V}^2$ 임을 알 수 있다.

[그림 16-10]은 PSpice 모의실험을 위한 능동 부하 회로도이다. M1의 입력 바이어스를 V2를 통해서 인가하고, M3와 R1으로 전류원을 구성하여 능동 부하 M2의 바이어스를 잡도록 하였다.

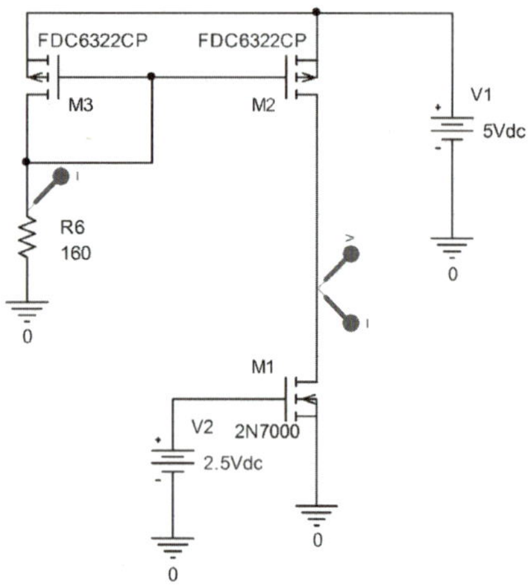

[그림 16-10] PSpice 모의실험을 위한 능동 부하 회로도

[그림 16-11]은 능동 부하 회로의 PSpice 모의실험 결과이다. 여기서 출력 전압은 2.5V이며, 전류는 24.6mA임을 알 수 있다.

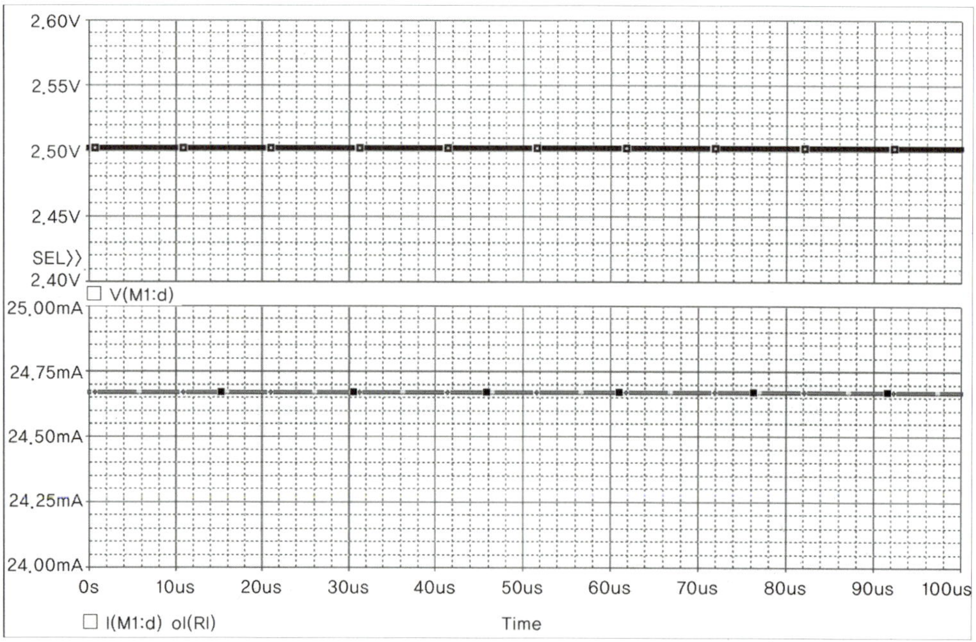

[그림 16-11] 능동 부하 회로의 PSpice 모의실험 결과

16.3 실험 절차

1 M_1 트랜지스터의 g_m을 결정하기 위해 M_1 및 M_2 트랜지스터에 흐르는 DC 전류를 결정하시오. 그리고 M_1 트랜지스터의 드레인 단자에 원하는 DC 전압 출력이 나오고 DC 전류가 흐르도록 V_{pbias}를 0V에서 6V까지 500mV 단위로 변화시키면서 최적의 V_{pbias}를 결정하시오. 예비 보고 사항에서 미리 정한 값 부근에서 조정하면 빠르게 찾을 수 있다.

2 실험 절차 **1**에서 결정한 V_{pbias} 전압을 얻으려면 기준 전류 I_{REF}를 생성하는 M_3와 R_{REF}가 결정되어야 한다. 이 중에서 R_{REF}가 가변이므로 R_{REF} 값을 조정하면서 [표 16-1]에 기록하고, 원하는 V_{pbias} 전압과 I_{REF}가 생성되도록 한다. 예비 보고 사항에서 미리 정한 값 부근에서 조정하면 빠르게 찾을 수 있다.

3 R_{REF}를 조정하면서, 전류 거울에 의해서 결정되는 V_{pbias}, I_{REF}와 I_1 전류를 측정하여 [표 16-1]에 기록하시오.

4 실험 절차 **1**~**3**에서 결정한 V_{pbias}와 I_{REF} 값을 바탕으로 공통 소오스 증폭기의 입력-출력의 DC 전압 레벨이 원하는 만큼 나오는지 확인한다.

16.4 고찰 사항

(1) 전류 거울에서 전류 오차가 생기는 원인을 분석하시오.

(2) 전류원의 출력 저항과 전류 정확도 사이의 관계를 설명하시오.

(3) MOSFET 소자 선택에 따라서 전류원의 전류값의 편차가 발생하는 원인을 분석하시오.

요약

이 실험에서는 정전류원과 전류 거울을 이용하여, 능동 부하가 포화 영역에서 동작하면서 증폭기의 전압 이득에 영향을 주는 DC 동작점을 잡아주었다. 이를 위해 기준 전류 생성 회로의 저항을 조정하여 기준 전류를 원하는 값에 맞출 수 있었다.

퀴즈

(1) [그림 16-12] 회로의 출력 전류의 식으로 올바른 것은?

① $\frac{I_O}{I_{REF}} = \frac{(W/L)_2}{(W/L)_3}$

② $\frac{I_O}{I_{REF}} = \frac{(W/L)_3}{(W/L)_2}$

③ $IO = \frac{(W/L)_3}{(W/L)_2}$

④ $IO = \frac{(W/L)_2}{(W/L)_3}$

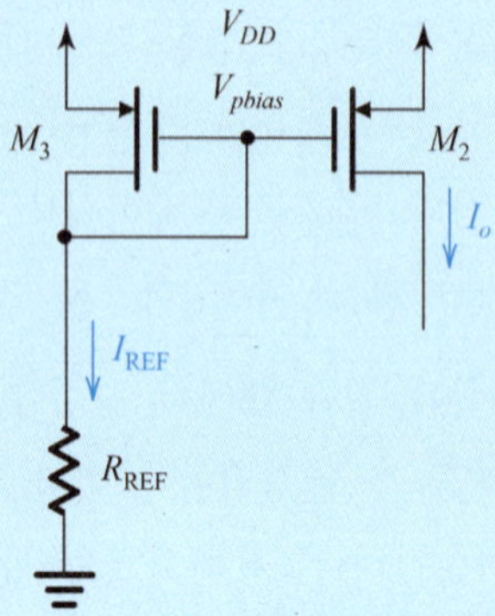

[그림 16-12]

(2) MOSFET의 출력 저항이 가장 클 때의 동작 영역은?

① 문턱전압 이하 전도 영역 ② 차단 영역

③ 트라이오드 영역 ④ 포화 영역

(3) 출력 전류의 식은 퀴즈 (1)에서 유도한 식을 정확하게 따르지는 않는다. 이는 어떠한 효과를 무시했기 때문인가?

① 바디 효과 ② 문턱전압 이하 전도

③ 채널길이 변조 ④ 채널 전하 주입

(4) 포화 영역에서 PMOS의 전류식으로 알맞은 것은?

① $I_D = \frac{1}{2}\mu_p C_{ox}\frac{W}{L}(V_{SG} - |V_{thp}|)^2$ ② $I_D = \frac{1}{2}\mu_n C_{ox}\frac{W}{L}(V_{SG} - |V_{thp}|)^2$

③ $I_D = \frac{1}{2}\mu_p C_{ox}\frac{W}{L}(V_{GS} - |V_{thp}|)^2$ ④ $I_D = \frac{1}{2}\mu_n C_{ox}\frac{W}{L}(V_{GS} - |V_{thp}|)^2$

(5) PSpice를 이용하여 주어진 회로를 모의실험한 결과, I_{REF}, I_1, V_{pbias}는 각각 얼마인가?

예비 보고 사항

(1) 전류 거울에 의해서 I_{REF}와 I_1 전류 사이의 관계를 구하고, V_{pbias}도 계산하시오.
(2) 얼리 전압과 출력 저항 사이의 관계를 설명하시오.
(3) 트랜지스터의 출력 저항이 전류 거울의 오차에 미치는 영향을 설명하시오.

자르는 선

실험 16 실험 결과

[실험 절차]에 따라 [실험 결과]를 작성하시오.

1

능동 부하 전류원의 DC 바이어스 전류 및 전압(V_{pbias}) 결정

2, **3**

[표 16-1] DC 동작점을 잡기 위한 R_{REF}, I_{REF} 값 측정

R_{REF} 저항	V_{pbias} 전압	I_{REF} 전류	M_2의 V_{SG} 전압	I_1 전류

m.e.m.o

실험 17

능동 부하가 있는 공통 소오스 증폭기

실험 개요

이 실험에서는 [실험 16]에서 수행한 '정전류원과 전류 거울을 이용한 능동 부하(active load)가 있는 공통 소오스 증폭기(common source amplifier) 회로'를 구성하고, 이를 바탕으로 공통 소오스 증폭기의 전압 이득을 구하고자 한다. 능동 부하는 아날로그 증폭기에서 널리 사용되고 있으며, 간단한 공통 소오스 증폭기에 적용함으로써 특성을 정확하게 파악할 수 있다.

실험 기자재 및 부품

- DC 파워 서플라이
- 함수 발생기
- 커패시터
- 디지털 멀티미터
- 2n7000(NMOS) (1개)
- FQP17P10(PMOS) (2개) (단, PSpice 모의실험은 FDC6322CP 사용)
- 오실로스코프
- 저항

17.1 배경 이론

[그림 17-1]은 전류원 부하를 PMOS 트랜지스터 M_2를 이용하여 구현한 공통 소오스 증폭기 회로이다.

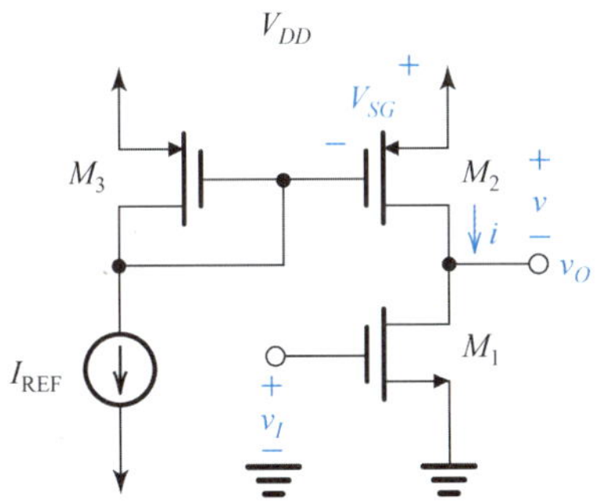

[그림 17-1] 능동 부하가 있는 공통 소오스 증폭기 회로

[그림 17-2]는 [그림 17-1]과 같은 능동 부하가 있는 공통 소오스 증폭기의 전달 특성 곡선을 구하기 위한 부하선 해석법을 나타낸 그림이다. 입력에 따라서 M_1에 흐르는 전류와 부하에 흐르는 전류가 같아지는 출력을 구할 수 있고, [그림 17-3]과 같은 전달 특성 곡선을 구할 수 있다.

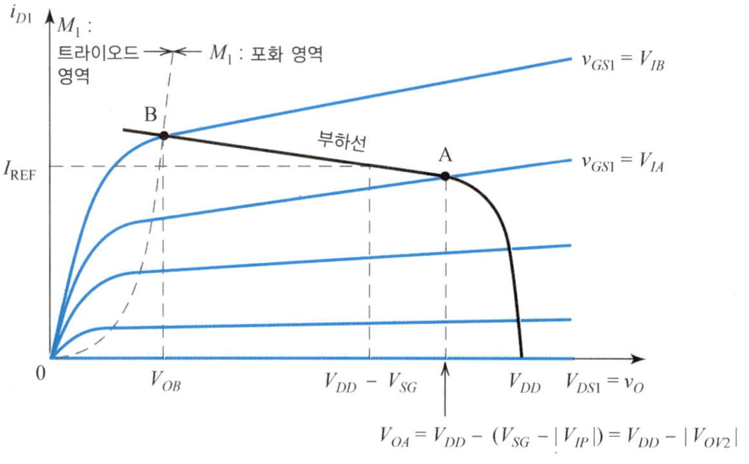

[그림 17-2] 능동 부하가 있는 공통 소오스 증폭기의 부하선 해석

[그림 17-3]의 영역 III에서 M_1과 M_2 모두 포화 영역에서 동작을 하고, 증폭기로서 사용할 수 있다. [그림 17-1] 회로의 저주파 대역에서의 전압 이득을 구하기 위한 소신호 등가회로를 그리면 [그림 17-4]와 같다. [그림 17-4]의 소신호 등가회로를 이용하면, 저주파 전압 이득은 $A_{V0} = -g_m \times r_O$로 표현할 수 있다.

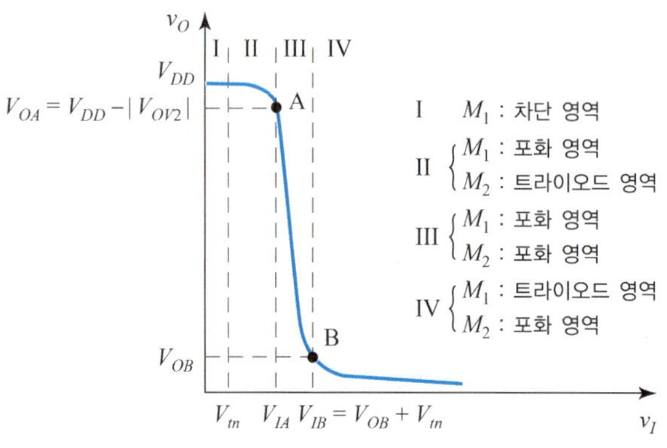

[그림 17-3] 능동 부하가 있는 공통 소오스 증폭기의 전달 특성 곡선

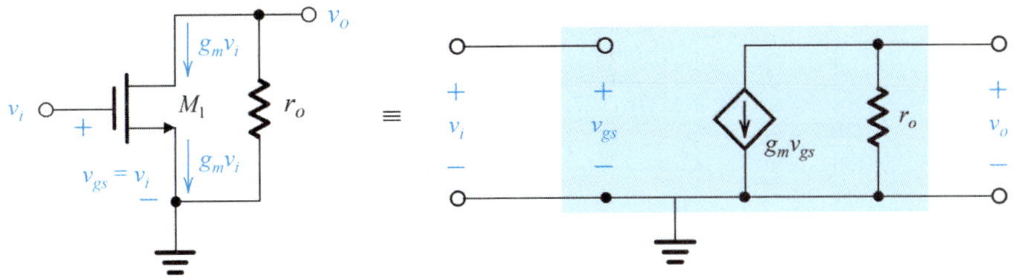

[그림 17-4] 능동 부하가 있는 공통 소오스 증폭기의 소신호 등가회로

17.2 실험회로 및 PSpice 시뮬레이션

[그림 17-5]의 회로에서 M_1이 입력 트랜지스터이므로 입력 전압에 비례하는 출력 전류를 생성하는 역할을 하게 되고, M_1의 트랜스컨덕턴스 g_m이 전압 이득을 결정하게 된다. M_2의 출력 저항이 능동 부하 저항의 역할을 하고, M_1의 출력 저항과 병렬 연결로 증폭기의 출력 저항을 제공한다. M_3와 R_{REF}로 구성된 기준 전류원으로부터 M_2의 DC 바이어스 전류가 결정된다. 증폭기의 입력과 출력 쪽에는 각각 1μF의 커플링 커패시터를 달아서 DC 전압을 차단한다.

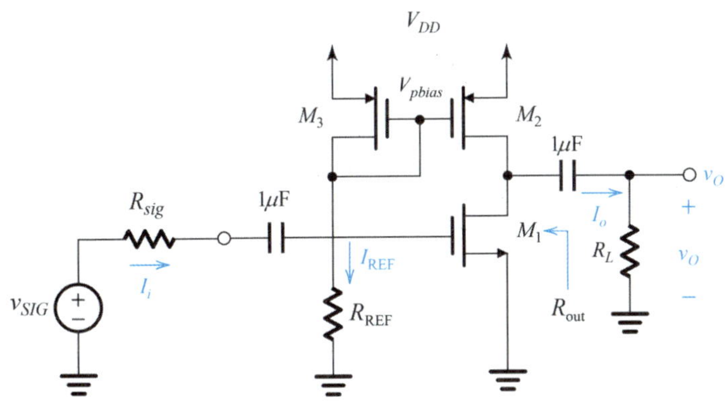

[그림 17-5] 능동 부하가 있는 공통 소오스 증폭기 회로(실험회로 1)

[그림 17-6]은 PSpice 모의실험을 위한 공통 소오스 증폭기의 회로도이다. 커플링 커패시터인 C1, C2를 이용하여 DC 레벨을 차단하고, R4와 R5을 통해서 입력 바이어스를 잡도록 하였다. 또한 M3와 R1으로 전류원을 구성하여 능동 부하 M2의 바이어스를 잡도록 하였다.

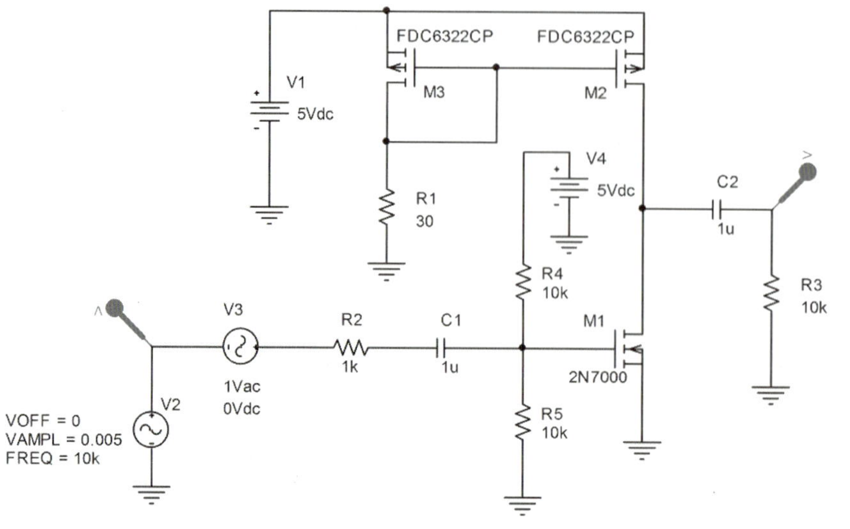

[그림 17-6] PSpice 모의실험을 위한 공통 소오스 증폭기의 회로도

[그림 17-7]은 능동 부하가 있는 공통 소오스 증폭기의 PSpice 모의실험 결과이다. 여기서 입력 파형은 주파수가 1kHz, 크기는 $0.1\mathrm{mV}_{p-p}$인 정현파이고, 출력 파형은 주파수가 1kHz, 크기가 $1.8\mathrm{mV}_{p-p}$인 정현파이므로 전압 이득은 18V/V임을 알 수 있다.

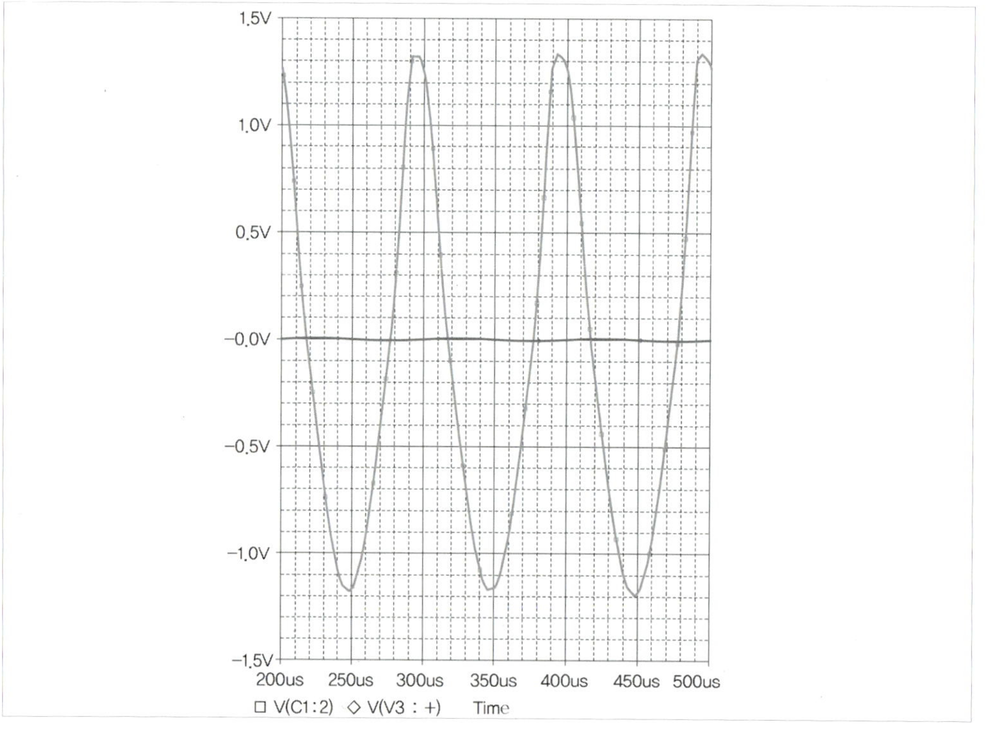

[그림 17-7] 능동 부하가 있는 공통 소오스 증폭기의 PSpice 모의실험 결과

17.3 실험 절차

1 [실험 16]에서 결정한 V_{pbias}와 I_{REF} 값을 바탕으로 공통 소오스 증폭기의 입력-출력의 DC 전압 레벨이 원하는 만큼 나오는지 확인한다.

2 [실험 16]에서 V_{pbias}와 I_{REF} 값을 바탕으로 공통 소오스 증폭기의 입력 전압을 0V에서 6V까지 500mV 단위로 변화시키면서 생성되는 출력을 측정하여 [표 17-1]에 기록하고, [그림 17-8]에 입력-출력 전압의 전달 특성 곡선을 그리시오.

3 전압 이득이 최소 10V/V 이상 나오는지 보기 위해 입력에 10kHz의 0.01V_{p-p} 정현파의 입력 전압을 인가한다. 이때 공통 소오스 증폭기의 입력-출력 전압의 크기를 [표 17-2]에 기록하여 전압 이득을 구하고, 크기와 위상을 고려하여 v_{SIG}, 입력 전압(M_1의 게이트 전압 V_{gs}), 출력 전압(M_1의 드레인 전압 V_{ds}) 파형을 캡처하여 [그림 17-9]에 기록한다.

4 구현한 회로의 입력 저항과 출력 저항을 직접 측정하여 [표 17-3]에 기록하시오. 입력 저항을 측정하기 위해 입력의 DC 전압을 변화시키면서 입력 쪽에 흘러 들어가는 DC 전류를 측정한다. 출력 저항을 측정하기 위해 입력에 0V를 인가하고, 출력 쪽에 DC 전압을 변화시키면서 출력 쪽에 흘러 들어가는 DC 전류를 측정한다.

17.4 고찰 사항

(1) 전압 이득의 계산값과 측정값이 다른 이유를 분석하시오.

(2) 출력 전압의 크기와 왜곡 여부에 영향을 줄 수 있는 설계 요인들을 생각해보고, 그 원인을 분석하시오.

요약

이 실험에서는 능동 부하가 있는 공통 소오스 증폭기의 전압 이득 특성을 살펴보았다. 증폭기의 전압 이득을 측정하기 위해 입력단에 DC 전압과 소신호를 인가한 후 출력 전압을 측정하였다. 또한 원하는 DC 동작점에서 동작하는지와 원하는 전압 이득이 나오는지를 확인하기 위해 전압 전달 특성 곡선을 측정하였다. 입력 신호의 크기가 증가됨에 따라 전압 이득에 어떤 영향을 미치는지도 실험을 통하여 확인하였고, 증폭기의 입력-출력 저항도 측정하였다.

퀴즈

(1) 능동 부하로 사용되는 MOSFET의 동작 영역은?

① 차단 영역　② 포화 영역
③ 능동 영역　④ 트라이오드 영역

(2) 능동 부하로 사용되는 MOSFET의 임피던스는 얼마인가?

① $\frac{1}{g_m}$　② r_o
③ r_π　④ g_m

(3) 다음 중 능동 부하가 저항 부하에 비해서 가지는 단점은?

① 양단 사이의 전압 강하가 크다.　② 동작 영역에 민감하다.
③ 공정 비용이 비싸다.　④ 저항에 비해서 정확도가 낮다.

(4) 예비 보고 사항에서 능동 부하가 있는 공통 소오스 증폭기의 전압 이득은 얼마인가?

예비 보고 사항

(1) [그림 17-5]의 실험회로를 T 모델을 사용하여 소신호 등가회로로 표현하고, 입력단에서 바라본 회로의 입력 저항 R_{in}, 출력단에서 바라본 회로의 출력 저항 R_{out}, 게이트-드레인(gate-drain) 간 전압 이득, 전체 전압 이득을 계산하시오.
(2) 구현한 회로의 입력 저항 R_{in}과 출력 저항 R_{out}을 직접 측정할 수 있는 방법을 설명하시오. 단, 입력단 저항 R_{sig}, 부하 저항 R_L을 가변 저항으로 사용할 수 있다.
(3) 10kHz의 $0.01V_{p-p}$ 정현파를 입력 전압 V_{sig}으로 인가했을 때, 왜곡 없이 최소 $0.1V_{p-p}$ 정현파를 얻는 $A_v = 10V/V$ 공통 소오스 증폭기를 설계하시오. 수식을 통한 계산과 더불어 PSpice 등의 모의실험 툴을 이용해서 검증하시오.

자르는 선

실험 17 실험 결과

[실험 절차]에 따라 [실험 결과]를 작성하시오.

1

공통 소스 증폭기의 입력-출력 DC 전압 레벨 확인

2

[표 17-1] 특성 곡선을 그리기 위한 입력-출력 DC 전압 측정

V_{pbias}	I_{REF}	입력의 DC 전압 레벨	출력의 DC 전압 레벨	V_{pbias}	I_{REF}	입력의 DC 전압 레벨	출력의 DC 전압 레벨

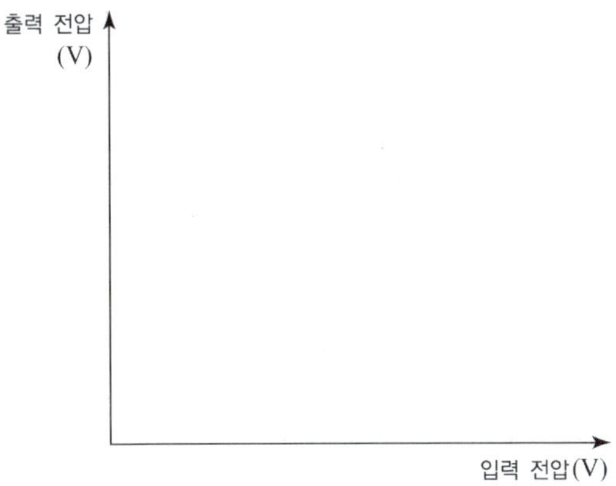

[그림 17-8] 공통 소스 증폭기의 입력-출력 전달 특성 곡선

3

[표 17-2] 공통 소오스 증폭기의 실험 결과

입력 신호		출력 신호		전압 이득		입력 신호		출력 신호		전압 이득	
크기 (mV)	주파수 (kHz)	크기 (mV)	주파수 (kHz)	$A_v = \lvert v_O / v_{SIG} \rvert$	$A_v = 20\log \lvert v_O / v_{SIG} \rvert$	크기 (mV)	주파수 (kHz)	크기 (mV)	주파수 (kHz)	$A_v = \lvert v_O / v_{SIG} \rvert$	$A_v = 20\log \lvert v_O / v_{SIG} \rvert$

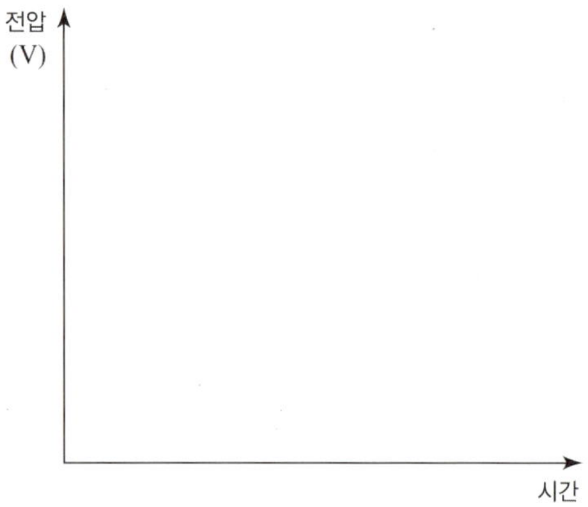

(a) 입력 파형

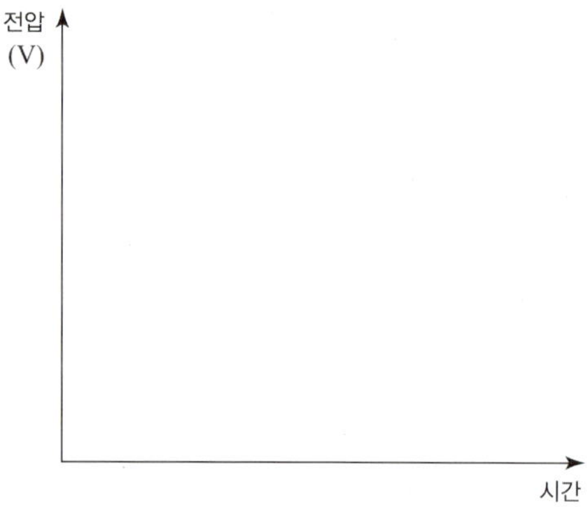

(b) 출력 파형

[그림 17-9] 공통 소오스 증폭기의 입력 파형과 출력 파형

4

[표 17-3] 공통 소오스 증폭기의 입력 저항과 출력 저항

입력		출력		출력 저항		입력		출력		출력 저항	
전압 (v_{SIG})	전류 (I_i)	전압 (v_O)	전류 (I_O)	저항 (R_{in})	저항 (R_{out})	전압 (v_{SIG})	전류 (I_i)	전압 (v_O)	전류 (I_O)	저항 (R_{in})	저항 (R_{out})

실 험 18

증폭기의 주파수 응답 특성

실험 개요

이 실험에서는 [실험 17]에서 구현한 공통 소오스 증폭기의 주파수 응답 특성에 대해 실험함으로써 대역폭(bandwidth)의 개념을 이해하고, 이득과 대역폭 사이의 관계를 파악한다. 증폭기에 사용되는 트랜지스터 내부의 기생 커패시턴스들로 인해서 주파수에 따라 전압 이득 및 위상이 변하며, 어느 주파수 대역까지 증폭기의 전압 이득이 유지되는지의 척도인 대역폭을 알아야 원하는 응용 범위에 사용할 수 있다. 그리고 증폭기의 전류나 면적이 제한되어 있을 때 증폭기 전압 이득과 대역폭의 곱은 일정한 관계가 성립하는데, 실험을 통해서 이러한 관계를 이해하고자 한다.

실험 기자재 및 부품

- DC 파워 서플라이
- 함수 발생기
- 커패시터
- 디지털 멀티미터
- 2n7000(NMOS) (1개)
- FQP17P10(PMOS) (2개) (단, PSpice 모의실험은 FDC6322CP 사용)
- 오실로스코프
- 저항

18.1 배경 이론

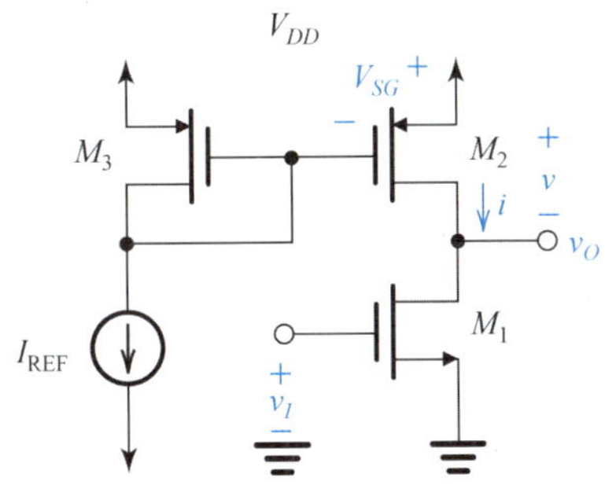

[그림 18-1] 능동 부하가 있는 공통 소오스 증폭기의 회로

[그림 18-1]은 [실험 17]에서 실험한 능동 부하가 있는 공통 소오스 증폭기의 회로이다. M_1과 M_2 모두 포화 영역에서 동작을 해야 증폭기로서 사용할 수 있고, M_2의 출력 저항 r_O가 부하의 역할을 하게 된다([그림 17-2] 참조).

[그림 18-1] 회로의 저주파 대역에서의 전압 이득은 $A_{VO} = -g_m \times r_O$로 표현할 수 있다([그림 17-3] 참조).

MOSFET의 고주파 대역에서의 소신호 등가회로는 [그림 18-2]와 같이 나타낼 수 있다. 게이트와 소오스 사이, 게이트와 드레인 사이에 각각 C_{gs}, C_{gd} 커패시턴스가 존재함을 알 수 있다.

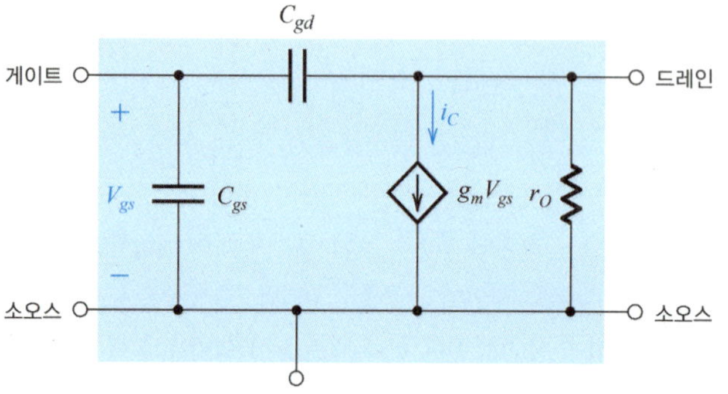

[그림 18-2] MOSFET의 고주파 모델

[그림 18-3]은 [그림 18-2]에 나타낸 MOSFET의 고주파 모델high frequency model을 적용한 공통 소오스 증폭기의 소신호 등가회로이다.

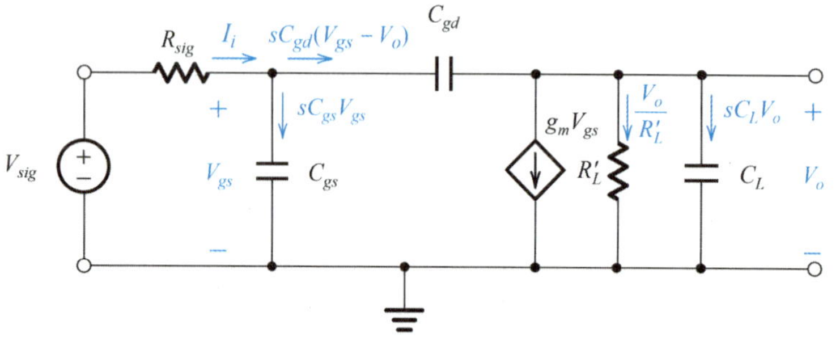

[그림 18-3] 능동 부하가 있는 공통 소오스 증폭기의 소신호 등가회로

[그림 18-3]을 분석하기 위해 드레인 단자에서의 키르히호프의 전류 법칙(KCL)을 적용하면 식 (18.1)과 같이 표현할 수 있다.

$$sC_{gd}\left(V_{gs} - V_o\right) = g_m V_{gs} + \frac{V_o}{R_L'} + sC_L V_o$$
$$V_{gs} = \frac{-V_o}{g_m R_L'} \frac{1 + s\left(C_L + C_{gd}\right)R_L'}{1 - sC_{gd} / g_m} \tag{18.1}$$

게이트 단자에서의 키르히호프의 전압 법칙(KVL)을 적용하면 식 (18.2)와 같이 표현할 수 있다.

$$V_{sig} = I_i R_{sig} + V_{gs} \tag{18.2}$$

게이트 단자에서의 KCL을 적용하면 식 (18.3)과 같이 표현할 수 있다.

$$I_i = sC_{gs}V_{gs} + sC_{gd}\left(V_{gs} - V_o\right) \tag{18.3}$$

식 (18.2)와 식 (18.3)을 연립하면 식 (18.4)와 같이 표현할 수 있다.

$$V_{sig} = V_{gs}\left[1 + s(C_{gs} + C_{gd})R_{sig}\right] - sC_{gd}R_{sig}V_o \tag{18.4}$$

식 (18.1)과 식 (18.4)를 연립하면 식 (18.5)와 같이 표현할 수 있다.

$$\frac{V_o}{V_{sig}} = \frac{-(g_m R_L')\left[1 - s(C_{gd}/g_m)\right]}{1 + s\left\{\left[C_{gs} + C_{gd}(1 + g_m R_L')\right]R_{sig} + \left(C_L + C_{gd}\right)R_L'\right\} + s^2\left[\left(C_L + C_{gd}\right)C_{gs} + C_L C_{gd}\right]R_{sig}R_L'} \tag{18.5}$$

식 (18.5)의 분모를 $D(s)$라 하면, $D(s)$는 식 (18.6)과 같이 표현할 수 있다.

$$\begin{aligned} D(s) &= \left(1 + \frac{s}{\omega_{P1}}\right)\left(1 + \frac{s}{\omega_{P2}}\right) \\ &= 1 + s\left(\frac{1}{\omega_{P1}} + \frac{1}{\omega_{P2}}\right) + \frac{s^2}{\omega_{P1}\omega_{P2}} \end{aligned} \tag{18.6}$$

$\omega_{P2} \gg \omega_{P1}$ 이라 가정하면, 식 (18.7)과 같이 나타낼 수 있다.

$$D(s) \cong 1 + \frac{s}{\omega_{P1}} + \frac{s^2}{\omega_{P1}\omega_{P2}} \tag{18.7}$$

식 (18.5)의 분모와 식 (18.7)을 비교하면 식 (18.8)과 같이 2개의 극점pole을 구할 수 있다.

$$\begin{aligned} \omega_{P1} &\cong \frac{1}{\left[C_{gs} + C_{gd}(1 + g_m R_L')\right]R_{sig} + \left(C_L + C_{gd}\right)R_L'} \\ \omega_{P2} &= \frac{\left[C_{gs} + C_{gd}(1 + g_m R_L')\right]R_{sig} + \left(C_L + C_{gd}\right)R_L'}{\left[\left(C_L + C_{gd}\right)C_{gs} + C_L C_{gd}\right]R_L' R_{sig}} \end{aligned} \tag{18.8}$$

따라서 공통 소오스 증폭기의 주파수 응답 특성을 그리면 [그림 18-4]와 같은 보드 선도bode plot를 그릴 수 있다. 즉 f_{3dB} 이하에서는 일정한 DC 전압 이득voltage gain을 가지고, f_{3dB} 이상에서는 전압 이득이 감소하는 경향을 보인다.

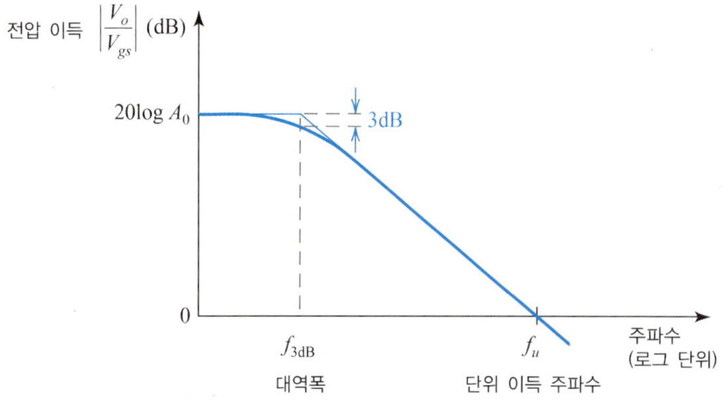

[그림 18-4] 능동 부하가 있는 공통 소오스 증폭기의 주파수 특성

18.2 실험회로 및 PSpice 시뮬레이션

[그림 18-5]의 회로에서 M_1이 입력 트랜지스터이므로 입력 전압에 비례하는 출력 전류를 생성하는 역할을 하고, M_1의 트랜스컨덕턴스 g_m이 전압 이득을 결정하게 된다. M_2의 출력 저항이 능동 부하 저항의 역할을 하고, M_1의 출력 저항과 병렬 연결로 증폭기의 출력 저항을 제공한다. M_3와 R_{REF}로 구성된 기준 전류원으로부터 M_2의 DC 바이어스 전류가 결정된다. 증폭기의 입력과 출력 쪽에는 각각 1μF의 커플링 커패시터를 달아서 DC 전압을 차단한다.

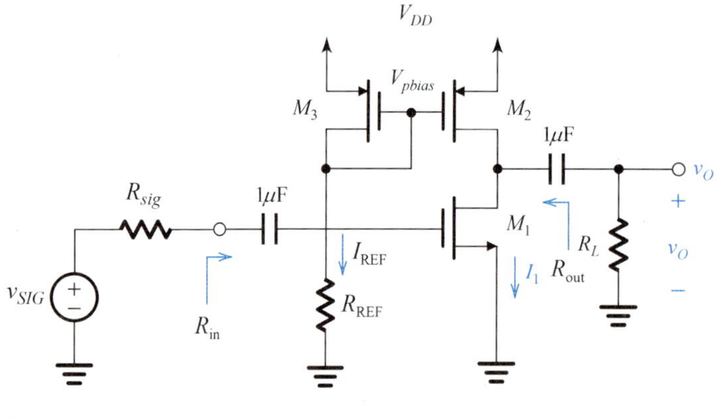

[그림 18-5] 능동 부하가 있는 공통 소오스 증폭기 회로(실험회로 1)

[그림 18-6]은 PSpice 모의실험을 위한 공통 소오스 증폭기의 회로도이다. 커플링 커

패시터들인 C1, C2를 이용하여 DC 레벨을 차단하고, R4와 R5를 통해서 입력 바이어스를 잡도록 하였다. 또한, M3와 R1으로 전류원을 구성하여 능동 부하 M2의 바이어스를 잡도록 하였다.

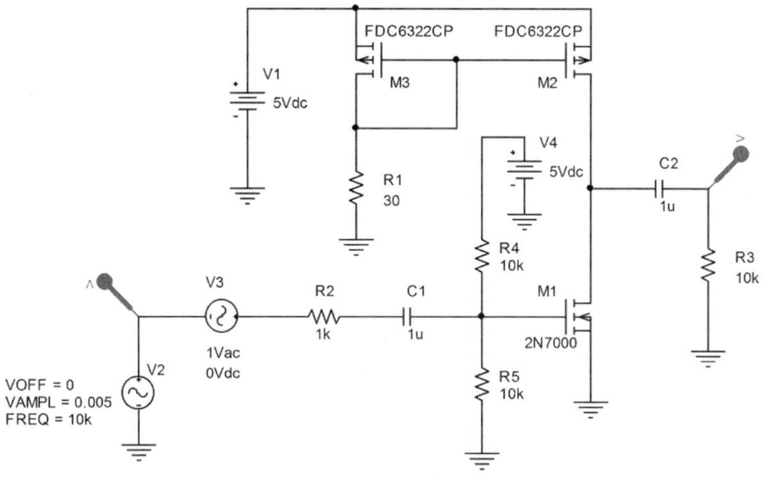

[그림 18-6] 능동 부하가 있는 공통 소오스 증폭기의 회로도

[그림 18-7]은 능동 부하가 있는 공통 소오스 증폭기의 입력 주파수를 10Hz부터 100MHz까지 바꾸면서 출력 파형의 크기 변화를 보여주고 있다. 여기서 3dB 주파수는 7.46MHz임을 알 수 있다.

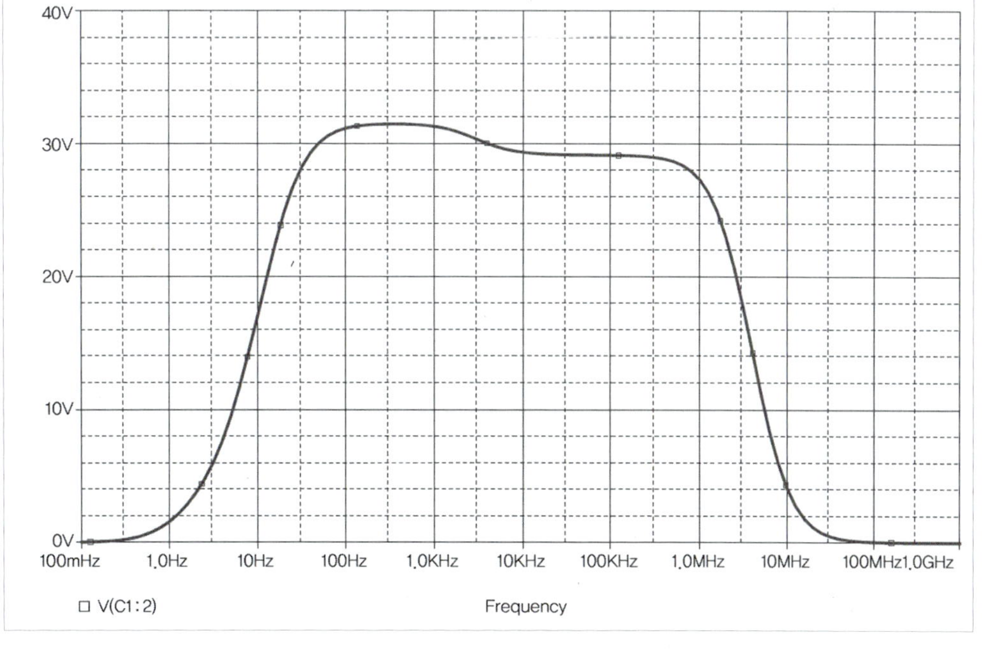

[그림 18-7] 능동 부하가 있는 공통 소오스 증폭기의 주파수 특성

18.3 실험 절차

1 [실험 16]의 실험 절차와 같이, 공통 소오스 증폭기의 입력-출력에 원하는 DC 전압 및 전압 이득이 나오게 하기 위해 M_1, M_2에 흐르는 DC 전류 I_1을 결정하고, 이 전류를 생성하기 위한 V_{pbias} 및 I_{REF} 전류도 결정하여 회로를 구성하시오([실험 16] 및 [실험 17]의 실험 절차 참조).

2 실험 절차 1의 과정을 거쳐서 완성된 공통 소오스 증폭기의 주파수 응답 특성(특히 3dB 대역폭 특성)을 알아보기 위해 입력 신호를 주파수를 변화시키면서 전압 이득이 어떻게 변화하는지 [표 18-1]에 기록하고, [그림 18-8]과 같은 형태의 보드 선도를 그리시오(그림은 X축을 로그 스케일의 주파수로, Y축을 전압 이득의 dB 값으로 나타내시오). 이를 바탕으로 대역폭을 구하시오. 측정 시 오실로스코프의 최대 주파수를 확인하고, 1kHz부터 100MHz까지 로그 스케일로 균일하게 측정하되 3dB 주파수(f_{3dB}) 부근에서는 촘촘하게 측정하시오.

3 위의 결과를 바탕으로 이득 대역폭 곱을 구하시오.

4 이득 대역폭 곱을 증가시킬 수 있는 방안을 찾아서 실험을 수행한 후, 보드 선도를 그려서 확인하시오.

18.4 고찰 사항

(1) f_{3dB}의 계산값과 측정값이 다른 이유를 분석하시오.

(2) 실험회로에서 3dB 주파수(f_{3dB})를 증가시키기 위한 방법을 설명하시오.

요약

이 실험에서는 [실험 17]에서 구현한 공통 소오스 증폭기의 주파수 응답 특성을 이론적으로 이해하고 실험하였다. 트랜지스터 내부에 존재하는 기생 커패시턴스 및 출력 커패시턴스에 의해서 전압 이득이 주파수가 증가됨에 따라 감소하는 것을 실험을 통해 확인하였다. 또한 전류가 일정한 조건에서 이득이 감소하면 대역폭이 증가되는 관계, 즉 이득 대역폭의 곱이 일정한 관계가 성립함을 확인하였다. 이득 대역폭의 곱을 증가시키기 위해서는 트랜지스터의 크기(W/L)가 고정되었을 때, 전류를 증가시켜야 함을 실험을 통해서 확인하였다.

퀴즈

(1) 같은 DC 전류에 대해서 공통 소스 증폭기의 중간대역 전압 이득이 높아질 수록 대역폭은 어떻게 변화하는가?

① 증가한다. ② 감소한다.
③ 변함 없다. ④ 반비례한다.

(2) 공통 소스 증폭기의 대역폭을 결정하는 것은?

① 중간 영역 이득 ② 3dB 주파수
③ 커플링 커패시턴스 ④ 바이패스 커패시턴스

(3) 공통 소스 증폭기의 주파수 응답 특성이 나타나는 원인이 아닌 것은?

① MOSFET 내부 커패시턴스 ② 증폭기 내부 저항
③ 공급 전압 ④ 부하 커패시턴스

(4) 공통 소스 증폭기가 두 개의 극점pole을 가지고 있을 때, 전압 이득의 주파수에 대한 기울기는?

① −3dB/dec ② −6dB/dec
③ −12dB/dec ④ +3dB/dec

(5) PSpice를 이용하여 주어진 회로를 모의실험한 결과, I_{REF}, I_1, V_{pbias}는 각각 얼마인가?

(6) 예비 보고 사항에서 능동 부하가 있는 공통 소스 증폭기의 f_{3dB}는 얼마인가?

(7) 예비 보고 사항에서 능동 부하가 있는 공통 소스 증폭기의 전압 이득은 얼마인가?

예비 보고 사항

(1) [그림 18-5]의 실험회로를 소신호 등가 모델을 사용하여 소신호 등가회로로 표현하고, 입력단에서 바라본 회로의 입력 저항 R_{in}, 출력단에서 바라본 회로의 출력 저항 R_{out}, 게이트-드레인 간 전압 이득, 전체 전압 이득을 계산하시오.

(2) 구현한 회로의 입력 저항 R_{in}과 출력 저항 R_{out}을 직접 측정할 수 있는 방법을 설명하시오. 단, 입력단 저항 R_{sig}, 부하 저항 R_L을 가변 저항으로 사용할 수 있다.

(3) 10kHz의 $0.01V_{p-p}$ 정현파를 입력 전압 V_s로 인가했을 때, 왜곡이 없는 최소 $0.1V_{p-p}$ 정현파 출력을 얻는 $A_v = 10V/V$ 공통 소오스 증폭기를 설계하시오. 수식을 통한 계산과 더불어 PSpice 등의 모의실험 툴을 이용해서 검증하시오.

(4) 전류 거울에 의해 결정되는 I_{REF}와 I_1 전류 사이의 관계를 구하시오. V_{pbias} 전압도 계산하시오. 이때 트랜지스터의 출력 저항이 I_1 전류에 미치는 영향을 고려하시오.

(5) [실험 17]에서 제작한 공통 소오스 증폭기를 PSpice를 이용하여 주파수 응답 특성에 대해 알아보시오. PSpice를 이용하여 X축을 로그 스케일의 주파수로, Y축을 전압 이득의 dB 값으로 나타낸 그림(보드 선도)을 그리시오. 10kHz의 전압 이득을 중간주파수 대역 이득으로 계산하여 3dB 주파수를 찾아보고, 이득 대역폭 곱(gain bandwidth product)을 계산하시오.

(6) 이득 대역폭 곱을 증가시키기 위한 방안을 제시하시오.

자르는 선

실험 18 실험 결과

[실험 절차]에 따라 [실험 결과]를 작성하시오.

1

공통 소오스 증폭기의 DC 바이어스 전류(I_{REF}) 및 전압(V_{pbias}) 결정

2

[표 18-1] 공통 소오스 증폭기의 주파수 특성

입력 신호		출력 신호		전압 이득		입력 신호		출력 신호		전압 이득	
크기 (mV)	주파수 (kHz)	크기 (mV)	주파수 (kHz)	$A_v = \lvert v_O / v_{SIG} \rvert$	$A_v = 20\log \lvert v_O / v_{SIG} \rvert$	크기 (mV)	주파수 (kHz)	크기 (mV)	주파수 (kHz)	$A_v = \lvert v_O / v_{SIG} \rvert$	$A_v = 20\log \lvert v_O / v_{SIG} \rvert$

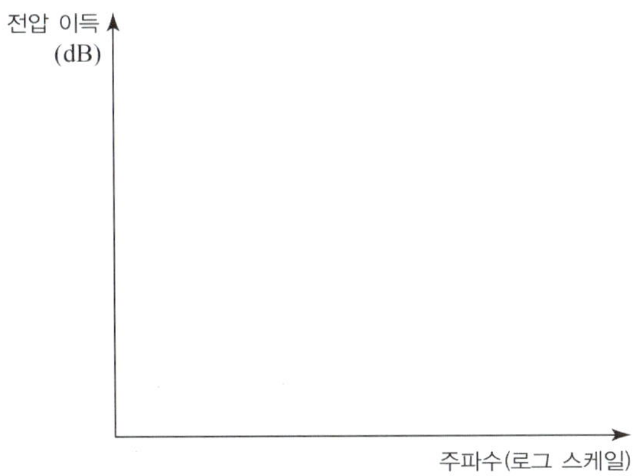

[그림 18-8] 능동 부하가 있는 공통 소오스 증폭기의 보드 선도

3

공통 소오스 증폭기의 이득-대역폭 계산

4

공통 소오스 증폭기의 이득-대역폭 향상 여부 확인

실험 19

A, B 및 AB급 전력 증폭기

실험 개요

전력 증폭기(power amplifier)는 작은 입력 전력을 증폭하여 큰 출력 전력을 얻기 위해 사용되며, 동작 조건에 따라서 A, B, AB급 등으로 구분된다. 소신호 증폭기보다는 더욱 큰 신호 조건에서 사용되는 전력 증폭기는 시스템의 출력단으로 사용되는 경우가 많다. 이 실험에서는 BJT를 사용한 A, B, AB급 전력 증폭기의 기본 동작 원리와 전력 이득 및 효율을 살펴보고, 기본적인 측정을 통해 이를 검증하고자 한다.

실험 기자재 및 부품

- DC 파워 서플라이
- 함수 발생기
- 2N3906 (1개)
- 디지털 멀티미터
- 2N3904 (1개)
- 저항
- 오실로스코프
- 다이오드 1N914 (1개)

19.1 배경 이론

전력 증폭기 분류

전력 증폭기는 동작 조건에 따라 A, B, AB급 증폭기로 분류되며, 각 증폭기의 사인 입력에 대한 BJT의 출력 컬렉터 전류 파형은 [그림 19-1]과 같이 표현할 수 있다.

[그림 19-1(a)]에서 볼 수 있듯이, A급 전력 증폭기에서는 입력 전압의 한 주기 동안 BJT의 출력 컬렉터 전류가 360°만큼 흐르며, 선형적으로 동작하므로 왜곡이 적은 특성을 가지고 있다. [그림 19-1(b)]에서 B급 전력 증폭기는 입력의 앞 반주기 동안만 BJT의 출력 컬렉터 전류가 흐르고, 그 후 반주기 동안에는 출력 전류가 차단되는 동작 특성을 보인다. [그림 19-1(c)]에서 AB급 전력 증폭기는 A급과 B급 사이에 동작

점이 위치하여 BJT 컬렉터 전류가 180° 이상 360° 이하에서 흐른다. [그림 19-1(d)]에서 C급 전력 증폭기는 180°보다 작은 구간 동안 BJT의 출력 컬렉터 전류가 흐른다.

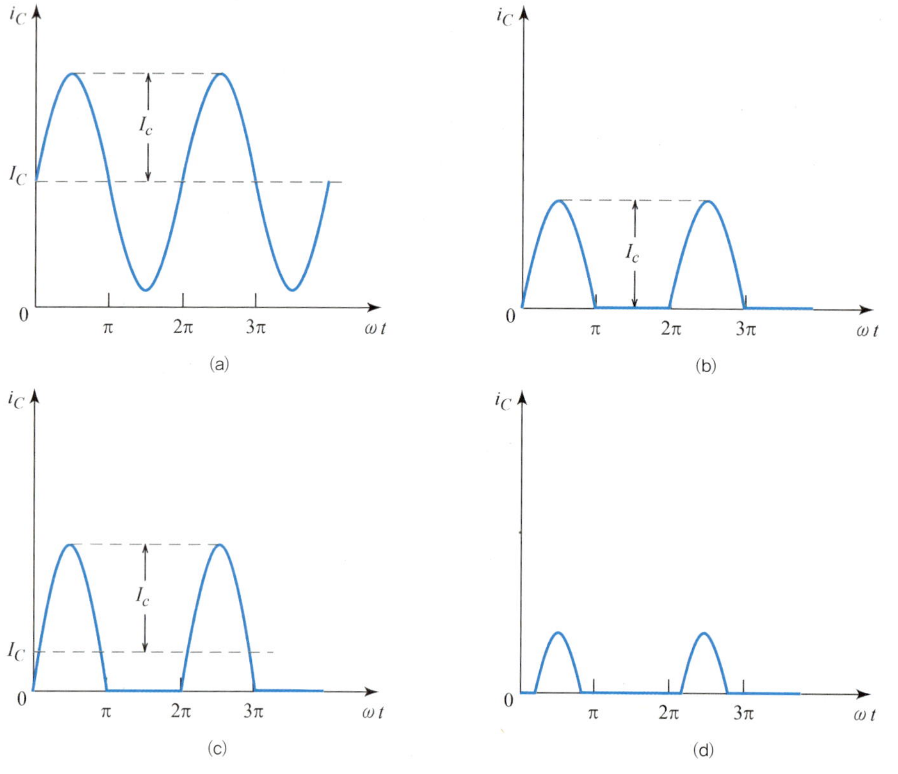

[그림 19-1] (a) A급, (b) B급, (c) AB급, (d) C급 전력 증폭기에 사용되는 BJT의 컬렉터 전류 파형

A급 증폭기

[그림 19-2]는 A급 전력 증폭기에서 출력단에 많이 사용되는 이미터 팔로워 회로이고, [그림 19-3]은 이미터 팔로워의 전압 전달 특성을 보여주고 있다.

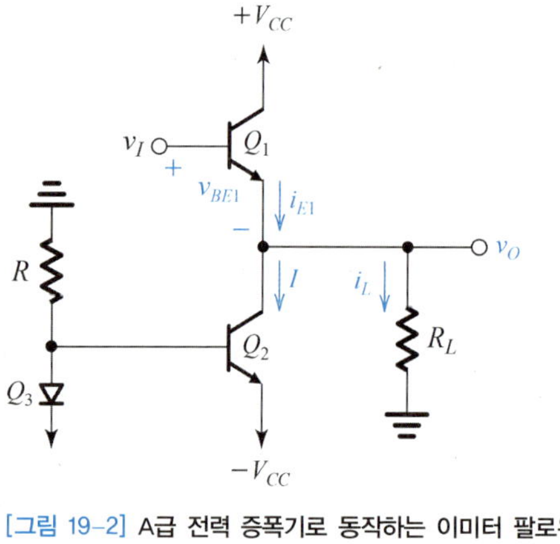

[그림 19-2] A급 전력 증폭기로 동작하는 이미터 팔로워 회로

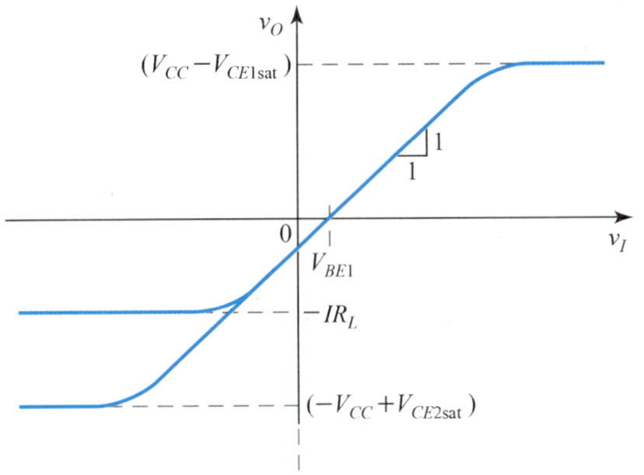

[그림 19-3] A급 전력 증폭기로 동작하는 이미터 팔로워의 전압 전달 특성

[그림 19-3]으로부터 DC 동작점이 출력 전압 범위의 중간에 위치할 때 최대 A급 출력 신호를 얻을 수 있음을 알 수 있다. 출력 전압의 최댓값은 Q_1의 포화 V_{CE} 전압(V_{CE1sat})에 의해서 제한되며, 최솟값은 Q_2의 포화 V_{CE} 전압 (V_{CE2sat})에 의해 제한된다.

[그림 19-4]의 (a)~(d)는 각각 A급 전력 증폭기의 최대 출력 전압 파형, 컬렉터-이미터 신호 파형, 컬렉터 전류 파형, 소비 전력 파형들을 나타낸다.

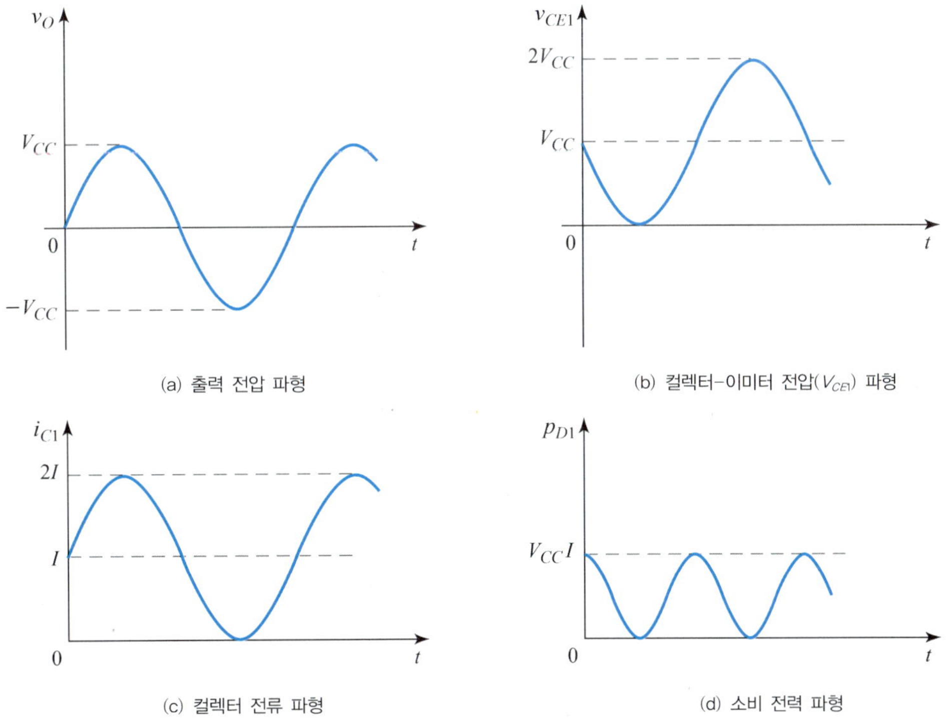

[그림 19-4] A급 전력 증폭기의 최대 파형

일반적으로 전력 증폭기의 전력 변환 효율은 식 (19.1)과 같이 부하 전력load power P_L과 전원 전력supply power P_S의 비로 정의된다.

$$\eta = \frac{P_L}{P_S} \tag{19.1}$$

출력 전압이 최대치가 V_o인 사인파라고 가정할 때, 평균 부하 전력은 식 (19.2)와 같이 정의할 수 있다.

$$P_L = \frac{(V_o/\sqrt{2})^2}{R_L} = \frac{(V_o)^2}{2R_L} \tag{19.2}$$

평균 전원 전력은 DC 전원 전압(V_{CC})과 전원으로부터 흐르는 전류(I)와의 곱으로 식 (19.3)과 같이 정의된다.

$$P_S = 2V_{CC} \times I \tag{19.3}$$

식 (19.2)와 (19.3)으로부터 전력 변환 효율을 계산하면 식 (19.4)와 같다.

$$\begin{aligned} \eta &= \frac{1}{4}\frac{(V_o)^2}{IR_L V_{CC}} \\ &= \frac{1}{4}\left(\frac{V_o}{IR_L}\right)\left(\frac{V_o}{V_{CC}}\right) \end{aligned} \tag{19.4}$$

(식 19.4)로부터 최대 전력 변환 효율은 $V_o = V_{CC} = IR_L$일 경우에 얻을 수 있으며, 그 값은 25%로서 낮은 수치임을 알 수 있다.

B급 증폭기

[그림 19-5]는 B급 전력 증폭기의 예이고, [그림 19-6]은 B급 전력 증폭기의 전압 전달 특성을 보여준다. [그림 19-5]에서 제시한 B급 전력 증폭기는 2개의 이미터 팔로워로 구성되어 있다. DC 바이어스 전류는 0이며, 입력 신호가 존재할 때만 전류가 흐르도록 동작한다. 이는 상보대칭형complementary 구조이며, Q_N과 Q_P가 입력 전압의 값에 따라 교대로 켜지는 특성을 가진다. 양의 입력의 반주기 동안 Q_N이 켜진 경우에는 전류를 부하 쪽으로 'Pushsource'하는 특성을 가지고, 음의 입력의 반주기 동안 Q_P가 켜진 경우에는 전류를 부하로부터 'Pullsink'하는 특성을 가진다. 이러한 특성 때문에 B급 증폭기를 '푸시-풀Push-Pull 증폭기'라고도 부른다.

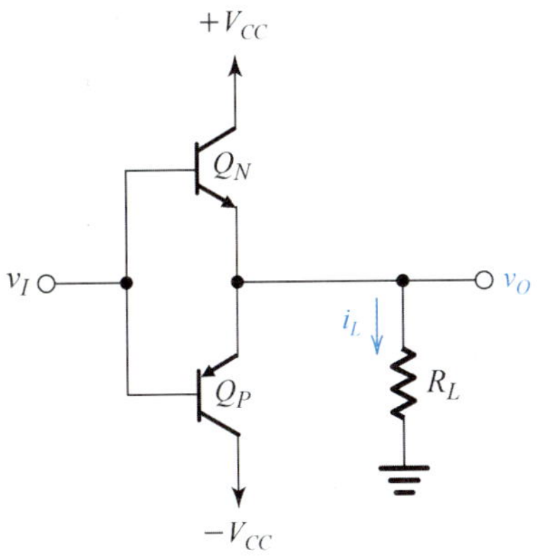

[그림 19-5] B급 전력 증폭기의 예

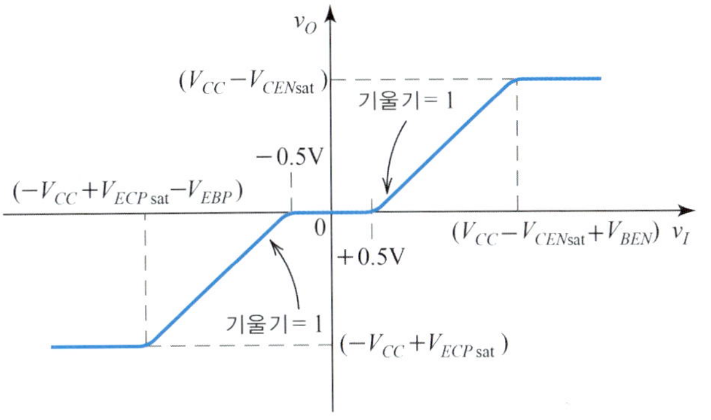

[그림 19-6] B급 전력 증폭기의 전압 전달 특성

[그림 19-6]에서 v_I가 0 부근에 있을 때 Q_N과 Q_P가 모두 꺼지고 출력 전압은 0이 되는데, 이 구간을 '불감대dead band'라고 한다. 이 구간에서는 출력 파형이 왜곡되는 '교차 왜곡crossover distortion' 현상이 발생한다.

[그림 19-7]로부터 입력 파형에 대해서 출력이 왜곡됨을 알 수 있다.

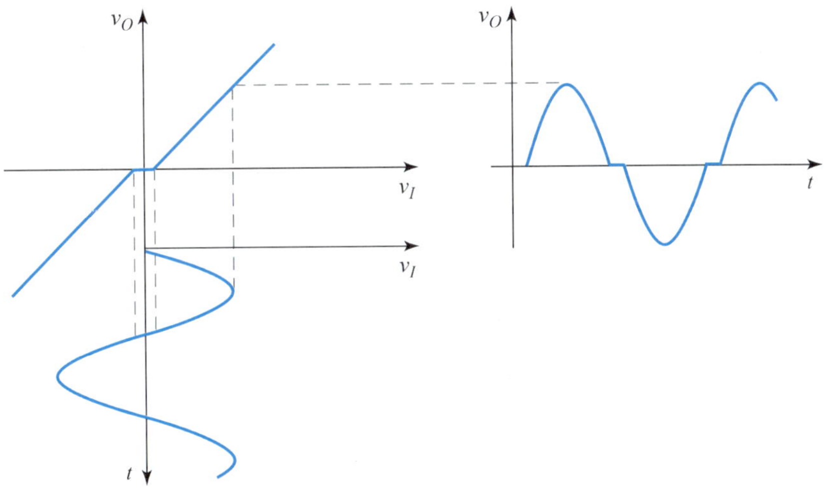

[그림 19-7] B급 전력 증폭기의 교차 왜곡

계산상의 편의를 위해서 교차 왜곡은 무시하고, B급 전력 증폭기의 전력 변환 효율을 구할 수 있다. 먼저 평균 부하 전력을 구하면 식 (19.5)와 같이 표현할 수 있다.

$$P_L = \frac{(V_o)^2}{2R_L} \tag{19.5}$$

양전원과 음전원으로부터 각각 공급되는 평균 전원 전력을 구하면 식 (19.6)과 같다.

$$P_{S+} = P_{S-} = \frac{1}{\pi}\frac{V_o}{R_L}V_{CC} \tag{19.6}$$

전체 평균 전원 전력은 식과 (19.7)과 같이 표현할 수 있다.

$$P_S = \frac{2}{\pi}\frac{V_o}{R_L}V_{CC} \tag{19.7}$$

식 (19.5)와 (19.7)로부터 전력 변환 효율을 구하면 식 (19.8)과 같다.

$$\eta = \left(\frac{1}{2}\frac{(V_o)^2}{R_L}\right) \Bigg/ \left(\frac{2}{\pi}\frac{(V_o)^2}{R_L}V_{CC}\right) = \frac{\pi}{4}\frac{V_o}{V_{CC}} \tag{19.8}$$

최대 전력 변환 효율은 V_o가 최대일 때 얻을 수 있으며, V_o의 최댓값은 Q_N과 Q_P의 포화에 의해 V_{CC} 부근으로 제한되므로, 최대 효율은 식 (19.9)와 같이 나타낼 수 있다.

$$\eta = \frac{\pi}{4} = 78.5\% \tag{19.9}$$

A급 전력 증폭기의 최대 효율 25%에 비해 B급 전력 증폭기의 효율은 매우 높음을 알 수 있다.

AB급 증폭기

[그림 19-8]은 AB급 전력 증폭기의 예이며, [그림 19-9]는 AB급 전력 증폭기의 전압 전달 특성을 보여준다. [그림 19-8]에서 Q_N과 Q_P의 베이스들 사이에 바이어스 전압 V_{BB}가 인가되므로, $V_I = 0$, $V_O = 0$인 경우에도 Q_N과 Q_P의 베이스-이미터 전압이 $V_{BB}/2$로 유지된다. 따라서 Q_N과 Q_P의 정적 전류quiescent current인 i_N과 i_P는 식 (19.10)과 같이 결정된다.

$$i_N = i_P = I_Q = I_S e^{V_{BB}/2V_T} \tag{19.10}$$

[그림 19-9]의 전압 전달 특성으로부터 B급 전력 증폭기의 단점인 교차 왜곡은 많이 완화되고, 선형적인 특성이 개선되었음을 알 수 있다. B급 증폭기에 비해 추가적인 바이어스 회로가 필요하므로, AB급 전력 증폭기의 최대 효율은 B급 증폭기보다 약간 작다.

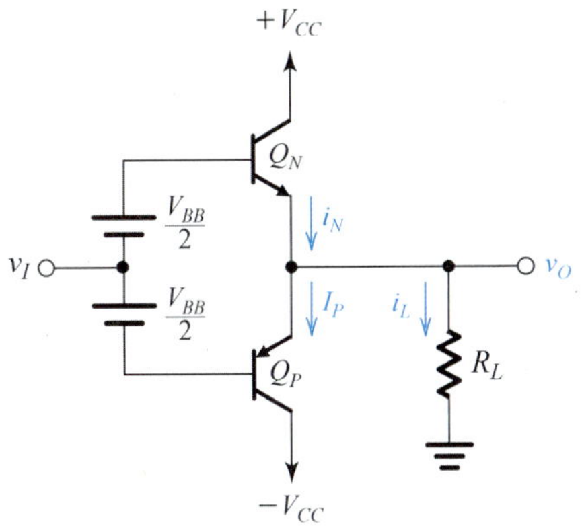

[그림 19-8] AB급 전력 증폭기

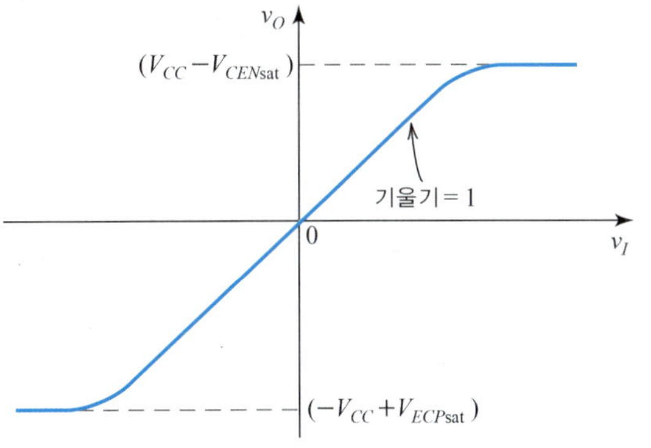

[그림 19-9] AB급 전력 증폭기의 전압 전달 특성

19.2 실험회로 및 PSpice 시뮬레이션

B급 전력 증폭기

[그림 19-10]은 npn 트랜지스터 Q_1과 pnp 트랜지스터 Q_2로 구성된 B급 전력 증폭기 회로도이다.

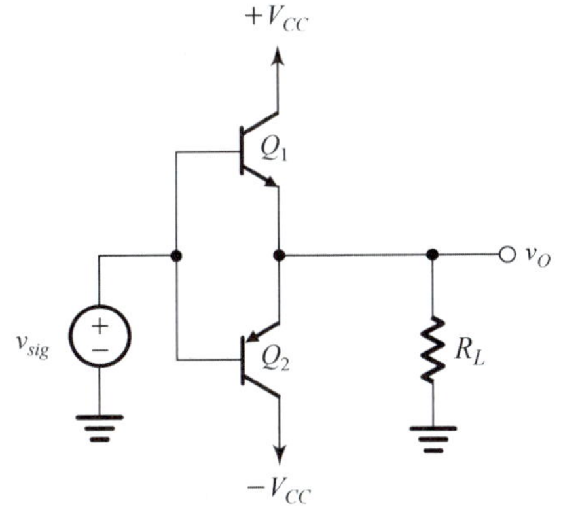

[그림 19-10] B급 전력 증폭기 회로(실험회로 1)

[그림 19-11]은 [그림 19-10]의 회로를 PSpice로 모의실험하기 위한 회로도이다.

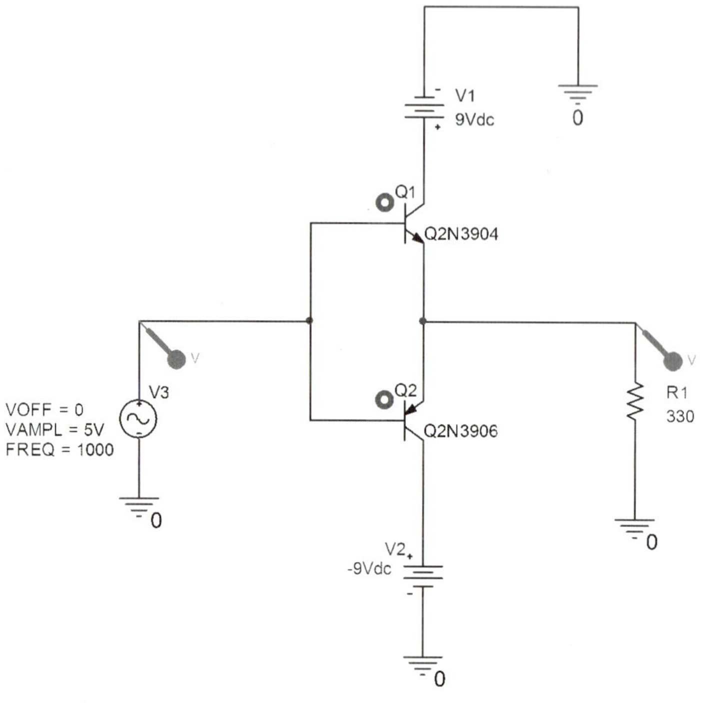

[그림 19-11] PSpice 모의실험을 위한 B급 푸시풀 전력 증폭기의 회로도

[그림 19-12]는 [그림 19-11] 회로의 PSpice 모의실험 결과이다. 입력 파형이 0V 부근에서는 Q1과 Q2가 모두 꺼져, 출력이 왜곡됨을 알 수 있다.

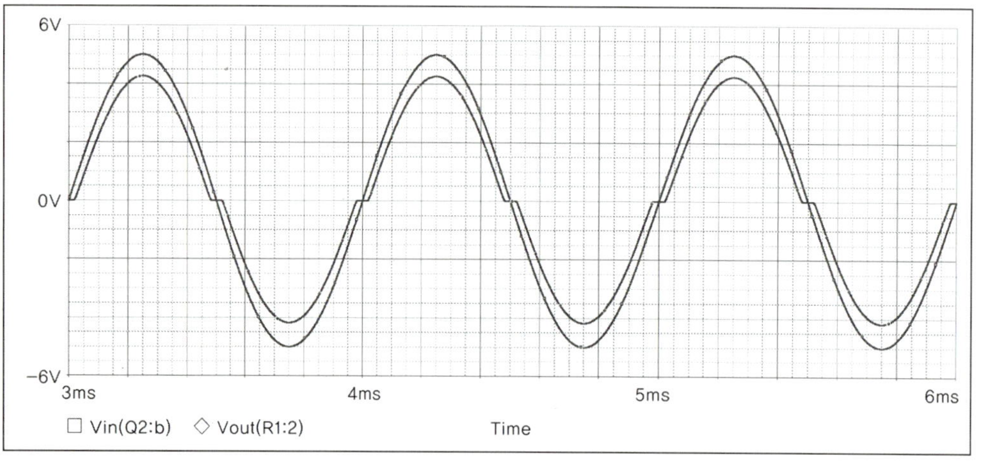

[그림 19-12] 정전류원 회로의 PSpice 모의실험 결과

AB급 전력 증폭기

[그림 19-13]은 npn 트랜지스터 Q_1, pnp 트랜지스터 Q_2로 구성된 B급 전력 증폭기에 다이오드 D_1, D_2, 저항 R_1, R_2를 이용하여 바이어스를 구현한 AB급 전력 증폭기 회로도이다.

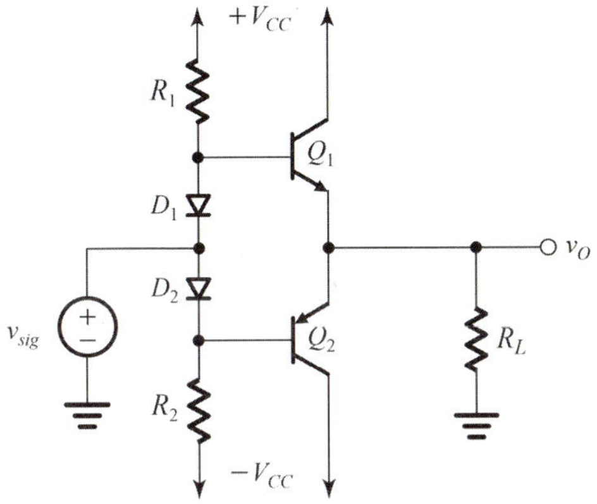

[그림 19-13] AB급 전력 증폭기 회로(실험회로 2)

[그림 19-14]는 [그림 19-13]의 회로를 PSpice로 모의실험하기 위한 회로도이다.

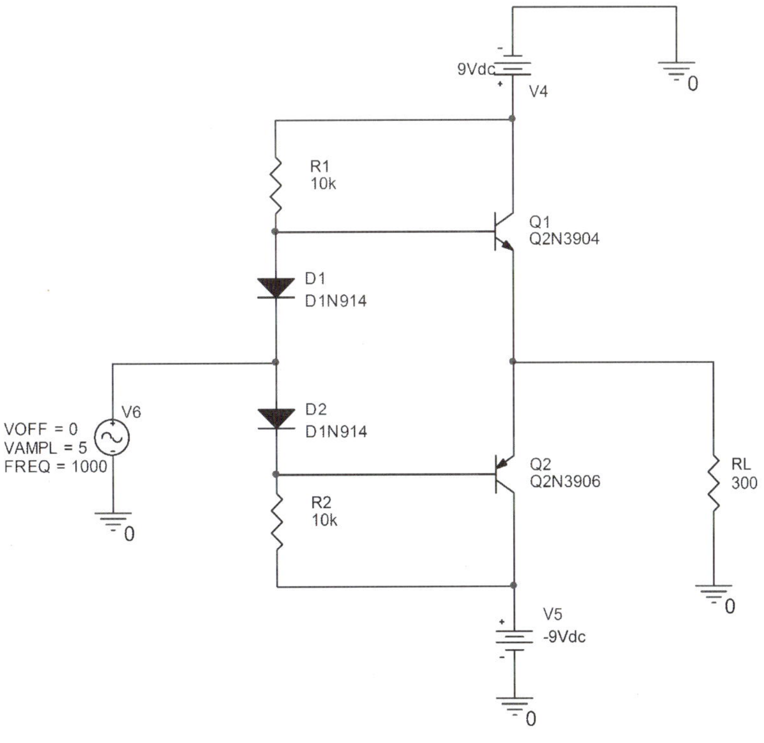

[그림 19-14] PSpice 모의실험을 위한 AB급 푸시풀 전력 증폭기의 회로도

퀴즈

(1) B급 전력 증폭기의 최대 가능 전력 변환 효율은 얼마인가?

① 25% ② 50%

③ 75% ④ 78%

(2) AB급 푸시풀 전력 증폭기에서 다이오드의 역할은?

① 출력 파형의 왜곡을 방지한다.

② 발열을 줄인다.

③ 최대 출력 전압을 높인다.

④ 전력 증폭기의 수명을 증가시킨다.

(3) AB급 전력 증폭기에서 전원 전력이 100mW이고, 입력 전력이 10mW, 부하 전력이 50mW라고 할 때, 전력 변환 효율은 얼마인가?

① 25% ② 50%

③ 75% ④ 100%

(4) A급 전력 증폭기의 효율을 계산하고, 이를 바탕으로 최대 효율 조건을 설명하시오. 또, 이론적인 최대 효율은 얼마인가?

(5) B급 전력 증폭기의 효율을 계산하고, 이를 바탕으로 최대 효율 조건을 설명하시오. 또, 이론적인 최대 효율은 얼마인가?

(6) AB급 전력 증폭기의 효율을 계산하고, 이를 바탕으로 최대 효율 조건을 설명하시오. 또, 이론적인 최대 효율은 얼마인가?

예비 보고 사항

(1) 실험회로 1([그림 19-10])의 전력 변환 효율을 계산으로 구하시오.

(2) 실험회로 1의 입력-출력 전압 전달 특성 곡선을 PSpice를 이용해서 그리시오.

(3) 실험회로 2([그림 19-13])의 전력 변환 효율을 계산으로 구하시오.

(4) 실험회로 2의 입력-출력 전압 전달 특성 곡선을 PSpice를 이용해서 그리시오.

실험 19 실험 결과

[실험 절차]에 따라 [실험 결과]를 작성하시오.

B급 전력 증폭기

1

[표 19-1] 실험회로 1의 입력-출력 전달 특성 확인을 위한 측정 데이터

입력 전압 (V_{Si})	출력 전압 (v_O)	npn 트랜지스터 동작 영역	pnp 트랜지스터 동작 영역	입력 전압 (V_{Si})	출력 전압 (v_O)	npn 트랜지스터 동작 영역	pnp 트랜지스터 동작 영역
−12V				+1V			
−11V				+2V			
−10V				+3V			
−9V				+4V			
−8V				+5V			
−7V				+6V			
−6V				+7V			
−5V				+8V			
−4V				+9V			
−3V				+10V			
−2V				+11V			
−1V				+12V			
0V							

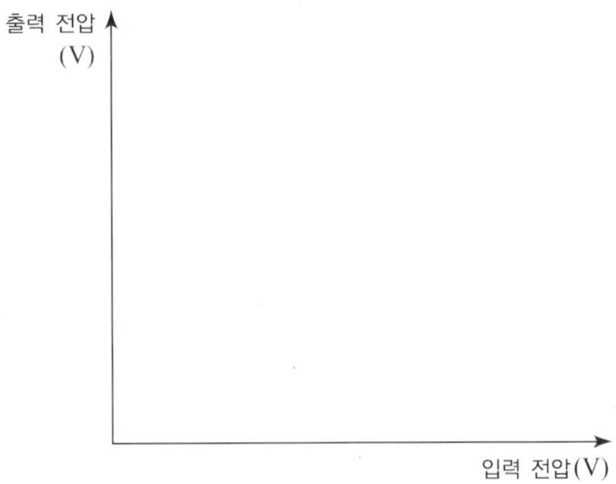

[그림 19-16] B급 증폭기의 입력-출력 전달 특성 곡선

2

[표 19-2] B급 증폭기의 입력-출력 전력 측정 및 전력 이득

입력 전압	입력 전류	입력 전력	출력 전압	출력 전류	출력 전력	전력 이득	전원 전력	전력 변환 효율

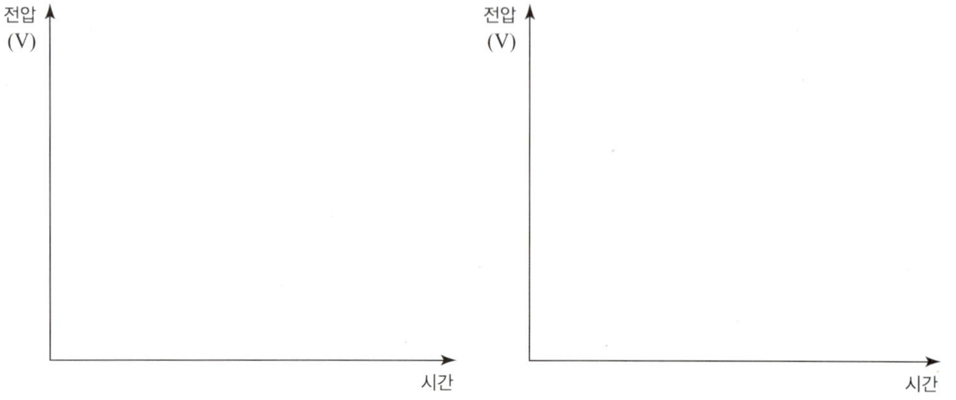

(a) 입력 파형 (b) 출력 파형

[그림 19-17] 실험회로 1의 입력 파형과 출력 파형

AB급 전력 증폭기

1

[표 19-3] 실험회로 2의 입력-출력 전달 특성 확인을 위한 측정 데이터

입력 전압 (V_{si})	출력 전압 (v_O)	npn 트랜지스터 동작 영역	pnp 트랜지스터 동작 영역	입력 전압 (V_{si})	출력 전압 (v_O)	npn 트랜지스터 동작 영역	pnp 트랜지스터 동작 영역
−12V				+1V			
−11V				+2V			
−10V				+3V			
−9V				+4V			
−8V				+5V			
−7V				+6V			
−6V				+7V			
−5V				+8V			
−4V				+9V			
−3V				+10V			
−2V				+11V			
−1V				+12V			
0V							

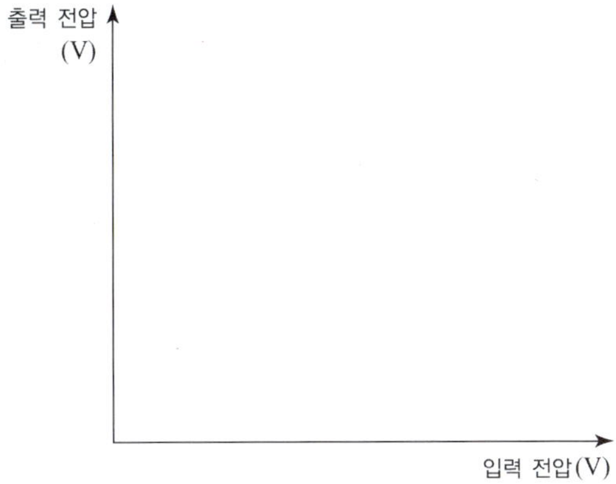

[그림 19-18] AB급 증폭기의 입력-출력 전달 특성 곡선

2

[표 19-4] AB급 증폭기의 입력-출력 전력 측정 및 전력 이득

입력 전압	입력 전류	입력 전력	출력 전압	출력 전류	출력 전력	전력 이득	전원 전력	전력 변환 효율

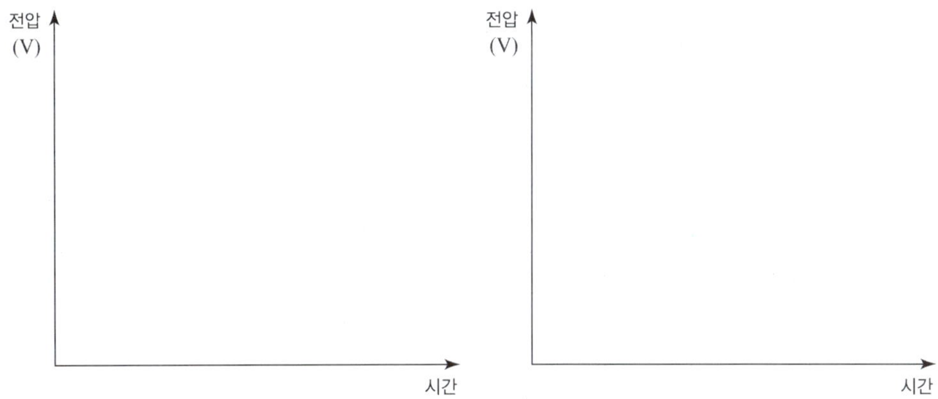

(a) 입력 파형 (b) 출력 파형

[그림 19-19] 실험회로 2의 입력 파형과 출력 파형

m.e.m.o

실험 20

차동 증폭기 기초 실험

실험 개요

차동 증폭 회로(differential amplifier)는 출력이 단일한 단일 증폭 회로(single-ended amplifier)에 비하여 노이즈와 간섭에 의한 영향이 적고, 바이패스(bypass) 및 커플링(coupling) 커패시터를 사용하지 않고도 증폭 회로를 바이어싱하거나 다단 증폭기의 각 단을 용이하게 커플링할 수 있으므로, 집적회로의 제작 공정이 좀더 용이하여 널리 사용되고 있다. 이 실험에서는 MOSFET을 사용한 차동 쌍의 동작을 위한 기본 조건을 살펴보고 기본적인 측정을 통하여 검증하고자 한다. 이를 토대로 부하 저항을 연결한 MOSFET 차동 증폭 회로를 구성하여 확인하고, 특성을 분석한다.

실험 기자재 및 부품

- DC 파워 서플라이
- 함수 발생기
- 디지털 멀티미터
- 2n7000(NMOS) (4개)
- 오실로스코프
- 저항

20.1 배경 이론

능동 부하와 전류 거울

집적회로를 설계할 때 일정한 전류원constant DC current source 또는 reference current이 가장 기본적인 요소가 되는데, 전류원이 필요한 곳마다 저항을 사용하여 회로를 설계하면 신뢰성이 저항의 정확도에 따라 결정된다. 따라서 수동 부하 저항을 사용하여 집적회로를 설계하기보다는 능동 부하 회로를 이용하는 것이 좋다. 이러한 방법의 장점은 값이 정확한 저항 한 개를 회로 외부에 위치시키고, 이 저항에 흐르는 전류를 능동 회로로 사용하여 조정할 수 있다는 점이다. 이같은 능동 부하 중에서 전류 거울에 대하여 살펴보자.

먼저 [그림 20-1]의 회로를 살펴보자. 이는 MOSFET 2개로 이루어진 회로이며, 저항 R에 흐르는 전류를 최초로 생성한 일정한 전류원으로 생각하면 M_1에 흐르는 전류 I_{D1}이 I_{REF}가 된다. 이 전류값은 오직 저항 R과 V_{DD}에 의해서만 결정되며, 게이트에 전류가 흐르지 않고 채널길이 변조channel length modulation를 무시한다고 가정하면, 2개의 MOSFET의 V_{GS}는 서로 같다. 또한 포화 영역에서 2개의 MOSFET을 동작시키면 V_{GS}가 같기 때문에 다음과 같은 식이 성립한다.

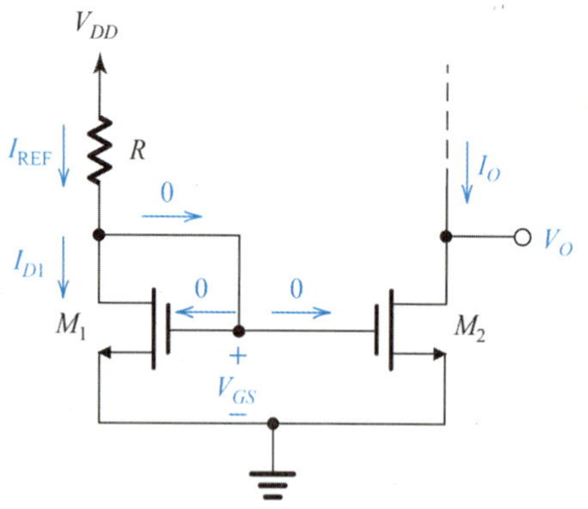

[그림 20-1] 전류 거울

$$I_{D1} = \frac{1}{2}k_n'\left(\frac{W}{L}\right)_1 (V_{GS} - V_{thn})^2$$

$$I_{D1} = I_{REF} = \frac{V_{DD} - V_{GS}}{R}$$

$$I_O = I_{D2} = \frac{1}{2}k_n'\left(\frac{W}{L}\right)_2 (V_{GS} - V_{thn})^2$$

$$\frac{I_O}{I_{REF}} = \frac{(W/L)_2}{(W/L)_1} \tag{20.1}$$

식 (20.1)의 값을 일반적으로 전류 이득 또는 전류 전달 비율이라고 한다. 위의 식으로부터 하나의 전류원이 결정되면 MOSFET의 크기dimension 또는 aspect ratio에 의하여 M_2에 흐르는 전류가 결정된다는 것을 알 수 있다. 예를 들어, 동일한 크기의 MOSFET M_1, M_2를 사용한다면 M_2에는 I_{REF}와 같은 크기의 전류가 흐르게 된다. 위에서 무시한 채널길이 변조 현상을 고려하면 전류 거울의 전류에 영향을 미친다.

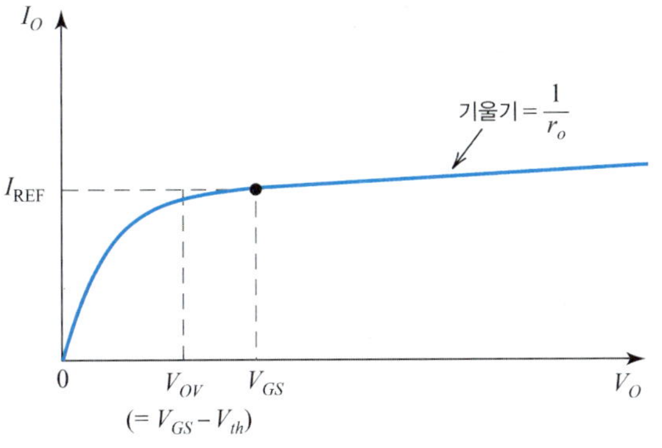

[그림 20-2] MOSFET M_2에서의 채널길이 변조 현상

[그림 20-2]와 같이 V_O(M_2의 V_{DS})가 증가함에 따라 전류가 증가하는 채널길이 변조 현상이 발생한다. MOSFET M_2에 대하여 측정을 통해 얼리 전압[early voltage] V_{A2}를 추출한다면, 그 값을 이용하여 좀더 정확한 I_O를 다음 식에 대입하여 구할 수 있다.

$$I_O \equiv \frac{(W/L)_2}{(W/L)_1} I_{\text{REF}} \left(1 + \frac{V_O - V_{GS}}{V_{A2}}\right) \tag{20.2}$$

차동 쌍의 기본 특성

두 개의 동일한 규격의 MOSFET에 대하여 각 MOSFET의 두 소오스[source]를 서로 연결하여 정전류원으로 바이어스한다. 각 MOSFET의 드레인은 저항을 통하여 정전압원으로 연결된다. 이러한 구성이 기본적인 MOSFET 차동 쌍 구조로서 [그림 20-3]에 나타낸 회로와 같다.

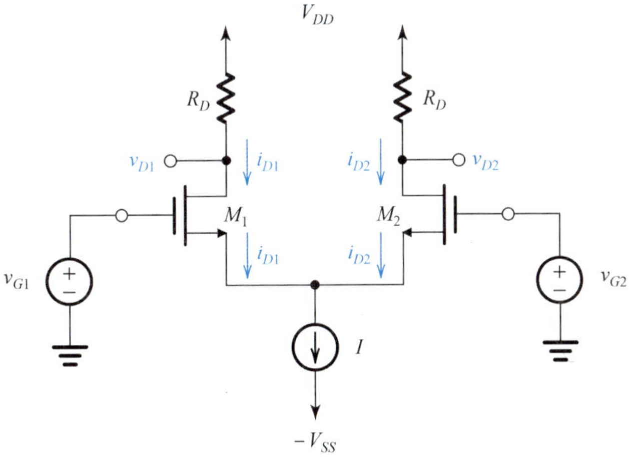

[그림 20-3] 기본적인 MOSFET 차동 쌍의 구성

MOSFET 차동 증폭 회로를 구성하기 위해 우선 필요한 것은 각각의 MOSFET이 허용할 수 있는 공통 모드 입력common-mode input 전압의 범위를 구하는 일이다. [그림 20-4]는 이러한 공통 모드 입력 전압 회로를 나타낸다.

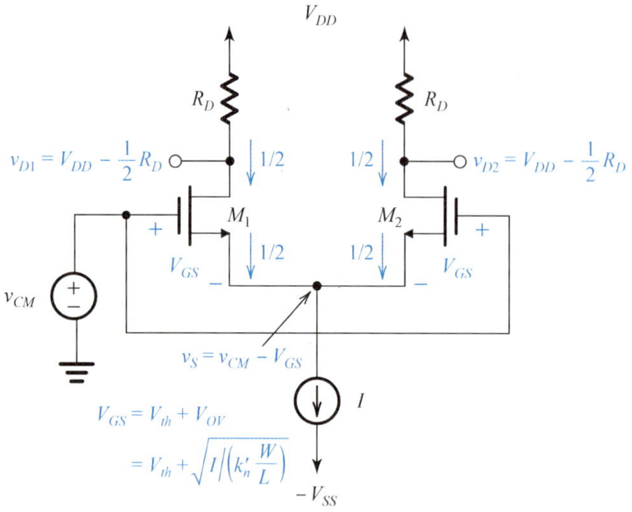

[그림 20-4] **공통 모드 입력에 대한 증폭 회로의 동작**

다음 두 식은 공통 모드 입력 전압 v_{CM}의 최댓값 및 최솟값을 나타낸 것이다. 최댓값은 MOSFET이 포화 영역에서 동작하기 위한 게이트 전압의 최댓값에서 유도되었으며, 최솟값은 전류 I를 공급하는 전류원이 정상적인 동작을 하는 데 필요한 전압 V_{CS}를 제공하는 경우에 대한 게이트 전압으로부터 계산할 수 있다.

$$v_{CM\,\max} = V_{th} + V_{DD} - \frac{I}{2}R_D$$
$$v_{CM\,\min} = -V_{SS} + V_{CS} + V_{th} + V_{OV} \tag{20.3}$$

V_{OV}는 오버드라이브 전압overdrive voltage으로 MOSFET의 핀치-오프pinch-off 조건에서 순 게이트-소오스 간 전압 $V_{GS} - V_{th} = \sqrt{I/k'_n(W/L)}$으로 정의된다. 여기에서 $(V_{GS} - V_{th})$는 게이트 오버드라이브 전압gate overdrive voltage이라 하며, 약자 V_{OV}로 표시한다.

[그림 20-5]에서는 차동 입력differential-mode 또는 differential input 증폭 회로를 나타내고 있다. 공통 입력 증폭 회로의 경우와 마찬가지로 차동 입력 증폭 회로를 설계하기 위해 우선 알아야 할 것은 허용할 수 있는 MOSFET M_1, M_2의 게이트 최대 전압차를 구하는 것이다.

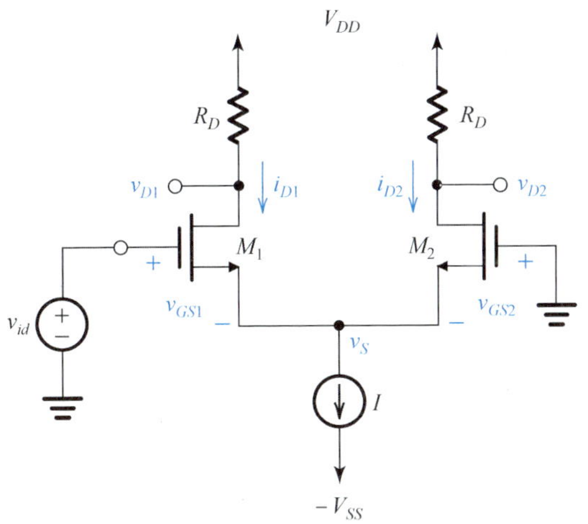

[그림 20-5] **차동 입력에 대한 증폭 회로의 동작**

[그림 20-5]의 경우와 같이 MOSFET M_2의 게이트는 접지시키고 M_1의 게이트에 전압 v_{id}를 인가할 때, 이 값의 범위는 식 (20.4) 같다.

$$v_{id} = v_{GS1} - v_{GS2}$$

$$I = \frac{1}{2}\left(k_n' \frac{W}{L}\right)(v_{GS1} - V_{th})^2$$

$$v_{GS1} = V_{th} + \sqrt{2I / k_n'(W / L)} \qquad i_{D1} = I\text{가 되는 } v_{GS1} \text{ 계산}$$

$$= V_{th} + \sqrt{2}V_{OV}$$

$$v_{id\,\max} = v_{GS1} + v_S$$

$$= V_{th} + \sqrt{2}V_{OV} - V_{th} = \sqrt{2}V_{OV}$$

$$-\sqrt{2}V_{OV} \le v_{id} \le \sqrt{2}V_{OV} \tag{20.4}$$

V_{OV}는 식 (20.3)의 설명에서 명시한 것처럼 포화 상태인 MOSFET M_1에 $I/2$의 전류가 흐를 때의 게이트 오버드라이브 전압을 의미하며, $\sqrt{I/k'_n(W/L)}$의 식과 동일하다.

좀더 일반적으로 v_{id}는 MOSFET M_1과 M_2의 게이트에 인가된 전압의 차이를 의미하는데, 이 값은 대신호 동작에서는 각 MOSFET의 드레인 전류를 결정하게 되고, 소신호 동작에서는 전압 이득을 계산하는 데 있어서 입력 전압으로 이해된다.

차동 쌍의 대신호 동작

MOSFET M_1, M_2의 드레인 전류의 합은 정전류원이 제공하는 전류 I와 같다는 사실을 알고, MOSFET의 전류식을 사용하여 v_{id}, I, V_{OV} 등의 파라미터들로 전류를 나타낼 수 있다.

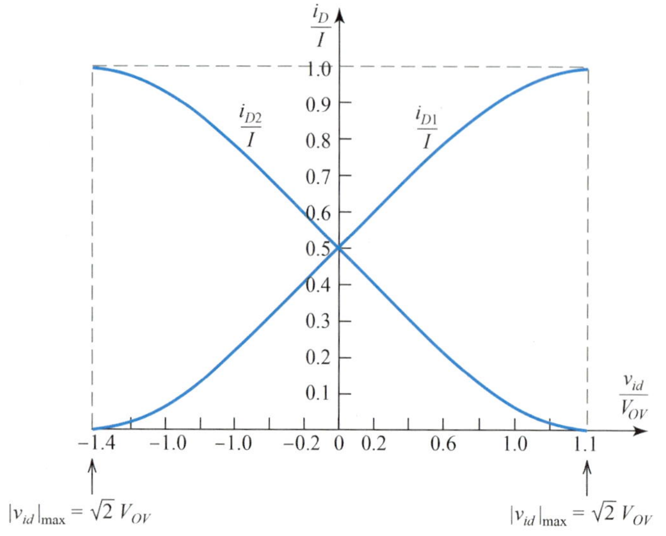

[그림 20-6] v_{id}의 변화에 대한 $iD_{1,2}$의 변화를 나타낸 그림

$$i_{D1} = \frac{I}{2} + \sqrt{k_n' \frac{W}{L} I}\left(\frac{v_{id}}{2}\right)\sqrt{1 - \frac{(v_{id}/2)^2}{I/k_n'\frac{W}{L}}}$$

$$= \frac{I}{2} + \left(\frac{I}{V_{OV}}\right)\left(\frac{v_{id}}{2}\right)\sqrt{1 - \left(\frac{v_{id}/2}{V_{OV}}\right)^2} \cong \frac{I}{2} + \left(\frac{I}{V_{OV}}\right)\left(\frac{v_{id}}{2}\right)$$

$$i_{D2} = \frac{I}{2} - \sqrt{k_n' \frac{W}{L} I}\left(\frac{v_{id}}{2}\right)\sqrt{1 - \frac{(v_{id}/2)^2}{I/k_n'\frac{W}{L}}}$$

$$= \frac{I}{2} - \left(\frac{I}{V_{OV}}\right)\left(\frac{v_{id}}{2}\right)\sqrt{1 - \left(\frac{v_{id}/2}{V_{OV}}\right)^2} \cong \frac{I}{2} - \left(\frac{I}{V_{OV}}\right)\left(\frac{v_{id}}{2}\right)$$

$$i_d = \left(\frac{I}{V_{OV}}\right)\left(\frac{v_{id}}{2}\right) \tag{20.5}$$

V_{OV}의 크기를 증가시키면 선형 영역의 크기가 늘어나는 장점이 있지만, 트랜스컨덕턴스가 $g_m = 2I_D / V_{OV}$의 식으로 표현되는 것을 상기해 볼 때, g_m이 작아지는 단점이 있어 설계 시 이러한 문제를 고려해야 한다.

차동 쌍의 소신호 동작

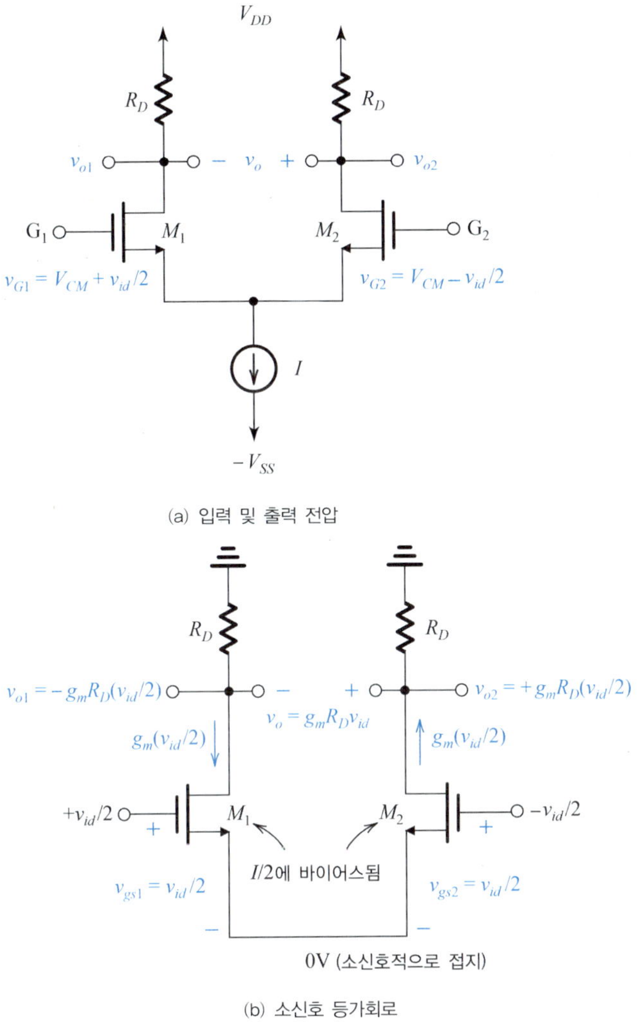

[그림 20-7] MOS 차동 증폭 회로

[그림 20-7(a)]와 같이, MOSFET 차동 증폭 회로의 입력 전압은 공통 모드 전압 성분 V_{CM}과 차동 모드 전압 성분 v_{id}의 합으로 나타낼 수 있는데, 이는 식 (20.6)과 같다.

$$v_1 = V_{CM} + \frac{1}{2}v_{id}, \quad v_2 = V_{CM} - \frac{1}{2}v_{id} \tag{20.6}$$

[그림 20-7(b)]는 [그림 20-7(a)]의 차동 증폭기의 소신호 등가회로이다. 각각의 MOSFET M_1, M_2의 출력 전압의 식으로 표현한 후, MOSFET 차동 증폭 회로의 전압 이득을 구하면 식 (20.7)과 같다.

$$g_m = \frac{2I_D}{V_{OV}} = \frac{2(I/2)}{V_{OV}} = \frac{I}{V_{OV}}$$

$$v_{o1} = -g_m \frac{v_{id}}{2} R_D$$

$$v_{o2} = +g_m \frac{v_{id}}{2} R_D$$

$$A_d \equiv \frac{v_{o2} - v_{o1}}{v_{id}} = g_m R_D \tag{20.7}$$

대신호 동작에서 알아본 것처럼 V_{OV}의 값을 크게 작동하면 g_m의 값이 작아지고, 이는 소신호 동작에서 전압 이득을 작게 하는 결과로 연결되므로 설계 시 유의해야 한다.

20.2 실험회로 및 PSpice 시뮬레이션

정전류원

[그림 20-8]은 R과 M_4로 구성된 전류원과 M_3를 통해서 전류를 복사하는 전류 거울로 구성되어 있다. M_3와 M_4가 동일한 트랜지스터라 하면, I_{REF} 전류와 I_{SS} 전류가 같게 된다.

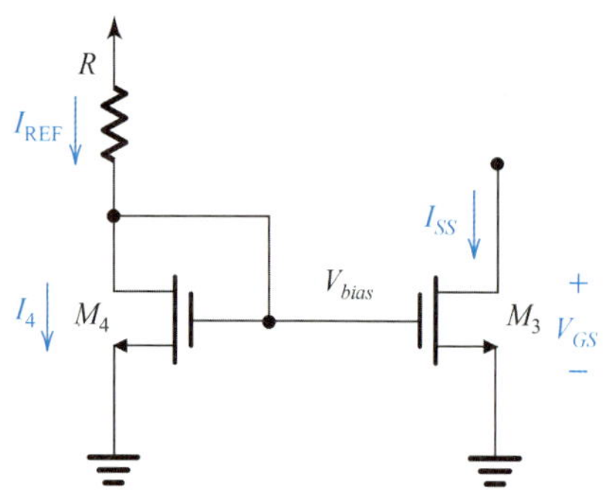

[그림 20-8] 정전류원 회로(실험회로 1)

[그림 20-9]는 [그림 20-8]의 회로를 PSpice로 모의실험하기 위해 그린 회로도이다.

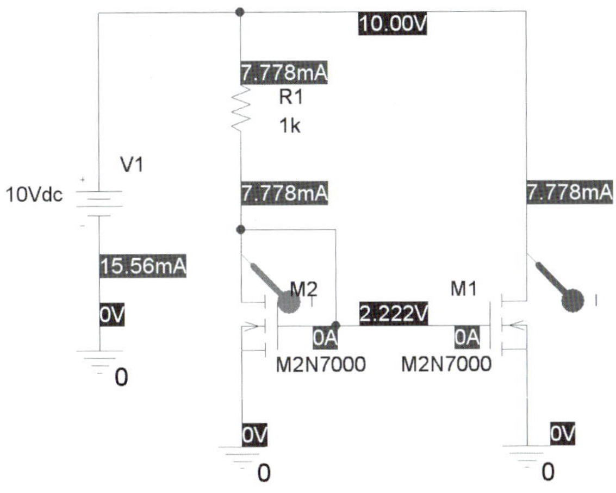

[그림 20-9] PSpice 모의실험을 위한 정전류원 회로도

[그림 20-10]은 [그림 20-9] 회로의 PSpice 모의실험 결과이다. M7에 흐르는 전류는 7.77828mA이고, M8에 흐르는 전류는 7.77844mA임을 알 수 있다.

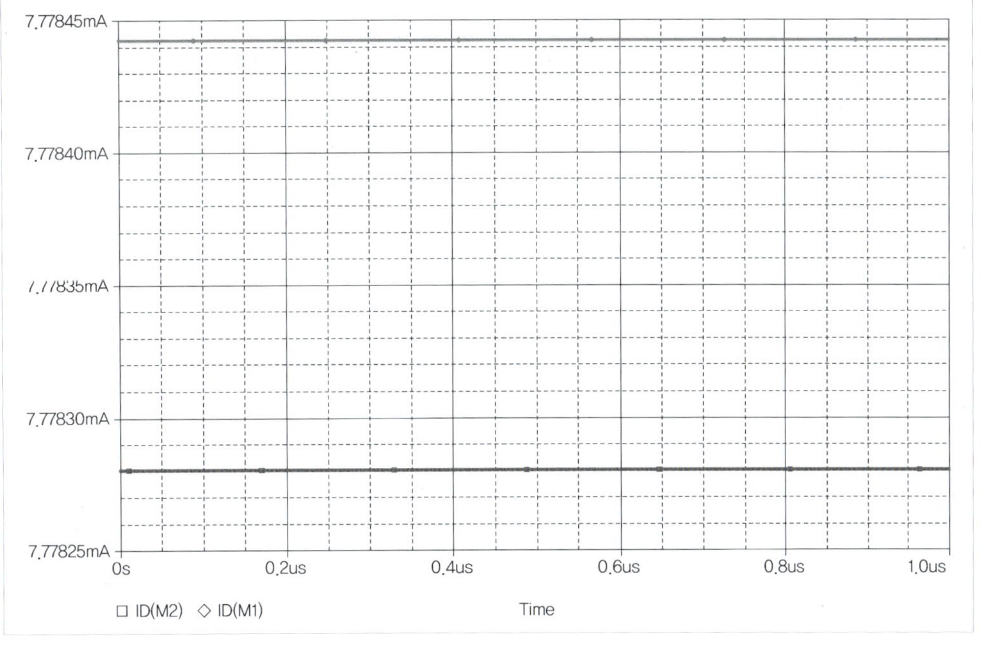

[그림 20-10] 정전류원 회로의 PSpice 모의실험 결과

차동 증폭기

[그림 20-11]의 차동 증폭기 회로에서 M_1과 M_2가 입력 트랜지스터의 역할을 하고, R_D 저항이 부하 저항으로 동작한다. [그림 20-8]과 같은 정전류원 회로를 이용하여 꼬리 전류 I_{SS}를 생성한다.

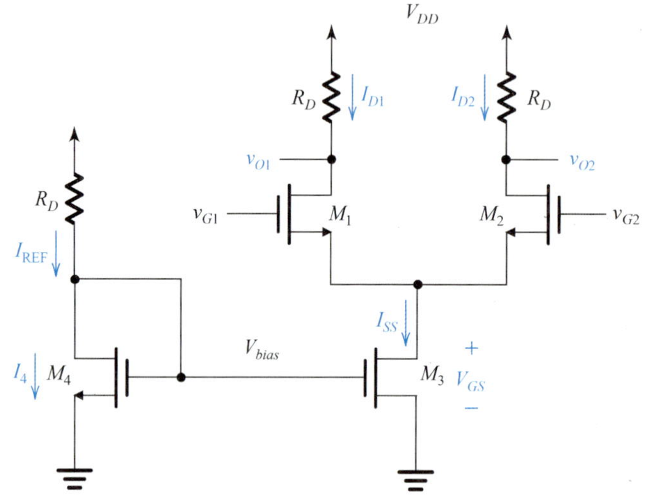

[그림 20-11] 차동 증폭기 회로(실험회로 2)

[그림 20-12]는 [그림 20-11]의 회로를 PSpice로 모의실험하기 위한 회로도이다.

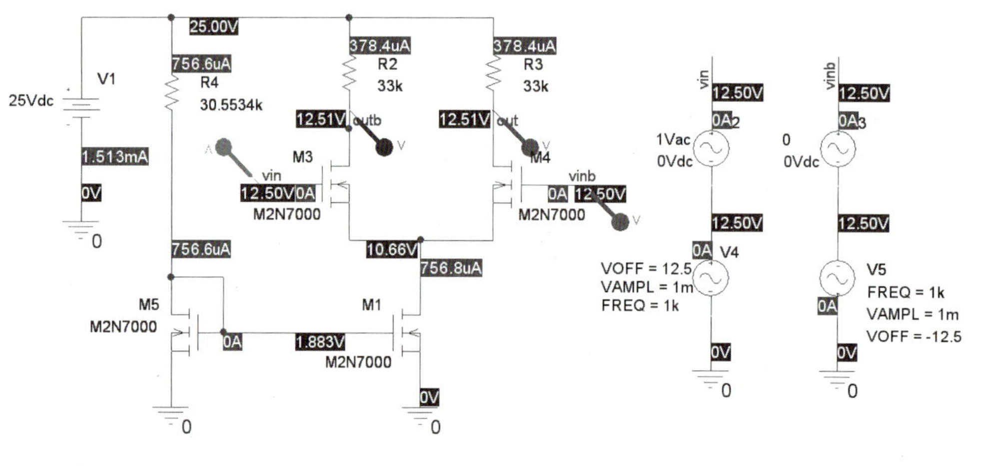

[그림 20-12] PSpice 모의실험을 위한 차동 증폭기의 회로도

[그림 20-13]은 [그림 20-12]에서 M8의 게이트 전압인 V_{bias} 전압을 구하기 위해 바이어스 전압을 바꿔가면서 출력의 DC 전압을 그린 결과이다. 모의실험 결과, V_{bias} 전압이 1.883V일 경우 출력의 DC 전압이 원하는 전압을 가짐을 알 수 있다.

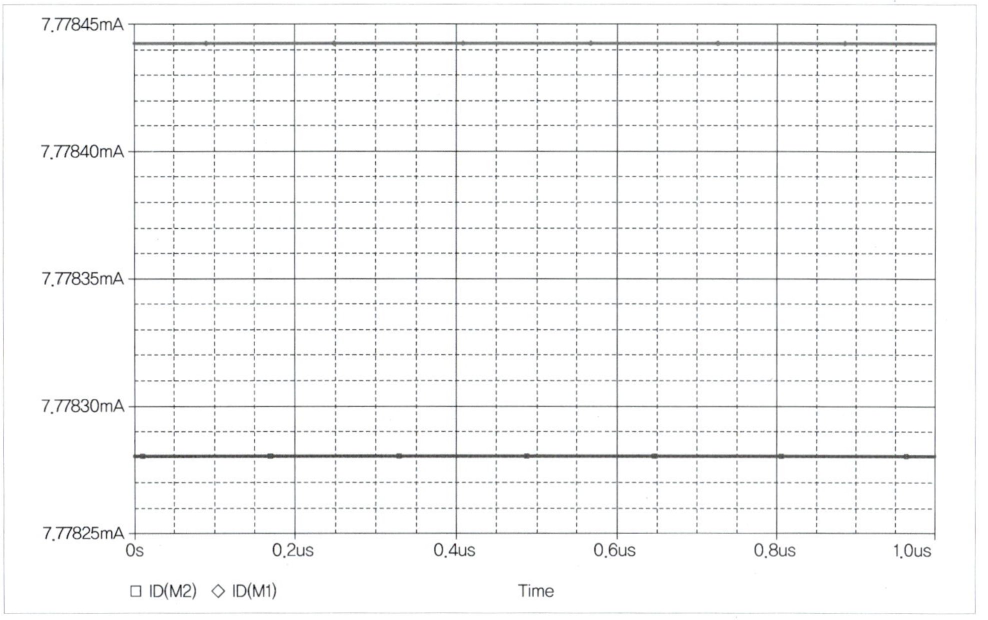

[그림 20-13] **차동 증폭기 회로의 적정 V_{bias} 전압을 찾기 위한 PSpice 모의실험 결과**

[그림 20-14]는 차동 증폭기의 전압 이득 모의실험 결과이다. 입력에 크기가 1mV이고 주파수가 1kHz인 정현파를 인가했을 때, 크기가 250mV이고 주파수가 1kHz인 정현파가 출력됨을 알 수 있다.

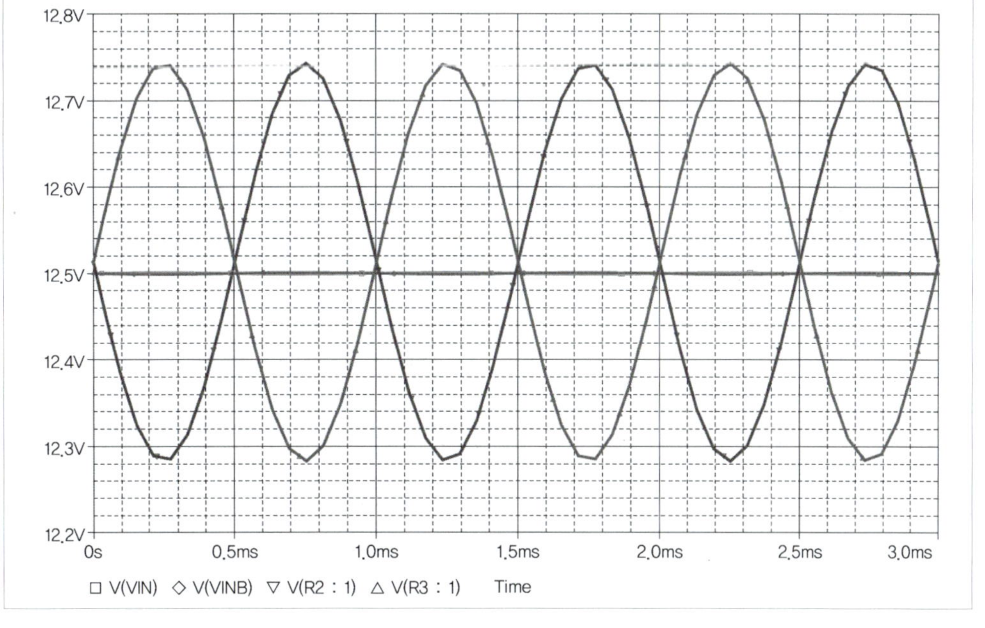

[그림 20-14] **PSpice를 이용한 차동 증폭기의 전압 이득 모의실험 결과**

20.3 실험 절차

1 증폭기 설계를 위해서는 MOSFET M_1, M_2의 동작점을 먼저 결정해야 한다. M_1, M_2에 인가할 공통 모드 전압을 $V_{DD}/2(=3\text{V})$로 결정하였을 때, 출력 공통 모드 전압이 $V_{DD}/2(=3\text{V})$가 되도록 R_D와 I_{SS}를 정하시오. M_1, M_2에 원하는 g_m을 제공하기 위한 I_{SS} 전류가 흐르게 하기 위해서 M_3의 게이트 전압을 고정하고, R_D 저항값을 바꾸면서 출력의 공통 모드 전압을 [표 20-1]과 같은 형태로 기록하고, 출력의 공통 모드 전압이 $V_{DD}/2(=3\text{V})$가 나오기 위한 R_D 값을 찾으시오.

2 실험 절차 **1**에서 결정한 I_{SS}, M_3의 게이트 전압 V_{bias}, R_D를 고정하였을 때, 원하는 입력-출력의 공통 모드 전압 레벨이 나오는지 확인하시오.

3 입력의 공통 모드 전압 레벨을 구하기 위해 입력의 공통 모드 전압을 변화시키면서, I_{SS} 전류가 흐르고 출력의 공통 모드 전압이 $V_{DD}/2(=3\text{V})$로 유지되는 범위를 구해서 [표 20-2]에 기록하시오.

4 실험 절차 **1**에서 정한 I_{SS} 전류가 흐르기 위해서 R과 M_4로 구성된 정전류원을 구성해야 한다. 저항값 R을 변화시키면서 I_{REF} 전류가 I_{SS}와 같아지고, M_3의 게이트 전압이 실험 절차 **1**에서 정한 값이 되는 R을 결정하시오. R을 바꾸면서 I_{REF} 및 V_{bias} 전압을 [표 20-3]에 기록하시오.

5 정전류원 I_{SS}의 V_{DS} 전압 V_{CS}를 바꾸면서 M_3에 흐르는 전류를 측정하여 [표 20-4]에 기록하고, [그림 20-15]와 같은 형태로 그리시오.

6 입력의 공통 모드 전압을 중심으로 10kHz, 0.01V_{p-p}의 정현파 차동 입력 신호를 인가하여 20V/V 이상의 전압 이득을 갖는 차동 증폭 회로를 설계하시오. 위의 과정에서 설계한 정전류원 회로를 반드시 사용하시오. 주파수를 고정하고, 입력 전압의 크기를 0.01V에서 0.1V까지 증가시키면서 [표 20-5]와 같은 형태로 출력 전압과 차동 전압 이득을 기록하시오.

20.4 고찰 사항

(1) 정전류원의 입력 저항이 차동 증폭 회로의 동작에 미치는 영향을 설명하시오.

(2) 채널길이 변조 효과가 정전류원의 전류의 정확도에 미치는 영향을 분석하시오.

(3) 게이트 오버드라이브 전압 V_{OV}에 대한 i_{D1}과 i_{D2}의 선형성과 두 전류의 합이 일정한지 여부를 파악하고, 그 결과에 대한 원인을 분석하시오.

요약

차동 증폭 회로는 출력이 단일한 단일 증폭 회로에 비해 노이즈와 간섭에 의한 영향이 적고, 바이패스 및 커플링 커패시터를 사용하지 않고도 증폭 회로를 바이어싱하거나 다단 증폭기의 각 단을 용이하게 커플링할 수 있으므로, 집적회로의 제작 공정을 더 쉽게 할 수 있어 널리 사용되고 있다. 이 실험에서는 MOSFET을 사용한 차동 쌍의 동작을 위한 기본 조건을 살펴보고, 기본적인 측정을 통해 검증하였다. 이를 토대로 부하 저항을 연결한 MOSFET 차동 증폭 회로를 구성하여 확인하고, 특성을 분석하였다. 그리고 MOSFET 정전류 회로의 출력 저항과 전류의 정확도를 실험하였고, 차동 증폭 회로의 내부의 차동 전류 측정을 통해서 전류의 차이에 기반한 동작을 확인하였다. 또한, 저항 부하가 있는 차동 증폭기의 차동 전압 이득을 측정함으로써 차동 증폭기의 동작 원리에 대해서 이해의 폭을 넓힐 수 있었다.

퀴즈

(1) 차동 증폭기가 단일 출력 증폭기에 비해서 가지는 장점이 아닌 것은?

① 공통 모드 잡음 제거　　② 간단한 바이어싱
③ 공급 전압 잡음 제거　　④ 전력 소모

(2) 차동 증폭기의 공통 모드 입력 전압이 제한되는 요인이 아닌 것은?

① 바이어스 전류
② 입력 트랜지스터의 오버 드라이브 전압
③ 대역폭
④ 공통 모드 출력 전압

(3) 차동 증폭기의 차동 입력 전압 범위를 증가시키기 위한 방법으로 맞지 않는 것은?

① 바이어스 전류를 감소시킨다.
② 입력 트랜지스터의 W/L을 줄인다.
③ 입력 트랜지스터의 오버 드라이브 전압을 증가시킨다.
④ 트랜스컨덕턴스를 증가시킨다.

(4) 차동 증폭기의 차동 이득을 증가시키기 위한 방법으로 맞는 것은?

① 바이어스 전류를 감소시킨다.

② 입력 트랜지스터의 W/L을 줄인다.

③ 부하 저항을 감소시킨다.

④ 입력 트랜지스터의 트랜스컨덕턴스를 증가시킨다.

(5) PSpice 모의실험 결과, 차동 증폭기의 입력-출력 DC 바이어스가 $V_{DD}/2(=3V)$가 되기 위한 정전류원의 전류와 M_4의 게이트 전압은 얼마인가?

(6) 차동 증폭기에서 공통 모드 입력 범위가 존재하는 이유를 설명하시오. PSpice 모의실험을 바탕으로, 공통 모드 입력 범위를 구한 결과를 설명하시오.

(7) PSpice 모의실험을 바탕으로, 차동 입력 전압 범위를 구하면 얼마인가?

(8) PSpice 모의실험을 바탕으로, 차동 증폭기의 소신호 전압 이득은 얼마인가?

(9) 차동 증폭기의 선형 입력 범위를 넓히려면, 증폭기의 어느 방향으로 설계를 변경해야 하는가? 또 이 경우, 소신호 전압 이득은 어떻게 되는가?

예비 보고 사항

(1) 증폭 회로를 구성하기 위해서 우선 MOSFET M_1, M_2에 인가할 공통 모드 전압을 결정해야 한다. 증폭 회로에 사용하는 NMOS는 이전 실험들([실험 16]~[실험 18])과 동일한 소자를 사용한다. 이 소자에 대한 정보를 바탕으로 인가하고자 하는 전압값을 포함하는 공통 모드 전압(common mode voltage)의 범위를 결정하시오.

(2) 예비 보고 사항 (1)의 과정과 같이 공통 모드 전압의 범위를 결정하면 정전류원 I_{SS}가 제공하는 정전류의 값을 결정할 수 있다. 실험에서는 정전압원과 NMOS, 저항이 제공된다. 전류 거울을 사용하여 위의 과정에서 결정한 값의 전류를 공급하는 정전류원 회로를 설계하시오. 이때 정전류원 회로의 입력 저항도 계산하시오.

(3) 배경 이론을 토대로 하여 10kHz, $0.1V_{p-p}$의 정현파 입력 신호에 대하여 20V/V 이상의 전압 이득을 갖는 차동 증폭 회로를 설계하시오. 위의 과정에서 설계한 정전류원 회로를 반드시 사용하도록 한다.

자르는 선

실험 20 실험 결과

[실험 절차]에 따라 [실험 결과]를 작성하시오.

1

[표 20-1] 입력-출력의 공통 모드 전압을 결정하기 위한 I_{SS}, R_D 값 측정

M_3의 게이트 전압 (V_{bias})	I_{SS} 전류	R_D 값	입력의 공통 모드 전압	출력의 공통 모드 전압

2

차동 증폭기의 입-출력 공통 모드 전압 확인

3

[표 20-2] 입력 공통 모드 전압 범위를 구하기 위한 측정

M_3의 게이트 전압 (V_{bias})	I_{SS} 전류	R_D 값	입력의 공통 모드 전압	출력의 공통 모드 전압

4

[표 20-3] 저항값의 변화에 따른 정전류원의 측정 결과

저항값(R)	I_{REF}	V_{bias}

5

[표 20-4] V_{CS} 전압의 변화에 따른 I_{CC} 전류원의 측정 결과

V_{CS} 전압	I_{SS} 전류

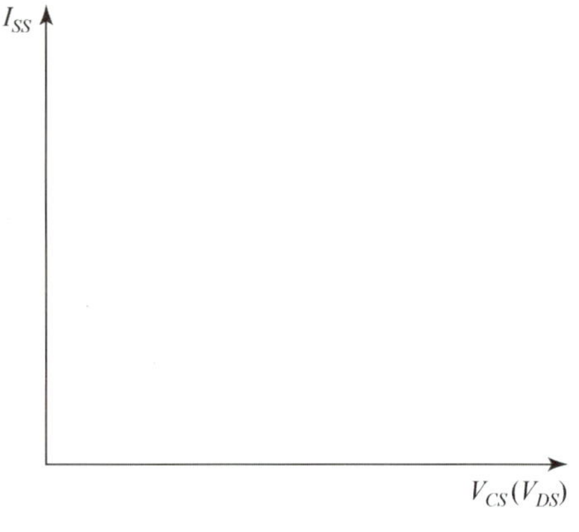

[그림 20-15] V_{CS} 전압과 I_{SS} 전류원의 관계 그래프

6

[표 20-5] 차동 모드 전압 이득 결과

차동 모드 입력 전압의 크기(mV)	차동 모드 출력 전압의 크기(mV)	차동 모드 전압 이득(A_d)

실험

21 차동 증폭기 심화 실험

실험 개요

트랜지스터를 이용한 능동 부하의 경우 저항 부하에 비해서 공정에 대한 변화량이 적고, 정확한 저항을 위한 추가 비용이 들지 않는다는 장점이 있다. 이 실험에서는 능동 부하를 사용한 차동 증폭기(differential amplifier)를 구성하여, 전압 이득과 CMRR을 측정하고자 한다.

실험 기자재 및 부품

- DC 파워 서플라이
- 디지털 멀티미터
- 오실로스코프
- 함수 발생기
- 2n7000(NMOS) (4개)
- 저항
- FQP17P10(PMOS) (4개) (단, PSpice 모의실험은 FDC6322CP 사용)

21.1 배경 이론

공통 모드 제거비(CMRR)

[그림 21-1]과 같은 기본적인 차동 쌍 구조에서 공통 모드 전압 이득을 계산하기 위해 두 입력에 v_{icm}을 인가하고, 출력 신호를 계산한다. 이때 꼬리 전류원tail current source I의 출력 저항 R_{SS}를 가정하고 계산한다.

[그림 21-2]는 공통 모드 전압 이득을 계산하기 위한 공통 모드 반회로common-mode half circuit이다. v_{icm}이 소신호라는 가정 하에서, DC 전압원 V_{DD}는 0V로 붙이고 꼬리 전류원의 출력 저항은 반회로 양쪽에 $2R_{SS}$만큼의 저항으로 분배해주면 된다.

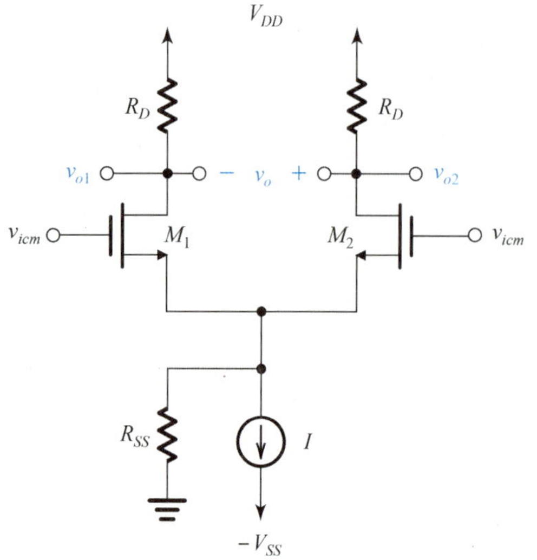

[그림 21-1] 공통 모드 입력이 인가된 기본적인 MOSFET 차동 쌍

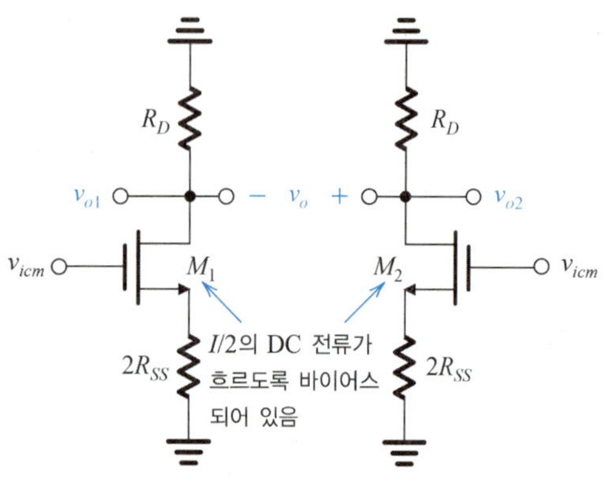

[그림 21-2] 공통 모드 반회로

반회로 각각에 대해서 전압 이득을 계산하면, 식 (21.1)과 같이 표현할 수 있다.

$$\frac{v_{o1}}{v_{icm}} = \frac{v_{o2}}{v_{icm}} = -\frac{R_D}{\frac{1}{g_m} + 2R_{SS}}$$

$$\frac{v_{o1}}{v_{icm}} = \frac{v_{o2}}{v_{icm}} \cong -\frac{R_D}{2R_{SS}} \quad \left(R_{SS} >> \frac{1}{g_m} \text{ 이라고 가정}\right) \tag{21.1}$$

출력을 단일 출력single-ended으로 보았을 경우에는, 공통 모드 제거비(CMRR)Common Mode Rejection Ratio를 식 (21.2)와 같이 계산할 수 있다.

$$|A_{cm}| = \frac{R_D}{2R_{SS}} \qquad |A_d| = \frac{1}{2} g_m R_D$$
$$\text{CMRR} \equiv \left| \frac{A_d}{A_{cm}} \right| = g_m R_{SS} \tag{21.2}$$

R_{SS}가 무한이면 CMRR이 ∞가 되지만, 실제 정전류원의 출력 저항 R_{SS}는 ∞가 될 수 없으므로, CMRR이 될 수 없음을 알 수 있다.

반면 출력을 차동으로 보았을 경우에는, CMRR을 식 (21.3)과 같이 계산할 수 있다.

$$A_{cm} = \frac{v_{o2} - v_{o1}}{v_{icm}} = 0$$
$$A_d = \frac{v_{o2} - v_{o1}}{v_{id}} = g_m R_D$$
$$\text{CMRR} = \infty \tag{21.3}$$

식 (21.3)에서 알 수 있는 것처럼 차동 쌍이 완전히 매칭되었다고 가정하면, CMRR은는 ∞가 될 수 있다.

하지만 식 (21.4)를 보면, 두 개의 부하 저항 R_D 값에 불일치가 발생했을 경우, 차동 출력으로 본다 하더라도 CMRR은 ∞가 될 수 없다.

$$v_{o1} \cong -\frac{R_D}{2R_{SS}} v_{icm}$$
$$v_{o2} \cong -\frac{R_D + \Delta R_D}{2R_{SS}} v_{icm}$$
$$v_{o2} - v_{o1} \cong -\frac{\Delta R_D}{2R_{SS}} v_{icm}$$

$$A_{cm} = -\frac{\Delta R_D}{2R_{SS}} = -\frac{R_D}{2R_{SS}}\left(\frac{\Delta R_D}{R_D}\right)$$
$$A_d \cong -g_m R_D$$
$$\text{CMRR} = \left|\frac{A_d}{A_{cm}}\right| = (2g_m R_{SS}) \Big/ \left(\frac{\Delta R_D}{R_D}\right) \tag{21.4}$$

CMRR을 최대로 만들기 위해서는 부하 저항 R_D가 최대한 매칭되어야 한다.

또한 식 (21.5)와 같이 M_1, M_2의 불일치 또한 공통 모드 제거비(CMRR)에 영향을 주게 된다.

$$i_{d1} = g_{m1} v_{gs1}$$
$$i_{d2} = g_{m2} v_{gs2}$$
$$\frac{i_{d1}}{i_{d2}} = \frac{g_{m1}}{g_{m2}}$$
$$v_s = (i_{d1} + i_{d2}) R_{SS}$$
$$i_{d1} + i_{d2} = \frac{v_s}{R_{SS}}$$
$$v_s \cong v_{icm} \quad (R_{SS} >> 1/g_m)$$
$$i_{d1} + i_{d2} \cong \frac{v_{icm}}{R_{SS}}$$
$$i_{d1} = \frac{g_{m1} v_{icm}}{(g_{m1} + g_{m2}) R_{SS}} \approx \frac{g_{m1} v_{icm}}{2 g_m R_{SS}}$$
$$i_{d2} = \frac{g_{m2} v_{icm}}{(g_{m1} + g_{m2}) R_{SS}} \approx \frac{g_{m2} v_{icm}}{2 g_m R_{SS}}$$
$$\begin{aligned} v_{o2} - v_{o1} &= -i_{d2} R_D + i_{d1} R_D \\ &= R_D (i_{d1} - i_{d2}) = \frac{\Delta g_m R_D}{2 g_m R_{SS}} v_{icm} \end{aligned}$$

$$\begin{aligned} A_{cm} &= \left(\frac{R_D}{2R_{SS}}\right)\left(\frac{\Delta g_m}{g_m}\right) \\ A_d &\cong -g_m R_d \\ \text{CMRR} &= \left|\frac{A_d}{A_{cm}}\right| = (2 g_m R_{SS}) \Big/ \left(\frac{\Delta g_m}{g_m}\right) \end{aligned} \tag{21.5}$$

트랜지스터 제작 시에 발생하는 W/L의 변화, 문턱 전압(V_{th})의 변화 등으로 인해서 M_1, M_2의 g_m 값의 불일치가 발생하면 CMRR이 ∞ 값이 될 수 없다.

능동 부하가 있는 MOS 차동 쌍

[그림 21-3]은 능동 부하가 있는 MOS 차동 쌍이다. 저항 부하 대신에 M_4가 포화 영역에 있을 경우의 출력 저항 r_{o4}가 부하의 역할을 수행한다. 단일 출력의 형태임에도, M_3, M_4를 전류 거울 형태로 연결함으로써 M_1의 전류 I_{D1}, M_2의 전류 I_{D2}의 차동 전류($I_{D1} - I_{D2}$)가 출력에 전달된다.

[그림 21-4]는 능동 부하가 있는 MOS 차동 쌍의 소신호 동작이다. 차동 입력 $+v_{id}/2$, $-v_{id}/2$가 인가되었을 때, 이에 비례하는 전류 i가 출력 쪽에서 합쳐져서 $2i$의 전류가 출력단에 전달됨으로써 전류의 낭비가 없는 회로가 된다.

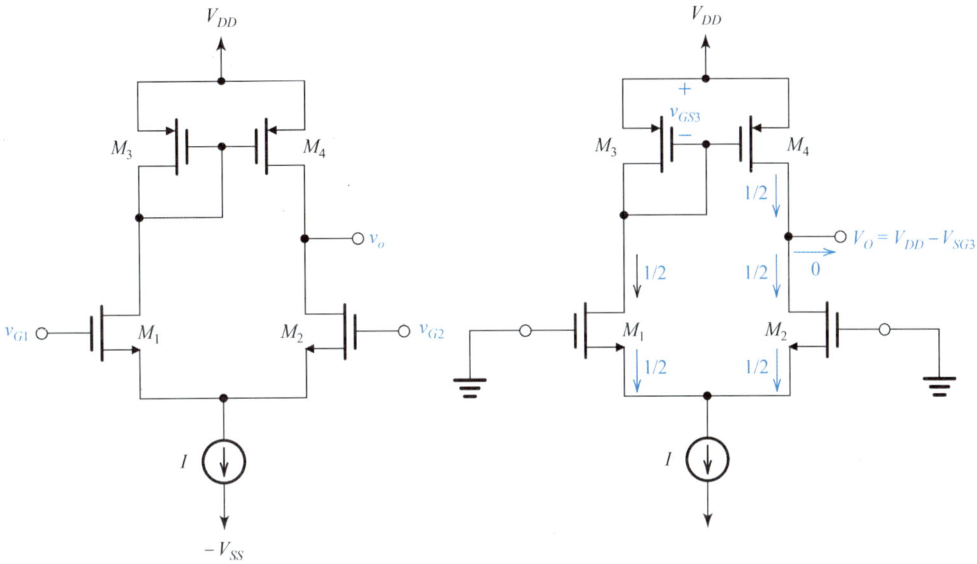

[그림 21-3] 능동 부하가 있는 MOS 차동 쌍

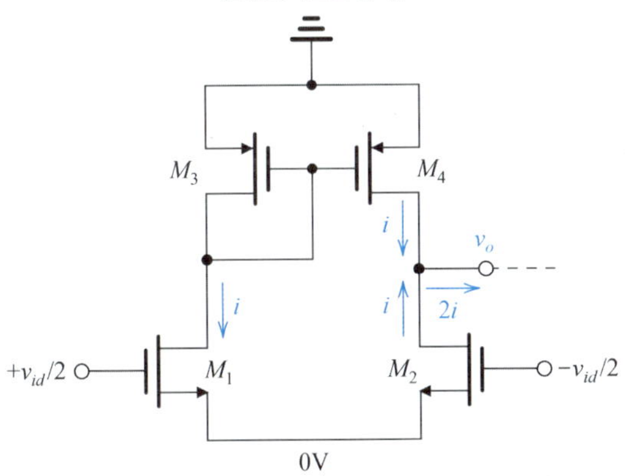

[그림 21-4] 능동 부하가 있는 MOS 차동 쌍의 소신호 동작

[그림 21-5]는 능동 부하가 있는 MOS 차동 쌍의 유효 트랜스컨덕턴스effective transconductance를 구하기 위한 소신호 등가회로이다. 차동 입력 $+v_{id}/2$, $-v_{id}/2$가 인가되었을 때, 출력 전류 i_o를 구하면 $i_o = +g_m v_{id}/2 + g_m v_{id}/2 = +g_m v_{id}$가 성립하고, 유효 트랜스컨덕턴스는 식 (21.6)과 같이 구할 수 있다.

$$G_m = i_o / v_{id} = g_m \tag{21.6}$$

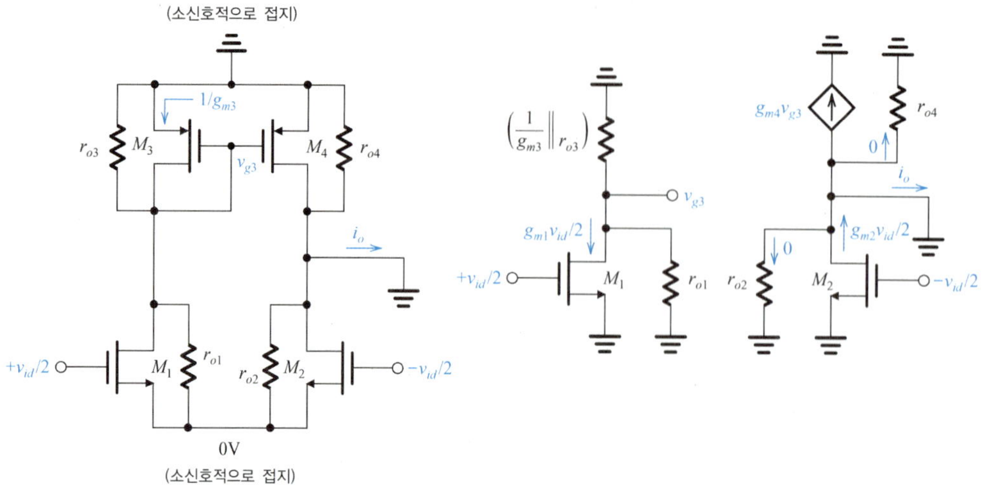

[그림 21-5] 능동 부하가 있는 MOS 차동 쌍의 유효 트랜스컨덕턴스를 구하기 위한 소신호 등가회로

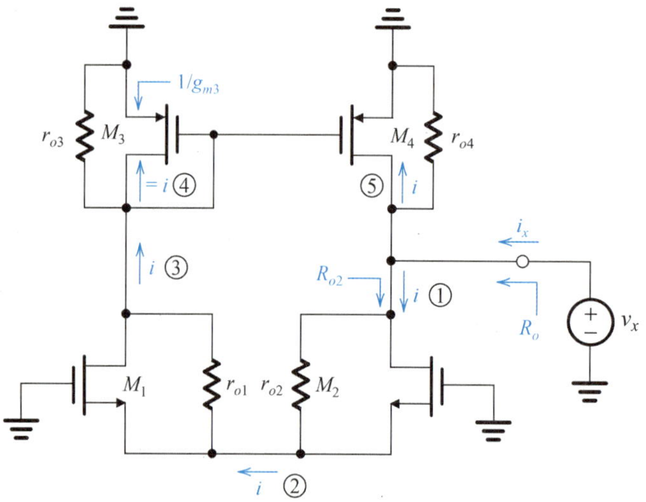

[그림 21-6] 능동 부하가 있는 MOS 차동 쌍의 출력 저항을 구하기 위한 소신호 등가회로

[그림 21-6]은 능동 부하가 있는 MOS 차동 쌍의 출력 저항을 구하기 위한 소신호 등가회로이다. 출력 저항은 식 (21.7)과 같이 구할 수 있다.

$$R_o = \frac{v_o}{i_x} = r_{o2} \| r_{o4} \quad (21.7)$$

식 (21.6)과 식 (21.7)로부터 차동 이득differential gain을 구하면 식 (21.8)과 같다.

$$A_d = \frac{v_o}{v_{id}} = G_m R_o (r_{o2} \| r_{o4}) \quad (21.8)$$

21.2 실험회로 및 PSpice 시뮬레이션

[그림 21-7]의 MOS 차동 쌍 회로에서 M_1과 M_2가 입력 트랜지스터의 역할을 하고, M_5와 M_6가 부하 저항으로서 동작한다. R과 M_4로 구성된 전류원과 M_3를 통해서 전류를 복사하는 전류 거울로 구성되어 있으며, M_3와 M_4가 동일한 트랜지스터라 하면 I_{REF} 전류와 I_{SS} 전류는 같게 된다.

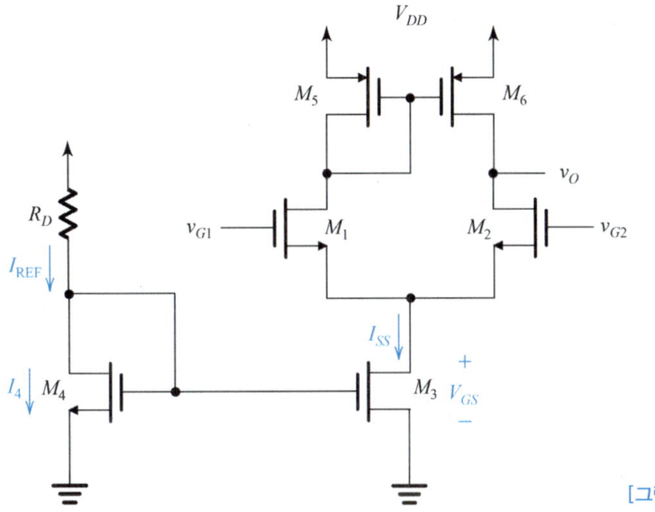

[그림 21-7] MOS 차동 쌍 회로(실험회로 1)

[그림 21-8]은 PSpice 모의실험을 위한 회로도이고, [그림 21-9]는 PSpice를 이용한 입력-출력 파형의 변화 모의실험 결과이다. 입력에 크기가 1mV이고 주파수가 10kHz인 정현파를 인가했을 때, 크기가 432.5mV이고 주파수가 10kHz인 정현파가 출력된다.

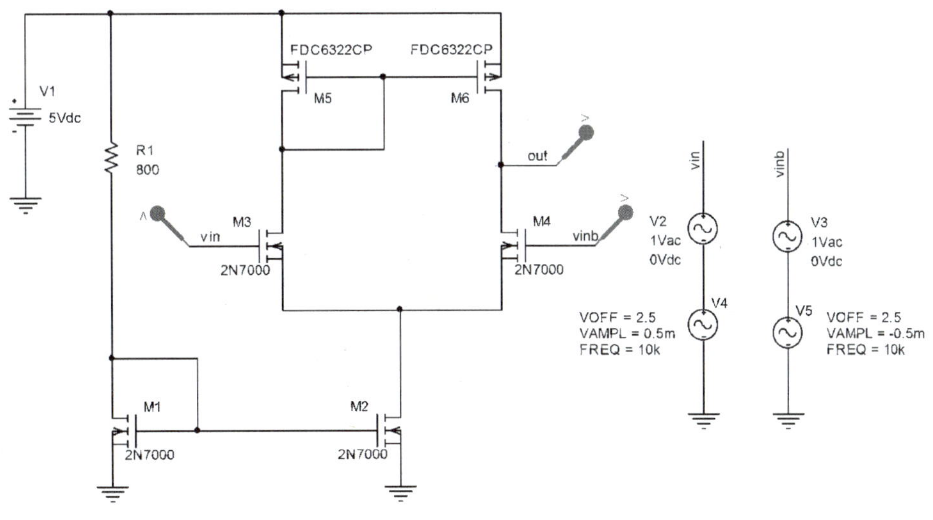

[그림 21-8] PSpice 모의실험을 위한 회로도

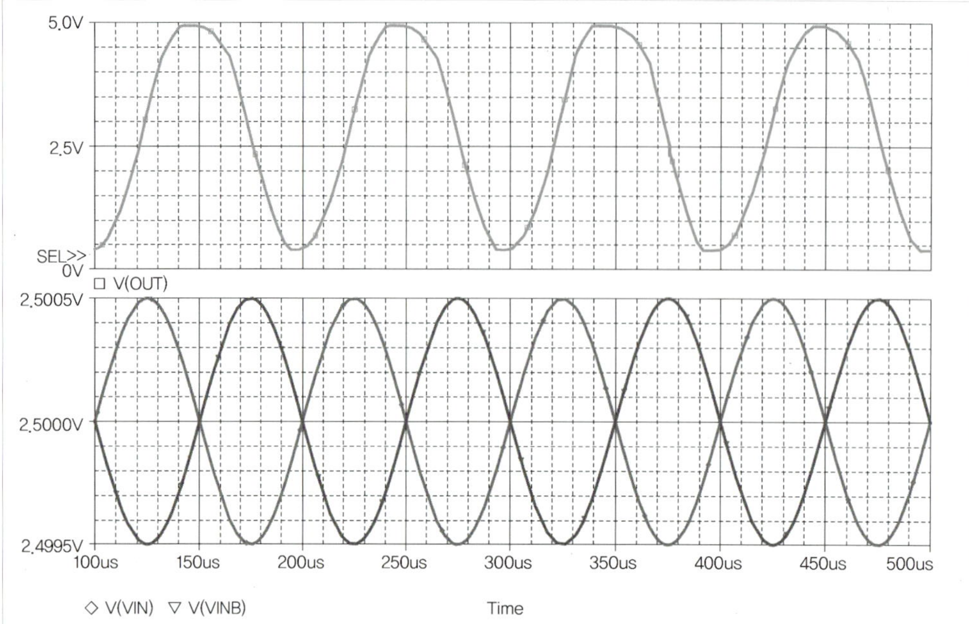

[그림 21-9] PSpice를 이용한 입력-출력 파형의 변화 모의실험 결과

[그림 21-10]은 주파수 특성을 보기 위한 AC 모의실험 결과이다. DC 전압 이득이 51dB, 3dB 주파수는 110kHz 부근임을 알 수 있다.

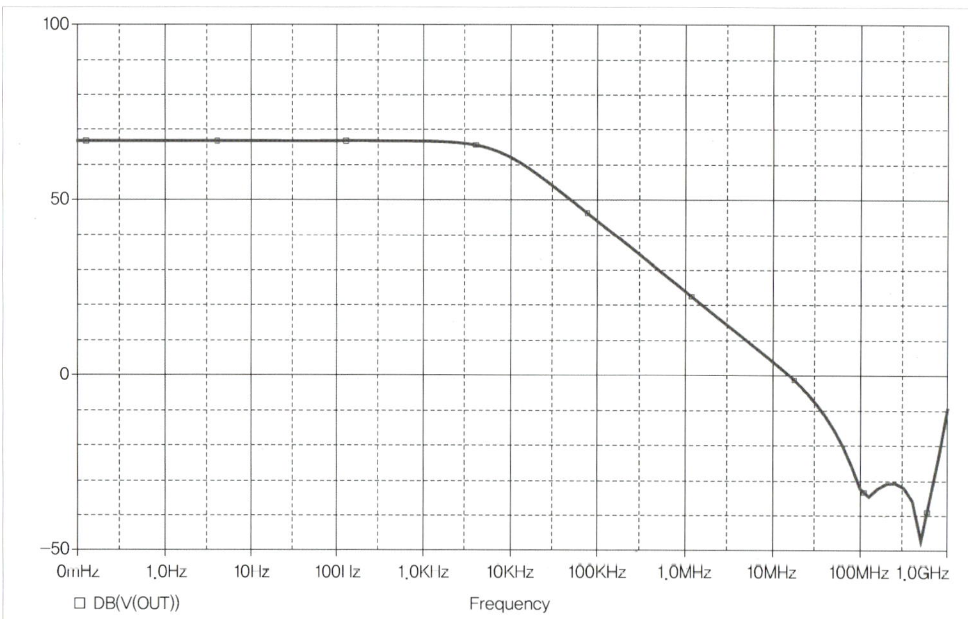

[그림 21-10] PSpice를 이용한 AC 모의실험 결과

21.3 실험 절차

1 증폭기 설계를 위해서는 MOSFET M_1, M_2의 동작점을 먼저 결정해야 한다. M_1, M_2에 인가할 공통 모드 전압을 $V_{DD}/2(=3V)$로 결정하였을 때, 출력 공통 모드 전압이 $V_{DD}/2(=3V)$가 되도록 V_{pbias} 전압과 I_{SS}를 정하시오. M_1, M_2의 원하는 g_m을 제공하기 위한 I_{SS} 전류가 흐르게 하기 위해서 M_3의 게이트 전압을 고정하고, V_{pbias} 값을 바꾸면서 출력의 공통 모드 전압을 [표 21-1]과 같은 형태로 기록하고, 출력의 공통 모드 전압이 $V_{DD}/2(=3V)$가 나오기 위한 V_{pbias} 값을 찾으시오.

2 실험 절차 1에서 결정한 I_{SS}, M_3의 게이트 전압 V_{bias}, V_{pbias}를 고정하였을 때, 원하는 입력-출력의 공통 모드 전압 레벨이 나오는지 확인하시오.

3 입력의 공통 모드 전압 레벨을 구하기 위해 입력의 공통 모드 전압을 변화시키면서, I_{SS} 전류가 흐르고 출력의 공통 모드 전압이 $V_{DD}/2(=3V)$로 유지되는 범위를 구해서 [표 21-2]에 기록하시오.

4 실험 절차 1에서 정한 I_{SS} 전류가 흐르기 위해서 R과 M_4로 구성된 정전류원을 구성해야 한다. 저항값 R을 변화시키면서 I_{REF} 전류가 I_{SS}와 같아지고, M_3의 게이트 전압이 실험 절차 1에서 정한 값이 되는 R을 결정하시오. R을 바꾸면서 I_{REF} 및 V_{bias} 전압을 [표 21-3]에 기록하시오.

5 정전류원 I_{SS}의 V_{DS} 전압 V_{CS}를 바꾸면서 M_3에 흐르는 전류를 측정하여 [표 21-4]에 기록하고, [그림 21-12]와 같은 형태로 그리시오.

6 실험 절차 1~5의 과정을 통해서 설계한 능동 부하 차동 증폭 회로를 구성하고, 공통 모드 전압 이득을 구한다. 공통 모드 전압 이득을 구하기 위해서 두 입력을 공통 모드 전압에 묶고 사인파 10kHz를 입력한 후, [표 21-5]와 같이 주파수를 바꾸면서 출력을 측정하여 이득을 구하시오.

7 입력의 공통 모드 전압을 중심으로, 10kHz, $0.01V_{p-p}$의 정현파 차동 입력 신호를 인가하여 20V/V 이상의 전압 이득을 갖는 차동 증폭 회로를 설계하시오. 위의 과정에서 설계한 정전류원 회로를 반드시 사용하도록 한다. 주파수를 고정하고, 입력 전압의 크기를 0.01V에서 0.1V까지 증가시키면서 [표 21-6]과 같은 형태로 출력 전압과 차동 전압 이득을 기록하시오. 외부에서 벌룬[balun]을 사용하지 않으면 차동 입력을 인가하기 쉽지 않으므로, 한 쪽을 공통 모드 전압으로 연결하고 다른 쪽 입력에 10kHz의 사인파를 인가하여 차동 이득을 구하시오.

8 [표 21-5]의 공통 모드 전압 이득과 [표 21-6]의 차동 모드 전압 이득을 바탕으로 [표 21-7]에서 공통 모드 제거비(CMRR)를 구하시오.

9 [표 21-6]에서 구한 차동 모드 전압 이득을 바탕으로 [그림 21-13]과 같이 보드 선도bode plot를 그리시오.

21.4 고찰 사항

(1) 출력을 차동으로 볼 때에도 공통 모드 전압 이득이 발생하는 원인을 분석하시오.

(2) 공통 모드 제거비(CMRR)의 이론치와 실험 결과가 차이가 나는 원인을 분석하시오.

(3) 공통 모드 제거비(CMRR)를 향상시킬 수 있는 방안을 설명하시오.

요약

이 실험에서는 능동 부하를 사용한 차동 증폭기를 구성하여 전압 이득 및 공통 모드 제거비(CMRR)를 측정하였다. 차동 증폭기의 공통 모드 및 차동 모드 전압 이득을 이론적으로 구하고, 이를 바탕으로 CMRR을 구한 후에 실험을 통하여 이 값들을 직접 구해보고, 이론치와 차이가 발생하는 이유를 분석하였다. 또한 차동 모드 입력 주파수를 바꾸면서 출력 전압의 크기를 측정하여 보드 선도를 그린 뒤, 차동 모드 증폭기의 주파수 특성을 파악하였다.

퀴즈

(1) 다음 중 능동 부하를 사용한 차동 증폭기를 구성하여 전압 이득과 공통 모드 제거비(CMRR)를 측정하고자 할 때 사용되지 않는 실험기자재 및 부품은?

① 오실로스코프 ② 커패시터
③ 함수 발생기 ④ 저항

(2) 다음 중 트랜지스터 제작 시에 M_1, M_2의 g_m 값의 불일치가 발생하여 CMRR이 ∞ 값이 될 수 없는 요건이 아닌 것은?

① poly 폭 ② poly 길이
③ 커패시턴스 ④ 문턱 전압

(3) [그림 21-11]은 공통 모드 전압 이득을 계산하기 위한 공통 모드 반회로이다. v_{icm}은 소신호, 출력은 차동일 때, 두 개의 부하 저항 R_D 값이 불일치할 경우 CMRR의 식으로 맞는 것은?

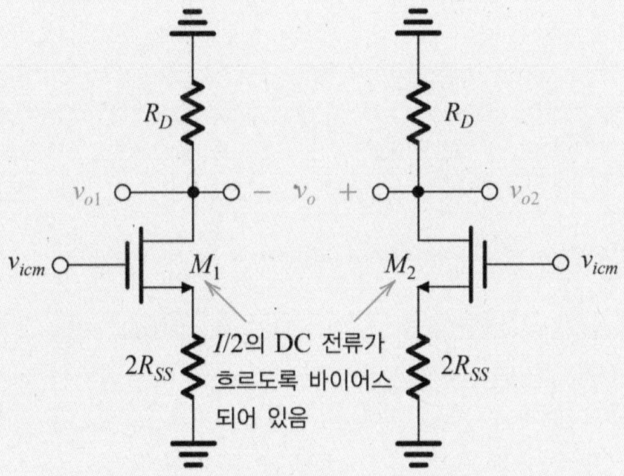

[그림 21-11]

① $\text{CMRR} = \left|\dfrac{A_d}{A_{cm}}\right| = (2g_m R_{SS}) / \left(\dfrac{\Delta R_D}{R_D}\right)$ ② $\text{CMRR} = \left|\dfrac{A_d}{A_{cm}}\right| = (2g_m R_{SS}) / \left(\dfrac{\Delta g_m}{m}\right)$

③ ∞ ④ $\text{CMRR} = \left|\dfrac{A_d}{A_{cm}}\right| = g_m R_{SS}$

(4) 다음 중 공통 모드 제거비(CMRR)에 대한 설명으로 맞지 않은 것은?

① CMRR의 단위는 [dB]이다.

② CMRR은 공통 모드 신호가 측정기에 얼마만큼 나타내는지 보여주는 척도이기 때문에 매우 중요하다.

③ CMRR은 전송선로의 노이즈를 줄이는 데 중요하다.

④ CMRR은 크기는 신호의 주파수 함수와 관계가 없다.

(5) 다음 중 트랜지스터를 이용한 능동 부하를 사용한 차등 증폭기의 장점이 아닌 것은?

① 저항 부하에 비해서 공정에 대한 변화량이 적다.

② 정확한 저항을 위한 추가 비용이 들지 않는다.

③ 능동 부하는 전류 거울을 사용하여 전류를 공급하면서 부하 작용을 하지 않는다.

④ 결합 커패시터 및 바이패스 커패시터가 필요 없다.

(6) [실험 20]에서 제시된 수동 부하passive load가 있는 차동 증폭기와 비교하여 능동 부하active load를 이용한 차동 증폭기의 장단점을 쓰시오.

(7) CMRR의 정의와 CMRR을 향상시키기 위한 방안을 제시하시오. 또한 CMRR의 중요성을 설명하시오.

예비 보고 사항

(1) 20V/V 이상의 차동 전압 이득 A_d와 200 이상의 공통 모드 제거비(CMRR) 특성이 있는 능동 부하 MOS 차동 쌍을 설계하시오.

(2) 능동 부하에 사용하는 PMOS와 차동 쌍에 사용하는 NMOS의 정보와 배경 이론을 바탕으로 주요 파라미터를 결정하시오.

(3) 원하는 전압 이득과 공통 모드 제거비(CMRR)를 얻을 수 있는지를 계산하고, PSpice를 사용하여 검증하시오. 계산에 필요한 파라미터는 다음과 같다.

$V_{DD} = 6\text{V}$, r_0(출력 저항) $= 1\text{k}\Omega$

(바이어스 저항) = ([실험 20]에서 구성했을 때의 저항값)

자르는 선

실험 21 실험 결과

[실험 절차]에 따라 [실험 결과]를 작성하시오.

1

[표 21-1] 입력-출력의 공통 모드 전압을 결정하기 위한 I_{SS}, R_D 값 측정

M_3의 게이트 전압 (V_{bias})	I_{SS} 전류	R_D 값	입력의 공통 모드 전압	출력의 공통 모드 전압

2

MOS 차동 쌍의 입-출력 공통 모드 전압 확인

3

[표 21-2] 입력 공통 모드 전압 범위를 구하기 위한 측정

M_3의 게이트 전압 (V_{bias})	I_{SS} 전류	V_{pbias} 값	입력의 공통 모드 전압	출력의 공통 모드 전압

4

[표 21-3] 저항값의 변화에 따른 정전류원의 측정 결과

저항값(R)	I_{REF}	V_{bias}

5

[표 21-4] V_{CS} 전압의 변화에 따른 I_{SS} 전류 측정 결과

V_{CS} 전압	I_{SS} 전류

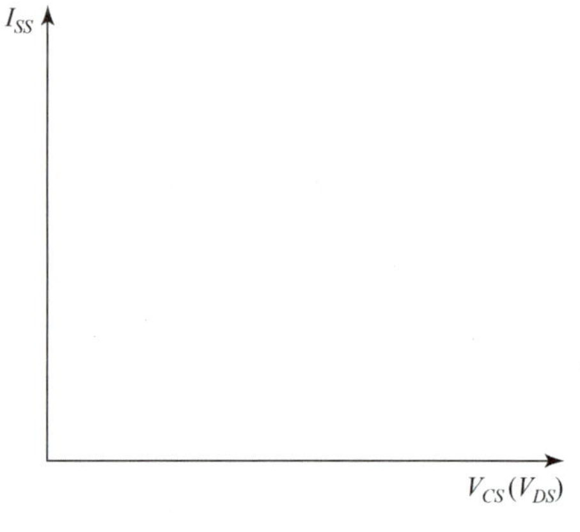

[그림 21-12] 정전류원의 측정 결과

자르는 선

6

[표 21-5] 공통 모드 전압 이득을 계산하기 위한 측정 결과

V_{in}의 공통 모드 전압의 크기(mV)	V_{in}의 공통 모드 주파수(kHz)	공통 모드 출력 전압의 크기(mV)	출력의 공통 모드 주파수(kHz)	공통 모드 전압 이득(A_{cm})

7

[표 21-6] 차동 모드 전압 이득을 계산하기 위한 측정 결과

V_{in}의 공통 모드 전압의 크기(mV)	V_{in}의 공통 모드 주파수(kHz)	차동 모드 출력 전압의 크기(mV)	출력의 차동 모드 주파수(kHz)	차동 모드 전압 이득(A_d)

8

[표 21-7] 공통 모드 제거비 측정 결과

V_{in}의 공통 모드 전압의 크기(mV)	V_{in}의 공통 모드 주파수(kHz)	공통 모드 전압 이득(A_{cm})	차동 모드 전압 이득(A_d)	공통 모드 제거비 ($=\|A_d\|/\|A_{cm}\|$)

9

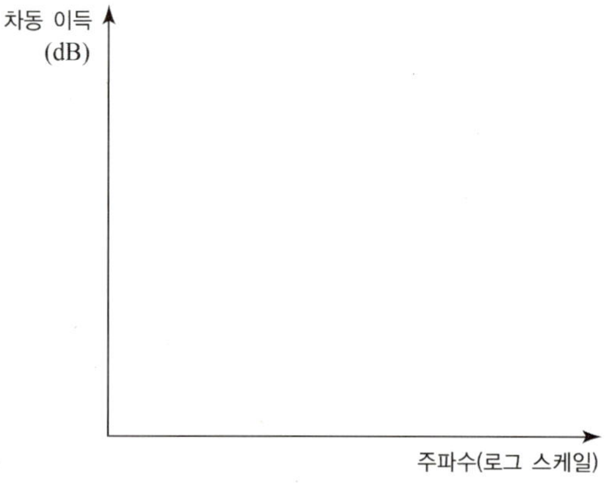

[그림 21-13] **차동 모드 전압 이득의 보드 선도**

실험 22

연산 증폭기 특성

실험 개요

연산 증폭기는 아날로그 회로에서 가장 널리 사용되는 회로이다. 일반적인 연산 증폭기는 차동 입력을 받아서 단일 출력을 내보낸다. 이 실험에서는 연산 증폭기의 전압 이득, 입력 저항, 출력 저항, 대역폭, 옵셋 전압, 슬루율 등 기본적인 성능 파라미터들을 익히고 실험을 통해서 측정하여, 이를 바탕으로 연산 증폭기를 이용한 응용 회로를 설계할 수 있는 능력을 배양하고자 한다.

실험 기자재 및 부품

- DC 파워 서플라이
- 디지털 멀티미터
- 오실로스코프
- 함수 발생기
- 연산 증폭기(LM741)
- 저항

22.1 배경 이론

연산 증폭기 회로

[그림 22-1]은 기본적인 연산 증폭기 회로이다. 이 회로는 $V_{out} = A_0(V_{in1} - V_{in2})$와 같이 입력 전압 V_{in1}과 V_{in2}의 차이에 비례하는 전압 V_{out}을 생성한다.

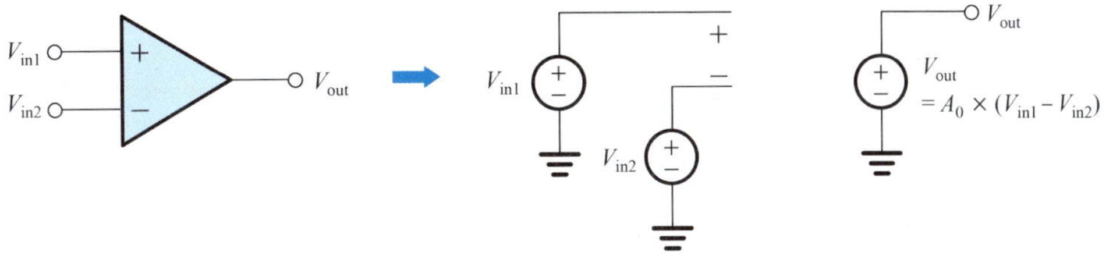

[그림 22-1] 기본적인 연산 증폭기

[그림 22-2(a)]와 같이 음의 입력을 접지로 하고, 양의 입력에 입력 신호를 인가하는 회로를 비반전 증폭기non-inverting amplifier라고 한다. [그림 22-2(b)]와 같이 양의 입력을 접지로 하고, 음의 입력에 입력 신호를 인가하는 회로를 반전 증폭기inverting amplifier라고 한다.

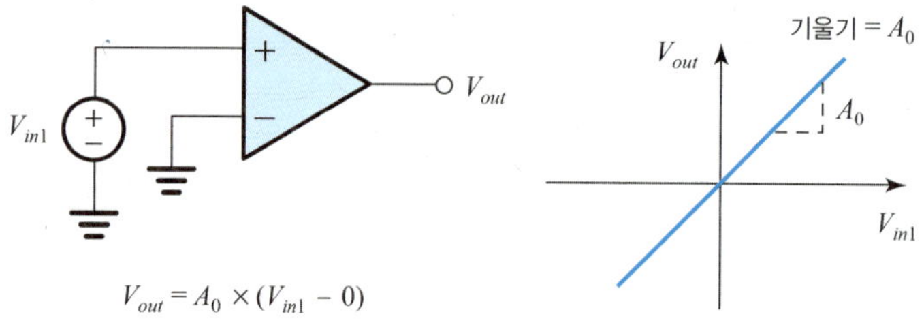

(a) 비반전 증폭기

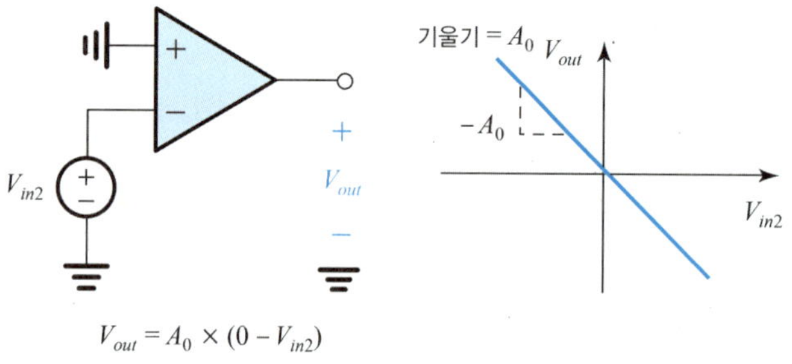

(b) 반전 증폭기

[그림 22-2] **비반전 증폭기와 반전 증폭기**

일반적으로, 이상적인 연산 증폭기는 다음 세 가지 조건을 만족한다고 가정한다.

$$\text{전압 이득} = \infty \qquad \text{입력 저항} = \infty \qquad \text{출력 저항} = 0$$

이상적인 연산 증폭기를 이용하여 [그림 22-3]과 같이 피드백 회로를 구성하면, 식 (22.1)에서 전압 이득이 무한대일 경우 V_{in1} 전압과 V_{in2} 전압은 같아진다. 즉 가상 단락virtual short으로 볼 수 있다. 이 개념은 연산 증폭기를 이용한 응용 회로의 분석에 매우 유용하게 사용될 수 있다.

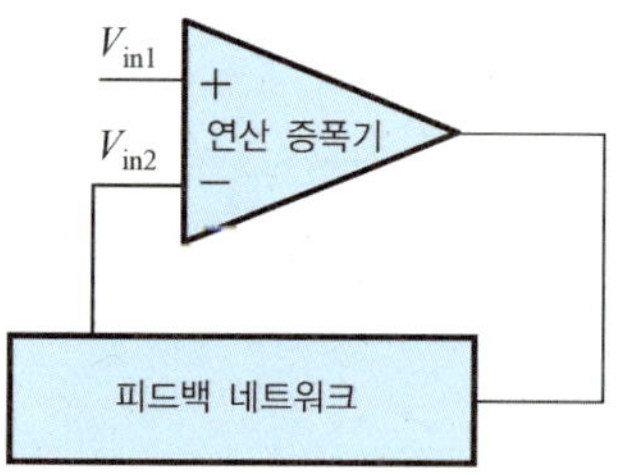

[그림 22-3] **가상 단락의 개념**

연산 증폭기의 성능 파라미터

■ 이득

연산 증폭기의 열린 루프 이득은 연산 증폭기를 사용하는 궤환 시스템의 정확도를 결정한다. 이득을 높이기 위해서는 속도 및 출력 전압 스윙과 같은 파라미터를 희생하므로, 최소한 필요한 이득을 반드시 알아야 한다. 또한 일반적으로, 높은 열린 루프 이득은 비선형성을 억제하는 효과도 가져온다.

■ 소신호 대역폭

연산 증폭기의 고주파 동작은 많은 응용에서 중요한 역할을 한다. 예를 들어, 동작 주파수가 증가함에 따라 열린 루프 이득은 떨어지기 시작하여 궤환 시스템의 오차를 증가시킨다. 소신호 대역폭은 일반적으로 '단위 이득' f_u 주파수로 정의하며, 오늘날 CMOS 연산 증폭기에서는 1GHz가 넘는다. 또한 3dB 주파수 f_{3dB}를 알면, 닫힌 루프 주파수의 반응을 쉽게 예측할 수 있다.

연산 증폭기의 주파수 특성은 식 (22.1)과 같이 표현할 수 있으며, 보드 선도를 그리면 [그림 22-4]와 같다. ω_1보다 낮은 주파수에서는 이득이 일정하지만, ω_1보다 높은 주파수에서는 이득이 감소한다. $\omega=\omega_1$일 때, 이득은 저주파 이득에서 3dB 감소한다.

$$\frac{V_{\text{out}}}{V_{\text{in1}}-V_{\text{in2}}}(s)=\frac{A_0}{1+\frac{s}{\omega_1}} \tag{22.1}$$

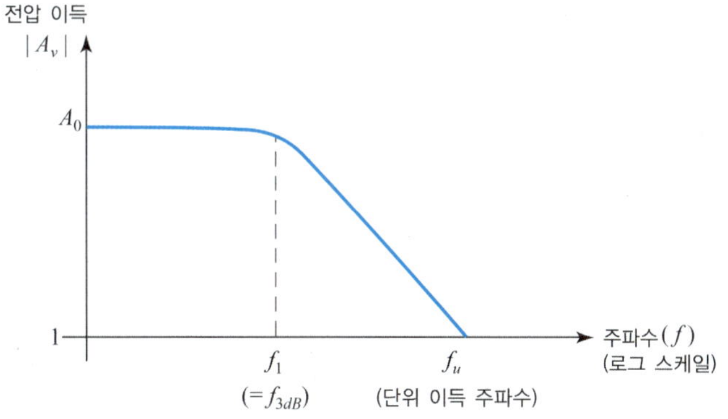

[그림 22-4] **연산 증폭기의 주파수 특성**

연산 증폭기를 이용해서 [그림 22-10]과 같이 피드백 회로를 구성하면 이득과 대역폭 사이에는 [그림 22-5]와 같은 상충 관계[trade-off]가 성립한다. 연산 증폭기 자체의 3dB

주파수를 f_1 이라고 할 때, 피드백 회로를 구성하면 $\left(1+\frac{R_2}{R_1+R_2}A_0\right)f_1$ 으로 3dB 주파수가 증가한다. 반면, 이득은 A_0 에서 $A_0 \Big/ \left(1+\frac{R_2}{R_1+R_2}A_0\right)$ 로 감소하게 된다. 즉 피드백 회로를 구성하면 대역폭이 $\left(1+\frac{R_2}{R_1+R_2}A_0\right)$ 만큼 증가하고, 이득은 $\left(1+\frac{R_2}{R_1+R_2}A_0\right)$ 만큼 감소한다. 이로부터 이득-대역폭의 곱은 일정하다는 사실을 알 수 있다.

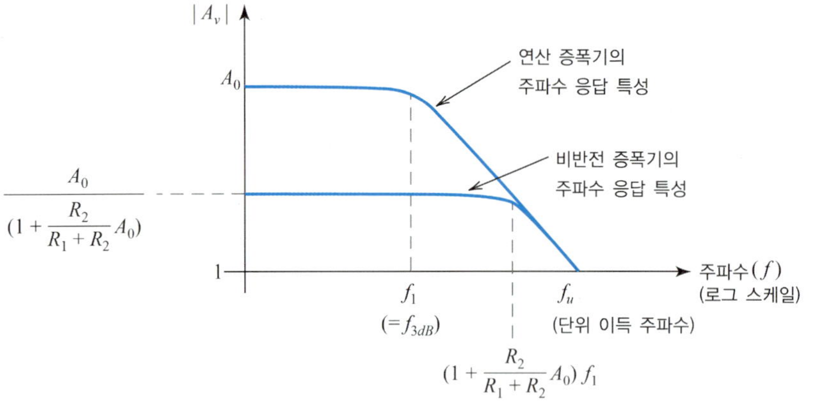

[그림 22-5] 연산 증폭기의 주파수 특성

■ 슬루율

오늘날 많은 응용에서 연산 증폭기는 반드시 큰 과도 신호와 함께 작동해야 한다. 이러한 조건에서는 비선형 특성으로 인해 열린 루프 응답과 같은 소신호 특성만으로 속도를 제어하는 것이 어려워진다.

연산 증폭기를 이용한 비반전 증폭기에서 입력의 크기가 작을 때, 즉 소신호일 경우에는 [그림 22-6]과 같이 입력의 크기가 두 배 증가하면 출력의 기울기도 두 배로 증가된다. 반면 입력 신호의 크기가 클 때, 즉 대신호의 경우에는 [그림 22-7]과 같이 입력의 크기에 무관하게 출력이 초기에 선형적으로 정착하는 모양을 보인다. 이는 연산 증폭기 내부의 트랜지스터의 동작 영역이 포화 영역에서 벗어나면서 비선형적인 특성을 보이기 때문이다.

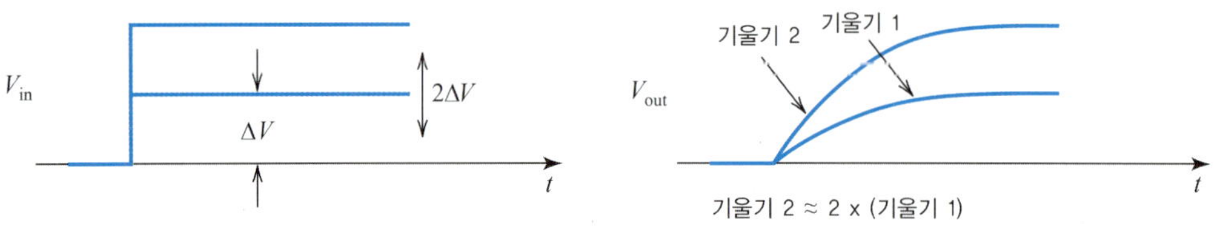

[그림 22-6] 소신호 입력에 대한 비반전 증폭기의 응답 특성

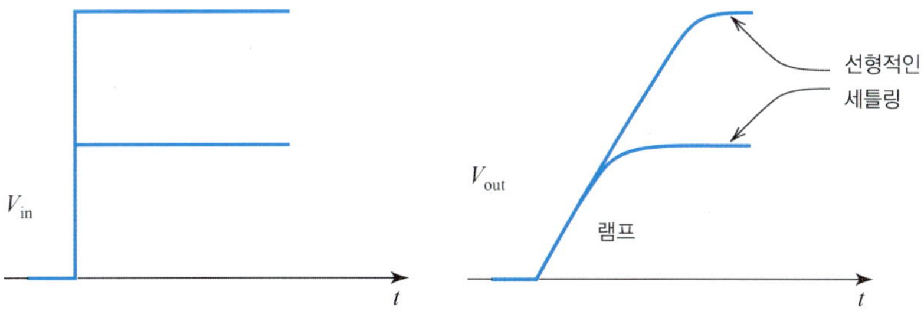

[그림 22-7] 대신호 입력에 대한 비반전 증폭기의 응답 특성

■ 출력 스윙

연산 증폭기를 사용하는 대부분의 시스템은 다양한 신호 진폭을 수용하기 위해 큰 출력 전압 스윙이 필요하다. 하지만 최대 전압 스윙을 선택하면 소자 크기, 바이어스 전류 및 속도를 희생해야 하는 문제가 있으므로 설계 시 유의해야 한다.

■ 선형성

일반적으로 열린 루프 연산 증폭기는 심각한 비선형성 문제를 안고 있다. 비선형성 문제를 해결하기 위해서 일반적으로 다음 두 가지 방법을 이용한다. 한 가지 방법은 짝수 차수 고조파를 억제하기 위해 완전 차동 구조를 이용하는 방법이고, 또 다른 방법은 충분히 큰 열린 루프 이득을 가지도록 설계하여 닫힌 루프 궤환 시스템이 적절한 선형성을 달성할 수 있도록 하는 방법이다.

■ 잡음 및 오프셋

연산 증폭기의 입력 잡음 및 오프셋은 적절한 품질로 처리할 수 있는 최소 신호 레벨을 결정한다. 일반적인 연산 증폭기 토폴로지에서, 여러 가지 소자가 잡음과 오프셋에 기여하여 큰 크기 또는 바이어스 전류를 필요로 하게 된다.

[그림 22-8]은 연산 증폭기의 오프셋 전압의 개념을 보여준다. 연산 증폭기의 입력 쪽에 양의 오프셋 V_{os}가 발생하면 [그림 22-9]와 같이 입력-출력 특성 곡선이 변한다. 즉 입력 쪽에 V_{os}가 더해져야 출력 쪽의 전압이 공통 모드 전압이 나오게 됨을 의미한다. 오프셋이 발생하는 이유는 여러 가지가 있지만, 앞에서 공부한 차동 증폭기 입력 트랜지스터 또는 부하의 불일치가 주 원인이다.

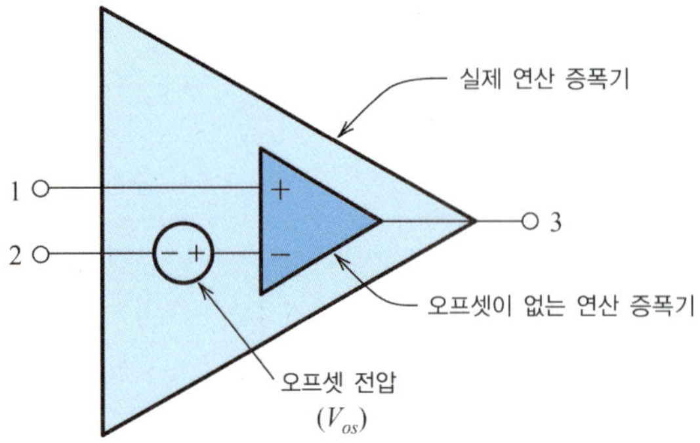

[그림 22-8] 연산 증폭기의 오프셋 전압

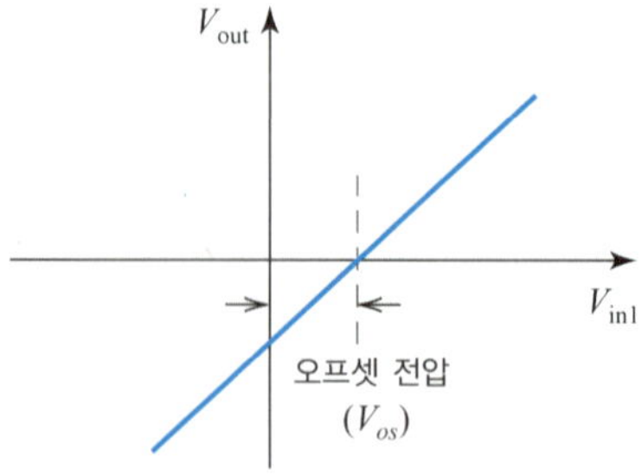

[그림 22-9] 연산 증폭기의 입력 오프셋

[그림 22-10]은 연산 증폭기의 오프셋이 비반전 증폭기의 출력에 미치는 영향을 보인다.

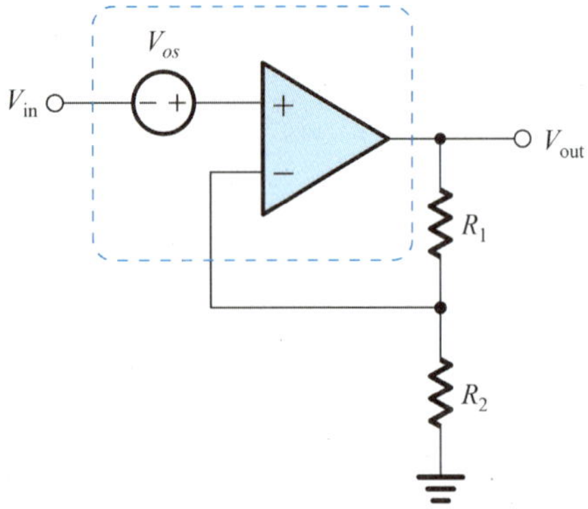

[그림 22-10] 연산 증폭기의 오프셋이 존재할 경우의 비반전 증폭기

식 (22.2)와 같이 입력에 오프셋이 더해진 만큼 연산 증폭기의 입력에 들어가고, 그만큼 출력 쪽에서도 나타내게 되므로 비반전 증폭기의 오차 성분이 된다.

$$V_{out} = \left(1 + \frac{R_1}{R_2}\right)(V_{in} + V_{os}) \tag{22.2}$$

■ 공급 제거(PSRR)

연산 증폭기는 종종 혼합 신호 시스템에 사용되어 때때로 잡음이 있는 디지털 공급 라인에 연결된다. 따라서 특히 잡음 주파수가 증가할 때, 공급 잡음 하에서 연산 증폭기의 성능은 매우 중요하다. 이러한 이유로 완전 차동 토폴로지를 선호하게 된다.

22.2 실험회로 및 PSpice 시뮬레이션

연산 증폭기의 기본 특성 측정

[그림 22-11]은 연산 증폭기의 기본적인 특성을 실험하기 위한 회로이다. 이 회로를 보면 입력에 차동 입력을 인가하고, 단일 출력으로 내보내도록 되어 있다. 전원은 $+V_{CC}$ 전압과 $-V_{EE}$ 전압을 각각 인가한다.

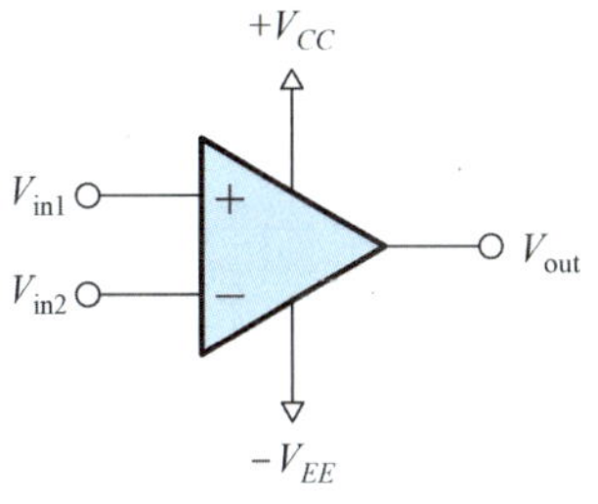

[그림 22-11] 기본적인 연산 증폭기 회로(실험회로 1)

[그림 22-12]는 PSpice를 이용하여 연산 증폭기의 모의실험을 하기 위한 회로도이다. 전원에는 +5V와 0V를 각각 인가하고, 음의 단자에는 2.5V의 DC 전압을, 양의 단자에는 10kHz의 주파수와 크기가 50mV인 정현파를 각각 인가한다.

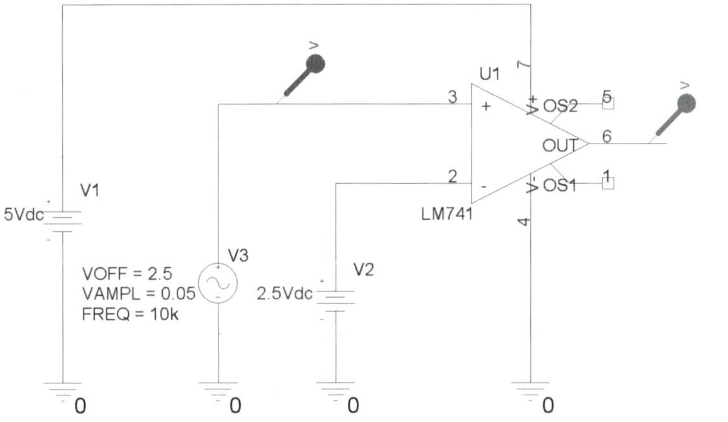

[그림 22-12] PSpice 모의실험을 위한 연산 증폭기의 회로도

[그림 22-13]은 [그림 22-12]의 연산 증폭기의 PSpice 모의실험 결과이다. 입력의 크기가 50mV이고 출력의 크기가 4.6V이므로, 전압 이득은 92V/V 이상임을 알 수 있다. 출력 전압의 크기는 증폭기의 최대 출력 전압에 의해서 제한되었다.

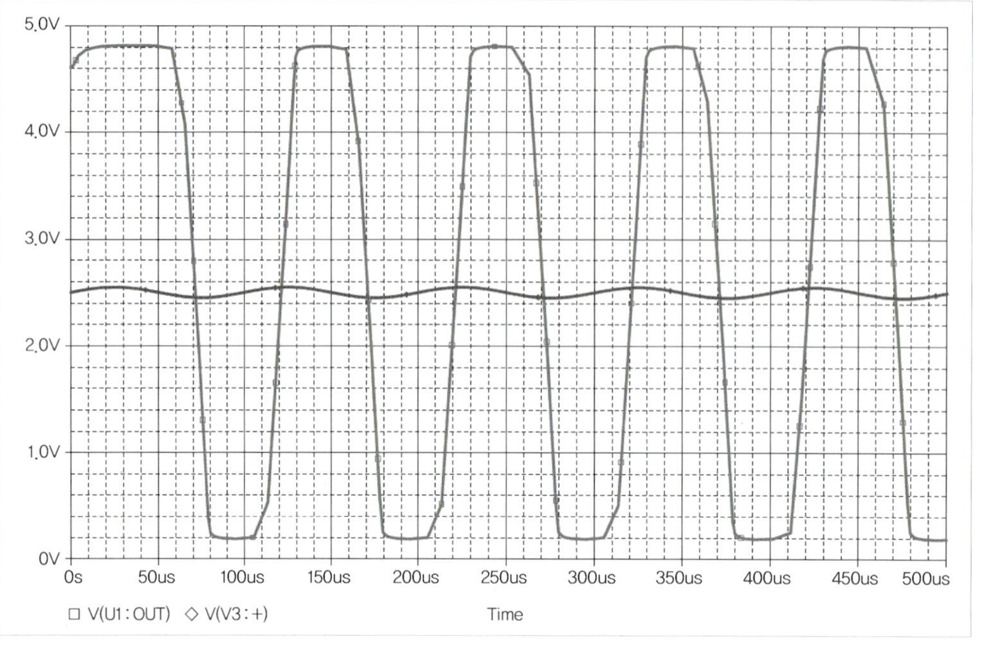

[그림 22-13] 연산 증폭기의 PSpice 모의실험 결과

연산 증폭기의 슬루율 측정

[그림 22-14]는 연산 증폭기의 슬루율을 실험하기 위한 회로도이다. 양의 입력 단자에 입력을 인가하고, 음의 입력 단자와 출력을 묶어서 단위 이득 버퍼로 동작을 하도록 실험회로를 구성한다.

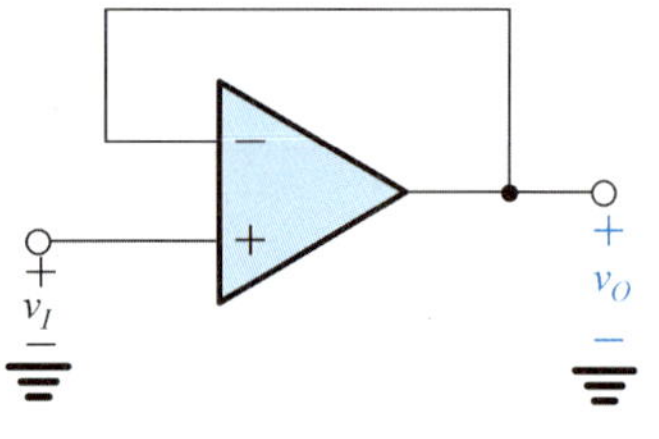

[그림 22-14] 연산 증폭기의 슬루율 측정을 위한 회로(실험회로 2)

[그림 22-15]는 PSpice를 이용하여 연산 증폭기의 슬루율을 모의실험하기 위한 회로도이다. 양의 입력 단자에 입력을 인가하고, 음의 입력 단자와 출력을 묶어서 단위 이득 버퍼로 동작을 하도록 회로를 구성하였다.

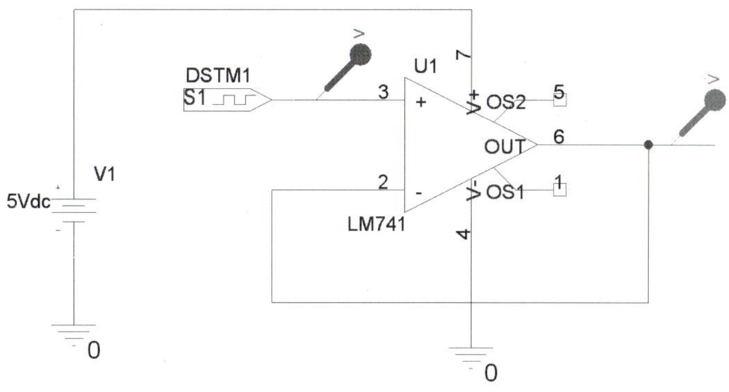

[그림 22-15] PSpice 모의실험을 통해 슬루율을 측정하기 위한 회로도

[그림 22-16]은 PSpice를 이용하여 연산 증폭기의 슬루율을 모의실험한 결과이다. 입력을 0V에서 5V로 스텝으로 인가했을 때, 출력이 슬루잉을 하면서 입력을 따라가는 것을 볼 수 있다.

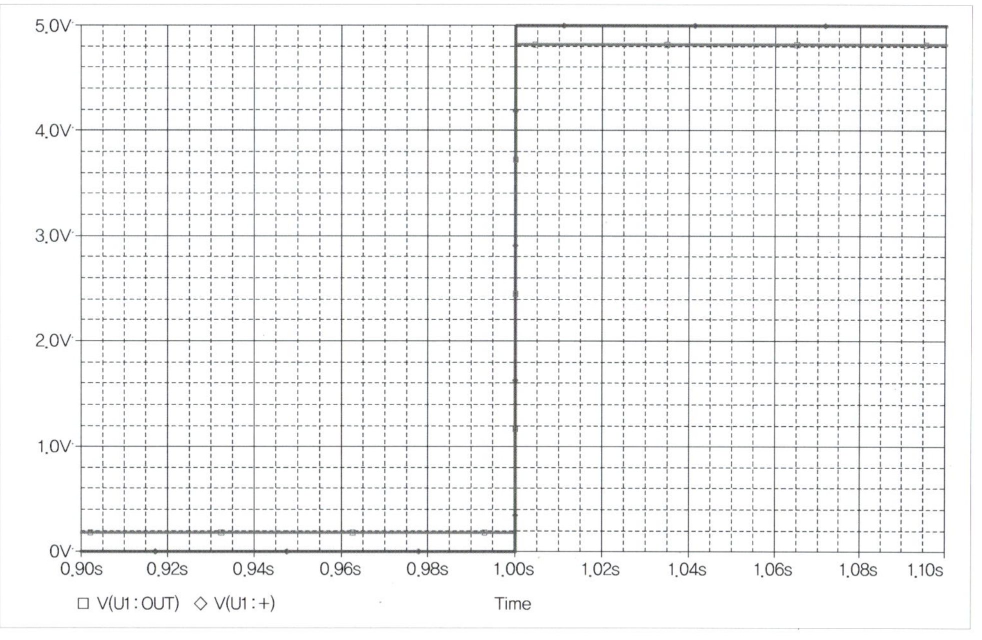

[그림 22-16] 슬루율 측정을 위한 PSpice 모의실험 결과

22.3 실험 절차

연산 증폭기의 기본 특성 측정

1 실험회로 1([그림 22-11])에서 연산 증폭기 입력의 공통 모드 전압 범위를 구하시오. 입력의 공통 모드 전압을 변화시키면서, 연산 증폭기의 DC 전류가 일정하게 흐르고 출력의 공통 모드 전압이 일정하게 유지되는 범위를 구해서 [표 22-1]에 기록하시오.

2 연산 증폭기의 입력 및 출력 스윙 레벨을 구하시오. 음의 입력 단자에는 실험 절차 1에서 구한 입력 공통 모드 전압 범위의 중간값에 해당되는 공통 모드 전압을 인가하고, 양의 단자에는 10kHz 주파수 사인파의 크기를 10mV~10V까지 10mV 단위로 증가시키면서 출력의 크기 및 파형을 관찰하여 [표 22-2]에 기록하시오.

3 공통 모드 전압 이득을 구하기 위해 연산 증폭기의 두 입력을 공통 모드 전압에 묶고, 10kHz의 사인파를 입력한 후, [표 22-3]과 같이 주파수를 바꾸면서 출력을 측정하여 이득을 구하시오.

4 입력의 공통 모드 전압을 중심으로 10kHz 정현파 차동 입력 신호를 인가하되, 크기를 0.01~0.1V까지 증가시키면서 [표 22-4]와 같은 형태로 출력 전압과 차동 모드 전압 이득을 기록하시오. 또 이를 바탕으로 [그림 22-18]과 같이 보드 선도[bode polt]를 그리시오.

5 실험 절차 4에서 입력 전압의 크기를 10mV로 고정하고 주파수를 10kHz~1MHz로 변화시키면서 [표 22-4]에 기록하시오.

6 실험 절차 3에서 구한 공통 모드 전압 이득(A_{cm})과 실험 절차 4에서 구한 차동 이득(A_d)[differential gain]을 바탕으로 공통 모드 제거비(CMRR)를 구하시오.

7 연산 증폭기의 오프셋을 측정하기 위해 음의 입력 단자를 공통 모드 전압으로 두고, 양의 입력 단자 전압을 공통 모드 전압 부근에서 조정하여 출력 쪽의 전류를 측정한다. 이때 출력 쪽의 전류가 0이 되는 전압을 [표 22-6]에 기록하시오.

연산 증폭기의 슬루율 측정

1 실험회로 2([그림 22-14])와 같이 회로를 구성하고, 입력 전압의 스텝 입력을 인가하되 스텝의 크기를 10mV~10V까지 증가시키면서 출력 파형을 관찰한다. 스텝의 크기를 증가시키면서 출력의 응답 특성 중 슬루율을 측정하여 [표 22-7]에 기록하시오.

22.4 고찰 사항

(1) 실험회로 2에서 슬루율을 향상시키기 위한 방안을 설명하시오.

요약

이 실험에서는 연산 증폭기의 전압 이득, 대역폭, 오프셋, 슬루율 등의 정의를 이해하고, 이를 실험으로 측정하였다. 이 실험을 통해 아날로그 회로에서 가장 많이 사용되는 블록인 연산 증폭기의 기본적인 특성 및 회로 구성, 분석 방법을 익혔다. 또한 연산 증폭기의 비이상적인 특성인 오프셋 전압과 실제 연산 증폭기가 따라갈 수 있는 출력 최대 변화율인 슬루율에 대해서 고찰해보았다. 다음 실험에서는 연산 증폭기를 이용한 대표적인 응용 회로를 구성하고, 연산 증폭기의 비이상적인 특성에 의해서 발생하는 문제점 및 해결 방안을 알아볼 것이다.

퀴즈

(1) 그림 [22-17]은 기본적인 연산 증폭기 회로이다. 그림과 같이 V_{in1}과 V_{in2}를 연산 증폭기에 입력하였을 때, 출력 전압 V_{out}을 나타내는 식으로 옳은 것은?

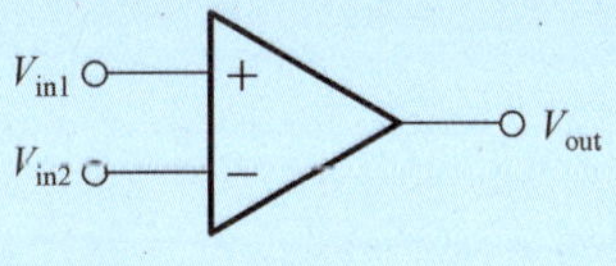

[그림 22-17]

① $V_{out} = A_0(V_{in1} + V_{in2})$ ② $V_{out} = A_0(V_{in1} - V_{in2})$

③ $V_{out} = -A_0(V_{in1} + V_{in2})$ ④ $V_{out} = A_0(V_{in2} - V_{in1})$

(2) 다음 중 연산 증폭기의 성능 파라미터가 아닌 것은?

① 이득 ② 지연

③ 슬루율 ④ 출력 스윙

(3) 연산 증폭기 자체의 3dB 주파수를 f_1이라고 할 때, 피드백 회로를 구성하면 이득은 (ㄱ)하게 되고, 3dB 주파수는 (ㄴ)하게 된다. (ㄱ)과 (ㄴ)에 각각 맞는 답을 고르시오.

① (ㄱ) $\left(1+\frac{R_1}{R_1+R_2}A_0\right)$만큼 증가 (ㄴ) $\left(1+\frac{R_1}{R_1+R_2}A_0\right)$만큼 감소

② (ㄱ) $\left(1+\frac{R_1}{R_1+R_2}A_0\right)$만큼 감소 (ㄴ) $\left(1+\frac{R_1}{R_1+R_2}A_0\right)$만큼 증가

③ (ㄱ) $\left(1+\frac{R_2}{R_1+R_2}A_0\right)$만큼 증가 (ㄴ) $\left(1+\frac{R_2}{R_1+R_2}A_0\right)$만큼 감소

④ (ㄱ) $\left(1+\frac{R_2}{R_1+R_2}A_0\right)$만큼 감소 (ㄴ) $\left(1+\frac{R_2}{R_1+R_2}A_0\right)$만큼 증가

(4) 다음 중 이상적인 연산 증폭기의 조건이 아닌 것은?

① 입력 저항 = ∞ ② 전압 이득 = ∞

③ 전류 이득 = ∞ ④ 출력 저항 = 0

(5) 다음 설명의 빈 칸에 공통으로 들어갈 말은?

> 일반적으로 열린 루프 연산 증폭기는 심각한 ( ) 문제를 안고 있다. ( ) 문제를 해결하기 위해 일반적으로 다음의 두 가지 방법을 이용한다. 한 가지 방법은 짝수 차수 고조파를 억제하기 위해 완전 차동 구조를 이용하는 방법이고, 또 다른 방법은 충분히 큰 열린 루프 이득을 가지도록 설계하는 방법이다.

① 출력 스윙 ② 이득

③ 오프셋 ④ 비선형성

(6) 연산 증폭기의 전압 이득과 소신호 대역폭 사이의 관계를 설명하시오.

예비 보고 사항

(1) 이번 실험에서 사용하고자 하는 연산 증폭기의 데이터시트를 보고, 다음 사항에 대한 파라미터들을 구하시오.

- 전압 이득
- 공통 모드 입력 전압 범위
- 입력 전압 스윙 레벨
- 출력 전압 스윙 레벨
- 공통 모드 제거비(CMRR)
- 입력 임피던스
- 출력 임피던스
- 오프셋 전압
- 슬루율
- 대역폭(f_{3dB})
- 단위 이득 주파수

(2) 실험회로 1([그림 22-11])에서 예비 보고 사항 (1)의 각 파라미터들을 측정하기 위한 방법을 설명하시오.

(3) 실험회로 2([그림 22-14])와 같이 구성하고, PSpice를 이용하여 10mV와 2V 크기의 스텝 입력을 각각 인가하였을 경우의 출력 파형을 그리고, 슬루율을 구하시오.

자르는 선

실험 22 실험 결과

[실험 절차]에 따라 [실험 결과]를 작성하시오.

연산 증폭기의 기본 특성 측정

1

[표 22-1] 연산 증폭기의 입력 공통 모드 전압 범위를 구하기 위한 측정

입력의 공통 모드 전압	연산 증폭기의 DC 전류	출력의 공통 모드 전압

2

[표 22-2] 입력-출력 스윙을 구하기 위한 측정 결과

공통 모드 입력 전압의 크기(mV)	공통 모드 입력 주파수(kHz)	입력 전압의 크기(mV)	출력 전압의 크기(mV)

3

[표 22-3] 공통 모드 전압 이득을 계산하기 위한 측정 결과

공통 모드 입력 전압의 크기(mV)	공통 모드 입력 주파수(kHz)	공통 모드 출력 전압의 크기(mV)	출력의 공통 모드 주파수(kHz)	공통 모드 전압 이득 (A_{cm})

4, 5

[표 22-4] 차동 모드 전압 이득을 계산하기 위한 측정 결과

차동 모드 전압의 크기(mV)	차동 모드 주파수 (kHz)	차동 모드 출력 전압의 크기(mV)	출력의 차동 모드 주파수(kHz)	차동 모드 전압 이득 (A_d)

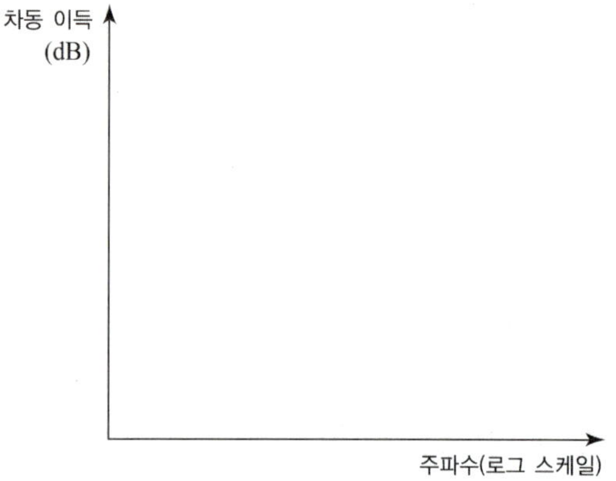

[그림 22-18] 차동 모드 전압 이득의 보드 선도

6

[표 22-5] 공통 모드 제거비(CMRR) 측정 결과

차동 모드 전압의 크기(mV)	차동 모드 주파수 (kHz)	공통 모드 전압 이득	차동 모드 전압 이득	공통 모드 제거비 (=$\lvert A_d \rvert / \lvert A_{cm} \rvert$)

자르는 선

7

[표 22-6] 오프셋 전압을 구하기 위한 측정 결과

음의 단자 전압	양의 단자 전압	출력 전류	출력 전압	오프셋 전압

연산 증폭기의 슬루율 측정

1

[표 22-7] 슬루율을 구하기 위한 측정 결과

스텝 입력의 크기	슬루율

m.e.m.o

실험 23

연산 증폭기 응용 회로 1

실험 개요

이 실험에서는 연산 증폭기를 이용한 응용 회로를 분석하고 설계할 수 있는 능력을 배양하고자 한다. 연산 증폭기를 이용하여 비반전 증폭기, 반전 증폭기, 아날로그 전압 덧셈기 등의 피드백 회로를 구성하고, 연산 증폭기의 특성이 응용 회로에 미치는 영향을 파악한다.

실험 기자재 및 부품

- DC 파워 서플라이
- 디지털 멀티미터
- 오실로스코프
- 함수 발생기
- 연산 증폭기(LM741)
- 저항

23.1 배경 이론

[그림 23-1]은 비반전 증폭기의 예이다. 연산 증폭기의 전압 이득이 무한대라고 가정하면, 가상 단락의 개념을 이용하여 $V_{in1} = V_{in2}$가 성립하고, 식 (23.1)이 성립한다.

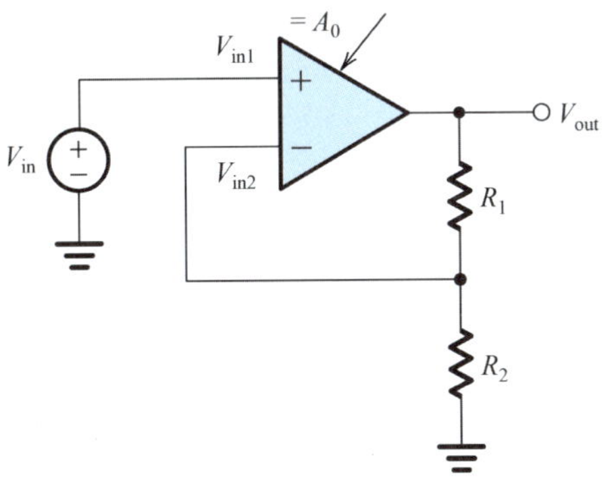

$$V_{out} \times \frac{R_2}{R_1 + R_2} = V_{in}$$

$$\frac{V_{out}}{V_{in}} = 1 + \frac{R_1}{R_2} \tag{23.1}$$

[그림 23-1] 비반전 증폭기의 예

하지만 실제 연산 증폭기의 전압 이득이 무한대가 아니고, A_0의 값일 경우 전체 전압 이득은 식 (23.2)와 같이 표현할 수 있다. A_0가 크면 클수록 이상적인 값으로부터의 오차가 줄어듦을 알 수 있다.

$$\frac{V_{out}}{V_{in}} \approx \left(1+\frac{R_1}{R_2}\right)\left[1-\left(1+\frac{R_1}{R_2}\right)\frac{1}{A_0}\right] \tag{23.2}$$

[그림 23-2]와 같이 반전 증폭기를 구성하면, 연산 증폭기의 전압 이득이 A_0의 값일 경우 전체 전압 이득은 식 (23.3)과 같이 표현할 수 있다. 역시 A_0가 크면 클수록 이상적인 값으로부터의 오차가 줄어듦을 알 수 있다.

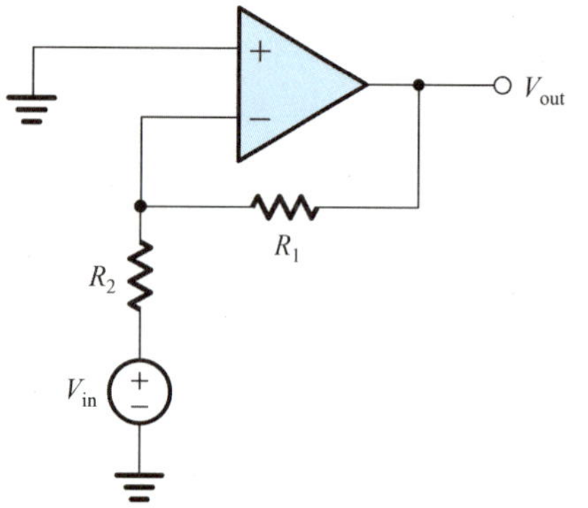

$$\frac{V_{out}}{V_{in}} \approx -\frac{R_1}{R_2}\left[1-\frac{1}{A_0}\left(1+\frac{R_1}{R_2}\right)\right] \tag{23.3}$$

[그림 23-2] 반전 증폭기의 예

[그림 23-3]은 연산 증폭기를 이용한 가산 증폭기(아날로그 전압 덧셈기)의 예이다. 여기서 연산 증폭기의 전압 이득 A_0의 값이 클 경우 출력 전압은 식 (23.4)와 같이 표현할 수 있다.

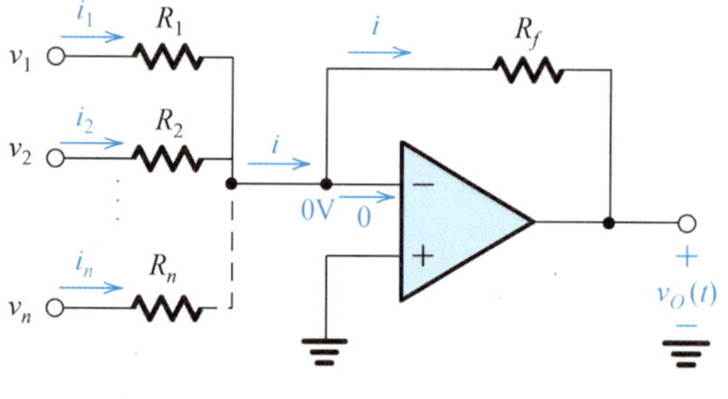

[그림 23-3] 아날로그 전압 덧셈기

$$v_O = -\left(\frac{R_f}{R_1}v_1 + \frac{R_f}{R_2}v_2 + \cdots + \frac{R_f}{R_n}v_n\right) \tag{23.4}$$

23.2 실험회로 및 PSpice 시뮬레이션

반전 증폭기

[그림 23-4]는 연산 증폭기를 이용한 반전 증폭기 회로이다. 입력으로 들어오는 전류 i_1과 R_2 저항이 곱해져서 출력 전압 v_O를 형성하는 과정을 보여주고 있다.

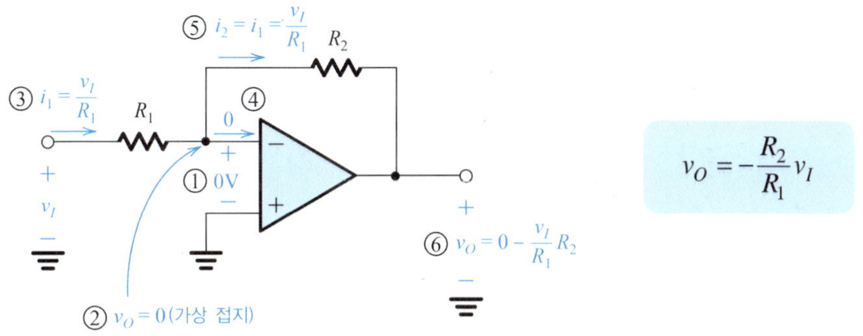

[그림 23-4] 연산 증폭기를 이용한 반전 증폭기 회로(실험회로 1)

[그림 23-5]는 PSpice 모의실험을 위한 반전 증폭기의 회로도이다. 입력은 100Ω을 통해서 음의 단자로 인가되고, 양의 단자는 공통 모드 전압인 2.5V의 DC 전압을 인가하였다. 여기에 200Ω의 피드백 저항이 사용되었다.

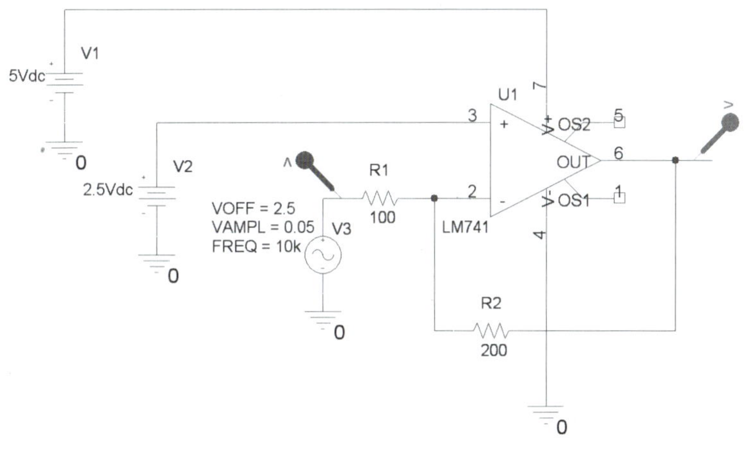

[그림 23-5] PSpice 모의실험을 위한 반전 증폭기의 회로도

[그림 23-6]은 반전 증폭기의 PSpice 모의실험 결과이다. 입력에 크기가 50mV이고 주파수가 10kHz인 정현파를 인가하였을 때, 크기가 100mV, 주파수가 10kHz인 정현파가 출력되었다.

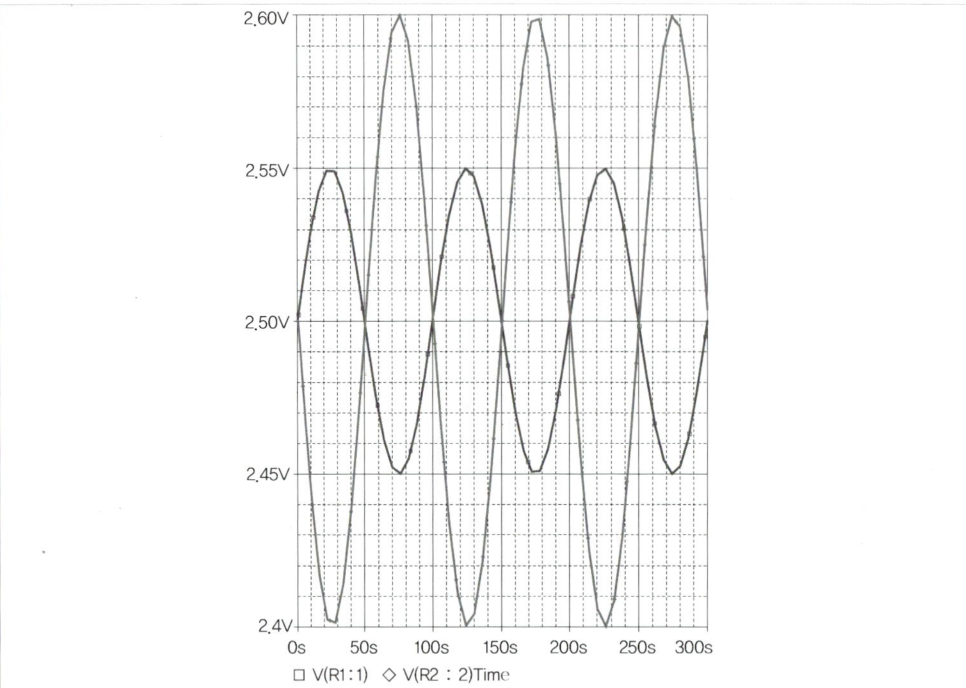

[그림 23-6] 반전 증폭기의 PSpice 모의실험 결과

비반전 증폭기

[그림 23-7]은 연산 증폭기를 이용한 비반전 증폭기 회로이다. 음의 단자에서 접지쪽으로 흐르는 전류와 R_2 저항이 곱해져서 전압이 형성되고, 입력 전압 v_I와 합쳐져서 출력 전압 v_O가 형성되는 과정을 보여주고 있다.

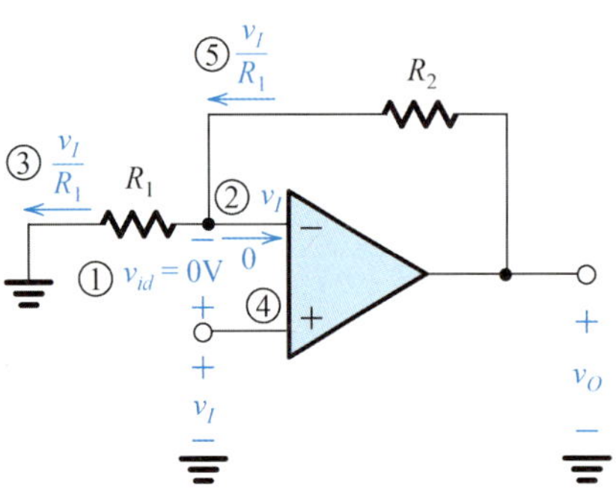

$$v_O = v_I + \frac{v_I}{R_1} R_2 = v_I \left(1 + \frac{R_2}{R_1}\right)$$

[그림 23-7] 연산 증폭기를 이용한 비반전 증폭기 회로(실험회로 2)

[그림 23-8]은 PSpice 모의실험을 위한 비반전 증폭기의 회로도이다. 입력은 양의 단자로 인가되고, 음의 단자는 100Ω의 저항을 통해서 접지되었으며, 200Ω의 피드백 저항이 사용되었다.

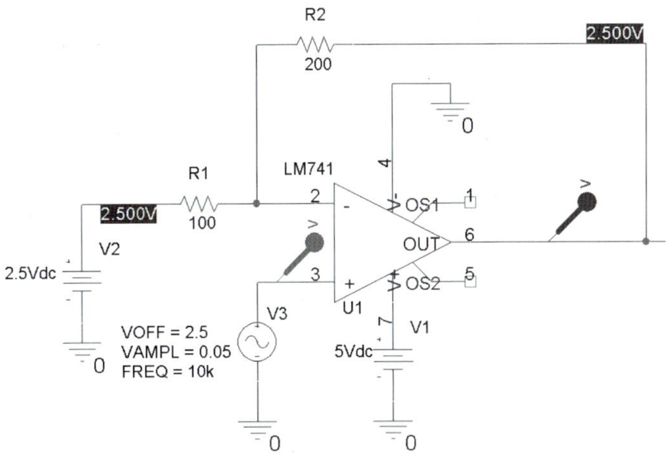

[그림 23-8] **PSpice 모의실험을 위한 비반전 증폭기의 회로도**

[그림 23-9]는 비반전 증폭기의 PSpice 모의실험 결과이다.

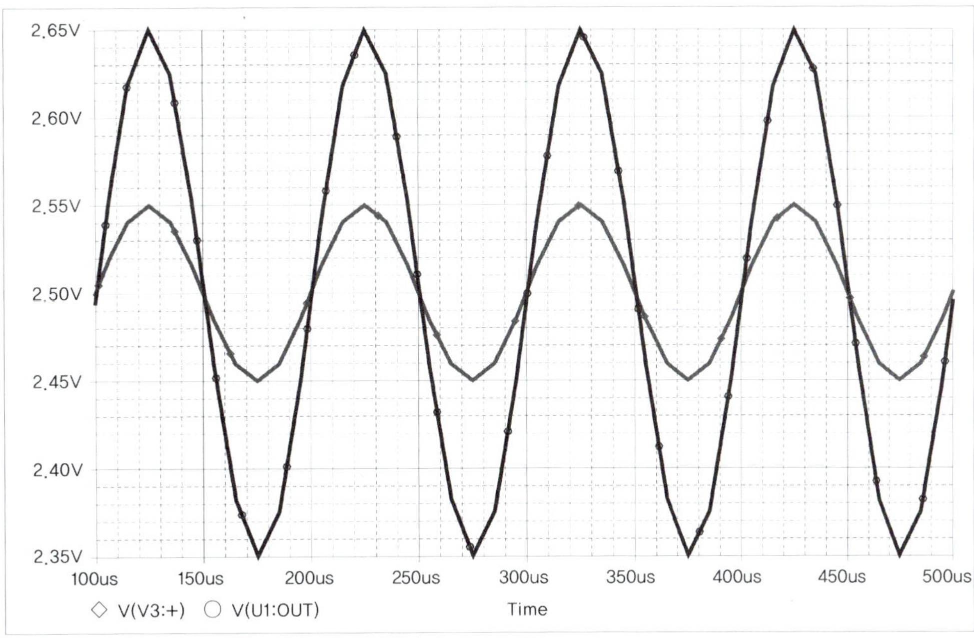

[그림 23-9] **비반전 증폭기의 PSpice 모의실험 결과**

아날로그 전압 덧셈기

[그림 23-10]은 연산 증폭기를 이용한 아날로그 전압 덧셈기 회로이다. 입력에서 저항을 통해 흐르는 전류들($i_1 \sim i_n$)이 연산 증폭기의 음의 단자에서 합쳐져서 피드백 저항 R_f를 통해 출력 전압 v_O가 형성된다.

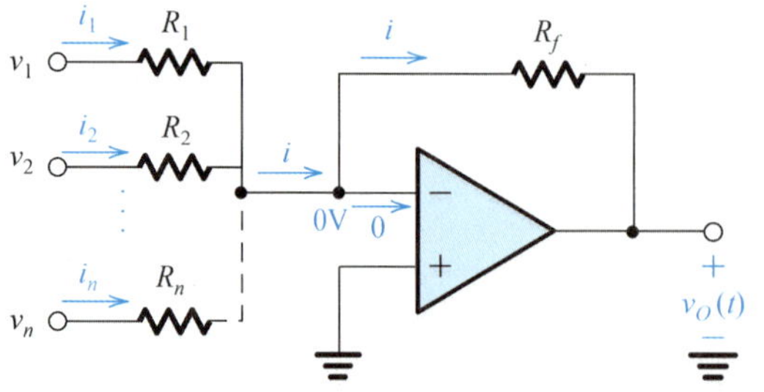

$$v_O = -\left(\frac{R_f}{R_1}v_1 + \frac{R_f}{R_2}v_2 + \cdots + \frac{R_f}{R_n}v_n\right)$$

[그림 23-10] 연산 증폭기를 이용한 아날로그 전압 덧셈기(실험회로 3)

[그림 23-11]은 PSpice 모의실험을 위한 아날로그 덧셈기의 회로도이다. 입력은 병렬 연결된 10kΩ 저항 두 개를 통해서 음의 단자로 인가되고, 양의 단자에는 공통 모드 전압인 2.5V의 DC 전압을 인가하였다. 여기에 10kΩ의 피드백 저항이 사용되었다.

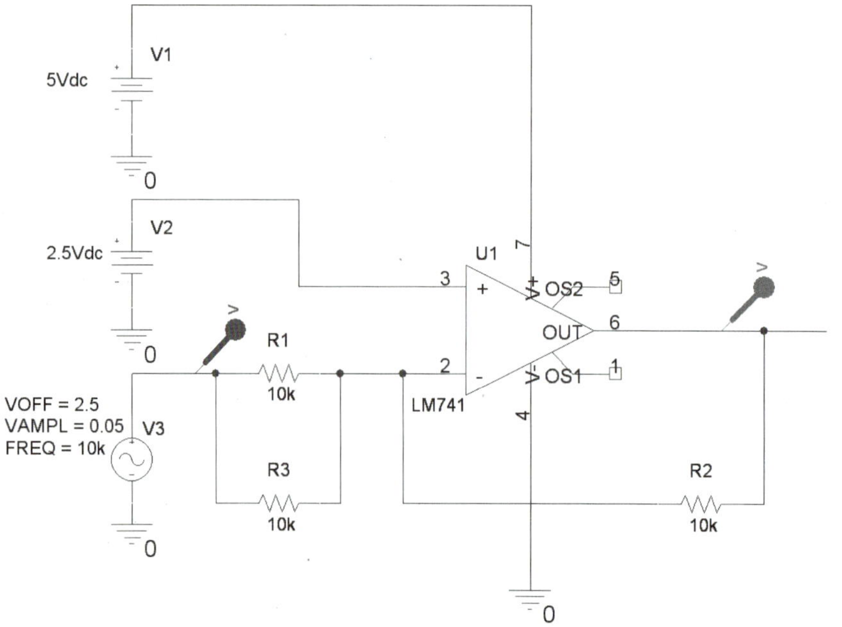

[그림 23-11] PSpice 모의실험을 위한 아날로그 덧셈기의 회로도

[그림 23-12]는 아날로그 덧셈기의 PSpice 모의실험 결과이다. 입력 전압의 합이 출력 전압에 나타나고 있음을 알 수 있다.

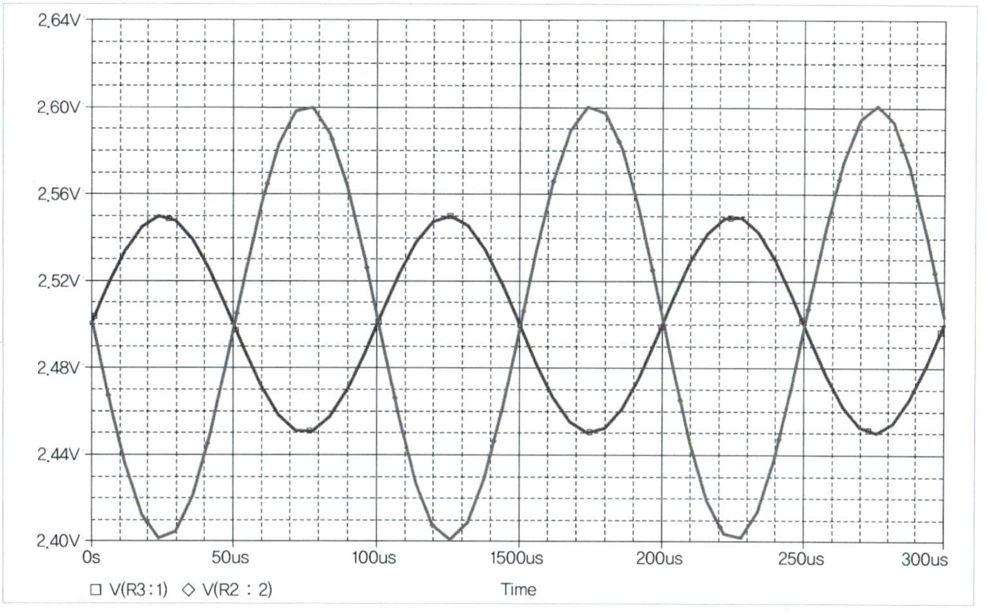

[그림 23-12] 아날로그 덧셈기의 PSpice 모의실험 결과

23.3 실험 절차

반전 증폭기

1 실험회로 1([그림 23-4])과 같이 반전 증폭기를 구성하고, $R_1 = 10\text{k}\Omega$, $R_2 = 20\text{k}\Omega$으로 설정한다. 연산 증폭기의 양의 단자에 공통 모드 전압을 인가하고, 반전 증폭기의 입력에 주파수가 10kHz인 사인파를 인가하되 크기를 10mV에서 110mV까지 20mV 간격으로 바꾸면서 인가한다. 출력 전압의 크기를 측정하여 [표 23-1]에 기록하고, 전압 이득을 구하시오. 또한 연산 증폭기의 음의 단자의 DC 전압을 측정하여 [표 23-1]에 기록하시오.

2 실험 절차 **1**에서 저항을 $R_1 = 10\text{k}\Omega$, $R_2 = 100\text{k}\Omega$으로 교체하고, 나머지는 동일하게 측정하여 [표 23-1]에 기록하시오.

비반전 증폭기

1 실험회로 2([그림 23-7])와 같이 비반전 증폭기를 구성하고, $R_1 = 10\text{k}\Omega$, $R_2 = 20\text{k}\Omega$으로 설정한다. 음의 단자에 공통 모드 전압을 인가하고, 비반전 증폭기의 입력에 주파수가 10kHz인 사인파를 인가하되 크기를 10mV에서 110mV까지 20mV 간격으로 바꾸면서 인가한다. 출력 전압의 크기를 측정하여 [표 23-2]에 기록하고, 전압 이득을 구한다. 또한 연산 증폭기의 양의 단자의 DC 전압을 측정하여 [표 23-2]에 기록하시오.

2 실험 절차 **1**에서 저항을 $R_1 = 10\text{k}\Omega$, $R_2 = 100\text{k}\Omega$으로 교체하고, 나머지는 동일하게 측정하여, [표 23-2]에 기록하시오.

아날로그 전압 덧셈기

1 실험회로 3([그림 23-10])에서 아날로그 전압 덧셈기를 구성하고, $R_1 = 10\text{k}\Omega$, $R_2 = 10\text{k}\Omega$, $R_f = 10\text{k}\Omega$으로 설정한다. $v_1 = 50\text{mV}$, $v_2 = 100\text{mV}$를 입력에 인가하였을 경우의 출력 전압을 [표 23-3]에 기록하시오. 또한 R_1, R_2 저항의 크기를 [표 23-3]과 같이 바꾸면서 출력 전압을 [표 23-3]에 기록하시오.

23.4 고찰 사항

(1) 실험회로 1과 2에서 연산 증폭기의 전압 이득이 반전 증폭기, 비반전 증폭기의 전압 이득에 미치는 영향을 연산 결과의 정확도와 연관지어 설명하시오.

요약

이 실험에서는 연산 증폭기의 기초 실험으로서 연산 증폭기를 이용한 기본적인 응용 회로들을 구성하고 특성을 실험하였다. 반전 증폭기, 비반전 증폭기, 덧셈기 등을 구성하고, 연산 증폭기의 이득이 응용 회로들에 미치는 영향을 실험하였다. 이 실험을 통해서 연산 증폭기를 이용한 응용 회로들의 입력-출력 특성을 이론적으로 살펴보았고, 전압 이득 등의 비이상적인 특성이 응용 회로에 미치는 영향을 확인하였다. 아날로그 회로 설계의 기본적인 구성 블록인 연산 증폭기를 이용한 회로에 대한 실험을 통하여 다양한 응용 회로들에 적용할 수 있는 기본 이론 및 설계 방향을 익히는 계기가 되었다.

자르는 선

퀴즈

(1) [그림 23-13]은 Pspice 모의실험을 위한 회로도이다. 입력에 크기가 50mV이고 주파수가 10kHz인 정현파를 인가하였을 때, 출력의 크기와 주파수가 알맞게 짝지어진 것은?

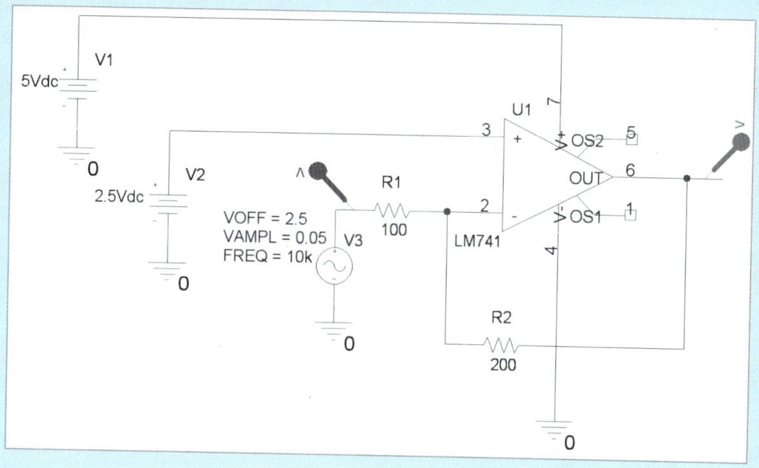

[그림 23-13]

① 100mV, 10kHz　　② 200mV, 10kHz

② 100mV, 20kHz　　④ 200mV, 20kHz

(2) [그림 23-14]의 회로에 해당하는 연산 증폭기의 종류는?

입력에서 저항을 통해서 흐르는 전류들($i_1 \sim i_n$)이 연산 증폭기의 음의 단자에서 합쳐져서 피드백 저항 R_f를 통해서 출력 전압 v_O가 형성된다.

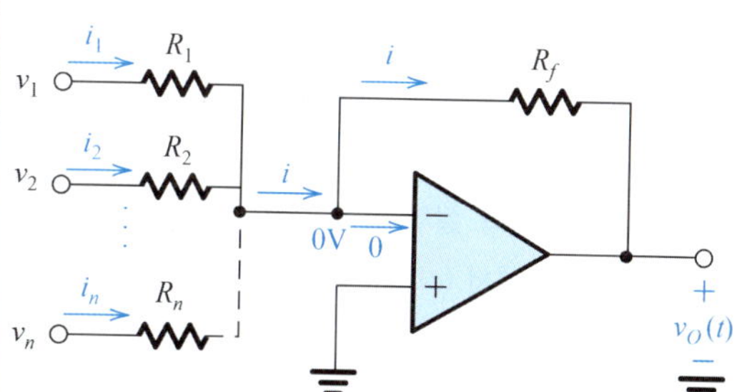

[그림 23-14]

① 반전 증폭기　　② 비반전 증폭기

③ 전압 덧셈기　　④ 적분기

m.e.m.o

실험 24

연산 증폭기 응용 회로 2

실험 개요

이 실험에서는 연산 증폭기를 이용한 응용 회로를 분석하고 설계할 수 있는 능력을 배양하고자 한다. 연산 증폭기를 이용하여 미분기 및 적분기 등의 피드백 회로를 구성하고, 연산 증폭기의 특성이 응용 회로에 미치는 영향을 파악한다.

실험 기자재 및 부품

- DC 파워 서플라이
- 디지털 멀티미터
- 오실로스코프
- 함수 발생기
- 연산 증폭기(LM741)
- 저항

24.1 배경 이론

[그림 24-1]은 복소수 임피던스를 이용한 피드백 회로이다. 입력과 출력 사이의 전달 함수는 식 (24.1)과 같이 Z_1과 Z_2의 비에 의해서 결정된다.

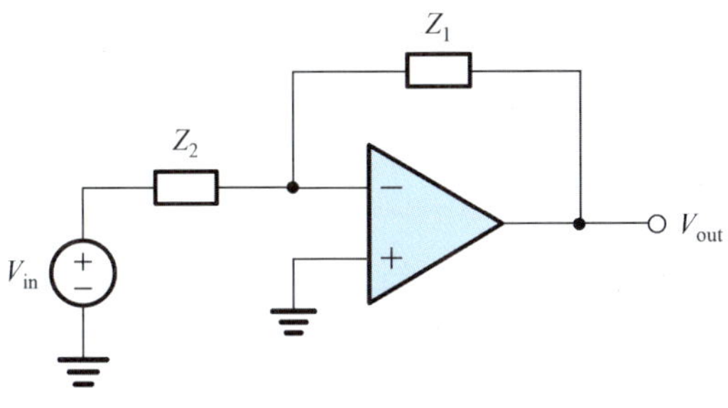

$$\frac{V_{out}}{V_{in}} \approx -\frac{Z_1}{Z_2} \tag{24.1}$$

[그림 24-1] 복소수 임피던스를 이용한 피드백 회로

[그림 24-2]는 적분기 회로이다. [그림 24-1]에서 $Z_2 = R_1$, $Z_1 = 1/sC_1$인 경우에 해당되므로, 주파수 축에서는 식 (24.2)가 성립하고, 시간 축에서는 식 (24.3)이 성립한다.

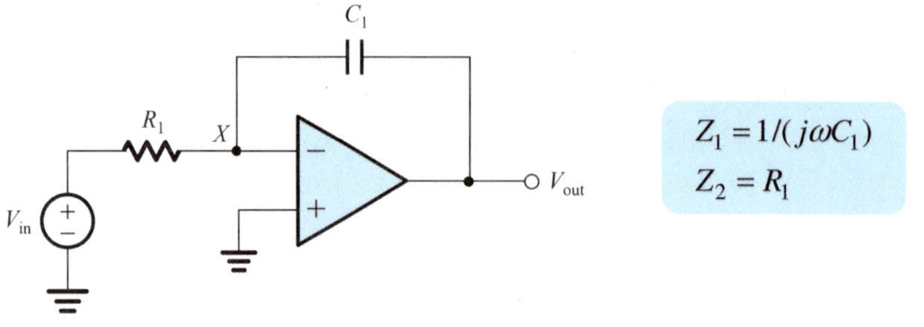

[그림 24-2] 적분기 회로

$$\frac{V_{out}}{V_{in}} = -\frac{1}{R_1 C_1 s} \tag{24.2}$$

$$V_{out} = -\frac{1}{R_1 C_1}\int (V_{in})\,dt \tag{24.3}$$

식 (24.2)를 주파수 축에서 그리면, [그림 24-3]과 같이 저주파에서 통과하고 주파수가 높아질수록 감쇄되는 적분기의 특성을 볼 수 있다.

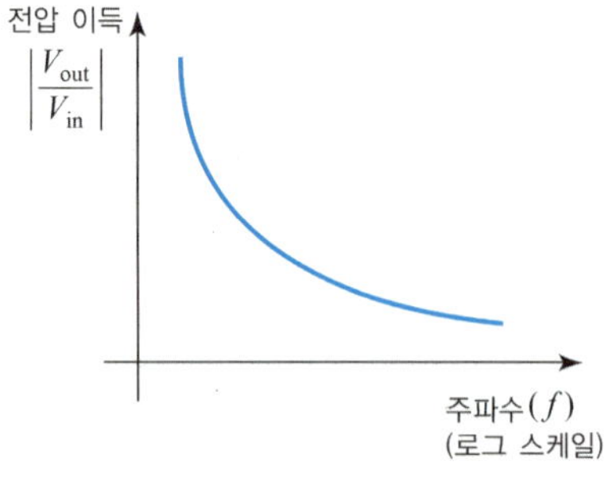

[그림 24-3] 적분기 회로의 주파수 특성

[그림 24-4]는 미분기 회로이다. [그림 24-1]에서 $Z_2 = 1/sC_1$, $Z_1 = R_1$인 경우에 해당되므로, 주파수 축에서는 식 (24.4)가 성립하고, 시간 축에서는 식 (24.5)가 성립한다.

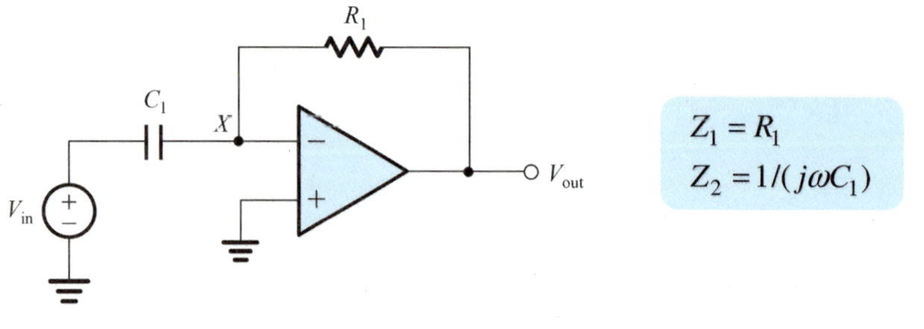

[그림 24-4] 미분기 회로

$$\frac{V_{\text{out}}}{V_{\text{in}}} = -\frac{R_1}{\frac{1}{C_1 s}} = -R_1 C_1 s \qquad (24.4)$$

$$V_{\text{out}} = -R_1 C_1 \frac{dV_{\text{in}}}{dt} \qquad (24.5)$$

식 (24.4)를 주파수 축에서 그리면, [그림 24-5]와 같이 고주파에서 통과하고 주파수가 낮아질수록 감쇄되는 미분기의 특성을 볼 수 있다.

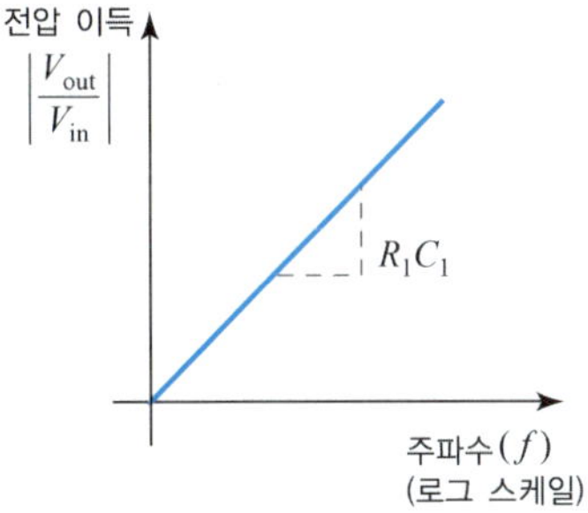

[그림 24-5] **미분기 회로의 주파수 특성**

24.2 실험회로 및 PSpice 시뮬레이션

적분기

[그림 24-6]은 연산 증폭기를 이용한 적분기 회로이다. 입력에서 저항 R을 통해 음의 단자쪽으로 흐르는 전류 i_1이 피드백 커패시터 C를 통과하면서 출력 전압 v_O가 형성된다.

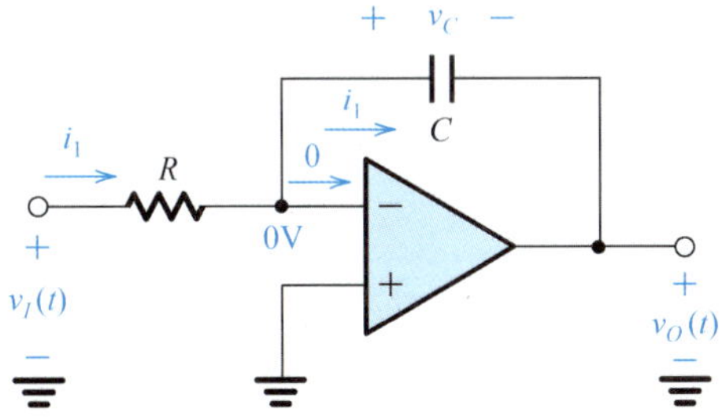

$$v_O(t) = -\frac{1}{CR}\int_0^t v_I(t)\,dt$$

$$\frac{v_O}{v_I} = -\frac{1}{sCR}$$

[그림 24-6] **적분기 회로(실험회로 1)**

[그림 24-7]은 PSpice 모의실험을 위한 적분기의 회로도이다. 입력은 20kΩ 저항을 통해서 음의 단자로 인가되고, 양의 단자에는 공통 모드 전압인 0V의 DC 전압을 인가하였다. 여기에 20kΩ의 피드백 저항과 1nF의 피드백 커패시터가 사용되었다.

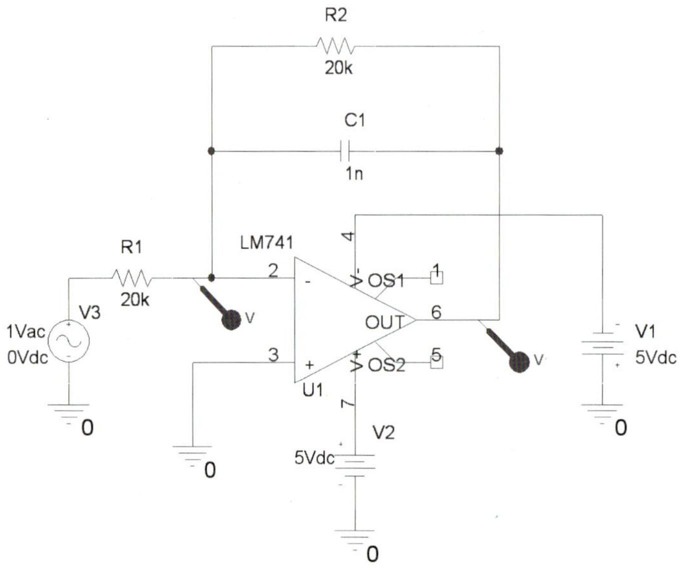

[그림 24-7] PSpice 모의실험을 위한 적분기의 회로도

[그림 24-8]은 적분기의 PSpice 모의실험 결과이다. 입력과 출력 사이의 전달 함수가 주파수 축에서 저대역 통과 필터low pass filter의 특성을 보인다.

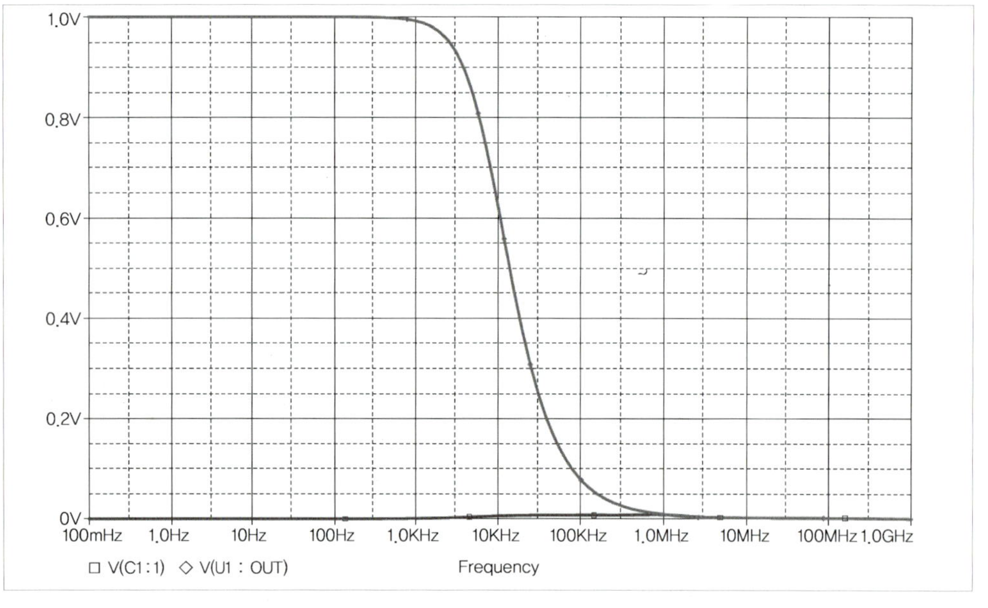

[그림 24-8] 적분기의 PSpice 모의실험 결과

미분기

[그림 24-9]는 연산 증폭기를 이용한 미분기 회로이다. 입력에서 커패시터 C를 통해 음의 단자쪽으로 흐르는 전류 i가 피드백 저항 R을 통과하면서 출력 전압 v_O가 형성된다.

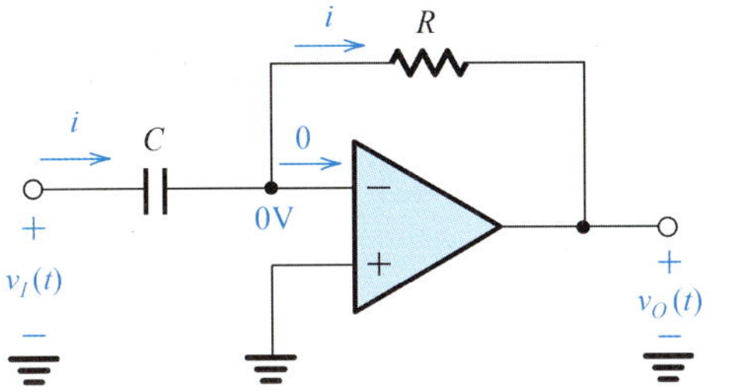

$$i(t) = C\frac{dv_I(t)}{dt}$$

$$v_O(t) = -CR\frac{dv_I(t)}{dt}$$

$$\frac{v_O}{v_I} = -sCR$$

[그림 24-9] 미분기 회로(실험회로 2)

[그림 24-10]은 PSpice 모의실험을 위한 미분기의 회로도이다. 입력은 1nF 커패시터를 통해서 음의 단자로 인가되고, 양의 단자에는 공통 모드 전압인 0V의 DC 전압을 인가하였다. 여기에 20kΩ의 피드백 저항이 사용되었다.

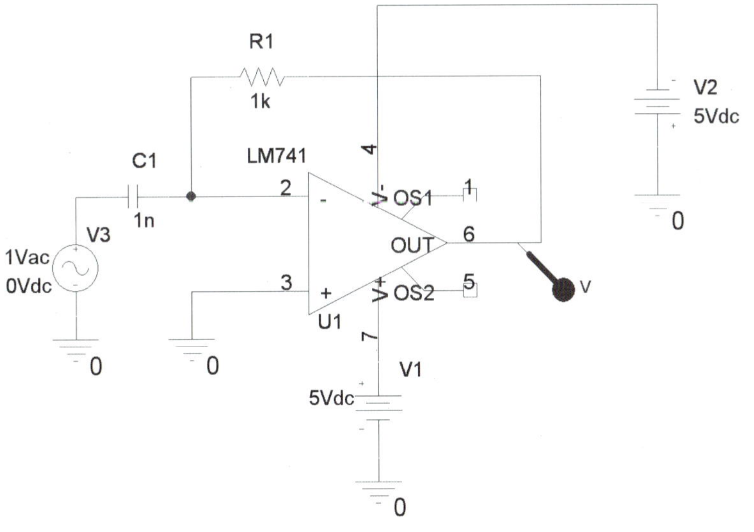

[그림 24-10] PSpice 모의실험을 위한 미분기의 회로도

[그림 24-11]은 미분기의 PSpice 모의실험 결과이다. 입력과 출력 사이의 전달 함수가 주파수 축에서 고대역 통과 필터high pass filter의 특성을 보인다.

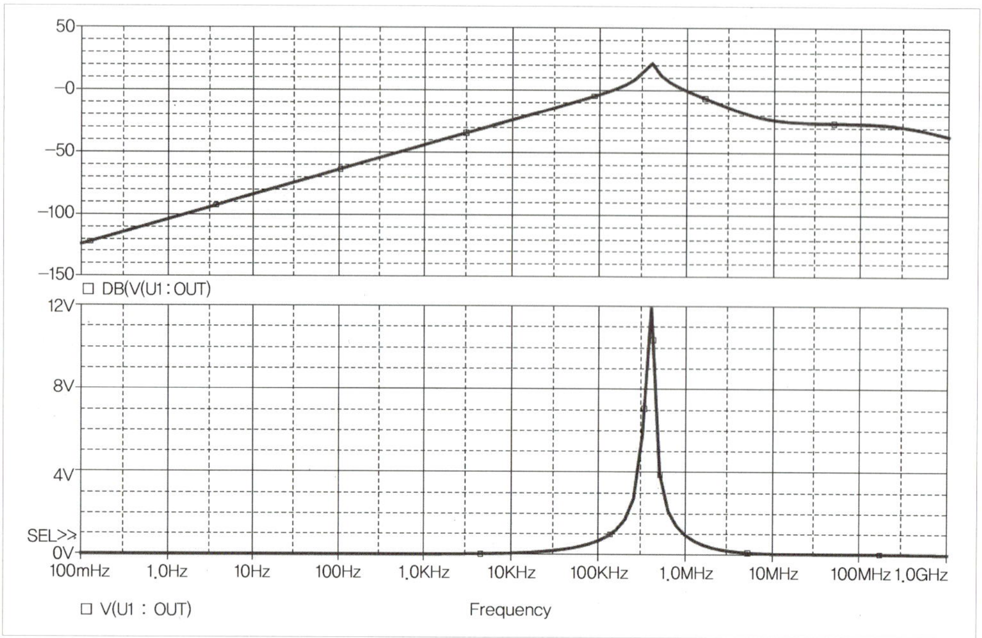

[그림 24-11] 미분기의 PSpice 모의실험 결과

24.3 실험 절차

적분기

1. 실험회로 1([그림 24-6])과 같이 적분기 회로를 구성한다. 입력의 크기는 10mV로 고정하고, 주파수를 1kHz~10MHz까지 [표 24-1]과 같이 변화시키면서 출력의 크기를 측정하여 [표 24-1]에 기록하시오. 또한, [그림 24-14]에 적분기의 보드 선도를 그리시오.

미분기

1. 실험회로 2([그림 24-9])와 같이 미분기 회로를 구성한다. 입력의 크기는 10mV로 고정하고, 주파수를 1kHz~10MHz까지 [표 24-2]와 같이 변화시키면서 출력의 크기를 측정하여 [표 24-2]에 기록하시오. 또한, [그림 24-15]에 보드 선도를 그리시오.

24.4 고찰 사항

(1) 실험회로 1과 2에서 R과 C의 곱이 일정하다고 가정하고, R과 C가 변화할 경우에 단위 이득 주파수 및 기울기에 미치는 영향을 설명하시오.

요약

이 실험에서는 연산 증폭기의 기초 실험으로 연산 증폭기를 이용한 기본적인 응용 회로들을 구성하고 특성을 실험하였다. 미분기와 적분기를 구성하고, 연산 증폭기의 이득 및 대역폭이 응용 회로들에 미치는 영향을 실험하였다. 이 실험을 통해서 연산 증폭기를 이용한 응용 회로들의 입력-출력 특성을 이론적으로 살펴보았고, 전압 이득 및 대역폭 제한 등의 비이상적인 특성이 응용 회로에 미치는 영향을 확인하였다. 아날로그 회로 설계의 기본적인 구성 블록인 연산 증폭기를 이용한 회로에 대한 실험을 통하여 다양한 응용 회로들에 적용할 수 있는 기본 이론 및 설계 방향을 익히는 계기가 되었다.

퀴즈

(1) [그림 24-12]는 복소수 임피던스를 이용한 피드백 회로이다. 입력과 출력 사이의 전달 함수는?

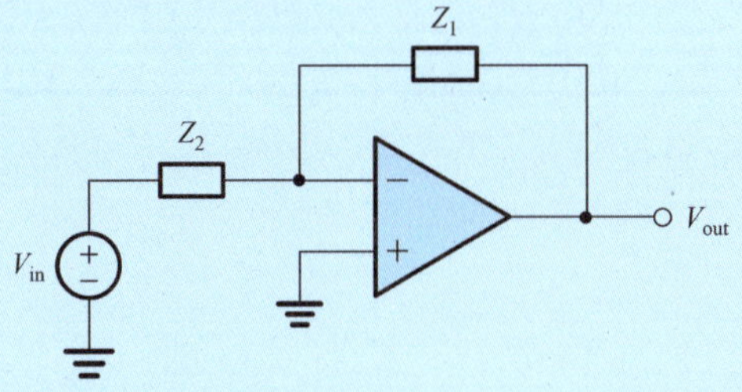

[그림 24-12]

① $\frac{V_{out}}{V_{in}} \approx \frac{Z_1}{Z_2}$ ② $\frac{V_{out}}{V_{in}} \approx -\frac{Z_1}{Z_2}$

③ $\frac{V_{out}}{V_{in}} \approx \frac{Z_2}{Z_1}$ ④ $\frac{V_{out}}{V_{in}} \approx -\frac{Z_2}{Z_1}$

(2) [그림 24-13]은 적분기 회로이다. 입력과 출력 사이의 전달 함수는?

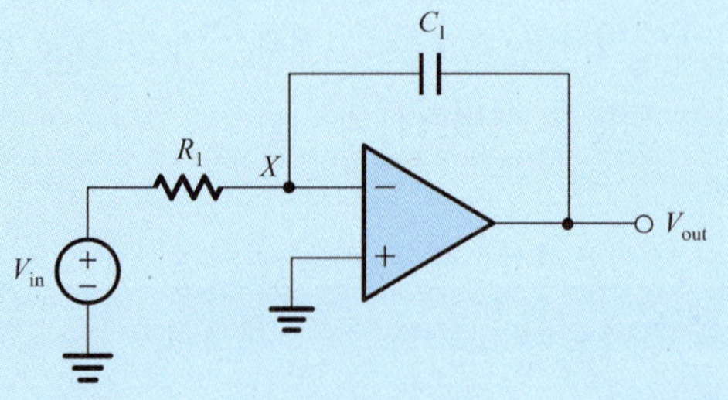

[그림 24-13]

① $\dfrac{V_{out}}{V_{in}} \approx -\dfrac{1}{R_1C_1s}$ ② $\dfrac{V_{out}}{V_{in}} \approx -\dfrac{C_1s}{R_1}$

③ $\dfrac{V_{out}}{V_{in}} \approx -\dfrac{R_1}{C_1s}$ ④ $\dfrac{V_{out}}{V_{in}} \approx -R_1C_1s$

(3) 적분기 회로의 입력과 출력 사이의 전달 함수가 주파수 축에서 어떠한 특성을 보이는가?

① 저대역 통과 필터 ② 고대역 통과 필터

③ 대역 통과 필터 ④ 대역 차단 필터

(4) 미분기 회로의 입력과 출력 사이의 전달 함수가 주파수 축에서 어떠한 특성을 보이는가?

① 저대역 통과 필터 ② 고대역 통과 필터

③ 대역 통과 필터 ④ 대역 차단 필터

(5) 실험회로 1과 2를 이용하여 적분기, 미분기를 구성하고, 크기의 보드 선도를 그렸을 때 주파수에 대한 기울기와 단위 이득 주파수는 얼마인지 구하시오.

예비 보고 사항

(1) 실험회로 1([그림 24-6])에서 이상적인 연산 증폭기를 가정하고, 입력과 출력 사이의 전달 함수를 구하시오. 또한 PSpice를 이용해서 $R = 10\text{k}\Omega$, $C = 1\text{nF}$인 경우 입력-출력 사이의 전달 함수 크기의 보드 선도를 그리고, 기울기와 단위 이득 주파수를 구하시오.

(2) 실험회로 2([그림 24-9])에서 이상적인 연산 증폭기를 가정하고, 입력과 출력 사이의 전달 함수를 구하시오. 또한 PSpice를 이용해서 $R = 10\text{k}\Omega$, $C = 1\text{nF}$인 경우 입력-출력 사이의 전달 함수 크기의 보드 선도를 그리고, 기울기와 단위 이득 주파수를 구하시오.

실험 24 실험 결과

[실험 절차]에 따라 [실험 결과]를 작성하시오.

적분기

1

[표 24-1] 적분기 회로의 측정 결과

입력의 크기	입력 주파수	단위 이득 주파수	기울기	출력의 크기
	1kHz			
	50kHz			
	100kHz			
	500kHz			
	1MHz			
	5MHz			
	10MHz			

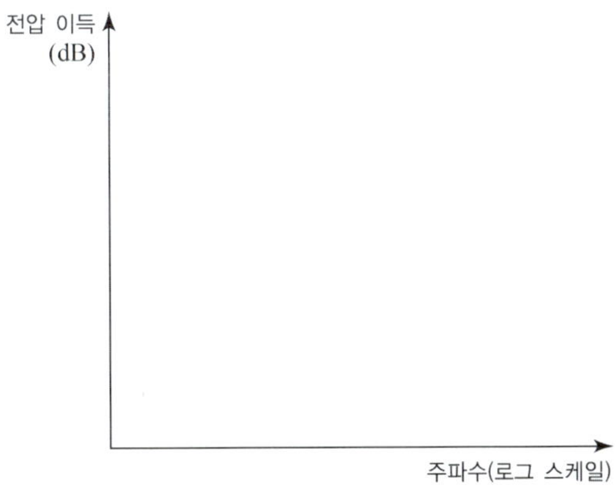

[그림 24-14] 적분기의 보드 선도

미분기

1

[표 24-2] 미분기 회로의 측정 결과

입력의 크기	입력 주파수	단위 이득 주파수	기울기	출력의 크기
	1kHz			
	50kHz			
	100kHz			
	500kHz			
	1MHz			
	5MHz			
	10MHz			

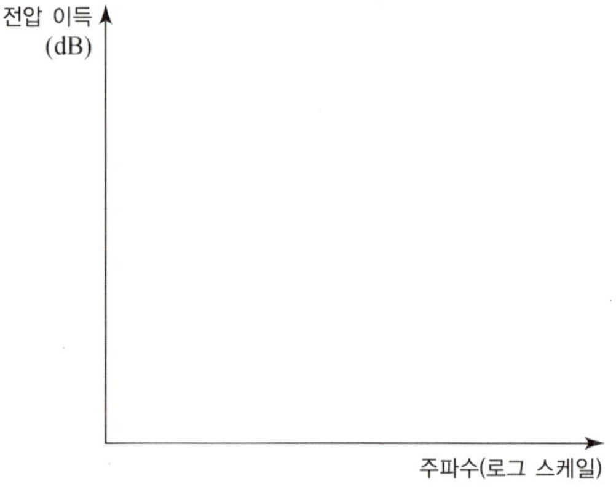

[그림 24-15] 미분기의 보드 선도

실험

25 가변 이득 증폭기

실험 개요

연산 증폭기를 이용한 응용 회로 중에서 가장 널리 사용되는 회로가 가변 이득 증폭기(VGA : variable gain amplifier)이다. 일반적인 통신 시스템에서 입력 신호의 크기에 따라서 적절한 이득을 주기 위해서는 가변으로 이득을 줄 수 있는 가변 이득 증폭기가 필요하다. 연산 증폭기와 저항 피드백을 이용하면 디지털 신호에 따라서 이득을 조절할 수 있는 가변 이득 증폭기를 구현할 수 있다. 디지털 신호에 의해서 이득을 조절하므로, MOSFET을 이용한 스위치가 사용된다. 스위치의 특성을 이해하고, 회로에 적용할 수 있는 방법을 익힌다.

실험 기자재 및 부품

- DC 파워 서플라이
- 함수 발생기
- 디지털 멀티미터
- 연산 증폭기(LM741)
- 오실로스코프
- 저항

25.1 배경 이론

[그림 25-1]은 유선 통신 시스템의 예이다. 케이블에서 들어온 입력 신호는 일반적으로 미약하므로 VGA들(VGA1~VGA4)을 통해서 ADC에서 필요로 하는 신호 레벨로 증폭을 해줘야 하고, 간섭 신호interferer를 포함하고 있으므로 원하는 신호만 선택하기 위해서는 아날로그 필터가 필요하다. 입력에 들어온 신호의 크기가 작은 경우에는 큰 이득gain을 줘야 하고, 신호가 큰 경우에는 작은 이득을 줘야 한다. 보통은 신호의 크기를 시스템 내부적으로 측정해서, 측정된 신호 크기를 바탕으로 자동 이득 제어 시스템automatic gain control system에 의해서 이득이 조정된다.

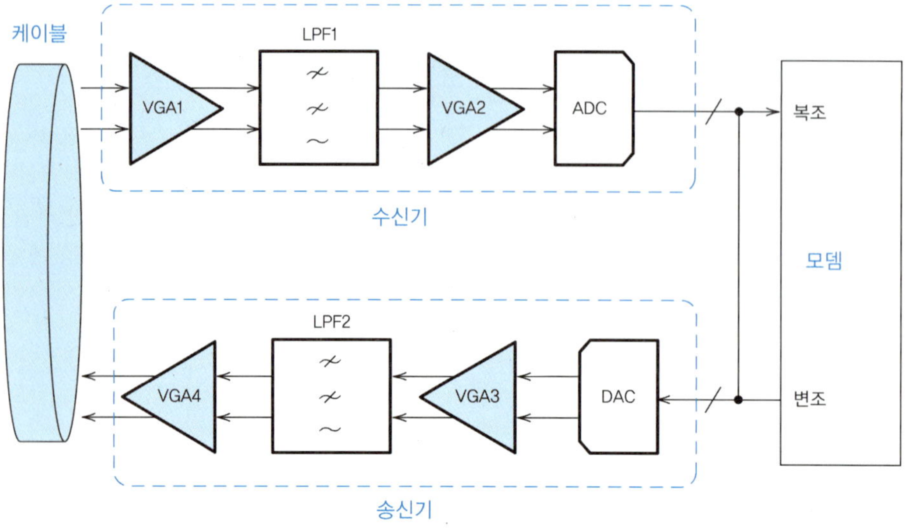

[그림 25-1] 유선 통신 시스템의 예

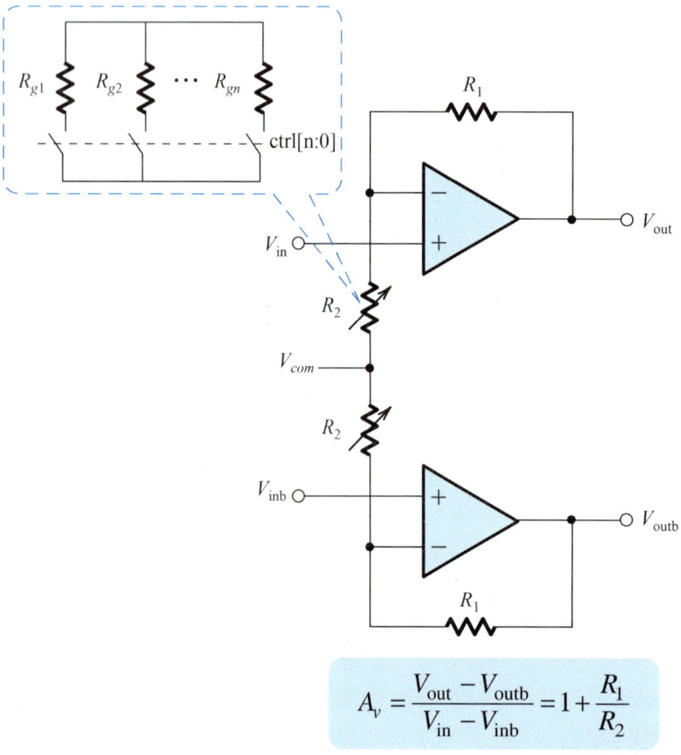

[그림 25-2] 가변 이득 증폭기의 회로

[그림 25-2]에 나와 있는 가변 이득 증폭기의 회로의 전압 이득은 식 (25.1)과 같다. R_1과 R_2의 비[ratio]에 의해서 이득이 결정되며, R_2를 가변으로 설계하면 가변 이득을 낼 수 있는 증폭기가 된다.

$$A_v = \frac{V_{\text{out}} - V_{\text{outb}}}{V_{\text{in}} - V_{\text{inb}}} = -\frac{R_1}{R_2} \tag{25.1}$$

[그림 25-3]은 가변 이득 증폭기의 저항 열을 보여주고 있다. 디지털적으로 스위치들 ($SW_1 \sim SW_n$)을 On/Off 함으로써 양 노드 사이의 저항값을 가변으로 만들 수 있다.

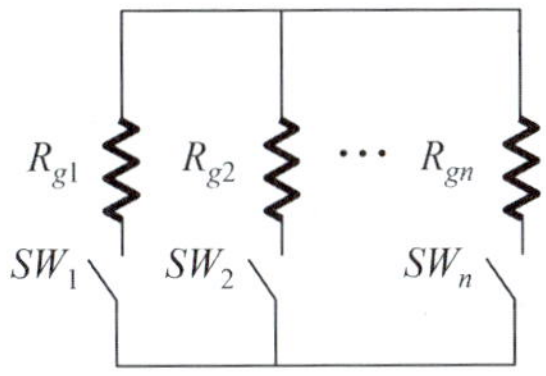

[그림 25-3] 가변 이득 증폭기의 저항 열

아날로그 스위치를 구현하기 위해 NMOS 스위치, PMOS 스위치, NMOS와 PMOS를 동시에 사용한 CMOS 스위치를 사용할 수 있다. 하지만 스위치의 종류 및 입력 전압의 레벨에 따라서 저항이 달라지는 문제가 있다.

NMOS 스위치의 온 저항은 식 (25.2)와 같이 표현할 수 있다.

$$R_{on,N} = \frac{1}{\mu_n C_{ox}\left(\frac{W}{L}\right)_N (V_{DD} - V_{\text{in}} - V_{th})} \tag{25.2}$$

식 (25.2)로부터 NMOS 스위치의 온 저항은 W/L에 반비례하고, V_{in}이 증가할수록 증가하고, $V_{\text{in}} = V_{DD} - V_{th}$이면 ∞가 됨을 알 수 있다.

PMOS 스위치의 온 저항은 식 (25.3)과 같이 표현할 수 있다.

$$R_{on,p} = \frac{1}{\mu_p C_{ox}\left(\frac{W}{L}\right)_p (V_{\text{in}} - |V_{th}|)} \tag{25.3}$$

식 (25.3)으로부터 PMOS 스위치의 온 저항은 W/L에 반비례하고, V_{in}이 감소할수록 증가하고, $V_{\text{in}} = |V_{th}|$이면 ∞가 됨을 알 수 있다.

[그림 25-4(a)]와 같이 NMOS 스위치를 사용했을 때는, 입력 전압의 레벨이 낮을 때는 온 저항이 작고 값도 일정하지만, 입력 전압의 레벨이 높아질수록 온 저항이 크고 값도 급격하게 증가함을 알 수 있다. [그림 25-4(b)]와 같이 PMOS 스위치를 사용했을 때는, 입력 전압의 레벨이 높을 때는 온 저항이 작고 값도 일정하지만, 입력 전압의 레벨이 낮아질수록 온 저항이 크고 값도 급격하게 증가함을 알 수 있다.

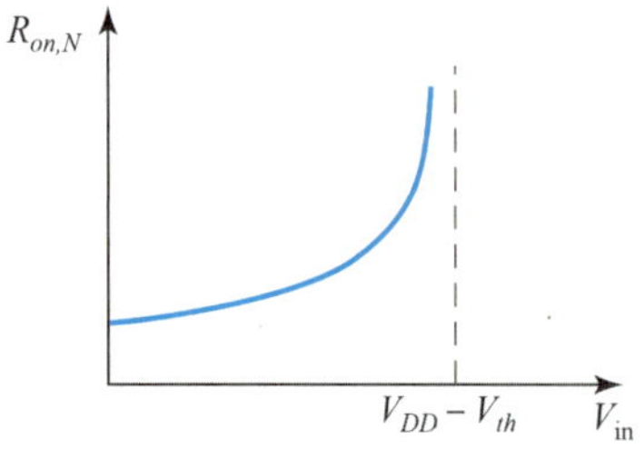

(a) NMOS 스위치

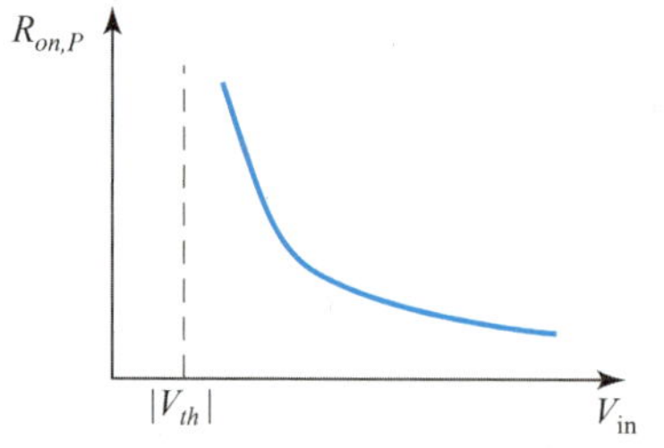

(b) PMOS 스위치의 온 저항

[그림 25-4] NMOS 스위치와 PMOS 스위치의 온 저항

이러한 문제는 [그림 25-5]와 같이 PMOS와 NMOS 스위치를 동시에 사용하는 CMOS 스위치를 사용함으로써 해결할 수 있다.

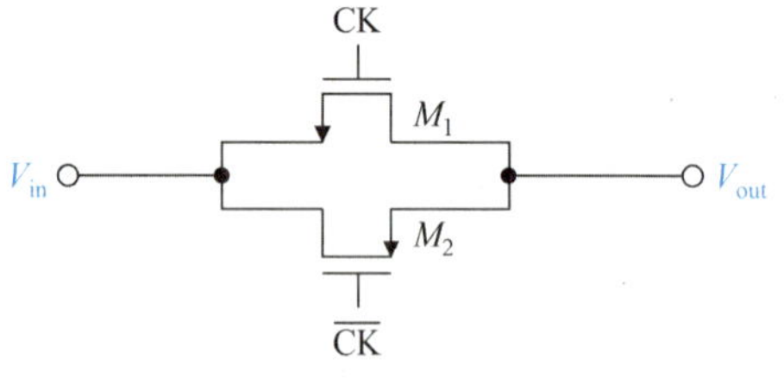

[그림 25-5] CMOS 스위치

CK 신호가 '1'일 때 PMOS/NMOS 스위치가 동시에 켜지고, CK 신호가 '0'일 때 PMOS/NMOS 스위치가 동시에 꺼진다. 식 (25.4)에서 알 수 있는 것처럼, CMOS 스위치를 사용하면 입력 전압의 레벨에 무관하게 온 저항을 거의 일정하게 맞출 수 있다.

$$R_{on,eq} = R_{on,N} \| R_{on,P}$$

$$= \frac{1}{\mu_n C_{ox}\left(\frac{W}{L}\right)_N (V_{DD} - V_{in} - V_{th})} \Bigg\| \frac{1}{\mu_p C_{ox}\left(\frac{W}{L}\right)_P (V_{in} - |V_{th}|)}$$

$$= \frac{1}{\mu_n C_{ox}\left(\frac{W}{L}\right)_N (V_{DD} - V_{th}) - [\mu_n C_{ox}\left(\frac{W}{L}\right)_N - \mu_p C_{ox}\left(\frac{W}{L}\right)_P]V_{in} - \mu_p C_{ox}\left(\frac{W}{L}\right)_P |V_{th}|}$$

$\mu_n C_{ox}\left(\frac{W}{L}\right)_N = \mu_p C_{ox}\left(\frac{W}{L}\right)_P$이라 가정하면,

$$R_{on,eq} = \frac{1}{\mu_n C_{ox}\left(\frac{W}{L}\right)_N (V_{DD} - V_{th}) - \mu_p C_{ox}\left(\frac{W}{L}\right)_P |V_{th}|} = \frac{1}{\mu C_{ox}\left(\frac{W}{L}\right)(V_{DD} - V_{th} - |V_{th}|)} \tag{25.4}$$

[그림 25-6]은 CMOS 스위치의 온 저항 그래프이다.

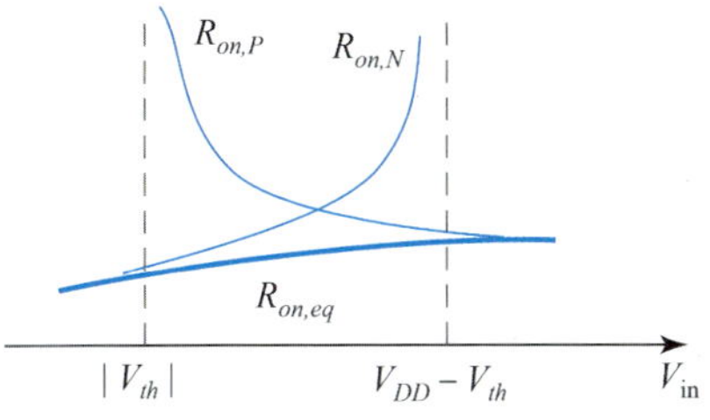

[그림 25-6] CMOS 스위치의 온 저항

25.2 실험회로 및 PSpice 시뮬레이션

[그림 25-7]은 디지털 가변 이득 증폭기의 회로이다. 차동 신호 입력을 받아 차동 출력을 내기 위해서 두 개의 연산 증폭기와 저항, CMOS 스위치들을 사용하였다. R_1 값은 고정된 상태에서, CMOS 스위치들을 이용하여 R_2 저항의 값을 가변으로 선택함으로써 가변 이득을 얻을 수 있다.

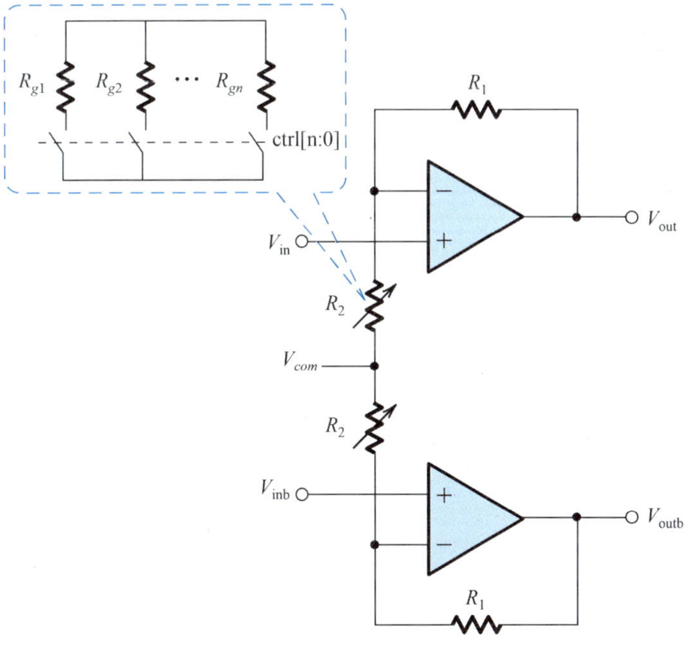

[그림 25-7] 디지털 가변 이득 증폭기의 회로(실험회로 1)

[그림 25-8]은 PSpice 모의실험을 하기 위한 VGA의 회로도이다. 입력은 100Ω을 통해서 양의 단자로 인가되고, 음의 단자는 공통 모드 전압인 2.5V의 DC 전압을 인가하였다. 여기서 200Ω의 피드백 저항이 사용되었다.

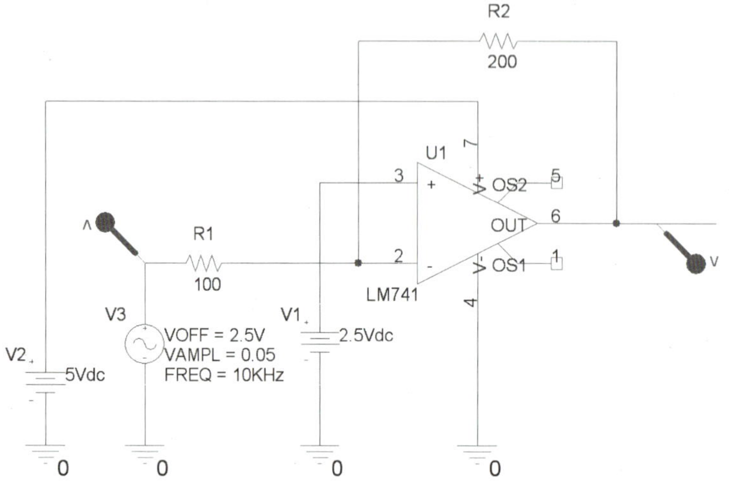

[그림 25-8] PSpice 모의실험을 위한 VGA 회로도

[그림 25-9]는 R1 = 100Ω, R2 = 200Ω인 경우 VGA의 PSpice 모의실험 결과이다. 입력에 크기가 50mV이고 주파수가 10kHz인 정현파를 인가하면, 크기가 100mV이고 주파수가 10kHz인 정현파가 출력된다. 이 경우 전압 이득은 2V/V, 즉 6dB이다.

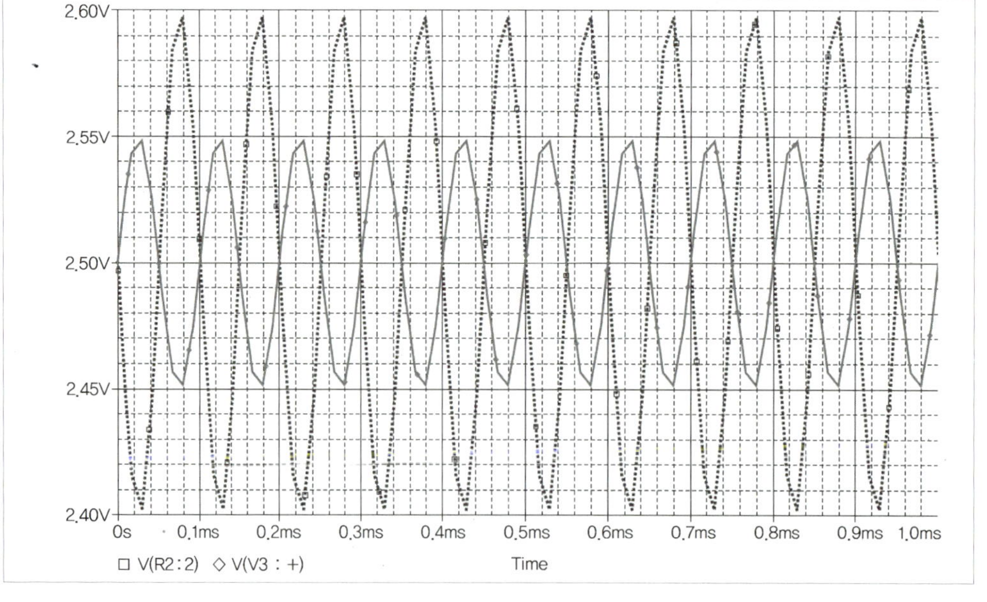

[그림 25-9] R1 = 100Ω, R2 = 200Ω인 경우 VGA의 모의실험 결과

[그림 25-10]은 R1 = 100Ω, R2 = 1kΩ인 경우 VGA의 PSpice 모의실험 결과이다. 입력에 크기가 50mV이고 주파수가 10kHz인 정현파를 인가하였을 때, 크기가 500mV이고 주파수가 10kHz인 정현파가 출력되었다. 이 경우 전압 이득은 10V/V, 즉 20dB임을 알 수 있다.

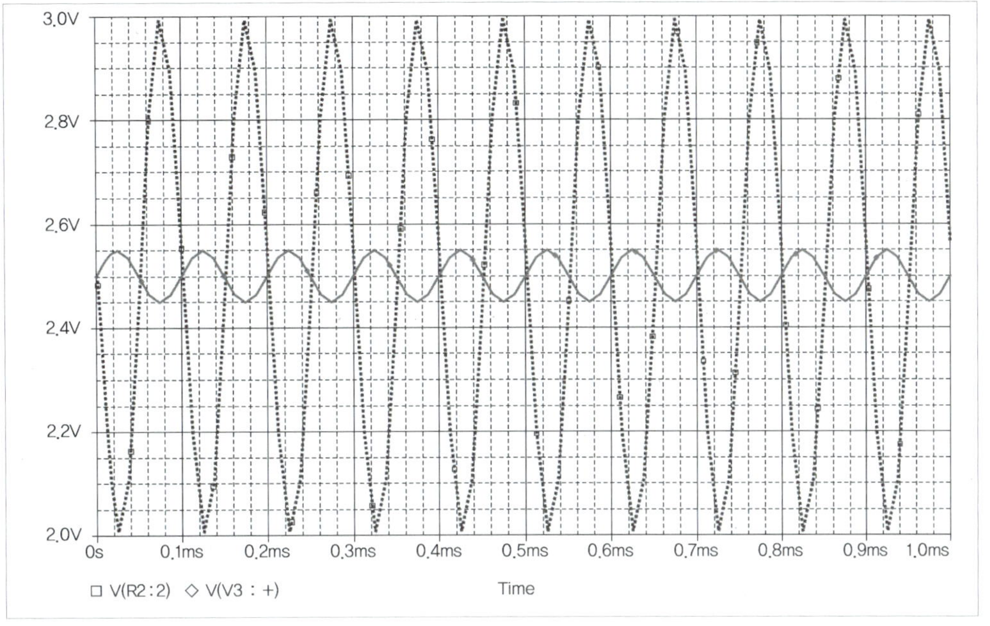

[그림 25-10] R1 = 100Ω, R2 = 1kΩ인 경우 VGA의 모의실험 결과

25.3 실험 절차

1 VGA가 다음 사양을 만족하도록 저항값 및 CMOS 스위치 타입, 크기 등을 정하시오. 이때 AC 입력의 크기는 10mV, 주파수는 10kHz로 인가하고, R_1을 10kΩ으로 고정한 후 R_2를 조정하면서 다음의 이득 범위와 단계를 맞추시오. 또한 측정한 스위치의 저항값과 각각의 이득에 해당되는 R_1, R_2의 값을 [표 25-1]에 기록하시오.

- 이득 범위 : 0dB ~ 20dB
- 이득 단계 : 2dB

2 V_{in}의 AC 입력의 크기를 10mV로 고정해 두고, 입력 주파수를 1kHz부터 10MHz까지 10개의 주파수에 대해 변화시키면서, 출력의 크기를 [표 25-2]에 기록하시오.

3 VGA의 이득이 0dB일 때와 20dB일 때의 대역폭을 각각 구하시오. 또, 이 값들과 연산 증폭기 자체의 대역폭을 비교하시오.

4 VGA의 이득이 0dB일 때와 20dB일 때의 출력 저항을 각각 구하시오. 또, 이 값들과 연산 증폭기 자체의 출력 저항을 비교하시오.

5 VGA의 이득이 0dB일 때와 20dB일 때의 왜곡이 발생하지 않는 입력 전압의 범위를 각각 구하시오. 또, 이 값들과 연산 증폭기 자체의 왜곡이 발생하지 않는 입력 전압의 범위와 비교하시오.

6 [표 25-2]의 측정값을 바탕으로 [그림 25-12]와 같은 보드 선도를 그리시오.

7 [표 25-1]에서 구한 R_2 저항값들과 스위치를 연결하고, VGA의 저주파 전압 이득이 0dB/10dB/20dB일 때 입력을 공통 모드 전압에 두고, 출력에서의 저항값을 측정해서 [표 25-3]에 기록하시오.

25.4 고찰 사항

(1) 연산 증폭기의 전압 이득이 줄어들수록 VGA의 저주파 전압 이득은 어떻게 되는지 분석하시오.

(2) 연산 증폭기의 대역폭(3dB 주파수)과 VGA의 대역폭(3dB 주파수) 사이의 관계를 분석하시오.

(3) [그림 25-7]의 VGA 회로에서 R_1, R_2 저항과 VGA 회로 자체의 출력 저항의 관계를 설명하시오.

요약

이 실험에서는 연산 증폭기의 응용 회로로서 디지털 비트에 따라서 전압 이득을 가변으로 낼 수 있는 디지털 가변 이득 증폭기에 대해서 실험하였다. 연산 증폭기를 이용한 피드백 회로를 구성하면, 기본적으로 저항의 비에 의해 전압 이득이 결정되므로 비교적 정확한 전압 이득을 얻을 수 있다. 디지털적으로 전압 이득을 제어하기 위해 저항과 CMOS 스위치로 저항 열을 구성하였다. 입력 전압 레벨에 따라서 NMOS 스위치, PMOS 스위치, 또는 CMOS 스위치를 사용할 수 있으며, 이 실험에서는 이 중 온 저항을 일정하게 만들기 위해 CMOS 스위치를 사용하였다. 실험 시 CMOS 스위치의 온 저항을 반영하여 피드백 저항의 크기를 조정하였다. 또한 VGA의 주파수 특성을 측정하여 보드 선도를 그림으로써 연산 증폭기를 이용하여 피드백을 구성했을 때 주파수 특성이 어떻게 변화하는지 확인하였다. VGA의 출력 저항도 측정함으로써 피드백 회로 구성 시 임피던스의 변화를 측정할 수 있었다.

퀴즈

(1) 다음 중 가변 이득 증폭기 구성에 필요하지 않는 것은?

① 스위치 ② 연산 증폭기

③ 아날로그 필터 ④ 저항

(2) [그림 25-11]은 NMOS와 PMOS의 스위치 온 저항을 나타낸다. 이러한 온 저항 문제를 해결하기 위한 스위치 구성 방법은?

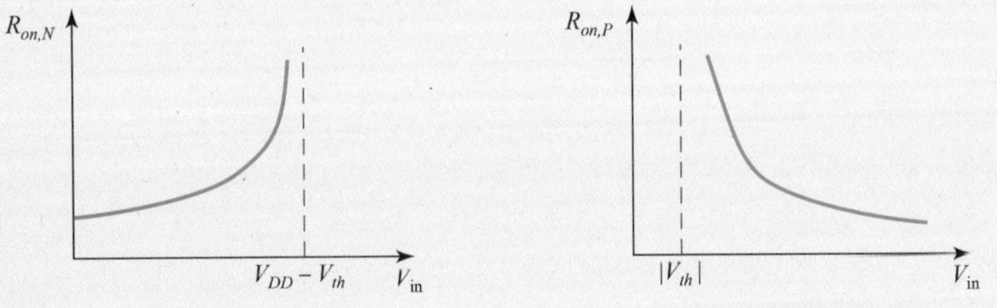

(a) NMOS 스위치 온 저항 (b) PMOS 스위치의 온 저항

[그림 25-11]

① NMOS+NMOS ② NMOS+PMOS

③ PMOS+PMOS ④ NMOS 단독

(3) 가변 이득 증폭기에 대한 설명으로 올바른 것은?

① 가변 이득은 저항 비로 결정한다.

② 연산 증폭기 자체의 이득을 조절하여 가변 이득을 얻는다.

③ 디지털 스위치로 저항 비 조절은 불가능하다.

④ 가변 이득은 커패시터 비로 결정한다.

(4) 신호의 크기를 시스템 내부적으로 측정해서, 측정된 신호 크기를 바탕으로 이득을 조절하는 시스템은?

① 저항 시스템 ② 스위칭 시스템

② 자동 이득 제어 시스템 ④ 가변 시스템

(5) 연산 증폭기의 이득이 A_0일 때, VGA의 이득을 유도하시오.

(6) VGA의 전압 이득이 0dB일 때와 20dB일 때의 대역폭을 구하시오.

예비 보고 사항

(1) 실험회로([그림 25-7])의 입력과 출력 사이의 전달 함수를 구하시오. (단, 연산 증폭기의 이득이 ∞인 경우와 이득이 A_0인 경우에 대해서 각각 전달 함수를 계산하시오.)

(2) PSpice를 이용하여 VGA의 사양이 다음과 같도록 저항값 및 스위치 타입, 크기 등을 정하시오.

- 이득 범위(gain range) : 0dB ~ 20dB
- 이득 단계(gain step) : 2dB

(3) PSpice를 이용하여 VGA의 이득이 0dB일 때와 20dB일 때의 대역폭을 구하시오. 또, 이 값들과 연산 증폭기 자체의 대역폭을 비교하시오.

(4) PSpice를 이용하여 VGA의 이득이 0dB일 때와 20dB일 때의 출력 저항을 구하시오. 또, 이 값들과 연산 증폭기 자체의 출력 저항을 비교하시오.

자르는 선

실험 25 실험 결과

[실험 절차]에 따라 [실험 결과]를 작성하시오.

1

[표 25-1] VGA의 전압 이득을 위한 R_2 저항값 측정

VGA의 전압 이득	R_1 저항값	CMOS 스위치의 저항값	R_2 저항값	VGA의 전압 이득	R_1 저항값	CMOS 스위치의 저항값	R_2 저항값
0dB				12dB			
2dB				14dB			
4dB				16dB			
6dB				18dB			
8dB				20dB			
10dB							

2

[표 25-2] VGA의 전압 이득의 주파수 특성 측정

입력의 크기	입력 주파수	출력의 크기	VGA의 저주파 전압 이득을 0dB로 세팅 했을 때의 전압 이득	VGA의 저주파 전압 이득을 10dB로 세팅 했을 때의 전압 이득	VGA의 저주파 전압 이득을 20dB로 세팅 했을 때의 전압 이득
	1kHz				
	5kHz				
	10kHz				
	50kHz				
	100kHz				
	500kHz				
	1MHz				
	5MHz				
	10MHz				

3

VGA와 연산 증폭기 자체의 대역폭 확인

4

VGA와 연산 증폭기 자체의 출력 저항 확인

5

VGA와 연산 증폭기 자체의 입력 전압 범위 확인

6

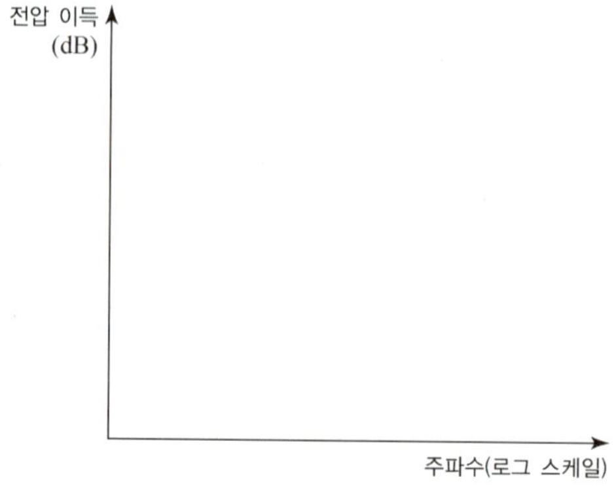

[그림 25-12] VGA의 전압 이득의 보드 선도

7

[표 25-3] VGA의 출력 저항값 측정

VGA의 저주파 전압 이득	VGA의 출력 저항값	VGA의 저주파 전압 이득	VGA의 출력 저항값
0dB		12dB	
2dB		14dB	
4dB		16dB	
6dB		18dB	
8dB		20dB	
10dB			

실험
26
아날로그 능동 필터

실험 개요

일반적인 통신 시스템에서 입력 신호는 원하는 신호뿐 아니라 간섭 신호도 포함하고 있다. 따라서 ADC 앞쪽에 위치하는 아날로그 전단부에서 필터를 통해 이러한 간섭 신호를 제거해야 한다. 이 실험에서는 연산 증폭기와 저항, 커패시터를 이용하여 Active-RC 아날로그 필터(analog filter)를 구성하고, 주파수 특성을 측정하고자 한다. 필터의 크기 응답 특성을 측정하여 3dB 주파수, 통과대역 리플(passband ripple), 차단대역 감쇄(stopband attenuation) 특성 등을 확인한다.

실험 기자재 및 부품

- DC 파워 서플라이
- 디지털 멀티미터
- 오실로스코프
- 함수 발생기
- 연산 증폭기(LM741)
- 저항
- 커패시터

26.1 배경 이론

[그림 25-1]의 유선통신 시스템의 예와 같이, 케이블로부터 들어온 입력 신호는 일반적으로 간섭 신호interferer를 포함하고 있으므로, 원하는 신호만 선택하기 위해서는 아날로그 필터가 필요하다. 예를 들어 [그림 26-1]과 같이 통신 시스템이 N개의 채널을 가지고 있고 현재 4번 채널을 통해서 통신을 할 경우, 4번 채널의 입장에서 나머지 채널들은 간섭 신호가 되므로 제거해야 한다.

[그림 26-2]는 아날로그 필터의 크기 응답 특성을 보여주고 있다.

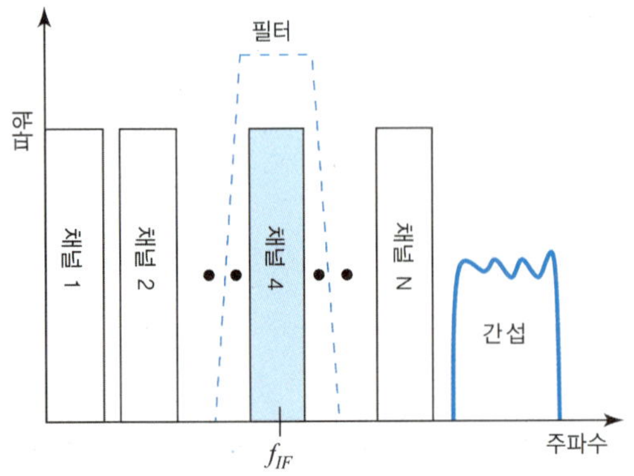

[그림 26-1] 통신 시스템과 필터

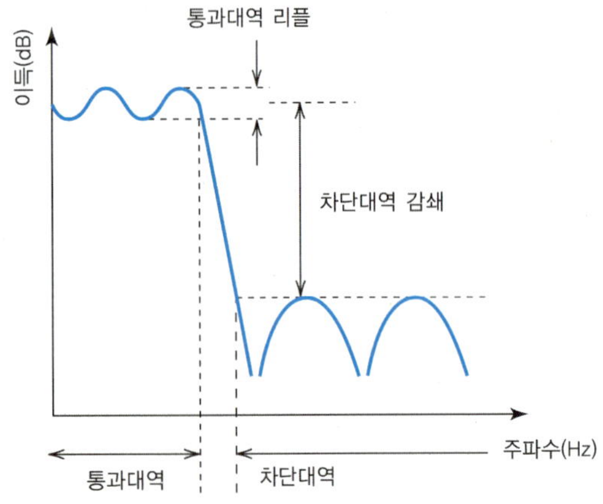

[그림 26-2] 아날로그 필터의 크기 응답 특성

통과대역 리플은 통과대역에서 이득이 변화하는 양을 dB 단위로 나타낸 것이다. 차단대역 감쇄는 차단대역에서 통과대역에 비해 이득이 얼마나 감쇄되는지를 dB 단위로 표현한다. 통과대역 리플이 클수록 주파수에 따른 신호의 이득이 달라지므로 왜곡이 발생하게 된다. 시스템에 따라 다르지만, 통과대역 리플 특성은 보통 1dB 이내의 사양을 요구하는 경우가 많다.

[그림 26-3]은 대표적인 아날로그 필터의 종류를 보여준다. 통과대역에서의 리플 특성, 차단대역에서의 리플 또는 감쇄 특성, 통과대역에서의 그룹 지연 특성 면에서 서로 다른 특성을 보여주므로 시스템에 적합한 종류를 결정해야 한다. Butterworth 필터는 통과대역에서 최대한 평탄한 특성이 있지만, 차단대역에서의 감쇄 특성은 좋지 못하다. Chebyshev 필터는 통과대역에서의 이득 리플이 비교적 큰 편이지만, 차단대역에서의 감쇄 특성이 좋은 편이다. Inverse Chebyshev 필터는 차단대역에서의 리플이 비교적 크지만, 차단대역에서의 감쇄 특성이 좋은 편이다. Elliptic 필터는 통과/차단대역에서 일정한 리플을 가지고 있지만, 차단대역에서의 감쇄 특성이 가장 좋다. Bessel 필터는 최대로 평탄한 그룹 지연그룹 지연 특성이 있다.

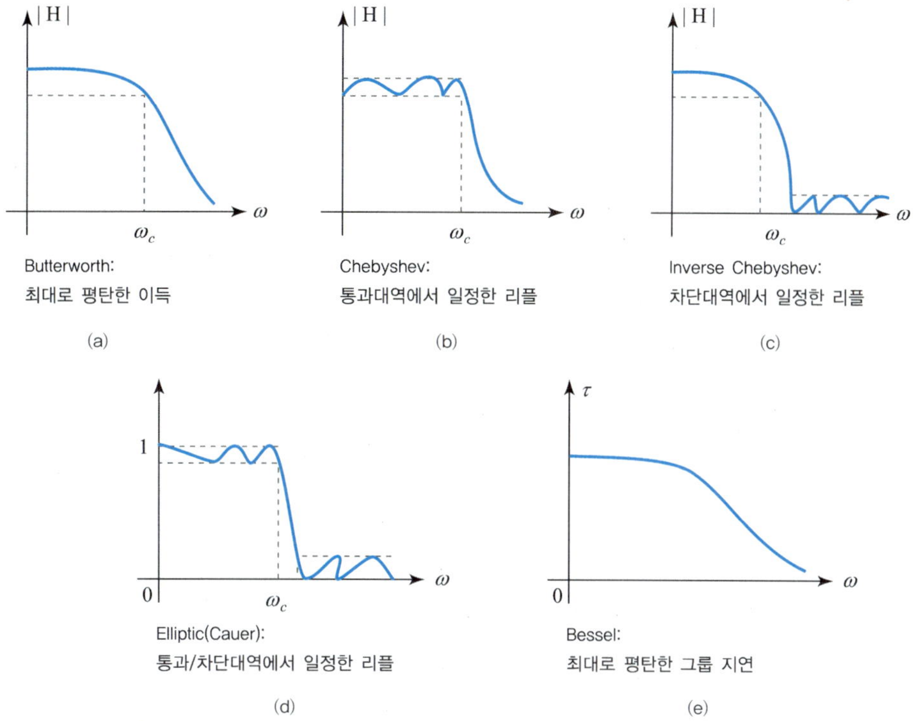

[그림 26-3] **아날로그 필터의 종류**

[그림 26-3]과 같은 아날로그 필터를 구현하는 방식은 크게 세 가지로 구분할 수 있다. 연산 증폭기와 R, C를 이용해서 구현하는 Active-RC 필터, Gm 셀과 C를 이용해서 구현하는 Gm-C 필터, 스위치와 커패시터를 이용하는 스위치형 커패시터 switched-capacitor 필터 구조로 나눌 수 있다.

[그림 26-4]는 Active-RC 필터 구조이다. Active-RC 필터 구조는 선형성이 가장 좋으면서 쉽게 구현할 수 있으므로 가장 널리 사용되고 있다.

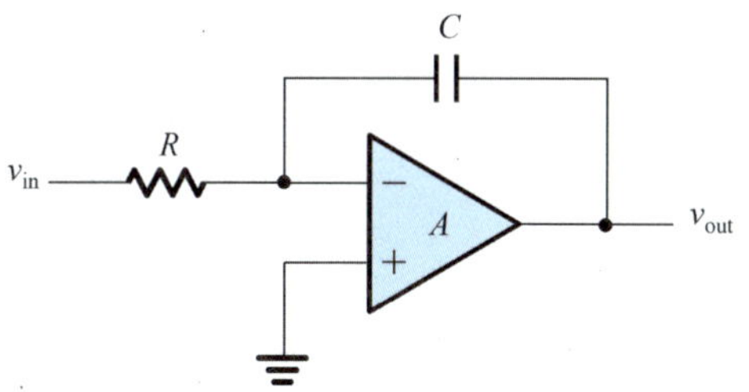

[그림 26-4] **Active-RC 필터 구조**

[그림 26-4]의 입력과 출력 사이의 전달 함수를 구하면 식 (26.1)과 같다.

$$H(s) = \frac{V_{\text{out}}(s)}{V_{\text{in}}(s)} = -\frac{1}{RC} \cdot \frac{1}{s} \tag{26.1}$$

식 (26.1)은 기본적인 적분기의 형태로 되어 있으며, 식 (26.1)의 전달 함수를 크기와 위상으로 나눠서 표현하면 식 (26.2)와 같다.

$$H(j\omega) = -\frac{1}{RC}\frac{1}{j\omega} \Rightarrow |H(j\omega)| = \frac{1}{RC}\frac{1}{\omega} \Rightarrow \angle H(j\omega) = -90^\circ \tag{26.2}$$

식 (26.2)에 표현된 Active-RC 필터의 크기와 위상을 [그림 26-5]와 같은 보드 선도의 형태로 표현할 수 있다. 크기는 −6dB/oct의 기울기를 가지고, 위상은 −90° 부근의 값을 가진다.

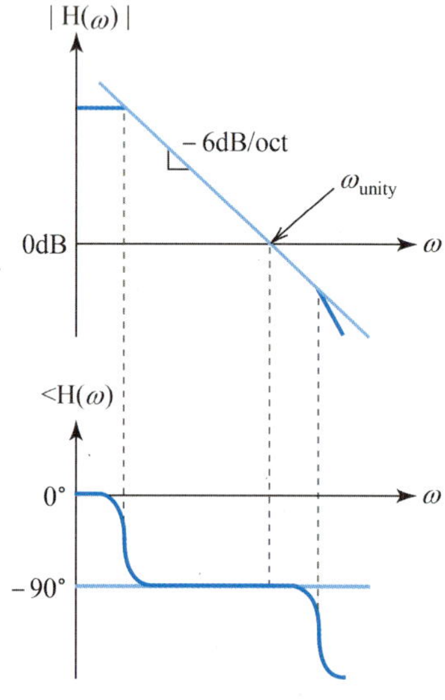

[그림 26-5] Active-RC 필터의 보드 선도

[그림 26-5]와 같이, 필터를 1차로 구현할 경우 −6dB/oct(−20dB/dec), 즉 주파수가 두 배 증가할 때마다 −6dB씩 감소하는 경향을 보인다. 따라서 주파수에 대한 감쇄 특성을 향상시키기 위해서는 필터의 차수를 늘려야 한다. 예를 들어 2차 필터를 구성할 경우에는 −12dB/oct(−40dB/dec)의 기울기로, 3차 필터를 구성할 경우에는 −18dB/oct(−60dB/dec)의 기울기로 감소하게 된다.

[그림 26-6]은 Gm-C 필터 구조이다. Gm 셀과 커패시터를 이용해서 식 (26.3)과 같은 적분기를 구현할 수 있다.

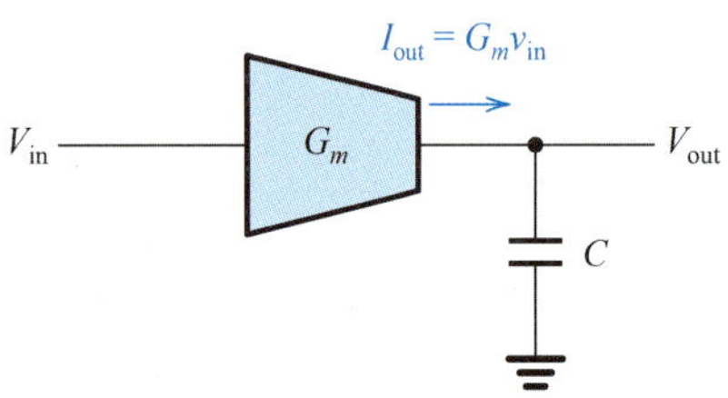

$$H(s) = \frac{V_{\text{out}(s)}}{V_{\text{in}(s)}} = \frac{G_m}{C} \cdot \frac{1}{s} \tag{26.3}$$

[그림 26-6] Gm-C 필터 구조

열린 루프 구조이므로 저전력, 고속의 동작을 할 수 있지만, 선형성이 좋지 않은 특성이 있어 최근의 저전압 공정에서는 상대적으로 많이 사용되고 있지 않다.

[그림 26-7]은 스위치형 커패시터 필터의 구조이다. 스위치와 커패시터를 이용해서 효과적으로 저항을 구현하고, 커패시터와 함께 식 (26.4)와 같은 적분기를 구성할 수 있다.

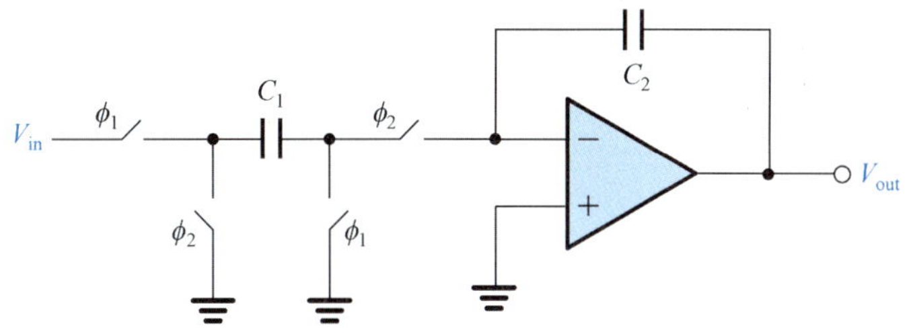

[그림 26-7] 스위치형 커패시터 필터 구조

$$H(z) = \frac{V_{out}(z)}{V_{in}(z)} = \frac{C_1}{C_2} \cdot \frac{z^{-1}}{1 - z^{-1}} \tag{26.4}$$

26.2 실험회로 및 PSpice 시뮬레이션

적분기

[그림 26-8]은 연산 증폭기를 이용한 적분기 회로이다. 입력에서 저항 R을 통해 음의 단자쪽으로 흐르는 전류 i_1이 피드백 커패시터 C를 통과하면서 출력 전압 v_O가 형성된다.

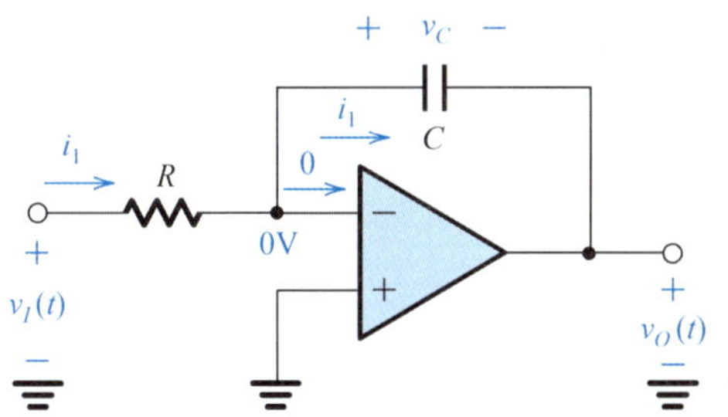

$$v_O(t) = -\frac{1}{CR}\int_0^t v_I(t)\,dt$$

$$\frac{v_O}{v_I} = -\frac{1}{sCR}$$

[그림 26-8] 연산 증폭기를 이용한 적분기 회로(실험회로 1)

[그림 26-9]는 PSpice 모의실험을 위한 적분기의 회로도이다. 입력은 20kΩ 저항을 통해서 음의 단자로 인가되고, 양의 단자에는 공통 모드 전압인 0V의 DC 전압을 인가하였다. 20kΩ의 피드백 저항과 1nF의 피드백 커패시터가 사용되었다.

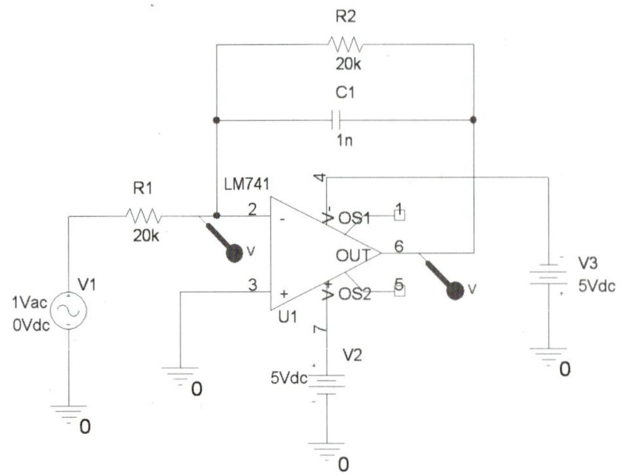

[그림 26-9] PSpice 모의실험을 위한 적분기의 회로도

[그림 26-10]은 적분기의 PSpice 모의실험 결과이다. 입력과 출력 사이의 전달 함수가 주파수 축에서 저대역 통과 필터low pass filter의 특성을 보인다.

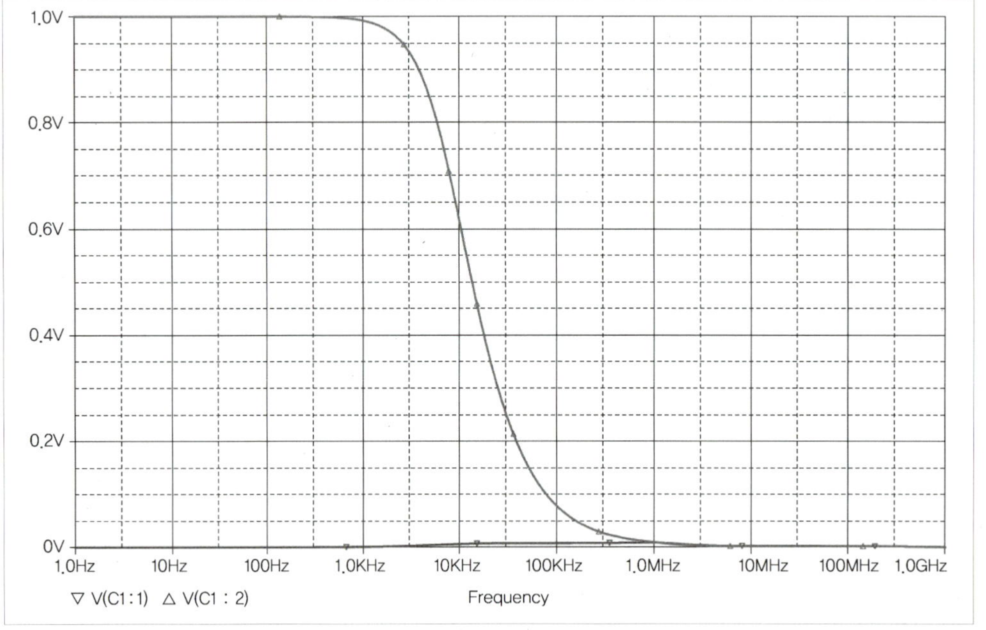

[그림 26-10] 적분기의 PSpice 모의실험 결과

3차 Chebyshev 저대역 통과 필터

[그림 26-11]은 Active-RC 타입의 3차 Chebyshev 저대역 통과 필터 회로이다. 능동 소자인 연산 증폭기와 수동 소자인 저항, 커패시터들을 이용하여 필터를 구성할 수 있다.

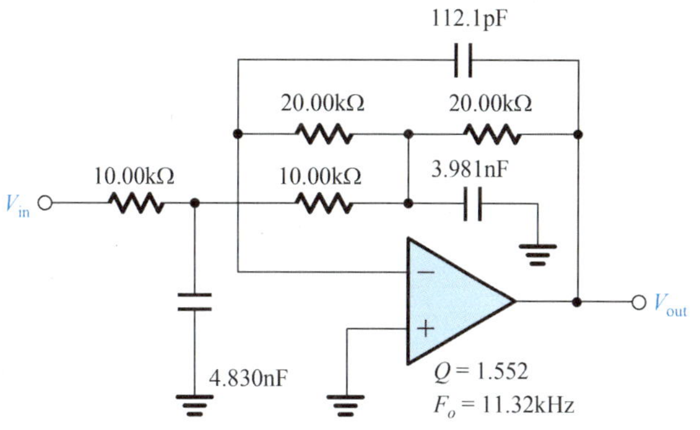

[그림 26-11] 3차 Chebyshev 저대역 통과 필터 회로(실험회로 2)

[그림 26-12]는 PSpice 모의실험을 위한 3차 Chebyshev 저대역 통과 필터의 회로도이다. 입력은 저항과 커패시터로 구성된 1차 저대역 통과 필터와 저항과 커패시터 네트워크를 거친 후에 연산 증폭기의 음의 단자로 인가되고, 양의 단자에는 공통 모드 전압인 0V의 DC 전압을 인가하였다.

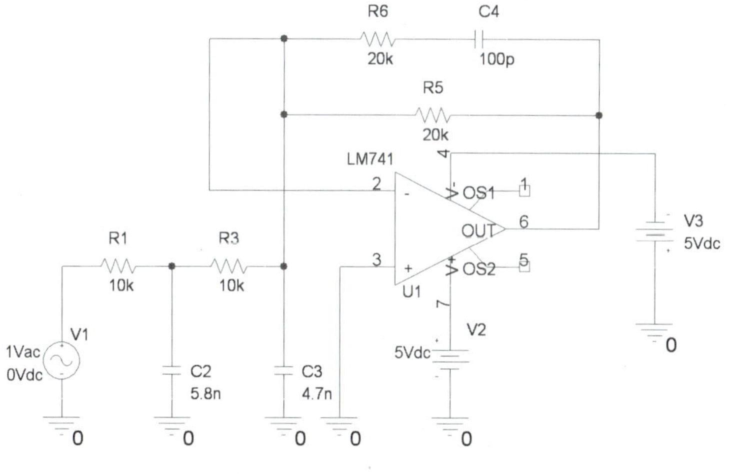

[그림 26-12] PSpice 모의실험을 위한 3차 Chebyshev 저대역 통과 필터 회로도

[그림 26-13]은 PSpice 모의실험을 위한 3차 Chebyshev 저대역 통과 필터의 모의실험 결과이다. 주파수 축에서 전달 함수를 보았을 때, 10kHz까지는 전압 이득이 0dB이고 이후에는 -60dB/dec로 전압 이득이 감소됨을 알 수 있다. 즉 3차의 저대역 통과 필터로 동작한다.

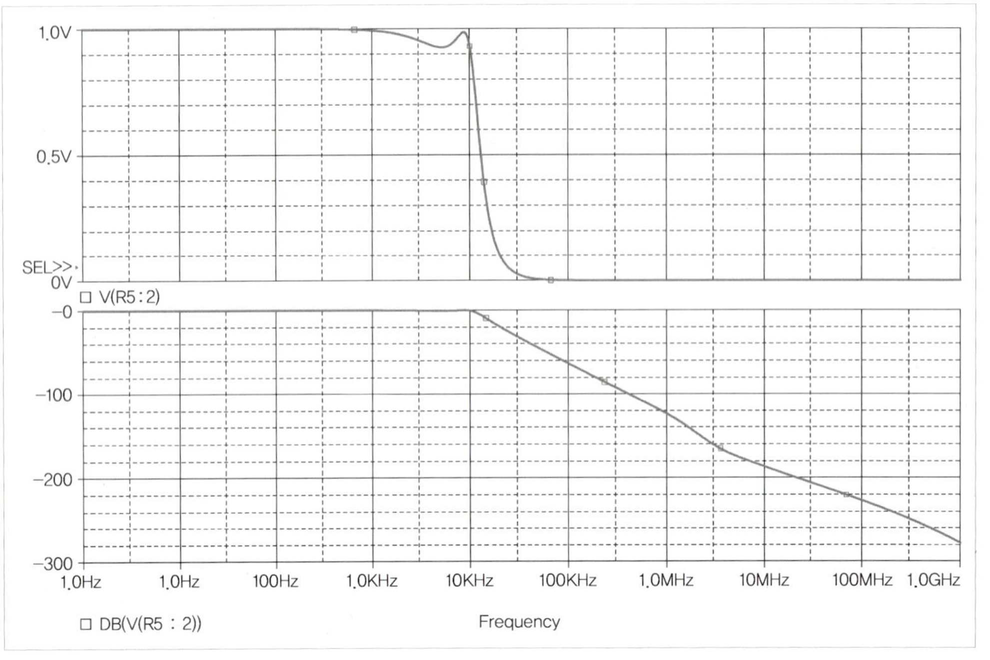

[그림 26-13] 3차 Chebyshev 저대역 통과 필터 회로도의 PSpice 모의실험 결과

26.3 실험 절차

적분기

1 실험회로 1([그림 26-8])을 구성하고, 연산 증폭기의 입력과 출력의 DC 전압을 측정하여 [표 26-1]에 기록하라. 양의 입력 단자positive input terminal에는 0V가 아니라, 공통 모드 전압을 인가함에 주의하시오. 또한 입력-출력 DC 전압을 바탕으로 연산 증폭기의 차동 입력이 가상 단락virtual short의 특성을 보이는지 확인하시오.

2 실험회로 1의 적분기 회로에 대해서 입력 전압의 크기를 10mV로 고정하고, 1kHz에서 10MHz까지 로그 스케일log scale로 9개 주파수에 대해서 출력 전압의 크기를 측정하여 [표 26-1]에 기록하시오. $R = 20\text{k}\Omega$, $C = 1\text{nF}$으로 고정한다. [표 26-1]의 결과를 바탕으로 적분기 회로의 보드 선도의 크기 응답 특성을 1kHz에서 10MHz까지 로그 스케일로 9개의 주파수에 대해서 그리시오.

3 실험 과정 **2**를 거쳐서 나온 보드 선도에서 단위 이득 주파수를 구하시오. 또한 $R = 20\text{k}\Omega$, $C = 10\mu\text{F}$으로 증가시켰을 때의 주파수 특성을 [표 26-2]에 기록하고, 보드 선도를 그리시오.

3차 Chebyshev 저대역 통과 필터

1 실험회로 2([그림 26-11])를 구성하고, 연산 증폭기의 입력과 출력의 DC 전압을 측정하여 [표 26-3]에 기록하시오. 적분기와 마찬가지로 양의 입력 단자에 공통 모드 전압을 인가하고, 입력-출력 DC 전압을 바탕으로 연산 증폭기의 차동 입력이 가상 단락의 특성을 보임을 확인하시오.

2 실험회로 2의 3차 저대역 통과 필터에 대해서 입력 전압의 크기를 10mV로 고정하고, 1kHz에서 10MHz까지 9개 주파수에 대해서 출력 전압의 크기를 측정하여 [표 26-3]에 기록하고, 보드 선도의 크기 응답 특성을 1kHz부터 10MHz까지 로그 스케일로 9개의 주파수에 대해서 그리시오.

26.4 고찰 사항

(1) 예비 보고 사항에서 구한 실험회로 1의 적분기의 주파수 응답 특성과 측정에서 구한 적분기의 주파수 응답 특성을 비교하고, 차이가 나는 이유를 설명하시오.

(2) 예비 보고 사항에서 구한 실험회로 2의 저대역 통과 필터의 주파수 응답 특성과 측정에서 구한 저대역 통과 필터의 주파수 응답 특성을 비교하고, 차이가 나는 이유를 설명하시오.

요약

이 실험에서는 통신 시스템의 아날로그 전단부에 반드시 필요한 아날로그 필터의 기본이 되는 적분기와 가장 많이 사용되는 저대역 통과 필터의 주파수 특성을 실험하였다. 적분기의 실험을 통해 적분기의 기울기 및 단위 이득 주파수를 측정하였고, 저대역 통과 필터의 실험을 통해 통과 대역 주파수, 통과대역의 리플 특성, 저지대역의 감쇄 특성 등을 실험하였다. 이를 통해서 필터의 이론 및 전달 특성에 대해 이해를 하고, 향후 통신 시스템에 적용할 수 있는 기초 지식을 습득하였다.

퀴즈

(1) 통과대역에서 최대한 평탄한 특성이 있는 필터는?

① Butterworth 필터 ② Chebyshev 필터
③ Inverse Chebyshev 필터 ④ Elliptic 필터

(2) 다음 중 아날로그 필터를 구현하는 방식이 아닌 것은?
① 인덕터-인덕터 ② 연산 증폭기와 R, C
③ Gm-C ④ 스위치형 커패시터

(3) Gm-C 필터를 1차로 구현하면, -6dB/oct(-20dB/dec)의 기울기로 감소하는 경향이 있다. 이 경우에 3차 필터를 구성하면, 얼마의 기울기로 감소하겠는가?
① -18dB/oct ② -9dB/oct
③ -12dB/oct ④ -3dB/oct

(4) 주파수 필터 특성을 확인하기 위한 보드 선도의 x축, y축으로 알맞은 것은?
① 시간-전압 ② 주파수-전압 이득
③ 주파수-반사계수 ④ 시간-전압 이득

(5) 아날로그 통신 시스템에서 필터의 역할을 설명하시오.

(6) 실험회로 1과 같은 적분기의 보드 선도를 그리고, 크기 응답 특성의 기울기 및 단위 이득 주파수unity gain frequency를 구하시오.

(7) 실험회로 2의 3차 저대역 통과 필터에서 대역폭, 통과대역 리플, 저지대역 감쇄 특성 등을 보드 선도의 형태로 그리시오.

예비 보고 사항

(1) 실험회로 1([그림 26-8])의 적분기에 대해서 전달 함수를 구하고, PSpice 모의실험을 통해서 보드 선도 중에서 크기 응답 특성(magnitude response)을 그리시오(R = 20kΩ, C = 1nF).
(2) 실험회로 2([그림 26-11])의 3차 저대역 통과 필터에 대해서 전달 함수를 구하고, PSpice 모의실험을 통해서 보드 선도 중에서 크기 응답 특성을 그리시오.

실험 26 실험 결과

[실험 절차]에 따라 [실험 결과]를 작성하시오.

적분기

1

[표 26-1] 적분기의 주파수 특성을 구하기 위한 측정 데이터

입력의 DC 전압	출력의 DC 전압	입력 전압의 크기 (mV)	입력 전압의 주파수 (kHz)	출력 전압의 크기	전압 이득 (v_O/v_I)
			1kHz		
			5kHz		
			10kHz		
			50kHz		
			100kHz		
			500kHz		
			1MHz		
			5MHz		
			10MHz		

2

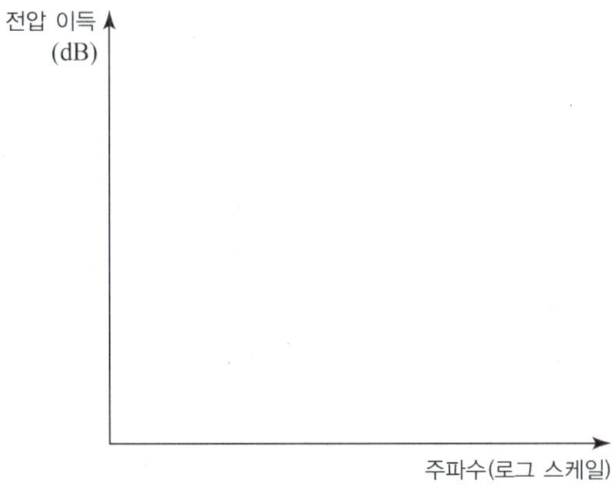

[그림 26-14] 실험회로 1의 보드 선도

3

[표 26-2] 적분기의 주파수 특성을 구하기 위한 측정 데이터

입력의 DC 전압	출력의 DC 전압	입력 전압의 크기 (mV)	입력 전압의 주파수 (kHz)	출력 전압의 크기	전압 이득 (v_O/v_I)
			1kHz		
			5kHz		

입력의 DC 전압	출력의 DC 전압	입력 전압의 크기 (mV)	입력 전압의 주파수 (kHz)	출력 전압의 크기	전압 이득 (v_o/v_i)
			10kHz		
			50kHz		
			100kHz		
			500kHz		
			1MHz		
			5MHz		
			10MHz		

3차 Chebyshev 저대역 통과 필터

1

[표 26-3] 3차 저대역 통과 필터의 주파수 특성을 구하기 위한 측정 데이터

입력의 DC 전압	출력의 DC 전압	입력 전압의 크기 (mV)	입력 전압의 주파수 (kHz)	출력 전압의 크기	전압 이득 (v_o/v_i)
			1kHz		
			5kHz		
			10kHz		
			50kHz		
			100kHz		
			500kHz		
			1MHz		
			5MHz		
			10MHz		

2

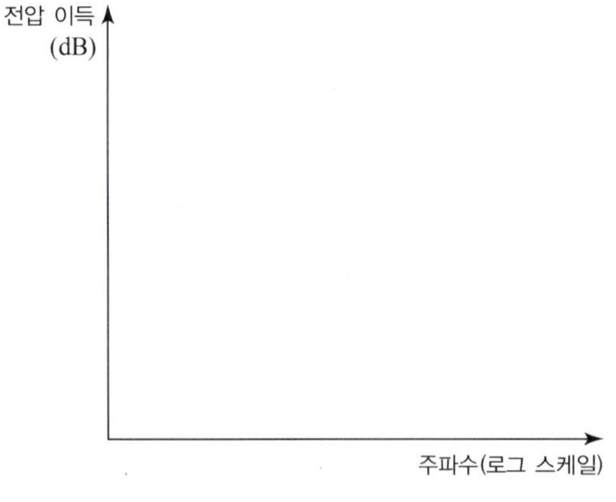

[그림 26-15] 실험회로 2의 보드 선도

실험 27

발진기와 신호 발생기

실험 개요

이 실험에서는 발진기(oscillator)의 기본적인 회로 및 동작 원리에 대해서 공부하고, 실험하고자 한다. 또한 발진기에 기반한 신호 발생기(signal generator)에 대해서 공부하고, 회로를 구성하여 실험을 통해 직접 그 동작을 확인하고, 이해하는 것을 목표로 한다.

실험 기자재 및 부품

- DC 파워 서플라이
- 디지털 멀티미터
- 오실로스코프
- 함수 발생기
- 연산 증폭기(HA17741)
- 저항
- 커패시터

27.1 배경 이론

발진기 기본 이론

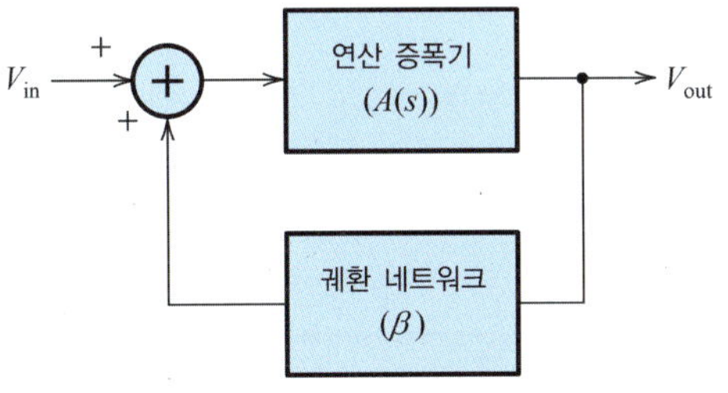

[그림 27-1] 연산 증폭기를 이용한 정궤환 시스템

[그림 27-1]과 같은 연산 증폭기를 이용한 궤환 시스템의 입력과 출력 사이에는 식 (27.1) 및 식 (27.2)의 관계가 성립한다.

$$V_{out} = A(V_{in} + \beta V_{out}) \quad (27.1)$$

$$\frac{V_{out}}{V_{in}} = \frac{A(s)}{1-\beta A(s)} \quad (27.2)$$

식 (27.2)에서 분모가 0이 되는 주파수에서 정궤환 시스템이 발진하게 된다. 즉 식 (27.3)과 같은 관계가 성립하는 주파수에서 발진한다.

$$T(s) = \beta A(s) = 1 \quad (27.3)$$

식 (27.3)에서 $\beta A(s)$는 루프 이득루프 이득이라고 부르며, $T(s)$로 표기하기로 한다. 식 (27.3)의 조건을 바크하우젠Barkhausen의 발진 조건이라고 하며, 식 (27.4)와 같이 크기와 위상 측면으로 나타낼 수 있다.

$$|T(s)| = |\beta A(j\omega_0)| = 1, \ <T(s) =< \beta A(j\omega_0) = 360° \quad (27.4)$$

식 (27.4)의 의미를 살펴보면, $\omega = \omega_0$에서 루프 이득의 크기가 1이 되고 위상은 360°가 되므로, 연산 증폭기의 입력 신호가 같은 위상으로 크기가 더해지는 것을 의미한다.

빈 브리지 발진기

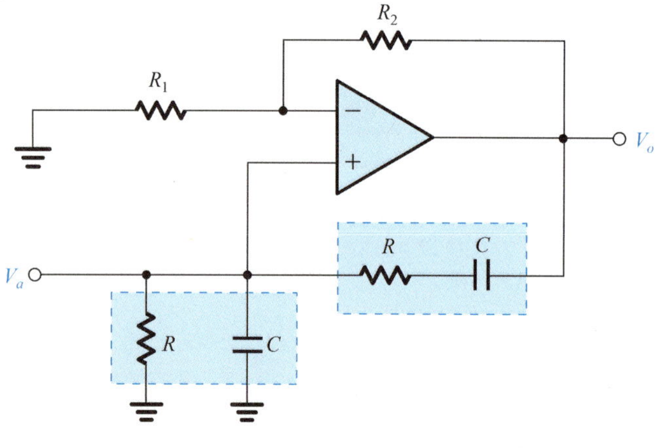

[그림 27-2] 빈 브리지 발진기

[그림 27-2]와 같은 빈 브리지wien-bridge 발진기 회로의 루프 이득은 식 (27.5) 및 식 (27.6)과 같이 구할 수 있다.

$$T(s) = \left[1 + \frac{R_2}{R_1}\right] \frac{z_p}{z_p + z_x} \quad (27.5)$$

$$T(s) = \frac{1 + R_2 / R_1}{3 + sCR + 1/sCR} \tag{27.6}$$

식 (27.6)에 $s = j\omega$를 대입하면 식 (27.7)을 얻을 수 있다.

$$T(s) = \frac{1 + R_2 / R_1}{3 + j\left(\omega CR - \dfrac{1}{\omega CR}\right)} \tag{27.7}$$

식 (27.7)은 식 (27.8)과 같은 조건이 만족되면 $\omega = \omega_0$에서 실수가 되며, [그림 27-2]의 빈 브리지 발진기 회로는 바크하우젠의 조건 중에서 루프 이득의 위상이 360°이어야 한다는 조건을 만족하게 된다.

$$\omega_0 CR = \frac{1}{\omega_0 CR} \tag{27.8}$$

$$\omega_0 = \frac{1}{CR} \tag{27.9}$$

식 (27.10)이 성립하면, 바크하우젠의 조건 중에서 루프 이득의 크기가 1이어야 한다는 조건을 만족하게 된다.

$$R_2 / R_1 = 2 \tag{27.10}$$

구형파 발생기

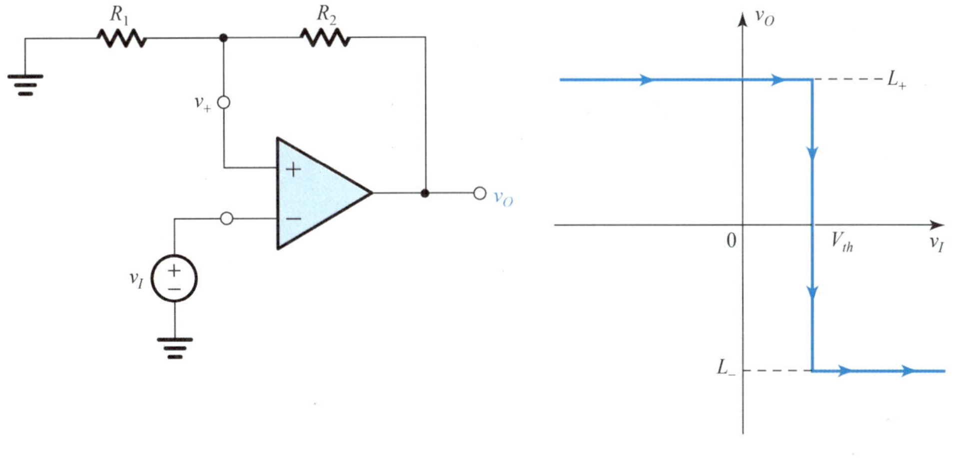

(a) 쌍안정회로 (b) v_I가 증가될 때의 전달 특성

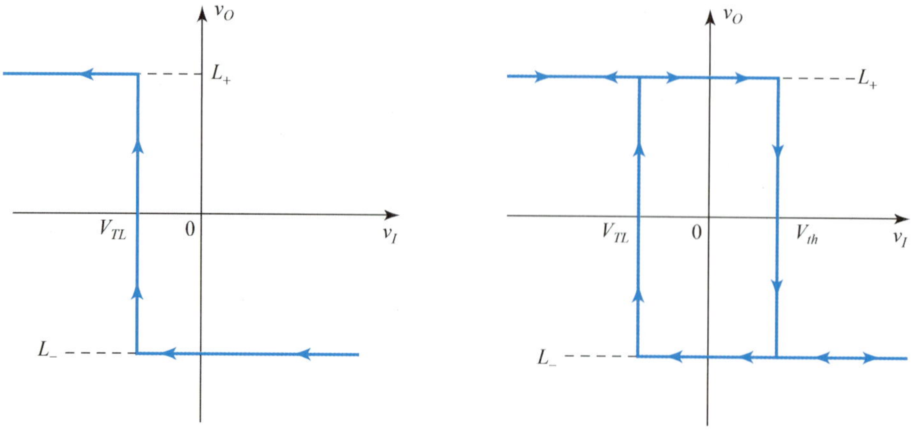

(c) v_I가 감소될 때의 전달 특성

(d) 전체 전달 특성

[그림 27-3] 쌍안정회로의 동작 원리

[그림 27-3(a)]와 같은 쌍안정 회로bistable circuit의 출력 전압 v_O가 연산 증폭기의 출력이므로, L_+와 L_-의 두 전압 레벨을 가진다. [그림 27-3(b)]는 v_I 전압이 증가하는 경우의 전달 특성을 보여준다. 반전 증폭기의 형태이므로, v_I 전압이 증가하는 경우 V_{th} 전압보다 작으면 L_+의 전압을 출력으로 내보내고, V_{th} 전압보다 크면 L_-의 전압을 출력으로 내보낸다. 이때 기준 전압 V_{th}는 식 (27.11)과 같이 표현할 수 있다.

$$V_{th} = \beta L_+ = \frac{R_1}{R_1 + R_2} L_+ \tag{27.11}$$

반전 증폭기의 형태이므로, [그림 27-3(c)]와 같이 v_I 전압이 감소하는 경우 V_{TL} 전압보다 크면 L_-의 전압을 출력으로 내보내고, V_{TL} 전압보다 작으면 L_+의 전압을 출력으로 내보낸다. 이때 기준 전압 V_{TL}은 식 (27.12)와 같이 표현할 수 있다.

$$V_{TL} = \beta L_- = \frac{R_1}{R_1 + R_2} L_- \tag{27.12}$$

[그림 27-3(b)]와 [그림 27-3(c)]를 종합하면 [그림 27-3(d)]와 같은 전체 전달 특성을 얻을 수 있다.

[그림 27-4]는 구형파 발생기square wave generator의 개념을 보여준다. v_1 전압이 상승할 때는 V_{th}를 기준으로 v_2 전압이 L_+에서 L_-로 구형파로 하강하고, v_1 전압이 하강할 때는 V_{TL}을 기준으로 v_2 전압이 L_-에서 L_+로 구형파로 상승한다.

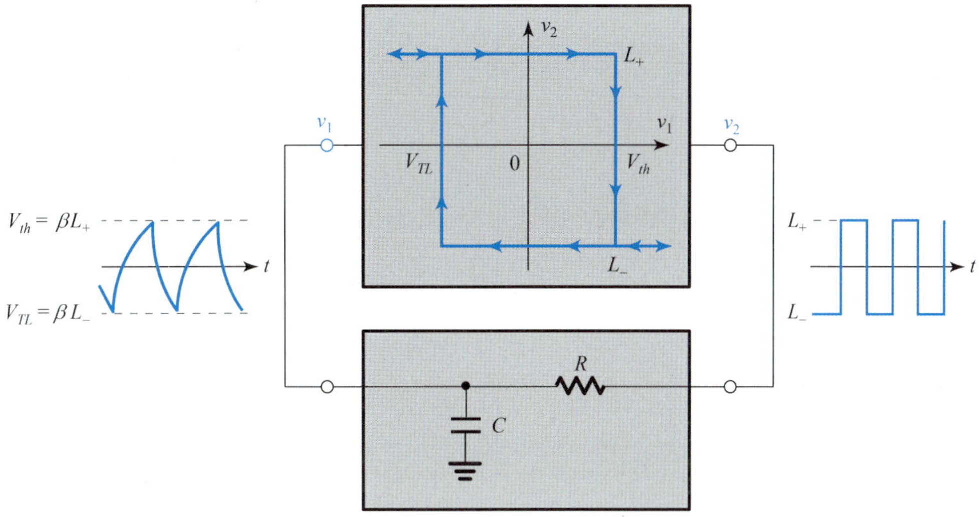

[그림 27-4] 쌍안정회로와 RC 필터를 이용한 구형파 발생기의 개념

[그림 27-5]는 구형파 발생기의 회로이다.

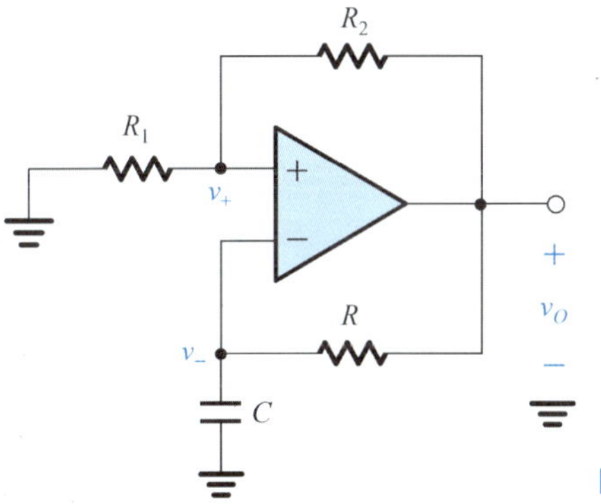

[그림 27-5] 쌍안정회로와 RC 필터를 이용한 구형파 발생기의 회로

[그림 27-5] 회로의 v_+, v_-, v_O 노드의 파형들은 [그림 27-6]과 같다. v_O 출력에서 구형파가 발생되면, 구형파의 주기 T는 다음과 같이 구할 수 있다.

충전 구간 T_1에서 v_-의 전압은 식 (27.13)과 같이 표현할 수 있다.

$$v_- = L_+ - (L_- - \beta L_-)e^{-t/\tau} \tag{27.13}$$

식 (27.13)으로부터 $\tau = CR$인 관계가 성립한다.

$t = T_1$일 때 $v_- = \beta L_+$이므로, 식 (27.13)에 대입하면 식 (27.14)와 같이 T_1을 구할 수 있다.

$$T_1 = \tau \ln \frac{1-\beta(L_- / L_+)}{1-\beta} \tag{27.14}$$

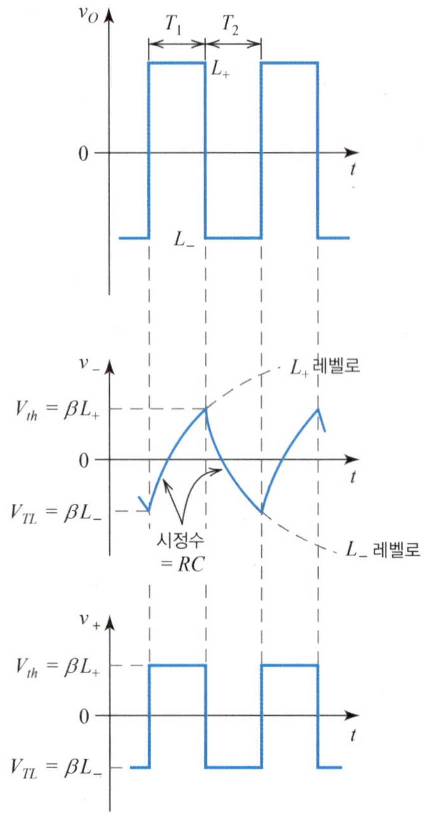

[그림 27-6] **구형파 발생기의 중간 노드들의 파형**

마찬가지로, 방전 구간 T_2에서 v_-의 전압은 식 (27.15)와 같이 표현할 수 있다.

$$v_- = L_- - (L_- - \beta L_+)e^{-t/\tau} \tag{27.15}$$

$t = T_2$일 때 $v_- = \beta L_-$이므로, 식 (27.15)에 대입하면 식 (27.16)과 같이 T_2를 구할 수 있다.

$$T_2 = \tau \ln \frac{1 - \beta(L_+ / L_-)}{1 - \beta} \tag{27.16}$$

생성된 구형파의 주기가 $T = T_1 + T_2$이므로, 식 (27.14)와 식 (27.16)으로부터 식 (27.17)과 같이 주기 T를 구할 수 있다.

$$T_2 = 2\tau \ln \frac{1 + \beta}{1 - \beta} \tag{27.17}$$

삼각파 발생기

[그림 27-7]은 삼각파와 구형파를 동시에 생성하는 일반적인 회로이다. v_2 출력은 구형파를 생성하고, v_1 출력은 v_2 출력의 미분이므로 삼각파를 생성한다.

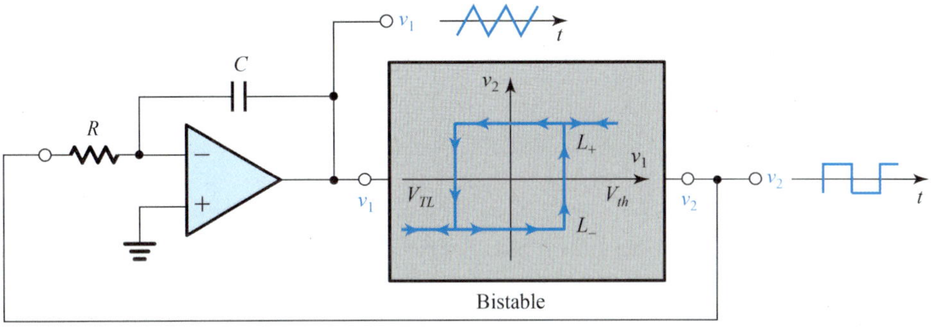

[그림 27-7] 삼각파와 구형파 발생기 회로

[그림 27-8]은 삼각파와 구형파 발생기 회로의 중간 노드들인 v_1과 v_2의 파형을 보여주고 있다.

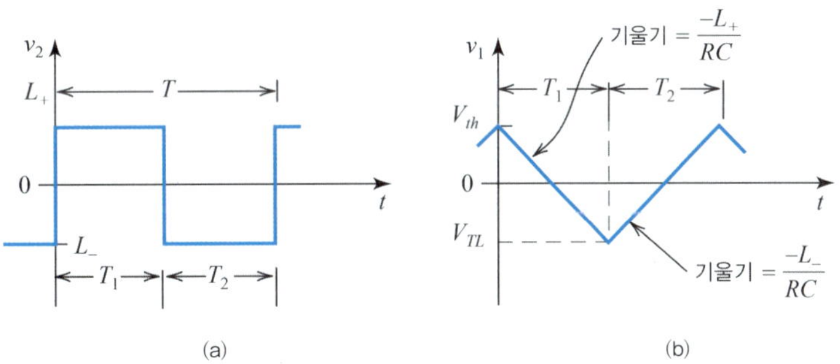

[그림 27-8] 삼각파와 구형파 발생기 회로의 중간 파형

[그림 27-8]에서 T_1 구간 동안에 구형파 발생기의 출력이 미분기를 통과하면 삼각파가 되므로, 삼각파의 기울기로부터 식 (27.18)의 관계가 성립함을 알 수 있다.

$$\frac{V_{th} - V_{TL}}{T_1} = \frac{L_+}{CR} \tag{27.18}$$

식 (27.18)로부터 식 (27.19)와 같이 T_1을 구할 수 있다.

$$T_1 = CR\frac{V_{th} - V_{TL}}{L_+} \tag{27.19}$$

마찬가지로, T_2 구간 동안에 식 (27.20)과 식 (27.21)이 성립한다.

$$\frac{V_{th} - V_{TL}}{T_2} = \frac{-L_-}{CR} \tag{27.20}$$

$$T_2 = CR\frac{V_{th} - V_{TL}}{-L_-} \tag{27.21}$$

27.2 실험회로 및 PSpice 시뮬레이션

빈 브리지 발진기

[그림 27-9]는 빈 브리지 발진기 회로이다. 발진 주파수는 RC 시정수에 의해 결정되며, R_4의 저항값을 변화시키면서 발진 조건을 만족할 수 있다.

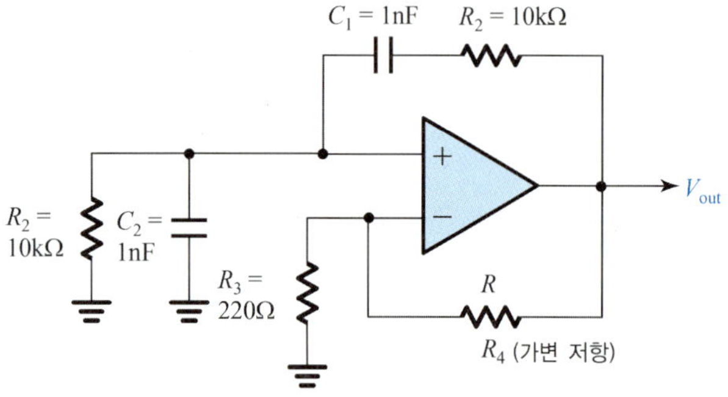

[그림 27-9] 빈 브리지 발진기 회로(실험회로 1)

[그림 27-10]은 PSpice 모의실험을 위한 빈 브리지 발진기의 회로도이다. 발진 주파수는 RC 시정수에 의해서 결정되며, R2의 저항값을 변화시키면서 발진 조건을 만족할 수 있다.

[그림 27-11]은 빈 브리지 발진기 회로의 PSpice 모의실험 결과이다. 주파수가 10kHz인 정현파가 출력됨을 확인할 수 있다.

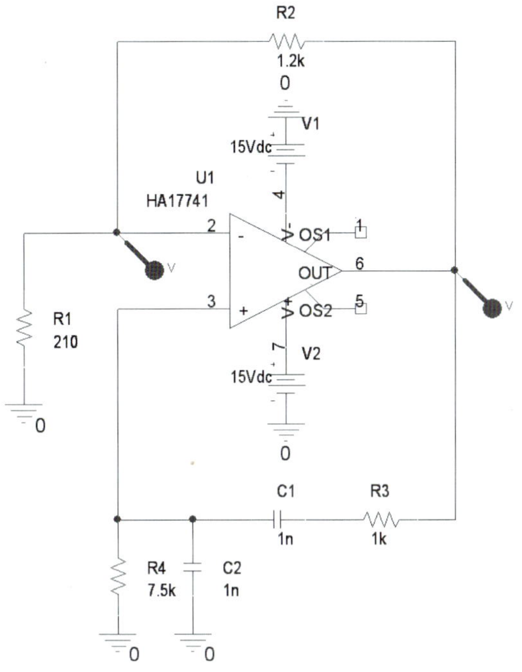

[그림 27-10] PSpice 모의실험을 위한 빈 브리지 발진기의 회로도

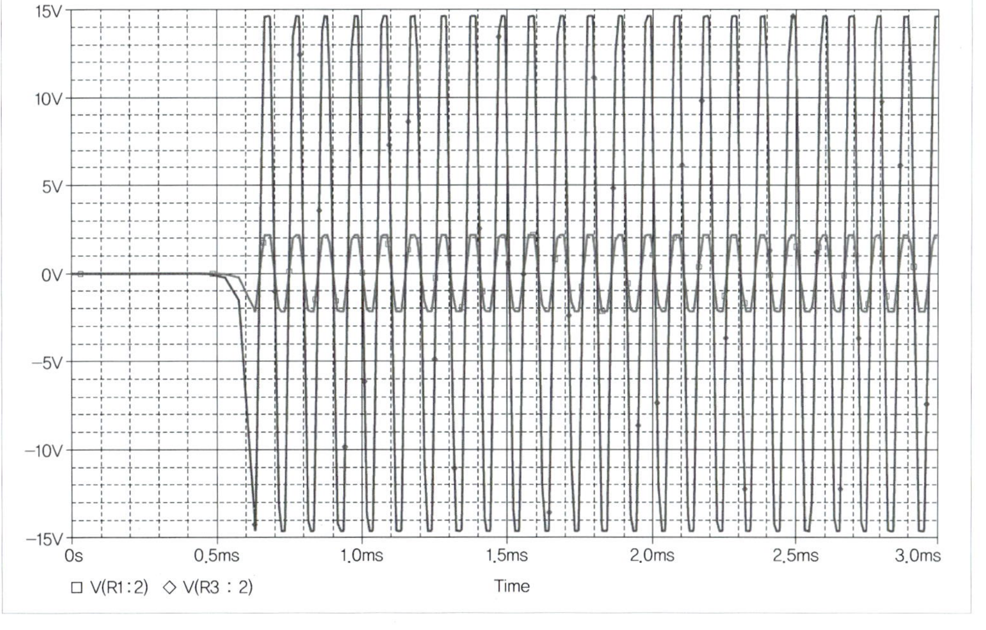

[그림 27-11] 빈 브리지 발진기 회로의 PSpice 모의실험 결과

구형파 발생기

[그림 27-12]는 구형파 발생기 회로이다. 출력 주파수는 식 (27.14)와 식 (27.17)과 같이 RC 시정수와 R_1과 R_2의 비에 의해 결정된다.

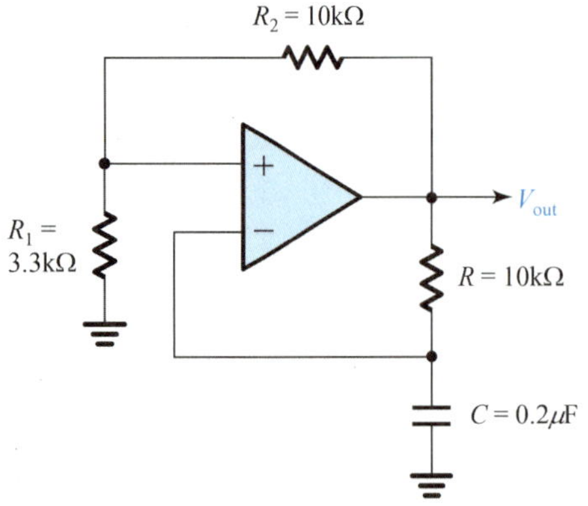

[그림 27-12] 구형파 발생기 회로(실험회로 2)

[그림 27-13]은 PSpice 모의실험을 위한 구형파 발생기 회로도이다. 출력 주파수는 RC 시정수와 R2와 R3의 비에 의해 결정된다.

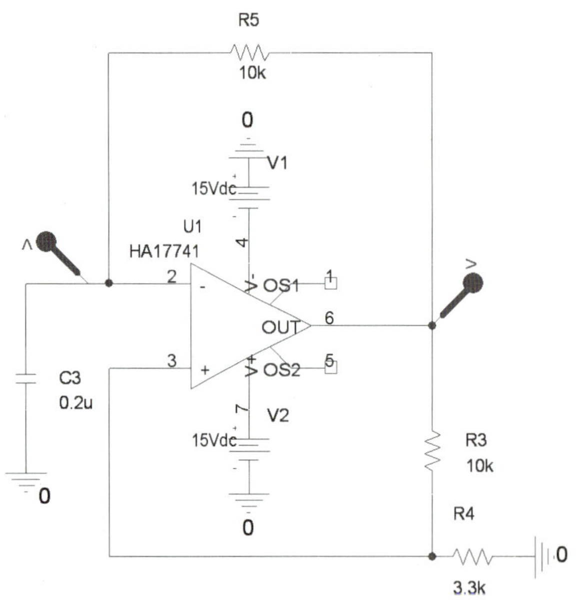

[그림 27-13] 구형파 발생기 회로의 PSpice 모의실험을 위한 회로도

[그림 27-14]는 구형파 발생기 회로의 PSpice 모의실험 결과이다. 주파수가 1kHz인 구형파가 출력됨을 확인할 수 있다.

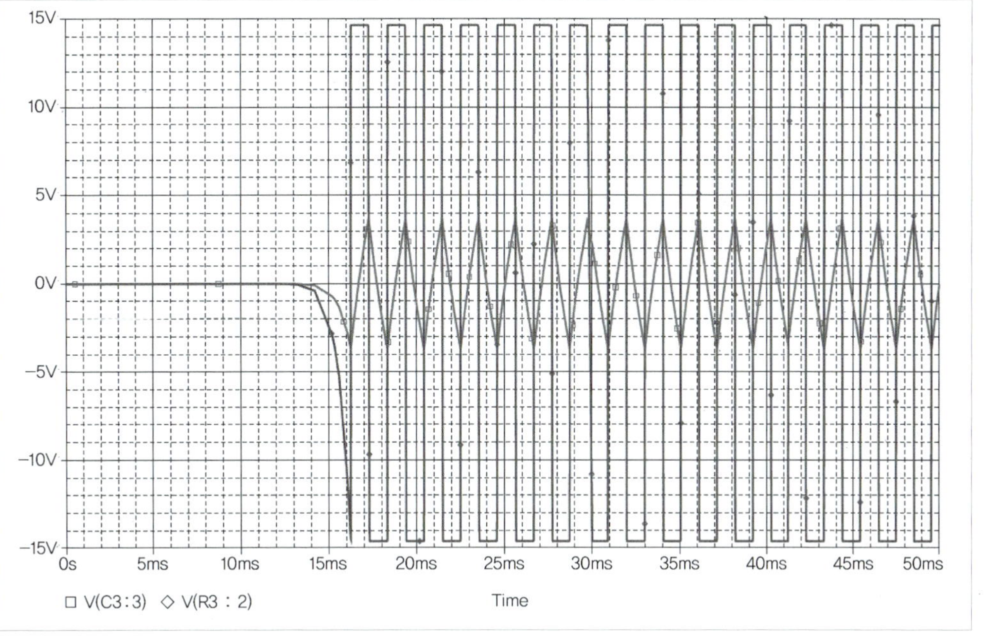

[그림 27-14] **구형파 발생기 회로의 PSpice 모의실험 결과**

삼각파 및 구형파 발생기

[그림 27-15]는 삼각파 및 구형파 발생기 회로이다. 출력 주파수는 RC에 의해서 결정되며, V_1에서는 삼각파가, V_2에서는 구형파가 각각 출력된다.

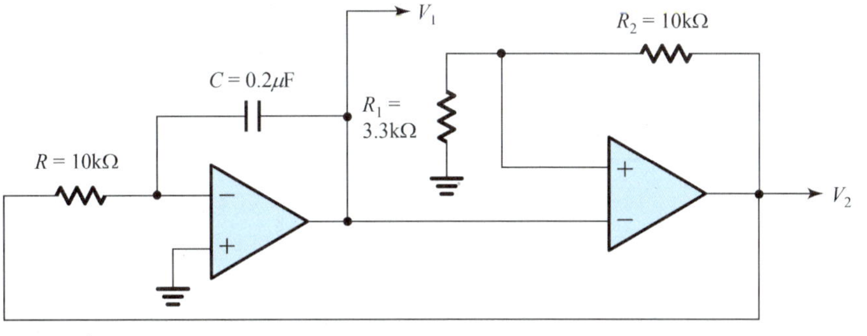

[그림 27-15] **삼각파 및 구형파 발생기 회로(실험회로 3)**

삼각파 및 구형파 발생기는 빈 브리지 발생기와 구형파 발생기의 조합이므로, 회로도 및 모의실험 결과는 [그림 27-12]~[그림 27-14]와 일치한다. 따라서 모의실험을 위한 회로도와 시뮬레이션 결과는 생략하기로 한다.

27.3 실험 절차

빈 브리지 발진기

1 실험회로 1([그림 27-9])과 같은 빈 브리지 회로를 구성하고, R_4 저항값을 가변 저항으로 조절하면서 오실로스코프로 출력 파형을 측정하시오. 출력 파형이 왜곡 없이 발진이 일어나도록 가변 저항값을 정하고, 그 경우의 발진 주파수를 구하여 [표 27-1]에 기록한 후, 이론적으로 계산한 값과 비교하시오.

구형파 발생기

1 실험회로 2([그림 27-12])와 같은 구형파 발생 회로를 구성하고, 오실로스코프로 출력 파형을 측정하시오. R과 C 값을 변화시키면서 출력 주파수를 측정하여 [표 27-2]에 기록하고, 이론적으로 계산한 값과 비교하시오.

삼각파 및 구형파 발생기

1 실험회로 3([그림 27-15])과 같은 삼각파 및 구형파 발생 회로를 구성하고, 오실로스코프로 출력 파형을 측정하시오. R과 C 값을 변화시키면서 출력 주파수를 측정하여 [표 27-3]에 기록하고, 이론적으로 계산한 값과 비교하시오.

27.4 고찰 사항

(1) 빈 브리지 발진기의 이론적인 발진 주파수, PSpice 모의실험 결과의 발진 주파수, 측정된 발진 주파수가 차이 나는 이유를 설명하시오.

(2) 구형파 발생기의 이론적인 발진 주파수, PSpice 모의실험 결과의 발진 주파수, 측정된 발진 주파수가 차이 나는 이유를 설명하시오.

(3) 삼각파 및 구형파 발생기의 이론적인 발진 주파수, PSpice 모의실험 결과의 발진 주파수, 측정된 발신 주파수가 차이 나는 이유를 설명하시오.

요약

이 실험에서는 통신 시스템에서 널리 사용되는 발진기 및 신호 발생기를 실험하였다. 연산 증폭기를 이용한 발진기 중에서 빈 브리지 발진기를 구성하여 발진 조건 및 출력 주파수를 측정하였다. 또한, 구형파 및 삼각파 발생기 회로를 구성하여 동작 원리 및 출력 주파수를 가변으로 조정할 수 있는 방법을 알아보았다. 이 실험을 통하여 시스템에 클록을 제공해주거나, 입력 신호를 인가하는 역할을 하는 발진기 및 신호 발생기의 동작 원리에 대한 이해의 폭을 넓힐 수 있는 계기가 되었다.

퀴즈

(1) 다음 중 [그림 27-1]과 같은 연산 증폭기를 이용한 궤환 시스템의 입력과 출력 사이에 성립하는 식은?

① $V_{out} = A(V_{in})$　　② $V_{out} = A(V_{in} - \beta V_{out})$

③ $\frac{V_{out}}{V_{in}} = \frac{A(s)}{1+\beta A(s)}$　　④ $\frac{V_{out}}{V_{in}} = \frac{A(s)}{1-\beta A(s)}$

(2) 다음 중 궤환 시스템에서의 루프 이득을 나타내는 수식은?

① $A(s)$　　② $\frac{A(s)}{1+\beta A(s)}$

③ $1-\beta A(s)$　　④ $\beta A(s)$

(3) 다음 중 바크하우젠[Barkhausen]의 발진 조건에 대해 올바르게 나타낸 것은?

① $|T(s)| = |\beta A(J\omega_0)| = 0,\ < T(s) = < \beta A(J\omega_0) = 360°$

② $|T(s)| = |\beta A(J\omega_0)| = 1,\ < T(s) = < \beta A(J\omega_0) = 180°$

③ $|T(s)| = |\beta A(J\omega_0)| = 1,\ < T(s) = < \beta A(J\omega_0) = 360°$

④ $|T(s)| = |\beta A(J\omega_0)| = 0,\ < T(s) = < \beta A(J\omega_0) = 180°$

(4) 다음 중 *RC* 시정수로 출력 주파수를 조절하는 발진기는?

① 콜피츠 발진기　　② 빈 브리지 발진기

③ LC 발진기　　④ 하틀리 발진기

(5) 다음 중 빈 브리지 발진기, 구형파 발생기, 삼각파 발생기 회로의 공통점은?

① *RC* 시정수에 의해 출력 주파수를 조절할 수 있다.

② 모든 회로에 *RC* 필터가 필요하다.

③ *R*, *C* 값을 조절하면 초고주파 대역에서 사용할 수 있다.

④ 위 ①, ②, ③ 모두 세 회로의 공통점이다.

(6) 빈 브리지 발진기의 발진 주파수를 유도하시오.

(7) 구형파 발생기의 출력 주파수를 식으로 유도하시오.

(8) 삼각파 및 구형파 발생기의 출력 주파수를 식으로 유도하시오.

예비 보고 사항

(1) 실험회로 1([그림 27-9])의 빈 브리지 발진기 회로의 발진 주파수를 수식으로 표현하고, PSpice를 이용하여 각 노드들의 파형을 관찰하시오. 또한, PSpice를 이용하여 구한 출력 주파수와 이론적으로 계산한 출력 주파수를 비교하시오.

(2) 실험회로 2([그림 27-12])의 구형파 발생기의 출력 주파수를 수식으로 유도하고, PSpice를 이용하여 각 노드들의 파형을 관찰하시오. 또한, PSpice를 이용하여 구한 출력 주파수와 이론적으로 계산한 출력 주파수를 비교하시오.

(3) 실험회로 3([그림 27-15])의 삼각파 및 구형파 발생기의 출력 주파수를 수식으로 유도하고, PSpice를 이용하여 각 노드들의 파형을 관찰하시오. 또한, PSpice를 이용하여 구한 출력 주파수와 이론적으로 계산한 출력 주파수를 비교하시오.

자르는 선

실험 27 실험 결과

[실험 절차]에 따라 [실험 결과]를 작성하시오.

빈 브리지 발진기

1

[표 27-1] 빈 브리지 회로의 측정 데이터

R_4 저항의 크기	측정된 발진 주파수	출력의 크기	이론적인 발진 주파수

구형파 발생기

1

[표 27-2] 구형파 발생기 회로의 측정 데이터

R의 크기	C의 크기	측정된 출력 주파수	출력의 크기	이론적인 출력 주파수

삼각파 및 구형파 발생기

1

[표 27-3] 삼각파 및 구형파 발생기 회로의 측정 데이터

R의 크기	C의 크기	측정된 출력 주파수	출력의 크기	이론적인 출력 주파수

실험 28

아날로그-디지털 변환기

실험 개요

이 실험에서는 아날로그 신호를 디지털 신호로 변환해주는 아날로그-디지털 변환기(analog-to-digital converter)의 기본 동작 원리 및 성능 파라미터를 이해하고, 실제 회로를 구성하여 이론적인 내용을 확인하고자 한다. 해상도, 동작 속도, 신호 대 잡음비, 비선형성 등의 개념을 이해하고, 회로를 구성하여 성능을 측정한다.

실험 기자재 및 부품

- DC 파워 서플라이
- 함수 발생기
- 저항
- 디지털 멀티미터
- 연산 증폭기(LM741, LM339)
- 커패시터
- 오실로스코프

28.1 배경 이론

ADC의 기본 이론

[그림 28-1]은 아날로그-디지털 혼성 신호 시스템이다. 아날로그 입력 신호는 아날로그 전단부에서 증폭기나 필터를 통해서 신호를 처리한 후에 아날로그-디지털 변환기에서 디지털 신호로 변환한다. 변환된 디지털 신호는 디지털 신호 처리기에서 디지털적으로 필요한 처리를 하게 된다.

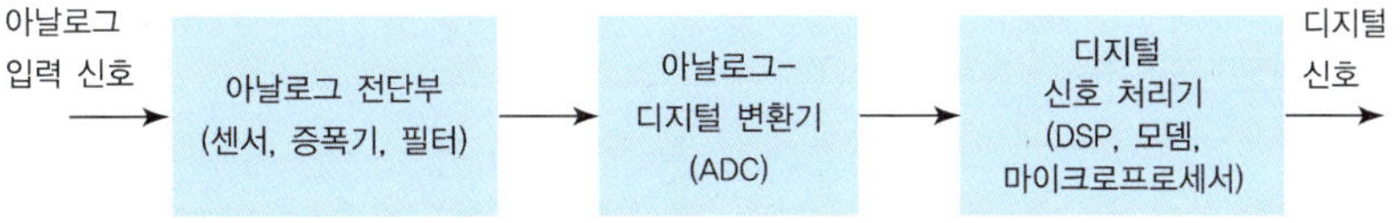

[그림 28-1] 아날로그-디지털 혼성 신호 시스템

[그림 28-2]는 아날로그 신호를 디지털로 변환하기 위한 샘플링 동작을 보여준다. [그림 28-2]의 왼쪽에서와 같이 일반적으로 아날로그의 신호 스펙트럼은 대역폭이 제한되어 있고, F_S라는 주파수로 샘플링할 경우 F_S마다 스펙트럼이 반복된다. 나이퀴스트 Nyquist 샘플링 이론에 의하면 신호의 대역폭의 두 배 이상으로 샘플링을 해야 앨리어싱 aliasing을 막을 수 있으므로, 신호의 대역폭이 넓어질수록 동작 속도가 빨라져야 한다. 아날로그 신호를 샘플링한 후 '홀드' 동작을 수행함으로써 아날로그-디지털 변환기가 샘플링된 전압을 디지털로 변환할 수 있는 시간을 확보할 있다.

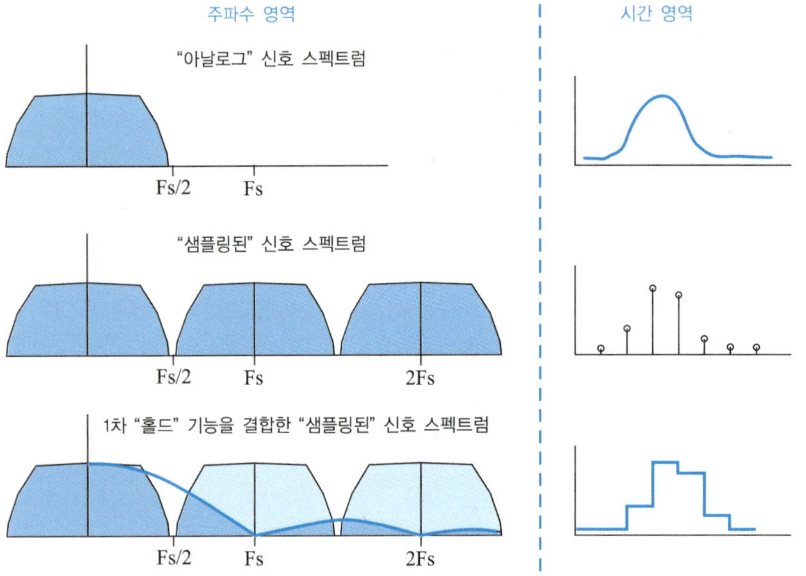

[그림 28-2] 아날로그-디지털 변환기의 샘플링 동작

■ 입력-출력 전달 특성

[그림 28-3]은 아날로그-디지털 변환기의 입력-출력 신호를 보여준다. 아날로그 입력 V_{in}이 들어오면, 식 (28.1)과 같이 N비트의 디지털 출력이 나온다. 식 (28.1)에서 V_{FS}는 아날로그 입력 전압의 전체 스케일 full scale을 나타내고, 디지털 출력의 최하위 비트에 해당되는 아날로그 전압은 $\Delta V_o = 1LSB = V_{FS}/2^N$ 으로 표현할 수 있다. 예를 들어 8비트 ADC의 V_{FS}가 1V이면, 1LSB는 $1V/2^8 = 3.9mV$라고 할 수 있다. 여기서 비트수가 높을수록 1LSB, 즉 해상도가 좋아짐을 알 수 있다.

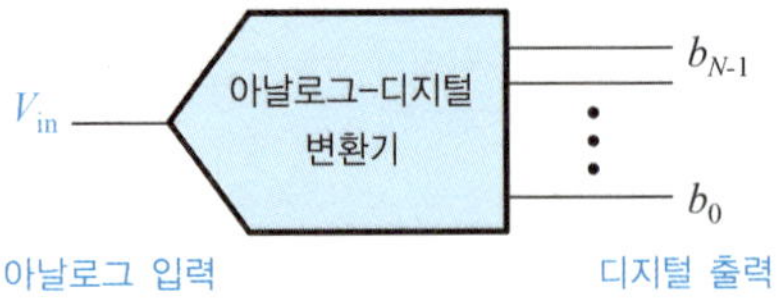

[그림 28-3] 아날로그-디지털 변환기의 입력-출력

$$D_{out} = \frac{V_{in}}{V_{FS}} = \frac{b_{N-1}}{2} + \frac{b_{N-2}}{2^2} + \cdots \frac{b_0}{2^N}$$
$$\Delta V_o = 1LSB = V_{FS} / 2^N \qquad (28.1)$$

[그림 28-4]는 2비트 아날로그-디지털 변환기의 전달 특성을 보여준다. 일반적으로 아날로그 신호는 값이 연속적이지만, 디지털 코드는 값이 양자화된다. 아날로그-디지털 변환기는 아날로그 입력 전압의 범위를 디지털 출력에 매핑시키므로 입력과 출력 간의 양자화 오차가 발생하게 된다.

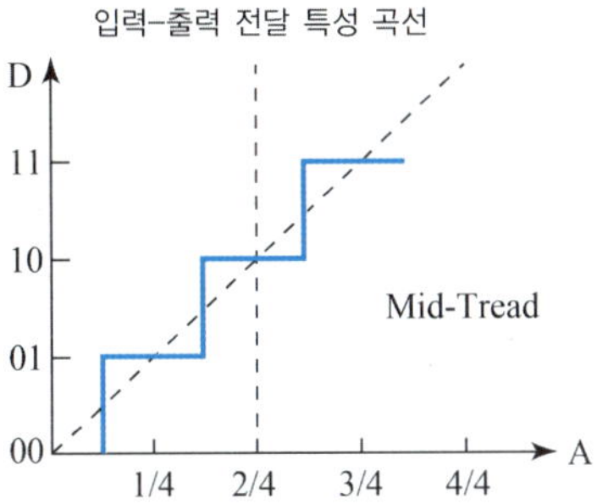

[그림 28-4] 2비트 아날로그-디지털 변환기의 전달 특성

아날로그-디지털 변환 과정에서 발생한 오차

■ 양자화 잡음과 신호 대 잡음비

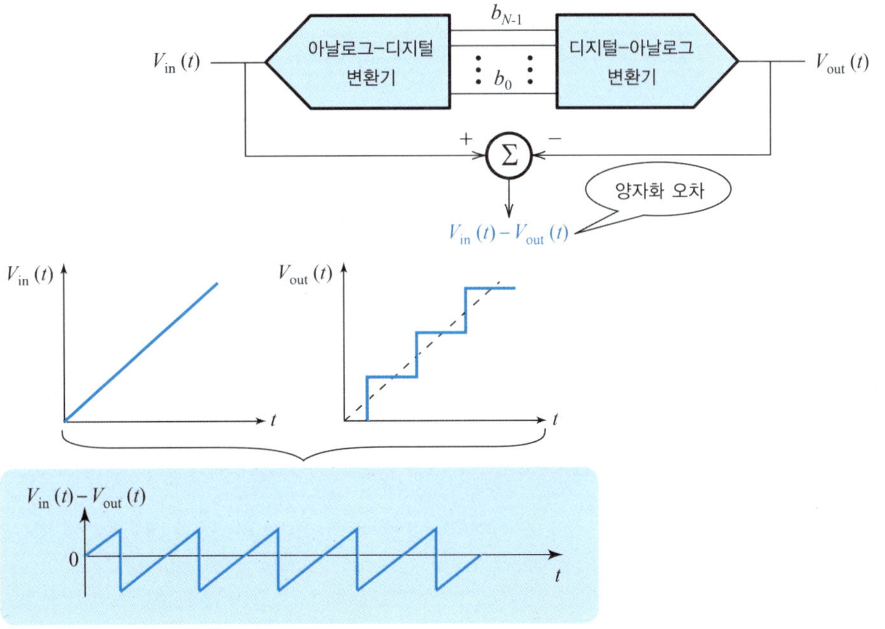

[그림 28-5] 아날로그-디지털 변환기의 양자화 오차

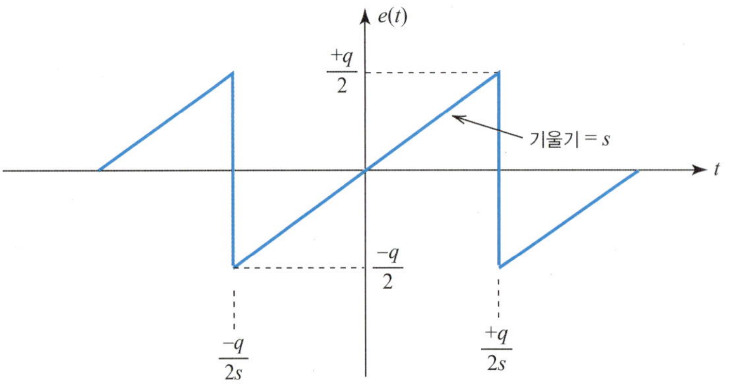

[그림 28-6] **아날로그-디지털 변환기의 양자화 잡음**

[그림 28-5]는 아날로그-디지털 변환기의 양자화 오차를 보인다. 아날로그 신호를 디지털로 변환 시 [그림 28-4]와 같은 전달 특성이 있으므로, 입력 $V_{in}(t)$와 이상적인 디지털-아날로그 변환기로 변환된 출력 $V_{out}(t)$ 사이에는 항상 양자화 오차가 발생할 수밖에 없다. 이 양자화 오차 또는 양자화 잡음이 결국 출력 신호의 신호 대 잡음비(SNR)[signal to noise ratio]에 결정적인 영향을 미친다. 이러한 양자화 잡음의 특성을 살펴보기 위해 [그림 28-6]과 같은 양자화 잡음을 가정하고, 이것의 파워 스펙트럼 밀도(PSD)를 구한다. [그림 28-6]으로부터 양자화 잡음은 값이 최대 $+\frac{1}{2}q(=\frac{1}{2}\text{LSB})$, 최소 $-\frac{1}{2}q(=\frac{1}{2}\text{LSB})$ 임을 알 수 있다.

$$e(t) = st, -\frac{q}{2s} < t < +\frac{q}{2s} \tag{28.2}$$

$$\overline{e^2(t)} = \frac{s}{q}\int_{-q/2s}^{+q/2s} (st)^2\,dt \tag{28.3}$$

$$\overline{e^2(t)} = \frac{q^2}{12} \tag{28.4}$$

$$\text{양자화 잡음의 rms 값} = \sqrt{\overline{e^2(t)}} = \frac{q}{12} \tag{28.5}$$

$$\text{최대 크기의 입력 사인파} = v(t) = \frac{q2^N}{2}\sin(2\pi ft) \tag{28.6}$$

$$\text{최대 크기의 입력 사인파의 rms 값} = \frac{q2^N}{2\sqrt{2}} \tag{28.7}$$

$$\text{신호 대 잡음비(SNR)} = \frac{\text{최대 크기의 입력 사인파의 rms 값}}{\text{양자화 잡음의 rms 값}} \tag{28.8}$$

$$\text{신호 대 잡음비(SNR)} = 20\log_{10}\left[\frac{q^{2N}/2\sqrt{2}}{q/\sqrt{12}}\right] = 20\log_{10}[2^N] + 20\log_{10}\sqrt{\frac{3}{2}} \quad (28.9)$$

$$\text{신호 대 잡음비(SNR)} = 6.02\text{N} + 1.76\text{dB} \quad (28.10)$$

식 (28.10)으로부터 아날로그-디지털 변환기의 비트수가 늘어날수록 출력의 신호 대 잡음비가 증가함을 알 수 있다. 예를 들어, 10비트 아날로그-디지털 변환기의 경우 출력의 신호 대 잡음비는 약 60dB이다.

■ 미분 비선형성(DNL)

[그림 28-7]은 4비트 아날로그-디지털 변환기의 특성 곡선에서 미분 비선형성(DNL)Differential Nonlinearity 특성을 보여준다. 아날로그-디지털 변환기에서 디지털 코드가 유지될 때의 아날로그 전압의 폭, 즉 코드 폭이 이상적인 1LSB로부터 벗어난 정도를 DNL이라고 한다. DNL은 아날로그-디지털 변환기의 전달 함수의 스텝 크기가 얼마나 균일한지를 나타내는 척도라고 할 수 있다.

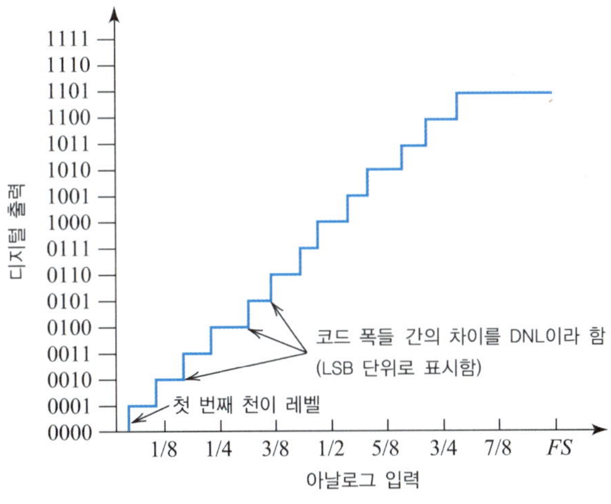

[그림 28-7] 아날로그-디지털 변환기의 DNL 특성

DNL의 정의를 수식으로 표현하면 식 (28.11)과 같다.

$$\begin{aligned}\text{DNL} &= \text{LSB}_{\text{width}} - \text{CODE}_{\text{width}} \\ &= 1 - \frac{V(x) - V(x+1)}{\text{LSB}}\end{aligned} \quad (28.11)$$

식 (28.11)에서 $V(x)$와 $V(x+1)$은 출력 코드가 x에 해당되는 아날로그 전압의 양 끝 전압을 의미한다.

■ 적분 비선형성(INL)

[그림 28-8]은 아날로그-디지털 변환기의 적분 비선형성(INL)Integral Nonlinearity 특성을 보여준다. INL은 디지털 출력 코드의 중간 지점이 이상적인 직선으로부터 얼마나 벗어나 있는지 LSB 단위로 표현한 양이다.

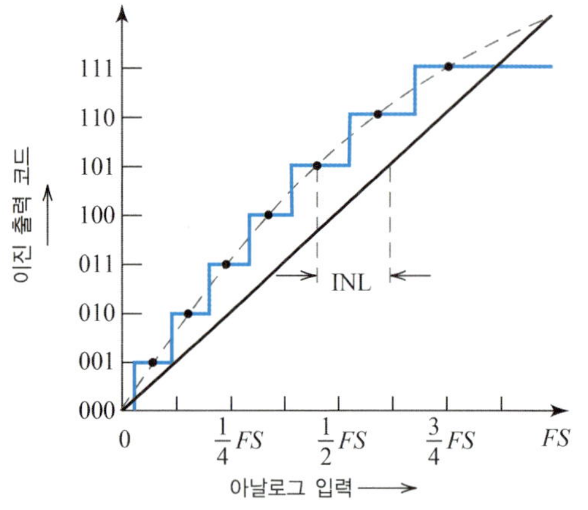

[그림 28-8] 아날로그-디지털 변환기의 INL 특성

DNL과 INL 사이에는 [그림 28-9]와 같은 관계가 성립한다. INL은 DNL의 합이라고 할 수 있다.

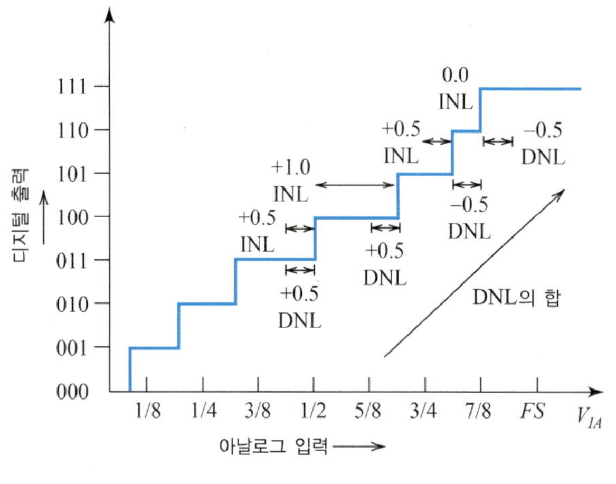

[그림 28-9] 아날로그-디지털 변환기의 INL 특성

■ 오프셋 오차

[그림 28-10]은 아날로그-디지털 변환기의 오프셋 오차를 보여준다. 첫 번째 코드가 변화하는 아날로그 전압이 이상적인 경우로부터 벗어나 있는 정도를 나타낸다.

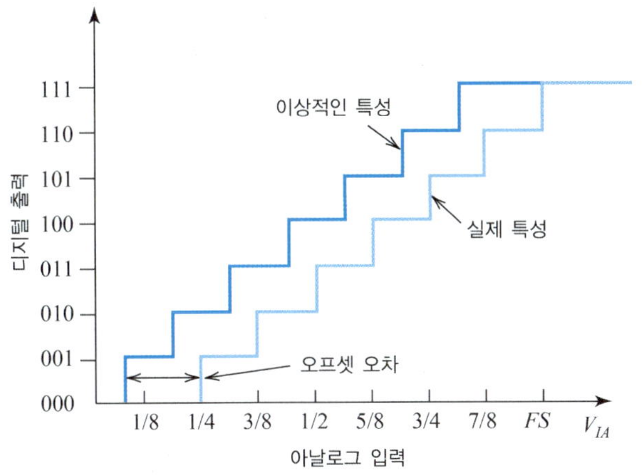

[그림 28-10] **아날로그-디지털 변환기의 오프셋 오차**

■ 이득 오차

[그림 28-11]은 아날로그-디지털 변환기의 이득 오차를 보여준다. 실제 코드의 기울기와 이상적인 기울기의 차를 이득 오차라고 한다.

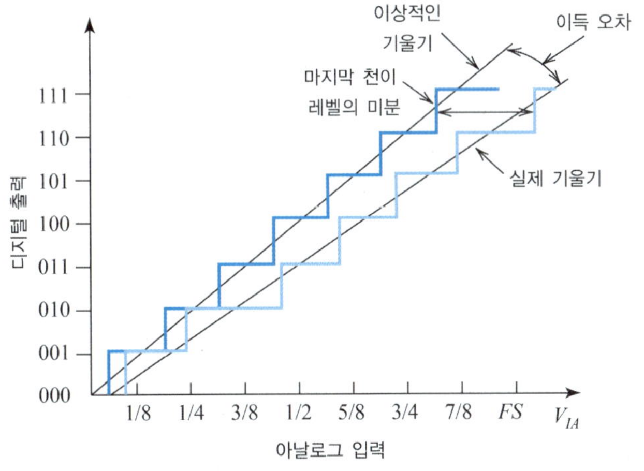

[그림 28-11] **아날로그-디지털 변환기의 이득 오차**

28.2 실험회로 및 PSpice 시뮬레이션

[그림 28-12]는 실험에서 구현할 3비트 플래시 아날로그-디지털 변환기의 회로이다. 아날로그 입력 전압 V_{in}이 들어오면, 저항 열을 통해 만들어진 기준 전압들인 $V_1 \sim V_7$과 비교해서, 해당되는 디지털 출력을 발생시킨다. 아날로그-디지털 변환기의 종류 중

에서 동작 속도가 가장 빠른 반면, 해상도가 올라갈수록 저항 열 및 비교기의 수가 급격하게 증가하고 전력 소모도 급격히 증가된다는 단점이 있다. N비트 아날로그-디지털 변환기에 필요한 저항들과 비교기의 수는 (2^N-1)이다. 따라서 8비트 이내의 아날로그-디지털 변환기에 주로 사용된다. 예를 들어 3비트 플래시 아날로그-디지털 변환기의 경우, 비교기에 해당되는 연산 증폭기가 7개가 필요하고, 저항은 8개가 필요하다.

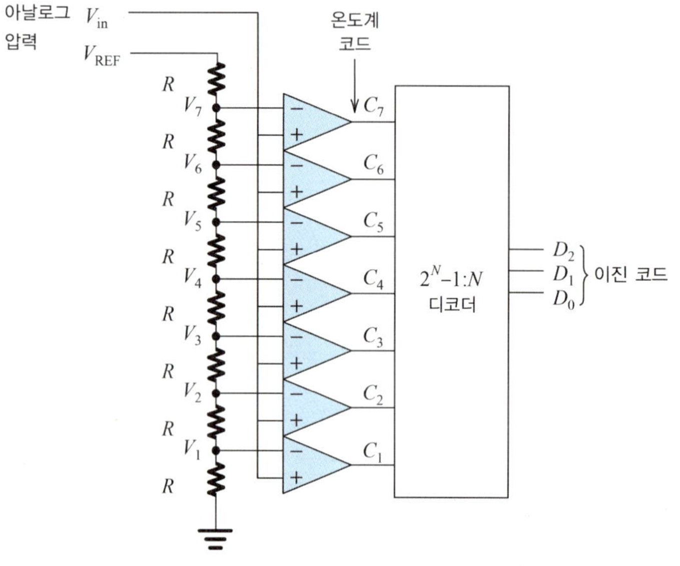

[그림 28-12] 3비트 플래시 아날로그-디지털 변환기(ADC)의 회로(실험회로 1)

[표 28-1] 온도계 코드를 이진수 코드로 변환하기 위한 7:3 디코더

온도계 코드							이진수 코드		
C_7	C_6	C_5	C_4	C_3	C_2	C_1	D_2	D_1	D_0
0	0	0	0	0	0	0	0	0	0
0	0	0	0	0	0	1	0	0	1
0	0	0	0	0	1	1	0	1	0
0	0	0	0	1	1	1	0	1	1
0	0	0	1	1	1	1	1	0	0
0	0	1	1	1	1	1	1	0	1
0	1	1	1	1	1	1	1	1	0
1	1	1	1	1	1	1	1	1	1

비교기들의 출력은 아래쪽부터 1이 생성되는 온도계 코드의 형태이므로, 아날로그-디지털 변환기의 출력을 이진수 코드로 출력하기 위해서는 온도계 코드를 이진수 코드로 변환하기 위한 디코더가 필요하다. [표 28-1]은 온도계 코드를 이진수 코드로 변환하기 위한 7 : 3 디코더의 매핑표이다.

[그림 28-13]은 PSpice 모의실험을 위한 아날로그-디지털 변환기의 회로도이다. 1kΩ 저항 8개를 사용해서 7개의 기준 전압을 만들고, 7개의 연산 증폭기(LM339)를 사용해서 아날로그 입력과 이 기준 전압들과 비교하여 출력을 얻는다. 비교기의 출력이 온도계 코드이므로 이진 코드로 매핑시키기 위해 7 : 3 디코더인 74HC148을 사용하여 이진 코드로 변환하도록 하였다.

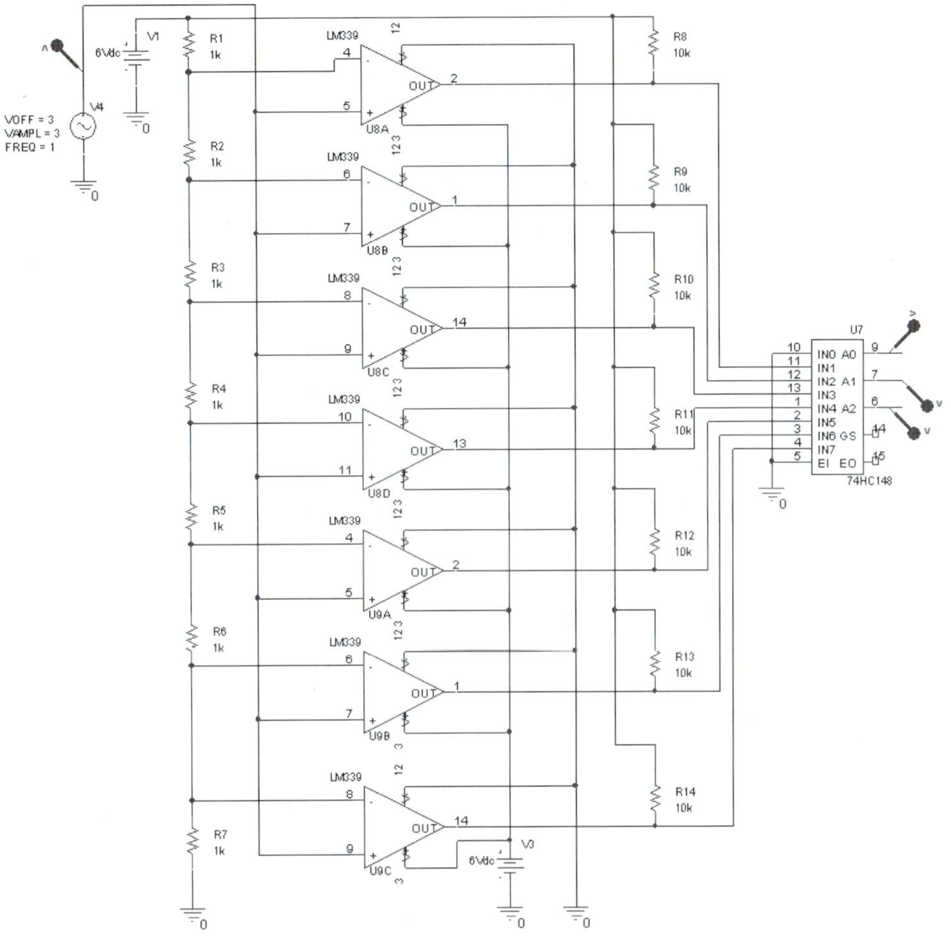

[그림 28-13] PSpice 모의실험을 위한 아날로그-디지털 변환기의 회로도

[그림 28-14]는 PSpice를 이용한 아날로그-디지털 변환기의 모의실험 결과이다. 아날로그 입력 전압을 0V에서 6V로 증가시킴에 따라 디지털 코드 A2A1A0가 '000'에서 '111'로 변화함을 알 수 있다.

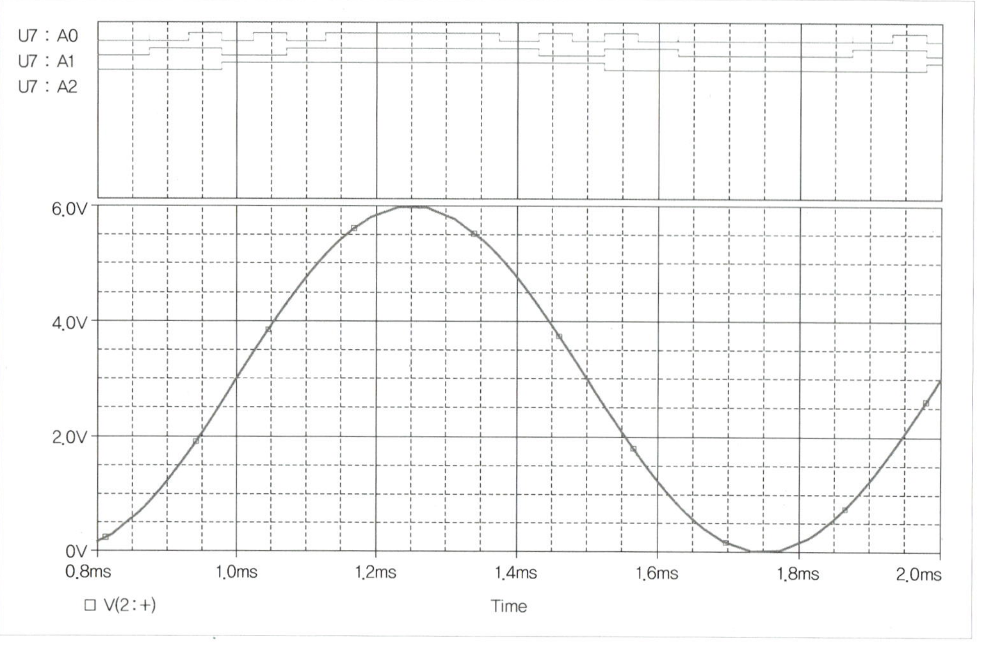

[그림 28-14] PSpice를 이용한 아날로그-디지털 변환기의 모의실험 결과

28.3 실험 절차

1. 실험회로 1([그림 28-12])을 구성하고, 입력에 DC 전압을 0V부터 6V까지 16등분한 전압만큼 변화시키면서 인가하시오. 입력 전압과 출력 코드를 측정하여 [표 28-2]에 기록하고, [그림 28-15]에 아날로그-디지털 변환기의 입력-출력 특성 곡선을 그리시오. 입력-출력 특성 곡선을 바탕으로 DNL, INL, 오프셋, 이득 오차 등을 구하시오.

2. 실험회로 1을 구성하고, 입력에 크기가 $6V_{p-p}$, 주파수가 10kHz인 정현파를 인가한 후, 아날로그 입력 전압과 출력 디지털 코드를 캡처하여 [그림 28-16]에 기록하시오.

3. 실험회로 1을 구성하고, 입력에 크기가 $6V_{p-p}$인 정현파를 입력하되 주파수를 10kHz ~10MHz까지 바꾸면서 디지털 코드가 제대로 나오는 최대 동작 주파수를 찾고, 이때의 아날로그 입력 전압과 디지털 출력 코드를 캡처하여 [그림 28-17]에 기록하시오.

4. 실험회로 1을 구성하고, 입력에 크기가 $6V_{p-p}$인 삼각파를 입력하되 주파수를 10kHz ~10MHz까지 바꾸면서 디지털 코드가 제대로 나오는 최대 동작 주파수를 찾고, 이때의 아날로그 입력 전압과 디지털 출력 코드를 캡처하여 [그림 28-18]에 기록하시오.

28.4 고찰 사항

(1) 아날로그-디지털 변환기의 DNL과 INL이 발생하는 원인을 분석하고, 개선 방법을 설명하시오.

(2) 아날로그-디지털 변환기의 최대 동작 속도가 제한되는 이유를 설명하시오.

요약

이 실험에서는 아날로그-디지털 변환기의 동작 원리 및 성능 파라미터들을 살펴보았고, 3비트 플래시 아날로그-디지털 변환기를 구성하여 그 동작을 살펴보았다. 실험을 통하여 입력-출력 특성 곡선을 그려서 DNL, INL, 오프셋, 이득 오차 등의 성능을 확인하였으며, 최대 동작 속도를 확인하였다. 이 실험은 아날로그-디지털 혼성 신호 시스템에서 널리 사용되는 아날로그-디지털 변환기에 대한 이해의 폭을 넓히는 계기가 될 것이다.

퀴즈

(1) 아날로그-디지털 변환기에서 나이퀴스트Nyquist 샘플링 이론에 의하면 신호의 대역폭의 몇 배 이상으로 샘플링을 해야 앨리어싱aliasing을 막을 수 있는가?

① 1배　　② 2배

③ 3배　　④ 4배

(2) 8비트 ADC(아날로그-디지털 변환기)의 입력 전압의 전체 스케일이 1V이면, 1LSB는 몇 mV인가?

① 3.5mV　　② 3.9mV

③ 4.3mV　　④ 4.7mV

(3) 아날로그-디지털 변환기에서 디지털 출력 코드의 중간 지점이 이상적인 직선으로부터 얼마나 벗어나 있는지 LSB 단위로 표현한 양은 무엇인가?

① INL　　② DNL

③ 오프셋　　④ PSD

(4) 다음 중 아날로그-디지털 변환기의 성능 파라미터가 아닌 것은?

① 이득 오차　　② 오프셋 오차

③ 적분 비선형성　　④ 전원 전압

(5) 아날로그-디지털 변환기에서 해상도와 신호 대 잡음비(SNR) 사이의 관계식을 유도하시오.

(6) 아날로그-디지털 변환기의 INL과 DNL에 대해서 설명하시오.

(7) 3비트 플래시 아날로그-디지털 변환기의 회로를 그리고, 동작 원리를 설명하시오.

예비 보고 사항

(1) 아날로그-디지털 변환기의 다음 성능 파라미터들에 대해 조사하시오.

- 신호 대 잡음비(SNR)
- INL
- DNL
- 오프셋
- 이득 오차

(2) $R = 1\text{k}\Omega$, $V_{REF} = 6\text{V}$, 3비트의 아날로그-디지털 변환기를 가정하고, 아날로그 입력 전압과 디지털 출력 코드 사이의 관계를 유도하시오.

(3) 아날로그-디지털 변환기의 입력-출력 특성 곡선을 그리시오.

자르는 선

실험 28 실험 결과

[실험 절차]에 따라 [실험 결과]를 작성하시오.

1

[표 28-2] 아날로그-디지털 변환기의 입력-출력 특성

아날로그 입력 전압	디지털 출력 코드 이진수($D_2D_1D_0$)	디지털 출력 코드 십진수

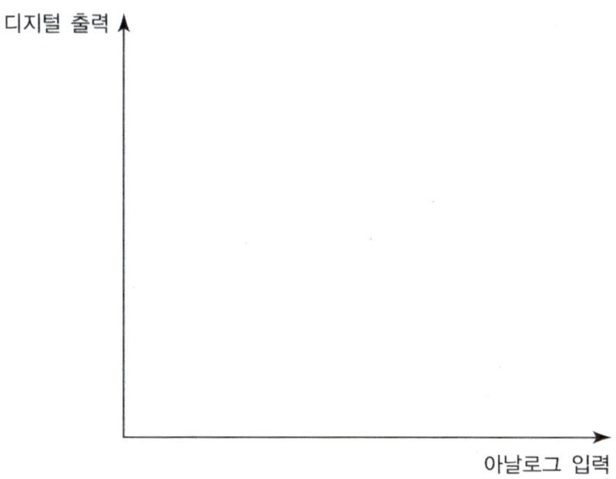

[그림 28-15] 아날로그-디지털 변환기의 입력-출력 특성 곡선

2

[그림 28-16] 10kHz 정현파 입력에 대한 디지털 출력 파형

3

[그림 28-17] 최대 동작 주파수 정현파 입력에 대한 디지털 출력 파형

4

[그림 28-18] 최대 동작 주파수 삼각파 입력에 대한 디지털 출력 파형

실험 29

디지털-아날로그 변환기

실험 개요

디지털 신호를 아날로그 신호로 변환하는 디지털-아날로그 변환기(digital-to-analog converter)는 통신 시스템에서 널리 사용되는 회로이다. 이 실험에서는 디지털-아날로그 변환기의 중요 성능 파라미터, 동작 원리 등을 공부하고, 실험을 통해 신호 대 잡음비, DNL, INL 등의 비선형성, 오프셋 오차 등을 측정하고자 한다.

실험 기자재 및 부품

- DC 파워 서플라이
- 디지털 멀티미터
- 오실로스코프
- 함수 발생기
- 연산 증폭기(LMX2904)
- 저항
- 커패시터

29.1 배경 이론

디지털-아날로그 변환기

[그림 29-1]과 같이, 디지털 신호 처리기에서 처리된 디지털 신호를 아날로그 출력 신호로 바꿔주기 위해 디지털-아날로그 변환기가 필요하다. 일반적으로 고성능의 디지털 신호 처리기에서 신호 처리를 하거나 변조한 후, 보통 자연계에 존재하는 신호의 형태인 아날로그 신호로 변환해서 증폭이나 필터링을 하게 된다.

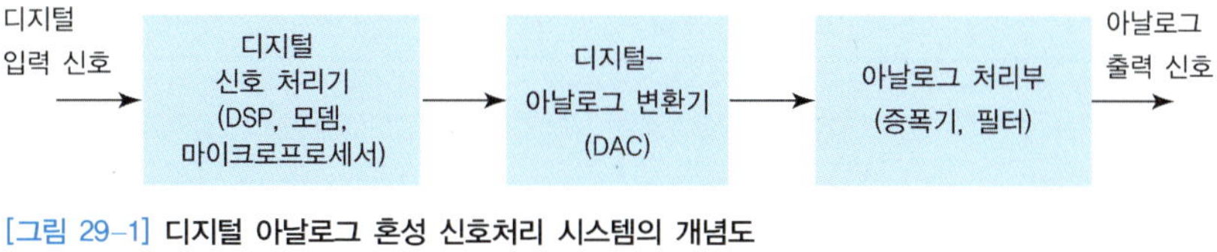

[그림 29-1] 디지털 아날로그 혼성 신호처리 시스템의 개념도

[그림 29-2]와 같이, 아날로그 신호를 디지털 신호로 변환하기 위해서는 아날로그 신호의 대역폭을 제한하기 위한 앨리어싱 방지 필터와 아날로그-디지털 변환기(ADC)를 거치고, 디지털 신호를 아날로그 신호로 변환하기 위해서는 디지털-아날로그 변환기(DAC)를 거친 후에, 고주파 성분 제거 필터를 통해서 아날로그 신호를 출력한다. 디지털 신호를 디지털-아날로그 변환기를 통해서 아날로그 신호로 변환할 때, 왜곡이 없는 신호를 얻기 위해서는 디지털-아날로그 변환기의 여러 가지 성능 파라미터들의 특성을 잘 이해하고 설계하는 것이 중요하다. 우선 디지털-아날로그 변환기의 성능 파라미터들을 살펴보자.

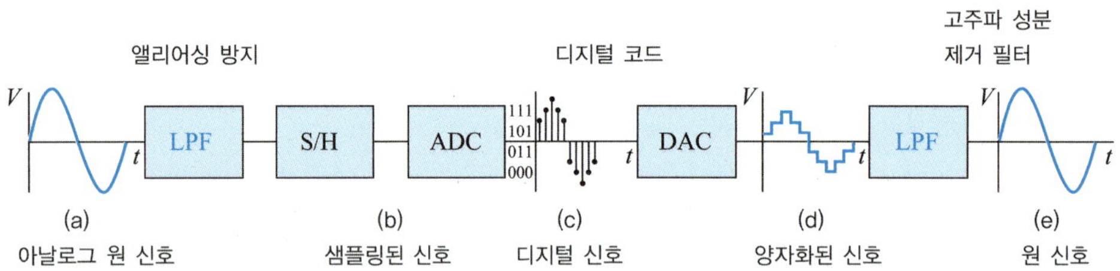

[그림 29-2] **디지털 아날로그 혼성 신호 처리 시스템의 예**

디지털-아날로그 변환기의 성능 파라미터

■ 이상적인 디지털-아날로그 변환기의 입력-출력 특성 곡선

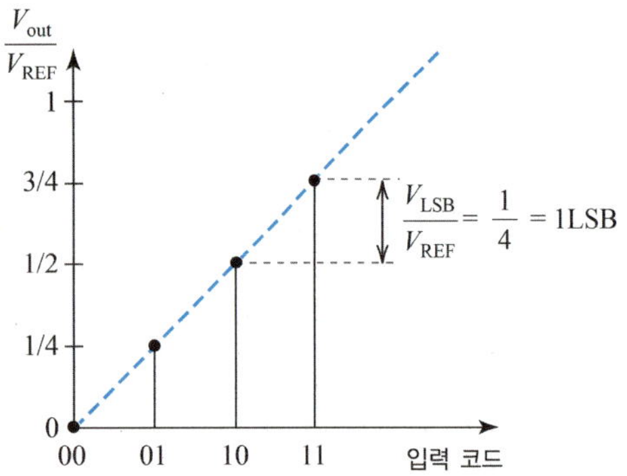

[그림 29-3] **이상적인 2비트 디지털-아날로그 변환기의 입력-출력 특성 곡선**

이상적인 2비트 디지털-아날로그 변환기의 입력-출력 특성 곡선은 [그림 29-3]과 같다. 네 가지 입력 코드, 즉 00, 01, 10, 11에 대해서 아날로그 출력은 값이 각각 0, $\frac{V_{REF}}{4}$, $\frac{V_{REF}}{2}$, $\frac{3V_{REF}}{4}$이다. 따라서 1LSB는 $\frac{V_{REF}}{4}$에 해당된다고 할 수 있다.

■ 신호 대 잡음비(SNR)

[그림 29-4(a)]는 2비트 디지털-아날로그 변환기의 입력-출력 특성 곡선이고, [그림 29-4(b)]는 2비트 아날로그-디지털 변환기의 입력-출력 특성 곡선이다. [그림 29-4(c)]는 2비트 ADC와 2비트 DAC를 연결한 경우이다. 아날로그 입력 V_{in}이 ADC를 통해서 디지털 코드로 변환이 되고, 디지털 코드(B)가 DAC를 통해서 아날로그 출력 V_1으로 변환된다.

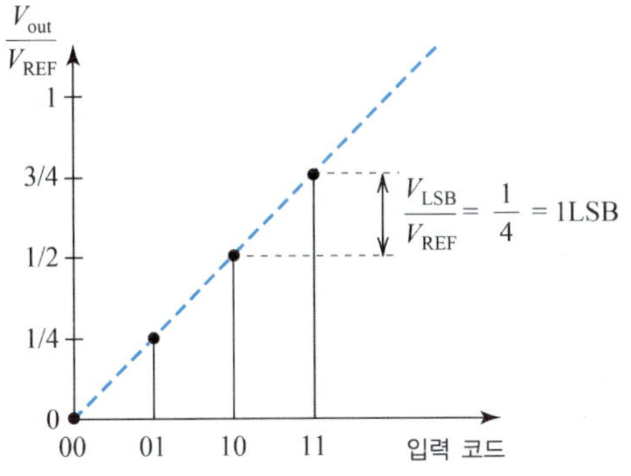

(a) 2비트 DAC의 입력-출력 특성 곡선

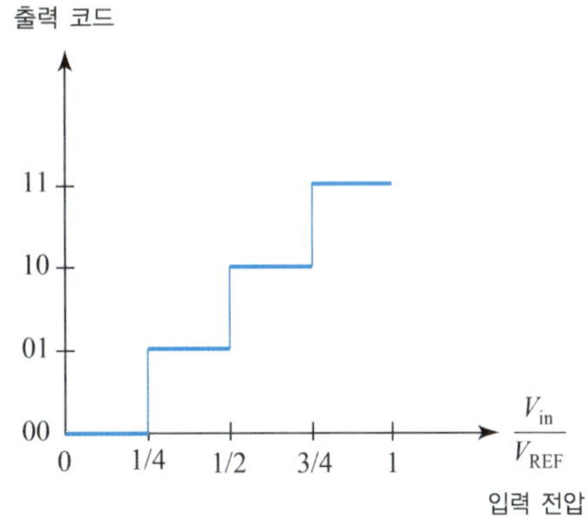

(b) 2비트 ADC의 입력-출력 특성 곡선

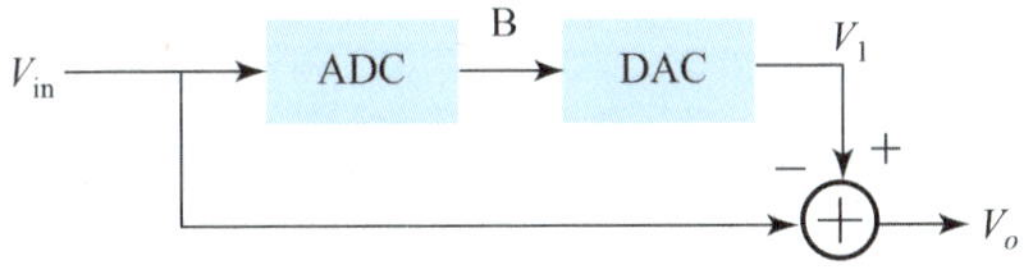

(c) 2비트 ADC와 2비트 DAC를 통한 아날로그 신호 복원

[그림 29-4] ADC와 DAC를 이용한 아날로그 신호 복원

[그림 29-4(c)]의 V_{in}과 V_1의 차이를 V_o라고 하면, [그림 29-5(b)]와 같은 양자화 잡음을 가지게 된다. 이러한 양자화 잡음에 의해 DAC 출력의 신호 대 잡음비가 결정된다.

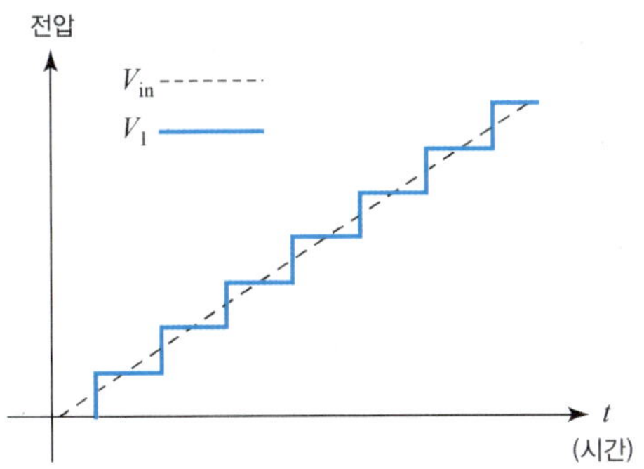

(a)

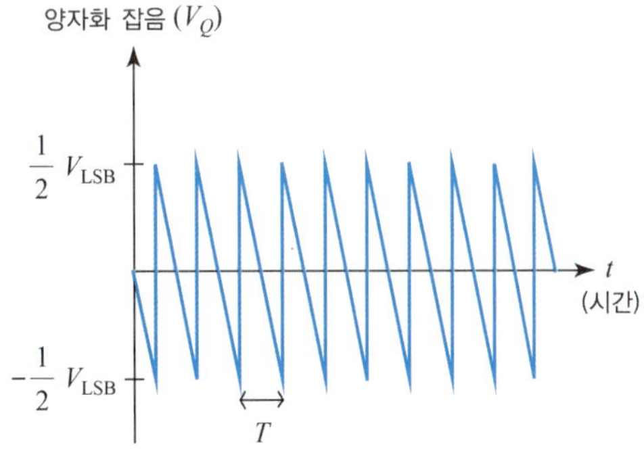

(b)

[그림 29-5] DAC의 양자화 잡음

$$V_{\text{in}(rms)} = \frac{V_{\text{REF}}}{2\sqrt{2}} \qquad (29.1)$$

$$V_{\text{REF}} = 2^N V_{\text{LSB}} \qquad (29.2)$$

해상도가 N비트일 경우, LSB 전압 레벨(V_{LSB})과 출력의 최대 전압 레벨(V_{REF}) 사이에는 식 (29.1) 및 식 (29.2)와 같은 관계식이 성립한다. 식 (29.1)과 식 (29.2)로부터 신호의 크기를 구하고, [실험 28]의 식 (28.5)로부터 양자화 잡음을 구해서 신호 대 잡음비를 구하면 식 (29.3)과 같은 해상도와 SNR 사이의 관계식을 얻을 수 있다.

$$\text{SNR} = 6.02\text{N} + 1.76\text{dB} \qquad (29.3)$$

예를 들어, 10비트 DAC의 경우에 출력의 SNR은 값이 약 60dB임을 알 수 있다.

■ DNL과 INL

DAC의 전달 특성 곡선에서 DNL/INL 특성은 매우 중요하다. [그림 29-6]은 3비트 DAC의 예를 보여준다. DNL은 식 (29.4)와 같이 아날로그 출력 전압 사이의 간격이 이상적인 DAC의 1LSB에 비해서 얼마나 벗어나 있는지를 나타내는 척도이다.

$$\text{DNL} = \frac{(V_{x+1} - V_x) - \text{LSB}}{\text{LSB}} \qquad (29.4)$$

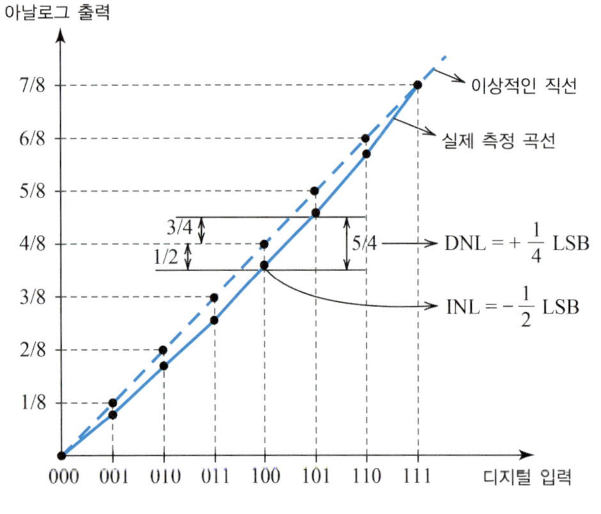

[그림 29-6] 3비트 DAC의 DNL/INL 특성

예를 들어 [그림 29-6]에서 '100'에 해당되는 출력 전압과 '101'에 해당되는 출력 전압 사이의 간격이 $+\frac{5}{4}$LSB라고 하면, DNL은 $+\frac{1}{4}$LSB라고 할 수 있다.

또한 INL은 DAC의 출력 전압이 이상적인 직선으로부터 얼마나 벗어나 있는지를 나타내는 척도이다. 예를 들어 [그림 29-6]에서 '100'에 해당되는 출력 전압이 이상적인 직선으로부터 $-\frac{1}{2}$LSB 만큼 벗어나 있으므로, INL은 $-\frac{1}{2}$LSB 라고 할 수 있다.

■ 오프셋과 이득 오차

[그림 29-7]에서 볼 수 있듯이, DAC 입력이 가장 작을 때의 아날로그 출력 전압이 0V에서 벗어난 전압을 가지게 될 때, 그 전압을 오프셋이라고 한다. 또한 실제 DAC의 전달 특성 곡선의 기울기와 이상적인 직선의 기울기와의 차이를 이득 오차라고 한다.

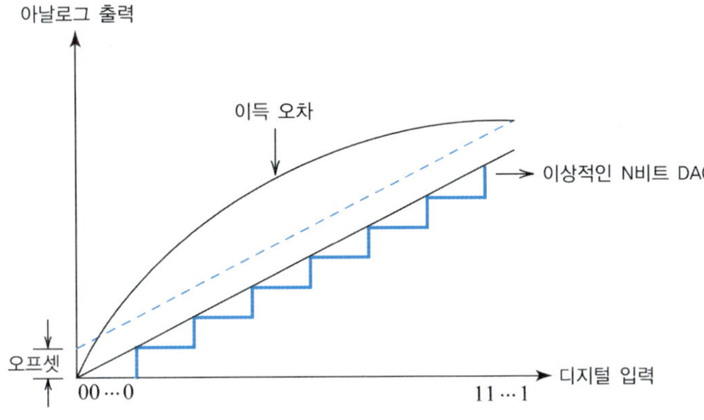

[그림 29-7] DAC의 오프셋과 이득 오차

29.2 실험회로 및 PSpice 시뮬레이션

이진수로 가중된 저항을 이용한 DAC는 [그림 29-8]의 회로와 같이, 디지털 입력의 각 비트에 해당되는 스위치들($S_1 \sim S_N$)과 이진수로 가중된 저항 열, 연산 증폭기로 구성되어 있다.

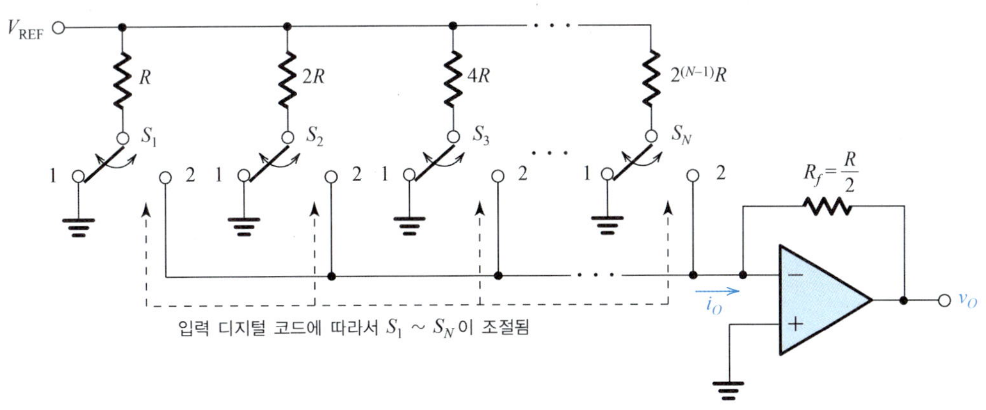

[그림 29-8] 이진수로 가중된 저항을 이용한 DAC의 회로(실험회로 1)

$$D = b_1 b_2 b_3 \dots b_N$$

$$D = \frac{b_1}{2^1} + \frac{b_2}{2^2} + \frac{b_3}{2^3} + \dots + \frac{b_N}{2^N} \quad (29.5)$$

식 (29.5)는 디지털 입력 $D = b_1 b_2 b_3 \dots b_N$ 을 수식으로 보여주고 있으며, b_1이 MSB, b_N이 LSB에 해당된다. 식 (29.6)은 [그림 29-8]의 회로에서 R_f 저항에 흐르는 전류와 디지털 입력 코드 사이의 관계를 보여준다.

$$i_o = \frac{V_{\text{REF}}}{R} b_1 + \frac{V_{\text{REF}}}{2R} b_2 + \frac{V_{\text{REF}}}{2^2 R} b_3 + \dots + \frac{V_{\text{REF}}}{2^{N-1} R} b_N = \frac{2V_{\text{REF}}}{R}\left(\frac{b_1}{2^1} + \frac{b_2}{2^2} + \frac{b_3}{2^3} + \dots + \frac{b_N}{2^N}\right)$$
$$= \frac{2V_{\text{REF}}}{R} D \quad (29.6)$$

식 (29.6)의 전류와 피드백 저항 R_f가 곱해지면, 식 (29.7)과 같이 아날로그 출력 전압을 얻을 수 있다.

$$v_O = -i_O R_f = -\left(\frac{2V_{\text{REF}}}{R} D\right) \cdot \frac{R}{2} = -V_{\text{REF}} D \quad (29.7)$$

[그림 29-8]과 같은 이진수로 가중된 저항 열의 경우, 각 저항 사이의 가중치의 오차로 인해 출력 전압에 비선형 성분이 발생하게 되어 DNL, INL 등의 특성이 저하된다. 이를 해결하기 위해서 [그림 29-9]와 같은 R-2R Ladder를 이용한 DAC의 회로를 사용하면, 저항의 가중치의 오차에 의한 비선형성을 줄일 수 있다.

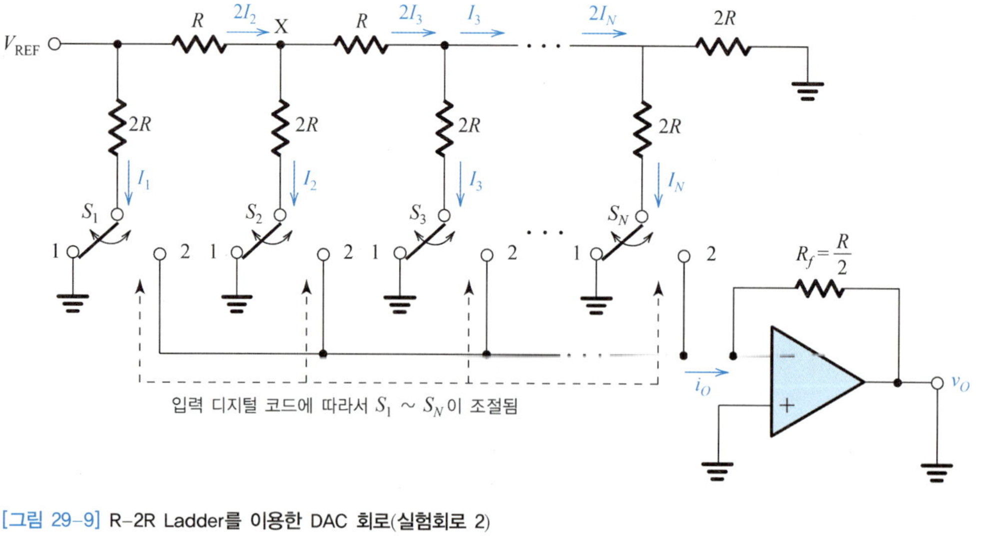

[그림 29-9] R-2R Ladder를 이용한 DAC 회로(실험회로 2)

R과 $2R$의 저항만을 사용하여 각 저항에 흐르는 전류가 두 배씩 증가한다는 관계식을 이용하면, 식 (29.7)과 같은 아날로그 출력 전압을 얻을 수 있다.

[그림 29-10]은 [실험 28]에서 실험했던 ADC 회로를 이용하여 DAC 입력 전압을 생성하는 회로이다. 함수 발생기에서는 출력되는 아날로그 입력을 0V에서 6V로 바꿈에 따라 ADC의 디지털 출력 코드가 '000'에서 '111'로 순차적으로 바뀌므로, DAC 입력을 순차적으로 인가할 수 있게 된다.

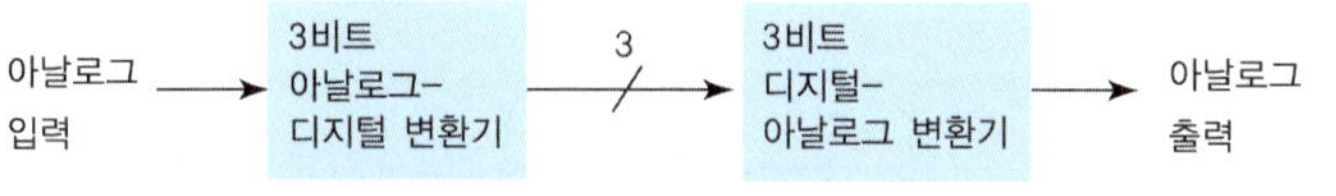

[그림 29-10] ADC와 DAC의 연결 회로(실험회로 3)

[그림 29-11]은 PSpice 모의실험을 위한 R-2R Ladder 타입의 디지털-아날로그 변환기의 회로도이다. 1kΩ과 2kΩ 저항들을 사용하여 R-2R Ladder를 구성하고, 피드백 저항은 500Ω을 사용하였다. 실제 회로 구성 시에는 R20~R22와 직렬로 스위치를 추가하여 디지털 코드에서 제어받을 수 있도록 해야 한다.

[그림 29-12]는 디지털-아날로그 변환기의 PSpice 모의실험 결과이다. [그림 29-12(a)]와 같이 입력 디지털 코드를 '000'에서 '111'로 바꿈에 따라, [그림 29-12(b)]와 같이 아날로그 출력 전압이 변화함을 알 수 있다.

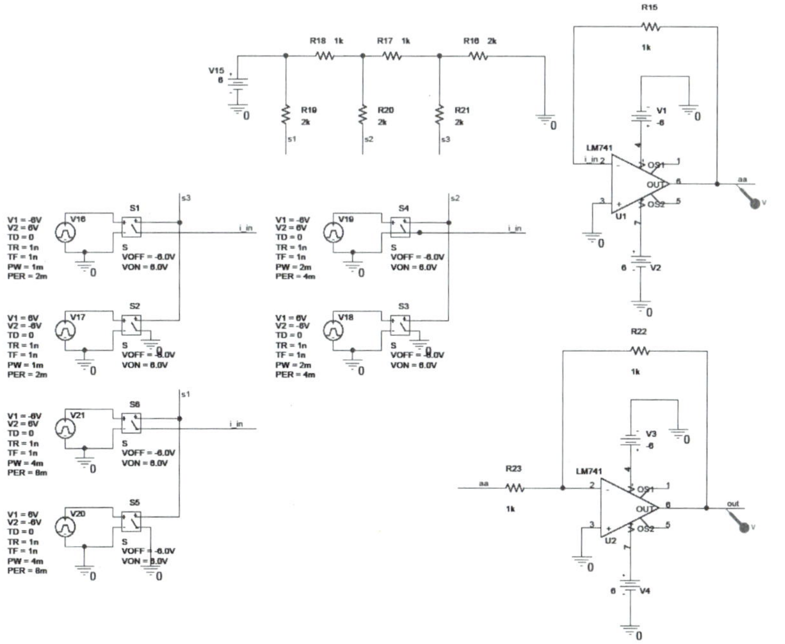

[그림 29-11] PSpice 모의실험을 위한 디지털-아날로그 변환기의 회로도

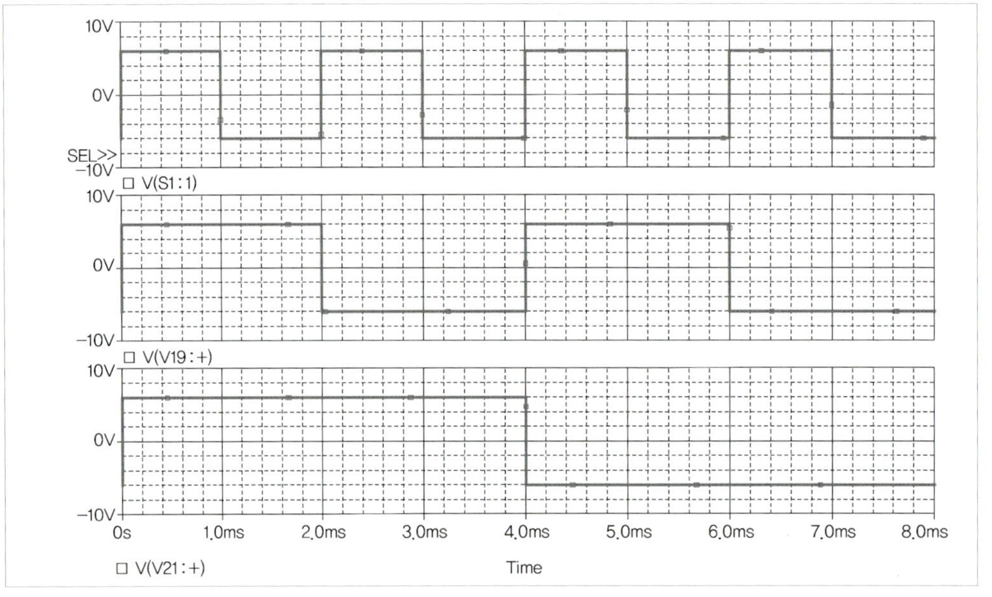

(a) 디지털-아날로그 변환기의 입력

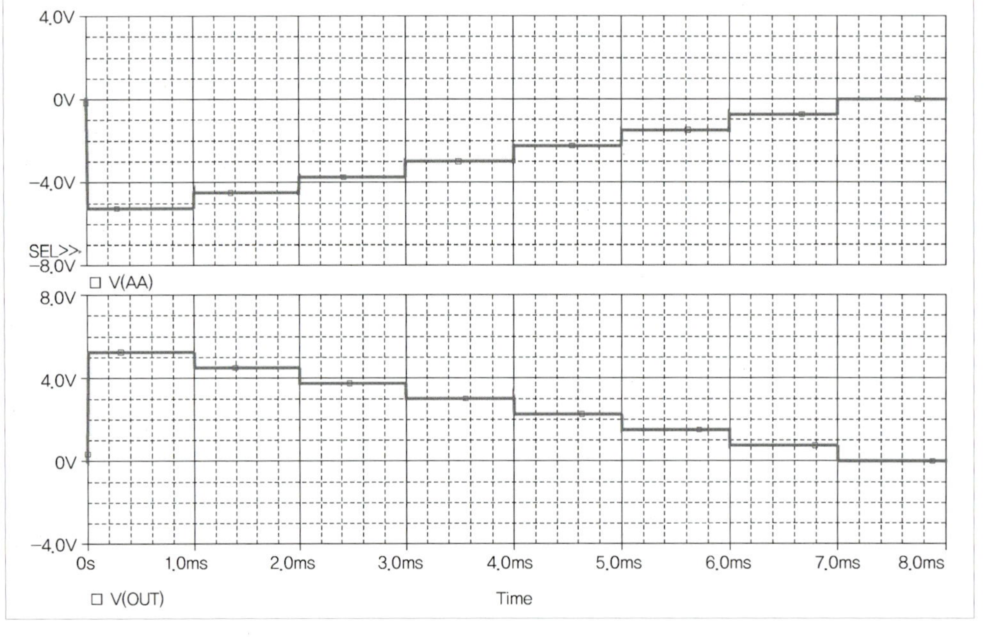

(b) 디지털-아날로그 변환기의 출력

[그림 29-12] **디지털-아날로그 변환기의 PSpice 모의실험 결과**

29.3 실험 절차

1 실험회로 1([그림 29-8])을 구성하고, 디지털-아날로그 변환기의 입력 코드를 '000'부터 '111'까지 단계적으로 증가시키면서 아날로그 출력 전압을 측정하여 [표 29-1]에 기록하시오. [표 29-1]을 바탕으로 [그림 29-13]에 입력-출력 특성 곡선을 그리시오. 또한 디지털-아날로그 변환기의 입력-출력 특성 곡선을 바탕으로 실험회로 1의 DNL, INL, 오프셋, 이득 오차 특성을 구하시오.

2 실험회로 3([그림 29-10])과 같이 [그림 29-12]의 아날로그-디지털 변환기를 실험회로 1의 디지털-아날로그 변환기를 연결한다. 아날로그 입력에 $6V_{p-p}$, 10kHz의 정현파를 인가한 후, 디지털-아날로그 변환기의 출력 파형을 관찰하여 [그림 29-14]에 기록하고, 동작 여부를 확인하시오.

3 실험회로 2([그림 29-9])를 구성하고, 디지털-아날로그 변환기의 입력 코드를 '000'부터 '111'까지 단계적으로 증가시키면서 아날로그 출력 전압을 측정하여 [표 29-2]에 기록하시오. [표 29-2]를 바탕으로 [그림 29-15]에 입력-출력 특성 곡선을 그리시오. 입력-출력 특성 곡선을 바탕으로 실험회로 1의 DNL, INL, 오프셋, 이득 오차 특성을 구하시오.

4 실험회로 3과 같이 [그림 28-12]의 아날로그-디지털 변환기와 실험회로 2의 디지털-아날로그 변환기를 연결한다. 아날로그 입력에 $6V_{p-p}$, 10kHz의 정현파를 인가한 후, 디지털-아날로그 변환기의 입력-출력 파형을 관찰하여 [그림 29-16]에 기록하고, 동작 여부를 확인하시오.

29.4 고찰 사항

(1) 실험회로 1과 실험회로 2의 INL, DNL, 오프셋, 이득 오차 특성을 향상시킬 수 있는 방안에 대해서 설명하시오.

(2) 실험회로 1과 실험회로 2의 INL, DNL, 오프셋, 이득 오차 특성을 비교하고, 성능 차이가 발생하는 원인을 설명하시오.

(3) 디지털-아날로그 변환기와 같이 최대 동작 속도가 제한되는 이유를 설명하시오.

요약

이 실험에서는 디지털-아날로그 혼성 시스템에서 필수적인 디지털-아날로그 변환기의 동작 원리 및 성능 파라미터들에 대해서 살펴보고, 두 가지 회로를 구성하여 성능을 확인하였다. 그리고 입력-출력 특성 곡선을 그리고 INL, DNL, 오프셋, 이득 오차 등을 측정하였다. 또한 디지털 입력에 정현파를 인가하기 쉽지 않으므로, 아날로그-디지털 변환기를 연결하여 원하는 디지털 입력을 인가하였다. 이 실험을 통해서 디지털-아날로그 변환기의 역할 및 동작 원리, 성능 향상 방안 등을 익힐 수 있었다.

퀴즈

(1) 다음 중 디지털-아날로그 변환기의 기본 특성에 해당하지 않는 것은?

① 신호 대 잡음비(SNR) ② INL

③ DNL ④ 군 지연

(2) 이상적인 4비트 디지털-아날로그 변환기의 입력 코드 '0100'에 해당하는 아날로그 출력 전압의 값은?

① $\frac{V_{REF}}{4}$ ② $\frac{3 \times V_{REF}}{16}$

③ $\frac{V_{REF}}{8}$ ④ $\frac{5 \times V_{REF}}{16}$

(3) 4비트 디지털-아날로그 변환기의 '1001'에 해당하는 출력 전압과 '1010'에 해당하는 출력 전압 사이의 간격이 $\frac{9}{8}$ LSB라고 할 때, DNL 값은?

① $\frac{3}{8}$ LSB ② $\frac{1}{4}$ LSB

③ $\frac{1}{2}$ LSB ④ $\frac{1}{8}$ LSB

(4) 이상적인 12비트 디지털 아날로그 변환기의 SNR 값은?

① 64dB ② 80dB

③ 74dB ④ 38dB

(5) 이진수로 가중된 저항을 이용한 디지털-아날로그 변환기에 대한 설명으로 옳지 않은 것은?

① 각 비트의 스위치와 이진수로 가중된 저항 열, 연산 증폭기로 구성할 수 있다.

② 전류와 피드백 저항이 곱해져서 아날로그 출력 전압을 얻을 수 있다.

③ 각 저항 사이의 가중치의 오차로 인해 출력 전압에 비선형 성분이 발생하게 되어 DNL, INL 등의 특성이 저하될 수 있다.

④ R, 2R 저항만을 사용하여 각 저항에 흐르는 전류가 두 배씩 증가한다.

(6) DAC 출력의 신호 대 잡음비(SNR)와 해상도 사이의 관계식을 구하시오.

(7) DAC의 DNL과 INL에 대해서 설명하시오.

(8) 실험회로 1([그림 29-8])의 이진 가중치 저항 열을 이용한 DAC 회로와 실험회로 2의 R-2R Ladder를 이용한 DAC 회로의 장단점을 설명하시오.

예비 보고 사항

(1) DAC의 다음의 성능 파라미터들에 대해서 조사하시오.

- 신호 대 잡음비(SNR)
- INL
- DNL
- 오프셋
- 이득 오차

(2) 실험회로 1([그림 29-8])의 DAC에서 $R = 1\text{k}\Omega$, $V_{REF} = 6\text{V}$으로 고정하고, 3비트의 입력 디지털 코드와 출력 아날로그 전압 사이의 관계를 유도하시오.

(3) 예비 보고 사항 (2)에서 유도한 관계식을 바탕으로, 3비트 DAC의 입력-출력 특성 곡선을 그리시오.

(4) 실험회로 2([그림 29-9])의 DAC에서 $R = 1\text{k}\Omega$, $V_{REF} = 6\text{V}$으로 고정하고, 3비트의 입력 디지털 코드와 출력 아날로그 전압 사이의 관계를 유도하시오.

(5) 예비 보고 사항 (4)에서 유도한 관계식을 바탕으로, 3비트 DAC의 입력-출력 특성 곡선을 그리시오.

m.e.m.o

실험 29 실험 결과

[실험 절차]에 따라 [실험 결과]를 작성하시오.

1

[표 29-1] 실험회로 1의 디지털-아날로그 변환기의 입력-출력 특성

디지털 입력	아날로그 출력 전압
000	
001	
010	
011	
100	
101	
110	
111	

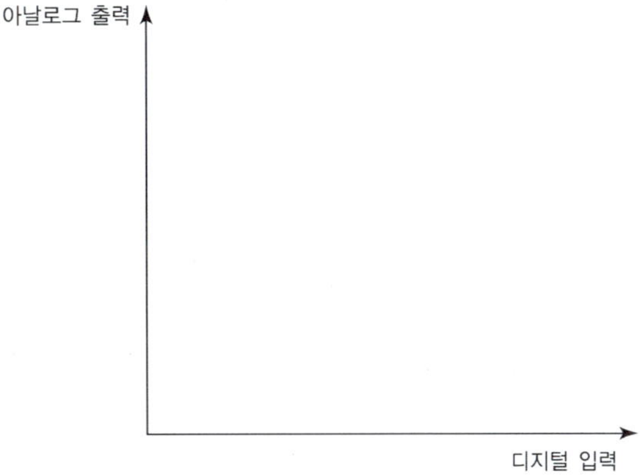

[그림 29-13] 실험회로 1의 입력-출력 특성 곡선

2

(a) 실험회로 3의 입력 파형

(b) 실험회로 3의 출력 파형

[그림 29-14] 실험회로 3의 입력-출력 파형

3

[표 29-2] 실험회로 2의 디지털-아날로그 변환기의 입력-출력 특성

디지털 입력	아날로그 출력 전압
000	
001	
010	
011	
100	
101	
110	
111	

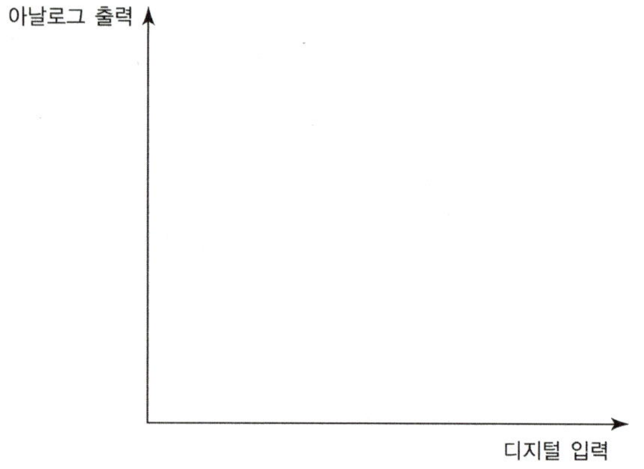

[그림 29-15] 실험회로 2의 입력-출력 특성 곡선

4

(a) 실험회로 3의 입력 파형

(b) 실험회로 3의 출력 파형

[그림 29-16] 실험회로 3의 입력-출력 파형

실험 30

유선 통신 시스템 설계

실험 개요

이 장에서는 한 학기 동안 설계했던 각 블록들을 묶어서 유선 통신 시스템을 구성하고, 실험하는 것을 목표로 한다. 가변 이득 증폭기(VGA), 저대역 통과 필터(LPF), 아날로그-디지털 변환기, 디지털-아날로그 변환기 등 연산 증폭기를 이용한 응용 회로들을 통합하여 통신 시스템을 구성하고, 각 블록을 연결하면서 발생하는 신호의 공통 모드 레벨 불일치, 부하 효과, 임피던스 문제 등을 해결하는 방법을 익힌다.

실험 기자재 및 부품

- DC 파워 서플라이
- 디지털 멀티미터
- 오실로스코프
- 함수 발생기
- 연산 증폭기(LM741)
- 저항
- 커패시터

30.1 배경 이론

유선 통신 시스템의 구조

[그림 30-1]의 블록 다이어그램과 같이 유선 통신 시스템의 아날로그 전단부는 수신기와 송신기로 구성된다. 먼저 아날로그 전단부의 수신기 동작을 살펴보면, 케이블로부터 수신되는 신호를 가변 이득 증폭기 1(VGA1)에서 증폭한 후에, 저대역 통과 필터 1(LPF1)에서 원하는 신호를 제외한 간섭 신호를 감쇄시킨다. 필터링된 신호는 가변 이득 증폭기 2(VGA2)에서 증폭한 후에, 아날로그-디지털 변환기에서 디지털 신호로 변환하고 모뎀에서 복조를 하게 된다. 아날로그 전단부의 송신기에서는 모뎀에서 변조된 신호를 디지털-아날로그 변환기에서 아날로그 신호로 변환한 다음, 가변 이득 증폭기 3(VGA3)에서 증폭한다. 그 후에 저대역 통과 필터 2(LPF2)에서 필터링을 하고,

가변 이득 증폭기 4(VGA4)에서 필요한 만큼 증폭해서 케이블을 통해 신호를 송신한다.

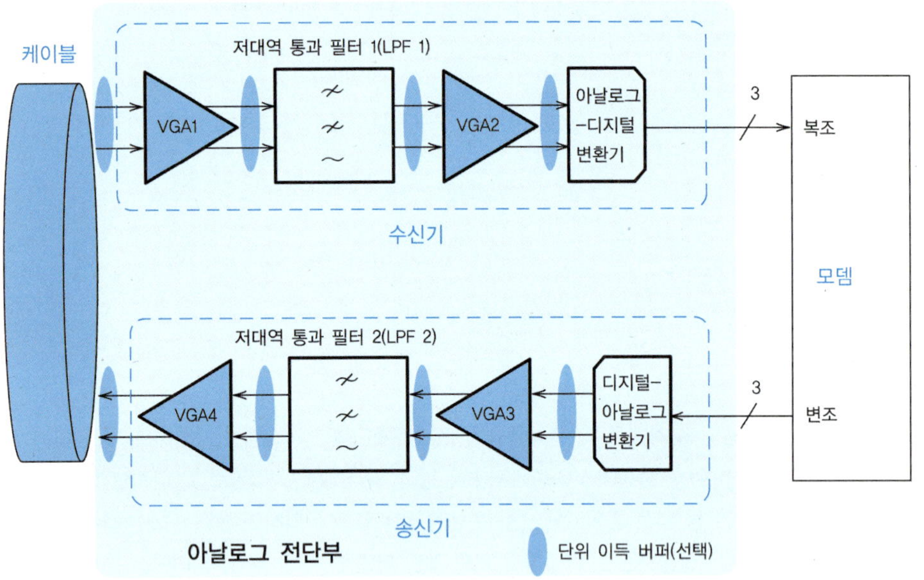

[그림 30-1] 유선 통신 시스템의 블록 다이어그램

[그림 30-1]에서 블록과 블록 사이를 연결할 경우 직접 연결하면 문제가 될 수 있으므로 단위 이득 버퍼unity gain buffer를 추가해야 한다. 예를 들어 [그림 30-1]에서 저대역 통과 필터 1과 VGA2를 바로 연결하면 VGA2 블록의 입력 저항, 입력 커패시턴스에 의해서 저대역 통과 필터 1의 주파수 특성이 많이 변할 수 있으므로, 단위 이득 버퍼를 추가해야 한다. 단위 이득 버퍼는 [그림 30-2]와 같이 연산 증폭기를 이용한 피드백 회로로 구성할 수 있고, 연산 증폭기의 가상 단락virtual short 특성에 의해서 입력과 출력의 전압이 서로 같도록 동작한다.

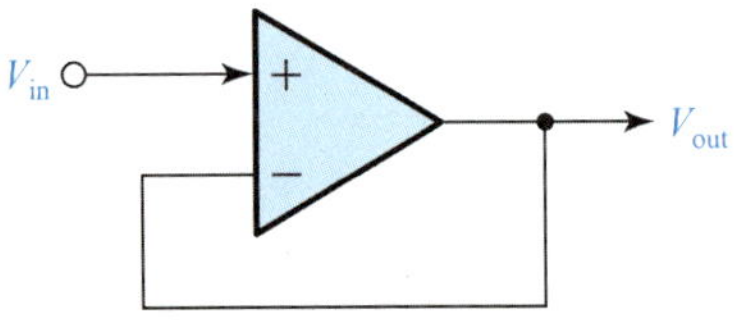

[그림 30-2] 단위 이득 버퍼

수신기의 성능

[그림 30-3]은 유선 통신 시스템 수신기의 대표적인 세 가지 성능 파라미터들이다. 일반적으로 수신기 입력에 들어오는 신호의 크기가 작은 경우에는 시스템의 잡음에 의해서 수신 감도sensitivity가 결정된다. 반면, 수신기 입력 신호의 크기가 클 경우에 시스템

의 선형성linearity이 중요한 파라미터가 된다. 선택도selectivity는 간섭 신호 및 비선형성에 의한 고차 하모닉 성분을 제거하는 정도를 나타내는 척도로서 주로 필터에 의해 좌우된다.

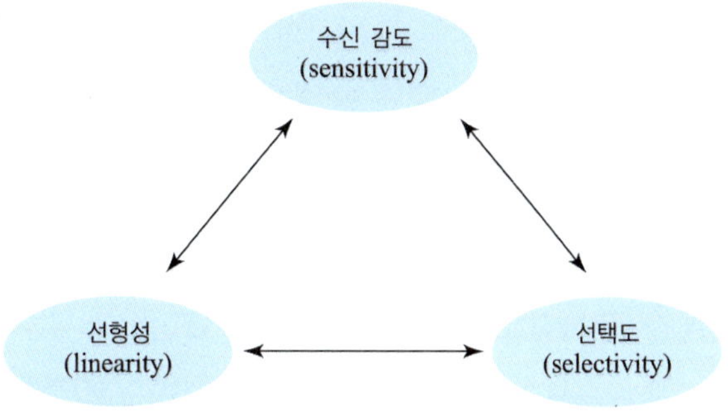

[그림 30-3] 수신기의 성능 파라미터들

수신기의 대표적인 세 가지 파라미터들을 좀더 자세히 살펴보면 다음과 같다.

■ 수신 감도

수신 감도sensitivity는 수신기가 얼마만큼 작은 세기의 입력 신호를 수신할 수 있는지를 표시하는 척도이다. 즉 얼마나 작은 입력 신호에 대해서도 수신기의 최종 출력에서 원하는 최소 신호 대 잡음비(SNR)를 얻을 수 있는지를 보여주는 지표라고 할 수 있다.

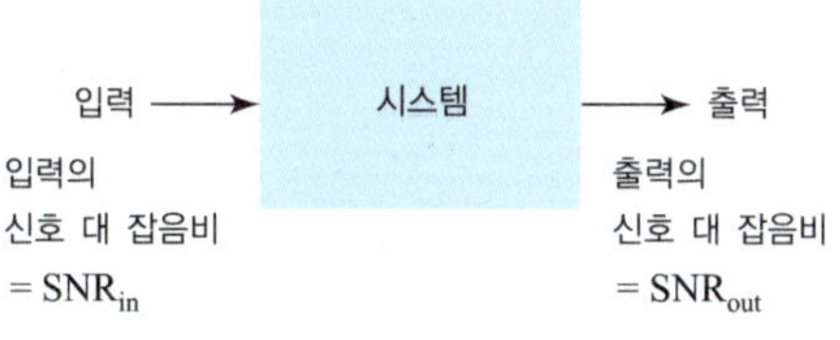

[그림 30-4] 유선 통신 시스템의 블록 다이어그램

시스템의 잡음은 일반적으로 잡음 지수(NF)Noise Figure로 표현한다.

잡음 지수의 정의는 식 (30.1)과 같이, 입력의 신호 대 잡음비와 출력의 신호 대 잡음비로 나타낼 수 있다. 즉 [그림 30-4]와 같이 시스템에서 잡음이 더해지면 입력의 신호 대 잡음비에 비해서 출력의 신호 대 잡음비가 감소하며, 식 (30.1)의 NF는 상승한다.

$$NF = \frac{SNR_{in}}{SNR_{out}} \tag{30.1}$$

안테나 또는 케이블의 50Ω 임피던스를 가정하면, 시스템의 수신 감도는 식 (30.2)와 같이 표현할 수 있다.

$$\text{수신 감도} = -174\text{dBm} + 10\log \text{BW} + \text{NF} + \text{SNR} \quad (30.2)$$

식 (30.2)에서 BW는 신호의 대역폭을 의미하고, NF는 시스템의 잡음 지수를, SNR은 모뎀에서 필요로 하는 신호의 신호 대 잡음비를 의미한다. 수신기의 수신 감도를 향상시키기 위해서는 시스템의 잡음을 줄여서 잡음 지수(NF)를 줄여야 함을 알 수 있다.

[그림 30-5]는 구성 블록의 이득과 잡음 지수를 바탕으로 전체 수신기의 잡음 지수를 계산하기 위한 환경을 보여준다. 각 블록의 이득들이 각각 G_1, G_2, G_3이고, 잡음 지수들이 NF_1, NF_2, NF_3라고 가정할 때, 수신기 전체의 잡음 지수는 식 (30.3)과 같이 표현할 수 있다.

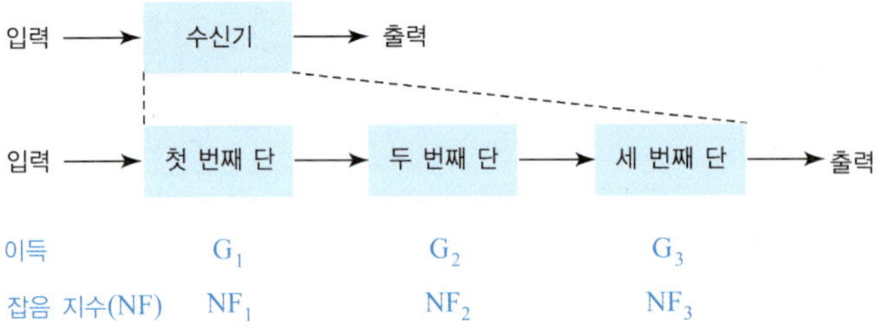

[그림 30-5] 수신기 구성 블록의 이득과 잡음 지수

$$NF = NF_1 + \frac{NF_2}{G_1} + \frac{NF_3}{G_1 G_2} \quad (30.3)$$

식 (30.3)으로부터 알 수 있는 중요한 사실은 수신기의 앞쪽 블록일수록 잡음 지수가 좋아야 전체 수신기의 잡음 지수가 향상될 수 있다는 점이다. 예를 들어 두 번째 단의 잡음 지수(NF_2)는 첫 번째 단의 이득(G_1)에 의해서 나눠진 만큼 전체 시스템에 영향을 주지만, 첫 번째 단의 잡음 지수(NF_1)는 그대로 영향을 주는 것을 알 수 있다. 따라서 수신기의 앞쪽 블록일수록 잡음이 작은 연산 증폭기를 사용하고, 열 잡음을 줄이기 위해서 사용되는 저항값도 작게 해야 함을 알 수 있다. 일반적으로 잡음이 큰 필터를 맨 앞에 배치하는 것은 잡음 지수를 올려서 수신 감도를 떨어뜨리므로, 상대적으로 잡음이 적은 가변 이득 증폭기를 맨 앞에 두는 것이 유리하다고 할 수 있다.

■ 선형성

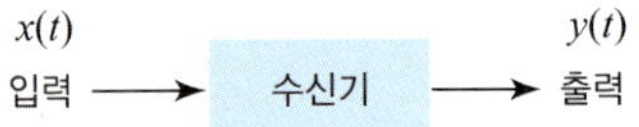

[그림 30-6] 선형성 계산을 위한 수신기의 입력-출력 신호 정의

[그림 30-6]과 같은 입력-출력 신호를 가지는 이상적인 선형 시스템이라면, 식 (30.4)와 같이 입력-출력 사이에 선형적인 관계가 성립해야 한다.

$$y(t) = a_1 x(t) \tag{30.4}$$

하지만 실제 증폭기는 비선형 회로이고, 이러한 증폭기에 기반한 수신기는 식 (30.5)와 같이 비선형적인 특성을 보인다.

$$y(t) = a_1 x(t) + a_2 x^2(t) + a_3 x^3(t) \tag{30.5}$$

여기서 입력에 f_1, f_2의 성분을 인가했을 때, [그림 30-7]과 같이 f_1, f_2의 성분 이외에 $(2f_1 - f_2)$, $(2f_2 - f_1)$의 3차 상호 변조inter-modulation 성분이 나타난다.

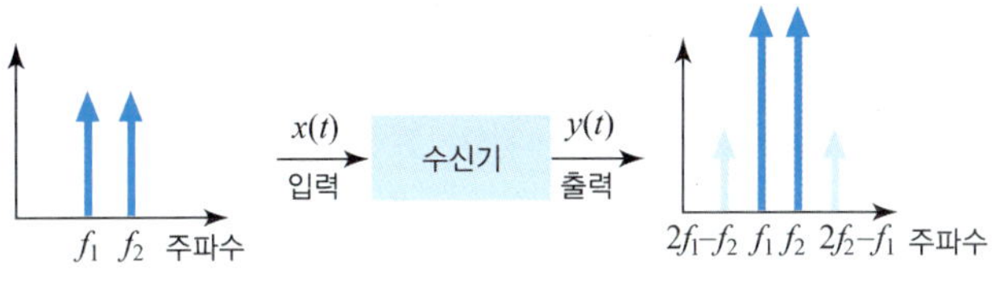

[그림 30-7] 비선형 수신기의 입력-출력 스펙트럼

[그림 30-8]의 입력-출력 스펙트럼 특성에서 볼 수 있듯이, f_1, f_2 주파수에 해당되는 입력 신호의 크기가 증가할수록 출력의 $(2f_1 - f_2)$, $(2f_2 - f_1)$에 해당하는 3차 상호 변조 항의 크기도 증가하게 되고, 이 성분들이 어느 크기 이상이 되면 출력에서 f_1, f_2 주파수에 해당되는 성분보다 오히려 더 증가하게 된다.

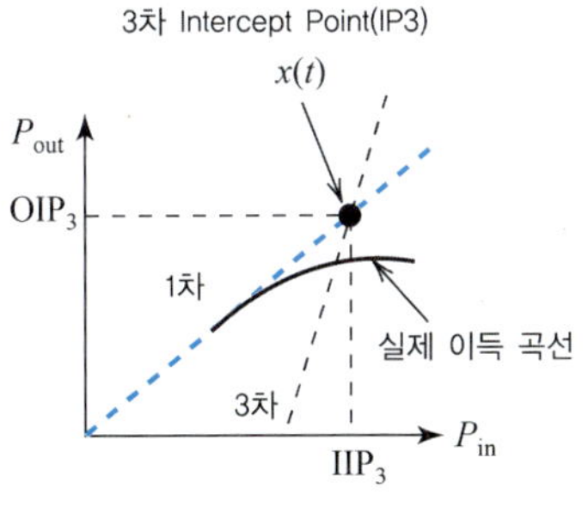

[그림 30-8] 비선형 수신기의 입력-출력 전달 특성 곡선

따라서 출력에서 f_1, f_2 주파수 성분과 $(2f_1 - f_2)$, $(2f_2 - f_1)$ 주파수 성분이 같아지는 지점이 중요한 기준이 되고, 이때 해당되는 입력의 크기를 $IIP_3$3rd order Input Intercept Point 라고 정의한다. IIP_3는 식 (30.6)과 같이 계산할 수 있다.

$$\mathrm{IIP}_3 = P_{\mathrm{in}} + \frac{P_{\mathrm{in}} - P_{IM3}}{2} \tag{30.6}$$

식 (30.6)에서 P_{in}은 입력 신호의 크기이고, P_{IM3}는 3차 상호 변조항의 크기이다.

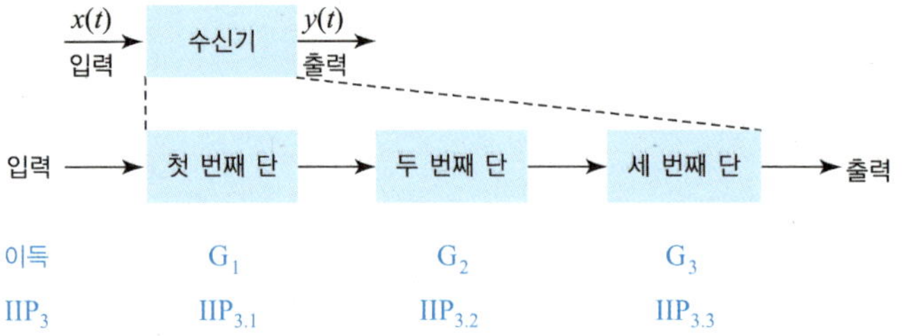

[그림 30-9] 수신기 구성 블록의 이득 및 IIP_3

[그림 30-9]는 구성 블록의 이득과 IIP_3를 바탕으로 수신기의 전체 IIP_3를 계산하기 위한 환경을 보여준다. 각 블록의 이득들이 각각 G_1, G_2, G_3이고, IIP_3들이 $\mathrm{IIP}_{3.1}$, $\mathrm{IIP}_{3.2}$, $\mathrm{IIP}_{3.3}$이라고 가정할 때, 수신기 전체의 IIP_3는 식 (30.7)과 같이 표현할 수 있다.

$$\frac{1}{\mathrm{IIP}_3} = \frac{1}{\mathrm{IIP}_{3,1}} + \frac{G_1}{\mathrm{IIP}_{3,2}} + \frac{G_1 G_2}{\mathrm{IIP}_{3,3}} \tag{30.7}$$

식 (30.7)로부터 알 수 있는 중요한 사실은 수신기의 뒤쪽 블록일수록 IIP_3가 커야 전체 수신기의 IIP_3가 증가될 수 있다는 점이다. 예를 들어 첫 번째 단의 $\mathrm{IIP}_{3.1}$은 전체 시스템에 그대로 반영되지만, 두 번째 단의 $\mathrm{IIP}_{3.2}$는 첫 번째 단의 이득(G_1)에 의해서 나눠진 만큼 전체 시스템에 영향을 주게 된다. 따라서 수신기의 뒤쪽 블록일수록 선형성이 좋은 연산 증폭기를 사용하고, 피드백 회로에 사용하는 저항값들도 큰 값을 사용해서 선형성을 향상시켜야 한다는 것을 알 수 있다.

■ 선택도

[그림 30-10]은 수신기에서 원하는 채널 신호만을 선택하는 필터링의 동작을 보여주고 있다. 먼저 원하는 대역을 선택해주는 밴드 필터를 통해서 간섭 신호를 제거하고, 채널 선택 필터를 통해서 원하는 채널(예를 들어, 채널 4)만을 선택하게 된다.

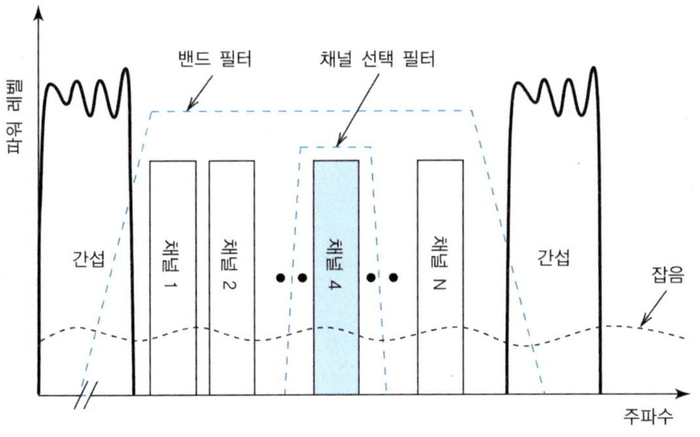

[그림 30-10] **수신기의 필터링**

수신기의 선택도selectivity는 필터의 성능에 의해 좌우된다. 그러나 선택도를 향상시키기 위해서 필터의 차수를 높일수록 필터 자체의 잡음이 증가해서, 전체 시스템의 잡음 지수가 올라가고 수신 감도는 나빠지게 된다.

위에서 본 수신기의 세 가지 파라미터들([그림 30-3]) 사이에는 서로 상충 관계trade-off가 있으므로, 원하는 사양을 만족하는 최적의 설계가 필요하다.

송신기의 성능

송신기의 성능 파라미터들은 크게 선형성과 밀접한 관계가 있는 인접 채널 파워비(ACPR) Adjacent channel power ratio, 필터링 특성, 전력 효율(PAE)power added efficiency로 나눌 수 있다. 이 중에서 필터링 특성은 수신기와 동일하므로, 인접 채널 파워비(ACPR)와 전력 효율에 대해서 살펴보도록 하자.

■ 인접 채널 파워비(ACPR)

[그림 30-11]은 두 개의 입력 톤이 인가되었을 때, 송신기의 입력-출력 스펙트럼을 나타낸다. [그림 30-11(a)]는 수신기와 마찬가지로 입력에 두 주파수 f_1, f_2를 인가했을 때, 송신기의 비선형성에 의해서 출력에 f_1, f_2 성분 이외에 $(2f_1 - f_2)$, $(2f_2 - f_1)$의 3차 상호 변조 신호 성분이 나타나는 것을 보여주고 있다. [그림 30-11(b)]는 입력에 변조된 신호modulated signal를 인가했을 때, 송신기의 비선형성에 의해서 출력의 스펙트럼이 퍼지는 경우를 보여주고 있다.

이와 같이 비선형성에 의해서 자기 채널 옆의 인접 채널까지 원하지 않는 신호를 내보내게 되면 인접 채널을 통해서 송수신을 하지 못할 수도 있으므로, 인접 채널 파워 비에 관한 사양을 만족하도록 설계해야 한다.

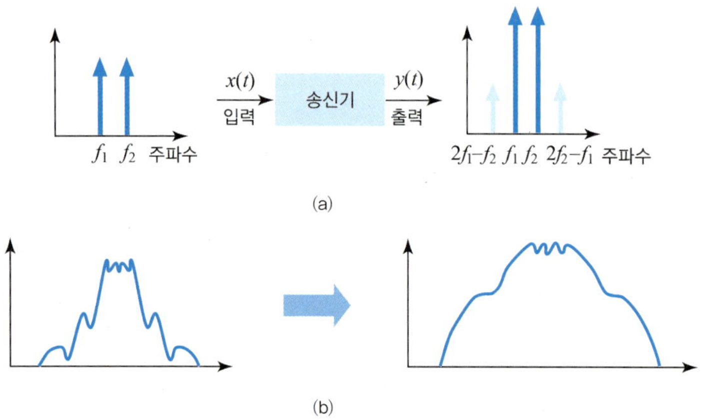

[그림 30-11] **송신기의 비선형성에 의한 입력-출력 스펙트럼**

[그림 30-12]와 같이 송신기의 인접 채널 파워비(ACPR)는 채널 1을 통해서 송신할 경우, 채널 1에 존재하는 파워와 인접 채널인 채널 2번의 파워의 비로 정의할 수 있다.

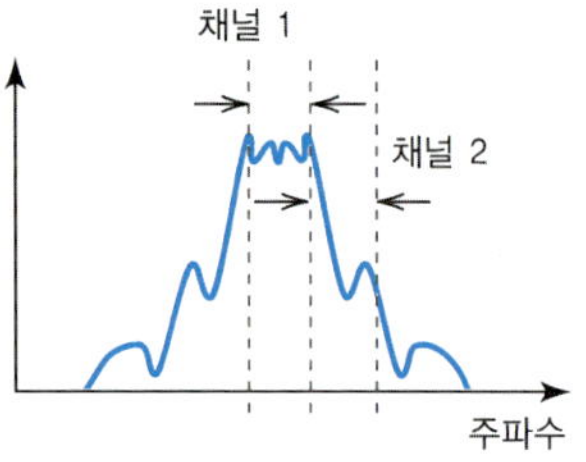

$$\text{ACPR} = \frac{\text{채널 2의 파워}}{\text{채널 1의 파워}}$$

[그림 30-12] **인접 채널 파워 비의 정의**

■ 전력 효율(PAE)

일반적으로 송신기의 출력 파워 레벨이 크기 때문에 선형성 특성과 함께 효율이 중요하다. 효율은 외부에서 가해준 에너지가 출력단의 증폭기에 의해서 얼마나 효율적으로 사용되었는지를 나타내는 척도이다. 효율의 정의는 식 (30.8)과 같이 표현할 수 있다.

$$\text{효율(PAE)} = \frac{P(\text{out}) - P(\text{in})}{P_{DC}} \tag{30.8}$$

여기서 $P(\text{in})$은 증폭기의 입력 파워, $P(\text{out})$은 증폭기의 출력 파워, P_{DC}는 증폭기에 인가되는 DC 파워이다. 송신기의 효율을 증가시키기 위해서는 P_{DC}를 줄이는 구조를 선택하고 설계하는 것이 필요하다.

송수신기의 루프백 테스트

[그림 30-13]은 송신기와 수신기의 동작을 동시에 검증하기 위해 송신기의 출력을 수신기의 입력에 연결하는 루프백 테스트 환경을 보여주고 있다. 수신기의 입력에 함수 발생기 또는 [실험 27]에서 실험했던 삼각파/구형파 발생기의 출력을 인가하고, 수신기의 VGA1, LPF1, VGA2를 통과한 후, 아날로그-디지털 변환기의 출력을 송신기의 디지털-아날로그 변환기의 입력에 인가한다. 송신기의 디지털-아날로그 변환기를 거쳐서 VGA3, LPF2, VGA4를 통과한 출력을 최종적으로 측정한다.

아날로그-디지털 변환기의 출력을 디지털-아날로그 변환기의 입력에 바로 연결하기 위해서는 이진수 코드로 출력이 되어야 하므로, [그림 28-12]와 같이 온도계 코드를 이진수 코드로 변환하기 위한 디코더가 필요하다. 온도계 코드를 이진수 코드로 변환하기 위한 7 : 3 디코더의 매핑표는 [표 28-1]을 참고로 한다.

설계 사양

■ 수신단

- Rx 단의 이득 범위 : 0dB~40dB
- Rx 단의 이득 스텝 : 10dB

■ 송신단

- Tx 단의 이득 범위 : 0dB~20dB
- Tx 단의 이득 스텝 : 10dB

■ 아날로그-디지털 변환기

- 3비트 플래시 아날로그-디지털 변환기
- 샘플링 율[sampling rate] > 20kHz (즉, 최소 20kHz)

■ 디지털-아날로그 변환기

- 3비트 R-2R Ladder 디지털-아날로그 변환기
- 샘플링 율 > 20kHz (즉, 최소 20kHz)

■ 필터

- LPF1~LPF2
- 통과대역 > 10kHz (즉, 최소 10kHz)
- 통과대역 리플 < 1dB
- 타입 : 3차 이상
- 감쇄 특성 최대한 많은 구조 사용

30.2 실험회로 및 PSpice 시뮬레이션

[그림 30-13]은 전체 송수신기의 루프백 테스트를 위한 회로이다. 수신기의 3비트 디지털 출력을 송신기의 입력에 연결하여, 수신기와 송신기의 동작을 동시에 확인할 수 있다.

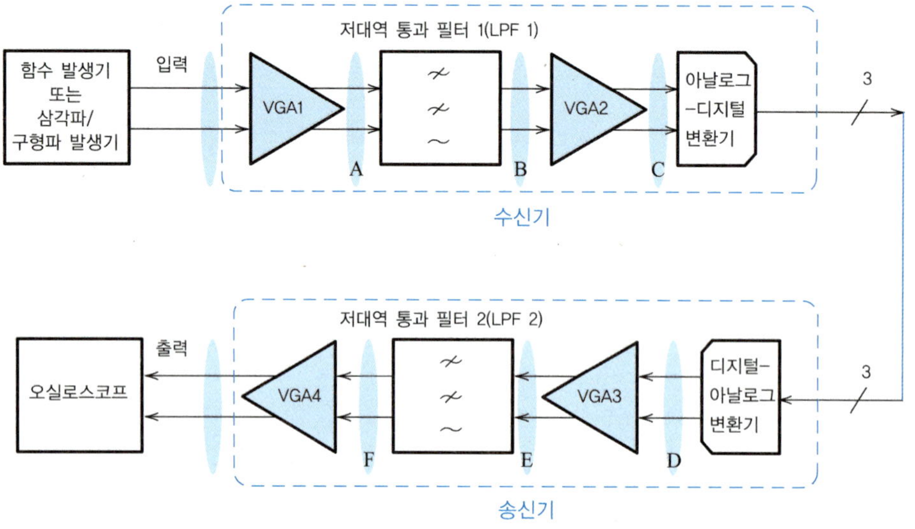

[그림 30-13] 송수신기의 루프백 테스트를 위한 회로

디지털 가변 이득 증폭기의 회로는 [그림 25-7]과 같이 구성할 수 있다. 차동 신호 입력을 받아서 차동 출력을 내기 위해 두 개의 연산 증폭기와 저항, CMOS 스위치들을 사용하였다.

Active-RC 타입의 3차 Chebyshev 저대역 통과 필터(LPF)의 회로는 [그림 26-11]과 같이 구성한다. 능동 소자인 연산 증폭기와 수동 소자인 저항, 커패시터들을 이용하여 필터를 구성할 수 있다.

아날로그-디지털 변환기(ADC)는 [그림 28-12]의 3비트 플래시 ADC 회로를 사용한다. 아날로그 입력 전압 V_{in}이 들어오면, 저항 열을 통해서 만들어진 기준 전압들인 $V_1 \sim V_7$과 비교해서, 해당되는 디지털 출력을 발생시킨다.

이진수로 가중된 저항열의 경우, 각 저항 사이의 가중치가 변하면 출력 전압에 비선형 성분이 발생하여 DNL, INL 등의 특성이 저하된다. 이를 해결하기 위해서 [그림 29-9]와 같은 R-2R Ladder를 이용한 DAC의 회로를 사용하면, 저항의 가중치의 오차에 의한 비선형성을 줄일 수 있다.

[그림 30-14]는 전체 송수신의 PSpice 모의실험을 위한 회로도이다. 각 블록의 회로들은 [실험 16]~[실험 29]를 통해 이미 동작을 확인하였지만, 각 블록을 연결할 때 부하 효과loading effect를 줄이기 위해서 연산 증폭기를 이용한 단위 이득 버퍼의 구성이 필요할 수 있다.

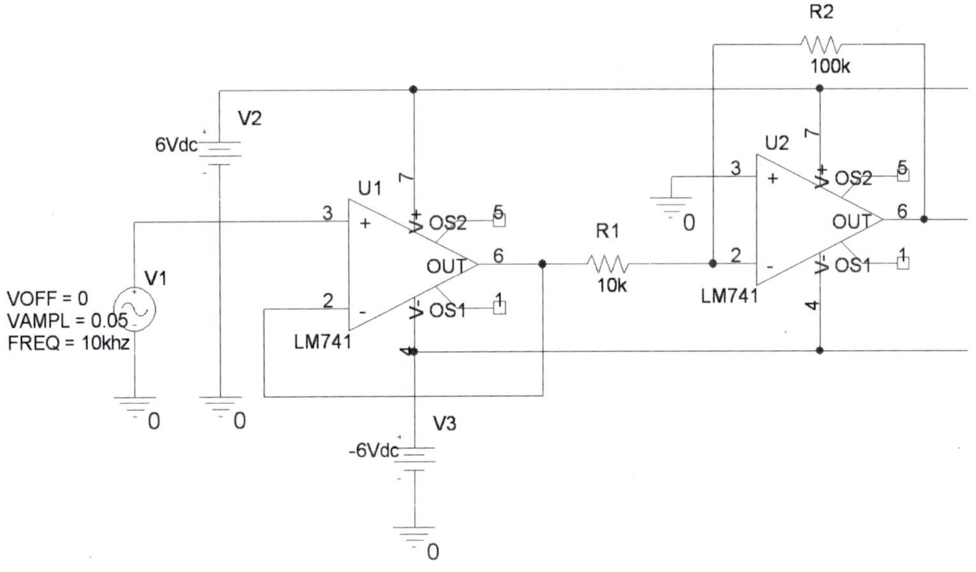

(a) 가변 이득 증폭기(VGA1)

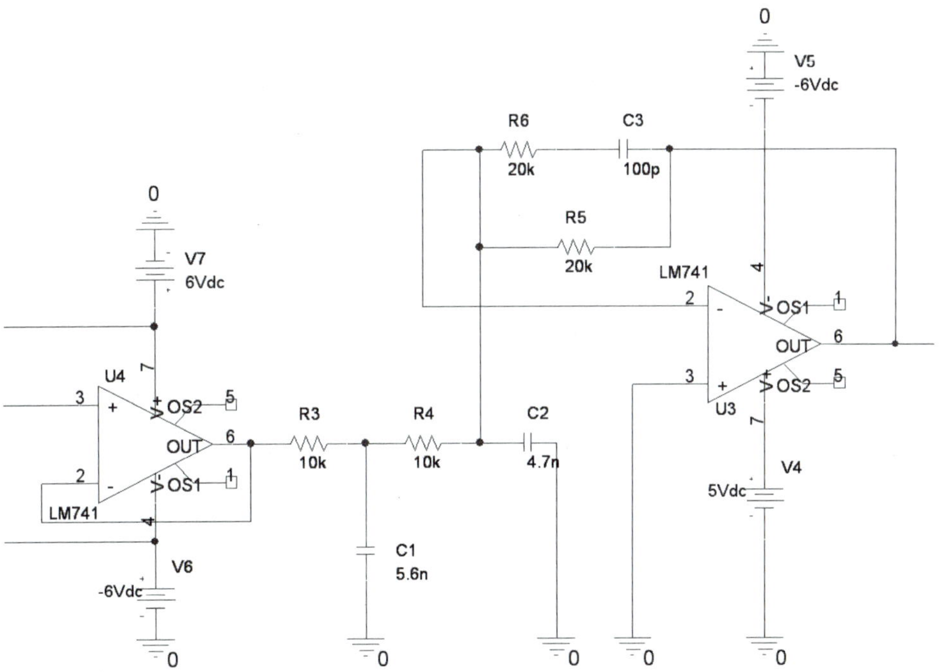

(b) 저대역 통과 필터(LPF1)

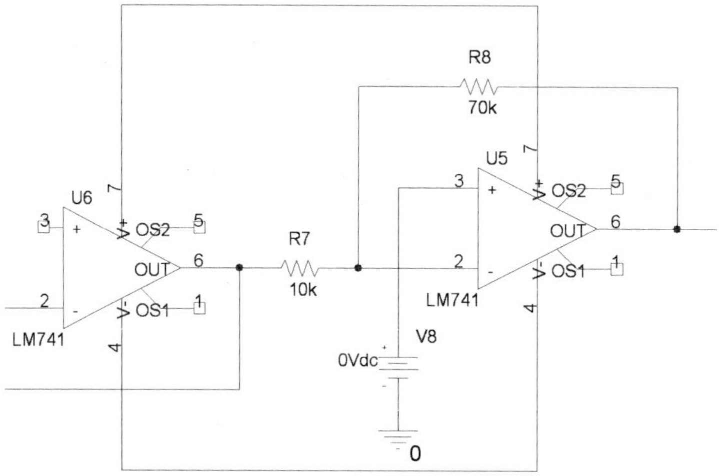

(c) 가변 이득 증폭기(VGA2)

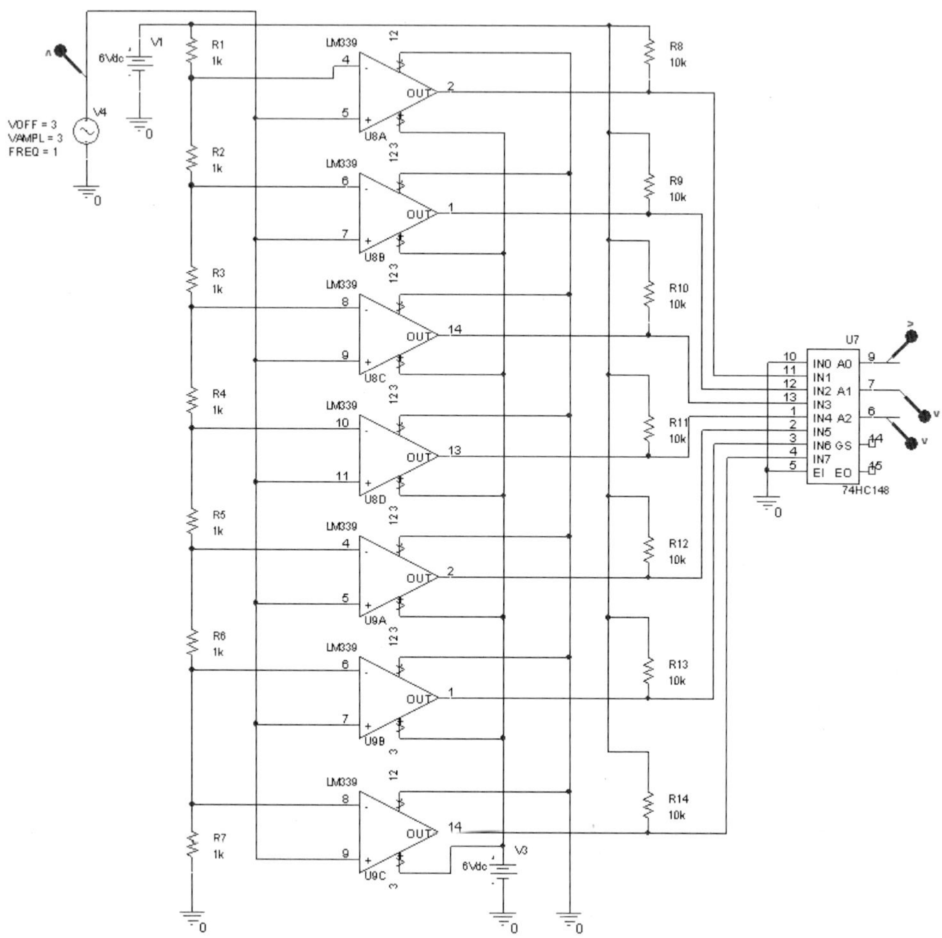

(d) 아날로그-디지털 변환기(ADC)

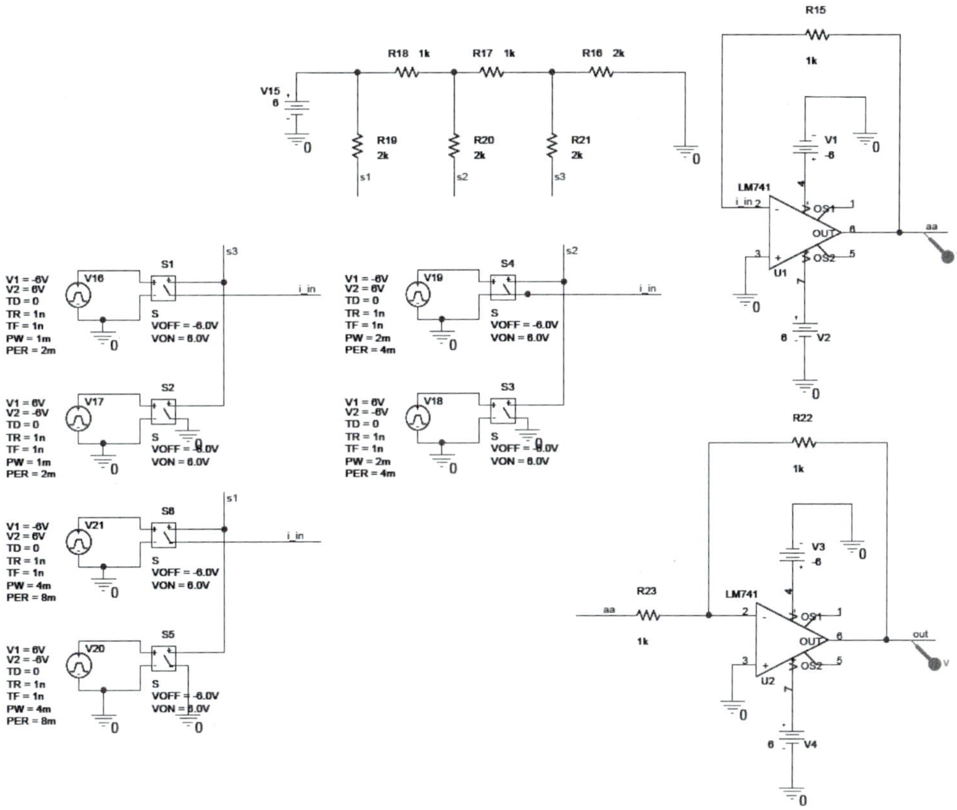

(e) 디지털-아날로그 변환기(DAC)

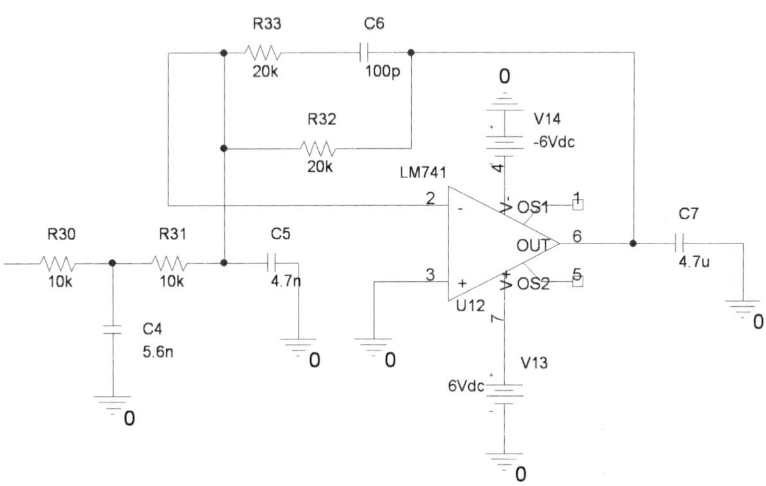

(f) 저대역 통과 필터(LPF2)

[그림 30-14] **PSpice 모의실험을 위한 회로도**

[그림 30-15]는 전체 송수신기의 중간 노드 파형의 예이다. 회로의 구조 및 소자값에 따라 크기 및 파형은 다를 수 있으니 참고 자료로만 활용하기 바란다.

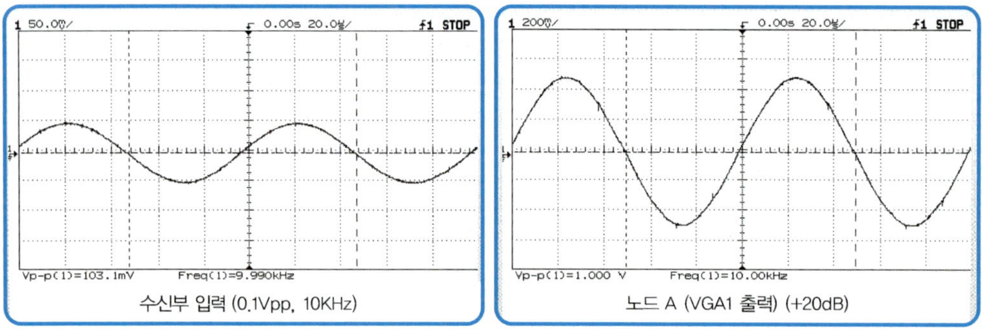

수신부 입력 (0.1Vpp, 10KHz)

노드 A (VGA1 출력) (+20dB)

(a) 수신부 입력과 노드 A의 파형

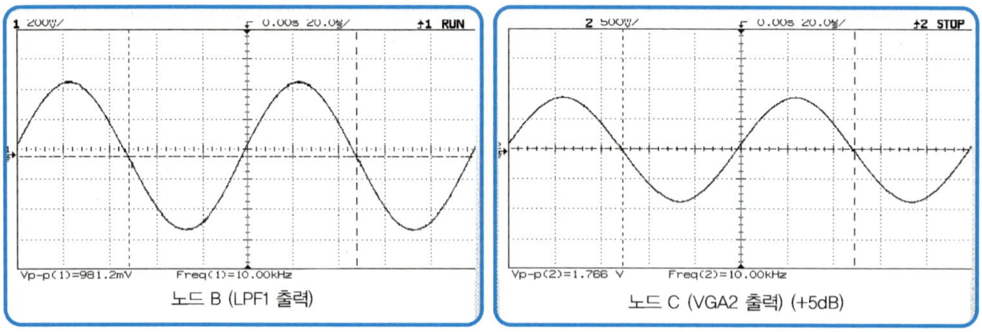

노드 B (LPF1 출력)

노드 C (VGA2 출력) (+5dB)

(b) 노드 B와 노드 C의 파형

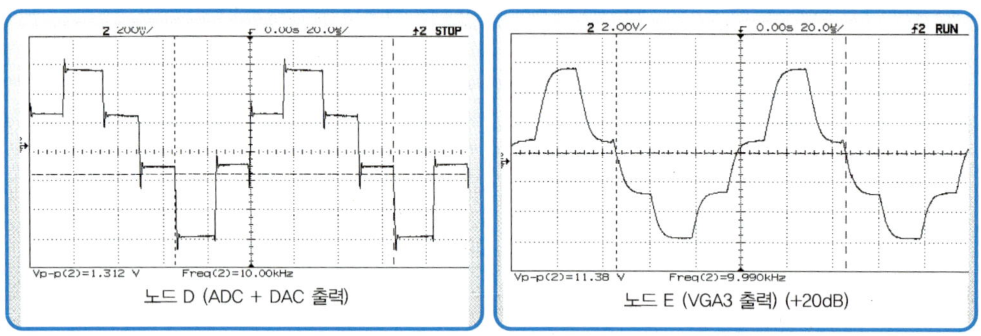

노드 D (ADC + DAC 출력)

노드 E (VGA3 출력) (+20dB)

(c) 노드 D와 노드 E의 파형

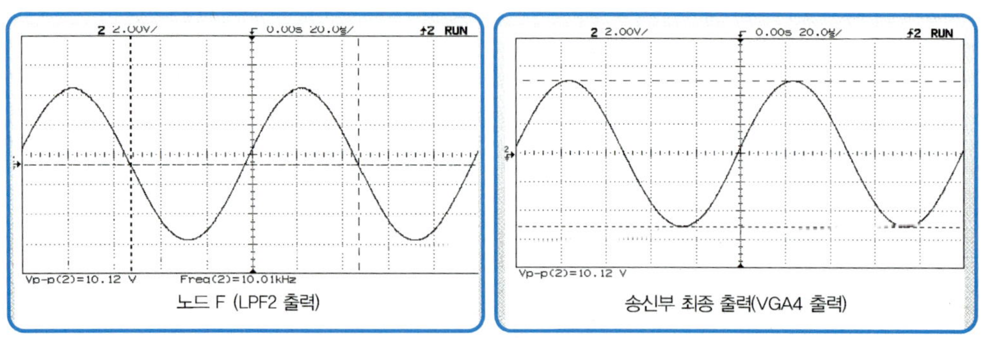

노드 F (LPF2 출력)

송신부 최종 출력(VGA4 출력)

(d) 노드 F와 송신부 최종 출력의 파형

[그림 30-15] 전체 송수신기의 측정 파형 예

30.3 실험 절차

1 [그림 30-13]의 회로도를 구성하고, 수신기 입력에 공통 모드 전압을 인가한다. 중간 노드들 A, B, C의 DC 전압들에 문제가 없는지 확인하고 수신기 입력에 10mV, 10kHz 정현파 입력을 인가한 후에, 중간 노드 A, B, C의 파형을 측정하여 [그림 30-16]에 기록하고, 분석하시오. 가변 이득 증폭기의 이득을 바꾸면서 원하는 사양을 만족하는지 확인하시오.

2 [그림 30-13]의 회로도를 구성하고, 입력 전압의 크기를 10mV로 고정한다. 10kHz에서 1MHz까지 로그 스케일log scale로 10개 주파수에 대해서 중간 노드 C에서의 출력 전압의 크기를 측정하여 [표 30-1]에 기록하고, [그림 30-17]에 보드 선도를 그리시오. 보드 선도를 바탕으로 3dB 주파수와 단위 이득 주파수, 통과대역 리플, 감쇄 특성 등을 확인하여 설계 결과와 비교하시오.

3 [그림 30-13]의 회로도에서 수신기 입력에 10mV, 10kHz 정현파 입력을 인가한 후에, 아날로그-디지털 변환기(ADC)의 입력(노드 C)과 디지털-아날로그 변환기(DAC)의 출력(노드 D)의 파형을 측정하여 [그림 30-18]에 기록하고, 분석하시오.

4 [그림 30-13]의 회로도를 구성하고, 수신기 입력에 10mV, 10kHz 정현파 입력을 인가한 후에, 송신단의 중간 노드 D, E, F 및 최종 출력의 파형을 측정하여 [그림 30-19]에 기록하고, 분석하시오. 가변 이득 증폭기의 이득을 바꾸면서 원하는 사양을 만족하는지 확인하시오.

5 [그림 30-13]의 회로도를 구성하고, 송신단의 중간 노드 D에 크기가 10mV인 정현파를 입력한다. 정현파의 주파수는 10kHz에서 1MHz까지 10개의 주파수에 대해서 로그 스케일log scale로 변화시키면서, 송신기 최종 출력에서의 출력 전압의 크기를 측정하여 [표 30-2]에 기록하고, [그림 30-20]에 보드 선도를 그리시오. 보드 선도를 바탕으로 3dB 주파수와 단위 이득 주파수, 통과 대역 리플, 감쇄 특성 등을 확인하여 설계 결과와 비교하시오.

30.4 고찰 사항

(1) 가변 이득 증폭기 1(VGA1)과 저대역 통과 필터 1(LPF1) 사이에 단위 이득 버퍼를 사용하지 않았을 경우, VGA1 및 LPF1의 특성이 어떻게 변화하는지 설명하시오.

(2) 측정된 수신단의 보드 선도를 바탕으로 가변 이득 증폭기의 이득, 저대역 통과 필터의 리플, 감쇄 특성 등이 PSpice를 이용한 설계 결과와 차이가 나는 이유를 분석하시오.

(3) 측정된 송신단의 보드 선도를 바탕으로 가변 이득 증폭기의 이득, 저대역 통과 필터의 리플, 감쇄 특성 등이 PSpice를 이용한 설계 결과와 차이가 나는 이유를 분석하시오.

요약

이 실험에서는 한 학기 동안에 실험했던 회로들을 이용하여 통신 시스템의 아날로그 전단부를 구성하고 동작을 확인하였다. 이 실험을 통해서 송신기와 수신기의 성능 파라미터들 및 이를 향상시키기 위한 방법에 대해서 공부하였다. 또한 구성 회로 단독으로 실험할 경우와는 달리 여러 회로를 연결함으로써 야기되는 부하 효과 등을 해결하는 방법을 익히고, 여러 블록들을 연결함으로써 3dB 주파수, 이득 등 단독 블록의 특성이 변화하는 이유에 대해서 고찰하였다. 이는 추후 전체 통신 시스템을 구성할 때 많은 도움이 되리라 기대한다.

퀴즈

(1) 다음 중 유선 통신 시스템의 아날로그 전단부에 대한 설명 중 옳지 않은 것은?
① 케이블로부터 수신되는 신호는 먼저 저대역 통과 필터를 지난다.
② 필터링된 신호는 가변 이득 증폭기에서 증폭한다.
③ 증폭한 후에, 아날로그-디지털 변환기에서 디지털 신호로 변환한다.
④ 송신기에서는 디지털-아날로그 변환기에서 아날로그 신호로 변환한다.

(2) 유선 통신 시스템에서 블록과 블록 사이에 단위 이득 버퍼를 사용하는 이유는?
① 수신되는 신호를 증폭시키기 위해
② 원하는 신호를 제외한 간섭 신호를 감쇄시키기 위해
③ LPF와 VGA를 바로 연결할 경우, LPF의 주파수 특성이 변하는 것을 막기 위해
④ 입력과 출력의 전압이 서도 다르게 동작시키기 위해

(3) 다음 중 수신기의 성능 파라미터가 아닌 것은?
① 수신 감도seneitivity　② 선형성linearity
② 선택도selectivity　④ 전력 효율(PAE)

(4) 수신기의 선형성과 관련되는 IIP_3 3rd order Input Intercept Point의 식은 무엇인가?

① $IIP_3 = P_{in} + \frac{P_{in} - P_{IM3}}{4}$　　② $IIP_3 = P_{IM3} + \frac{P_{in} - P_{IM3}}{4}$

③ $IIP_3 = P_{in} + \frac{P_{in} - P_{IM3}}{2}$　　④ $IIP_3 = P_{in} + P_{in} - P_{IM3}$

(5) 다음 중 송신기 성능 파라미터에 대한 설명으로 옳지 않은 것은?

① 송신기의 성능 파라미터들은 ACPR, PAE, 필터링 특성으로 나눌 수 있다.

② ACPR은 채널 1을 통해 채널 2로 송신할 경우 $ACPR = \frac{\text{채널 2의 파워}}{\text{채널 1의 파워}}$ 이다.

③ 송신기의 필터링 특성은 수신기와 동일하다.

④ 송신기의 전력 효율(PAE)에 대한 식은 $\frac{P(out) - P(in)}{P_{DC}}$ 이다.

(6) VGA1에서 가변 이득을 위해서 저항 열을 사용하는데, 저항 열 내부에서 MOSFET과 저항을 어떻게 연결하여 가변 저항을 구현하는지 설명하시오.

(7) 아날로그-디지털 변환기에서 7 : 3 디코더의 역할을 설명하시오.

(8) 저대역 통과 필터의 종류별 장단점을 설명하고, 필터의 감쇄 특성을 증가시키기 위한 방법을 설명하시오.

예비 보고 사항

(1) 구성 블록 중간에 단위 이득 버퍼가 필요한 이유를 설명하시오.

(2) PSpice를 이용해서 [그림 30-13]의 수신단 VGA1 입력에 크기가 10mV이고 주파수가 10kHz인 정현파 신호를 인가한 후, 중간 노드들 A, B, C의 파형을 관찰하고, 기록하시오.

(3) PSpice를 이용해서 [그림 30-13]의 전체 회로에서 아날로그-디지털 변환기 입력(노드 C)에 입력 신호를 인가하고, 디지털-아날로그 변환기의 출력(노드 C)을 관찰하고, 기록하시오.

m.e.m.o

자르는 선

실험 30 실험 결과

[실험 절차]에 따라 [실험 결과]를 작성하시오.

1

(a) 수신기 입력의 파형

(b) 중간 노드 A의 파형

(c) 중간 노드 B의 파형

(d) 중간 노드 C의 파형

[그림 30-16] [그림 30-13]의 수신기의 중간 노드들 A, B, C의 파형

2

[표 30-1] 수신단의 주파수 특성을 구하기 위한 측정 데이터

입력 전압의 크기 (mV)	입력 전압의 주파수(kHz)	노드 C의 전압의 크기	전압 이득

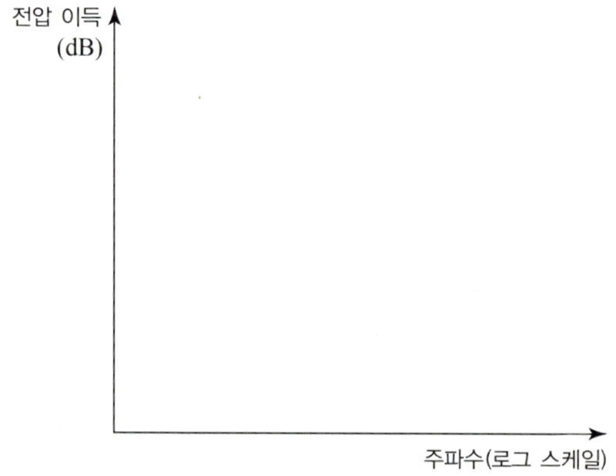

[그림 30-17] 중간 노드 C의 보드 선도

3

(a) 중간 노드 C의 파형

(b) 중간 노드 D의 파형

[그림 30-18] [그림 30-13]의 수신기의 중간 노드들 C, D의 파형

4

(a) 중간 노드 D의 파형

(b) 중간 노드 E의 파형

자르는 선

(c) 중간 노드 F의 파형

(d) 최종 출력의 파형

[그림 30-19] [그림 30-13]의 수신기의 중간 노드들 D, E, F의 파형

5

[표 30-2] 송신단의 주파수 특성을 구하기 위한 측정 데이터

입력 전압의 크기 (mV)	입력 전압의 주파수(kHz)	노드 C의 전압의 크기	전압 이득

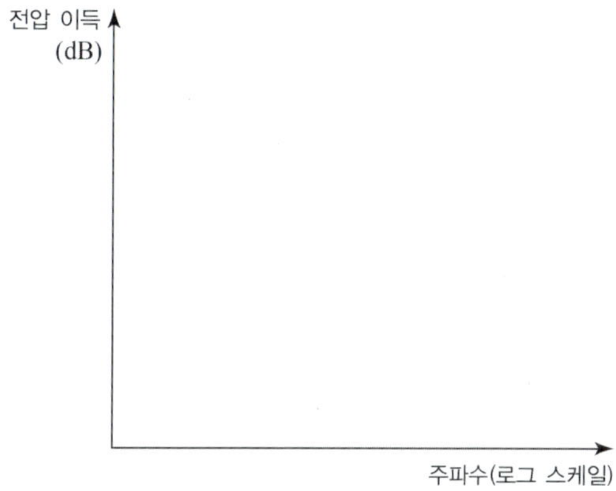

[그림 30-20] 송신기 최종 출력의 보드 선도

찾아보기

N

O

P

Q R

S

T

U~Z